微米纳米技术丛书·MEMS与微系统系列

机器人微纳生物组装与生物制造

Micro-nanorobotic Bioassembly and Biofabrication

王化平 著

国防工业出版社

·北京·

内容简介

本书介绍了微纳机器人技术在生物操作与生物制造中的应用，重点阐述了生物细胞与人工组织的机器人化微纳操作与微纳加工方面的原创性研究成果。全书共9章，有关机器人微纳生物操作基本概念、基础理论、发展概况与研究方案的内容为前4章，是全书的基础；第5章～第9章重点阐述著者基于跨尺度机器人协同生物组装、光致电沉积生物组装、流体动力学交互生物组装、微纤维加工以及磁控微操作生物组装等5类技术在人工组织制造中取得的原创性成果与关键技术。

本书紧密结合组织工程与再生医疗国际前沿研究，不仅系统性地介绍了机器人微纳生物操作相关理论，更对机器人化人工组织制造研究方案与典型案例进行了深入分析。因此，不论是对初次涉足微纳机器人与生物制造领域的大专院校研究生，还是对已经有一定工作经验的专业科技人员，都具有很好的参考价值。

图书在版编目(CIP)数据

机器人微纳生物组装与生物制造／王化平著. —北京：国防工业出版社，2019.9

(微米纳米技术丛书. MEMS与微系统系列)

ISBN 978－7－118－12023－3

Ⅰ. ①机… Ⅱ. ①王… Ⅲ. ①机器人－纳米技术－应用－生物材料－制造－研究 Ⅳ. ①TB383②R318.08

中国版本图书馆CIP数据核字(2020)第009864号

※

国防工業出版社出版发行

(北京市海淀区紫竹院南路23号　邮政编码100048)

三河市腾飞印务有限公司印刷

新华书店经售

*

开本 787×1092　1/16　**印张** 18¼　**字数** 338千字

2019年9月第1版第1次印刷　**印数** 1—2000册　**定价** 99.00元

(本书如有印装错误，我社负责调换)

国防书店：(010)88540777　　发行邮购：(010)88540776

发行传真：(010)88540755　　发行业务：(010)88540717

《微米纳米技术丛书·MEMS与微系统系列》

编写委员会

序

1994 年 11 月 2 日,我给中央领导同志写信并呈送所著《面向 21 世纪的军民两用技术——微米纳米技术》的论文,提出微米纳米技术是一项面向 21 世纪的重要的军民两用技术,它的出现将对未来国民经济和国家安全的建设产生重大影响,应大力倡导在我国及早开展这方面的研究工作。建议得到了当时中央领导同志的高度重视,李鹏总理和李岚清副总理均在批示中表示支持开展微米纳米技术的跟踪和研究工作。

国防科工委(现总装备部)非常重视微米纳米技术研究,成立国防科工委微米纳米技术专家咨询组,1995 年批准成立国防科技微米纳米重点实验室,从“九五”开始设立微米纳米技术国防预研计划,并将支持一直延续到“十二五”。

2000 年的时候,我又给中央领导写信,阐明加速开展我国微机电系统技术的研究和开发的重要意义。国家科技部于当年成立了“863”计划微机电系统技术发展战略研究专家组,我担任组长。专家组全体同志用一年时间圆满完成了发展战略的研究工作,这些工作极大地推动了我国的微米纳米技术的研发和产业化进程。从“十五”到现在,“863”计划一直对微机电系统技术给以重点支持。

2005 年,中国微米纳米技术学会经民政部审批成立。中国微米纳米学术年会经过十几年的发展,也已经成为国内学术交流的重要平台。

在总装备部微米纳米技术专家组、“863”专家组和中国微米纳米技术学会各位同仁的持续努力和相关计划的支持下,我国的微米纳米技术已经得到了长足的发展,建立了北京大学、上海交通大学、中国科学院上海微系统与信息技术研究所、中国电子科技集团公司第十三研究所等加工平台,形成了以清华大学、北京大学等高校和科研院所为主的优势研究单位。

十几年来,经过国防预研、重大专项、国防“973”、国防基金等项目的支持,我国已经在微惯性器件、RF MEMS、微能源、微生化等器件研究,以及微纳加工技术、ASIC 技术等领域取得了诸多突破性的进展,我国的微米纳米技术研究平台已经形成，许多成果获得了国家级的科技奖励。同时，已经形成了一支年富力强、结构合理、有影响力的科技队伍。

现在，为了更有效、有针对性地实现微米纳米技术的突破，有必要对过去的研究工作做一阶段性的总结，把这些经验和知识加以提炼，形成体系传承下去。为此，在国防工业出版社的支持下，以总装备部微米纳米技术专家组为主体，同时吸收国内同行专家的智慧，组织编写一套微米纳米技术专著系列丛书。希望通过系统地总结、提炼、升华我国“九五”以来微米纳米技术领域所做出的研究工作，展示我国在该技术领域的研究水平，并指导“十二五”及以后的科技工作。

丁衡高

2011 年 11 月 30 日

前　言

人工组织与器官制造技术作为当前多学科交叉的新兴研究领域，以构建与人体真实组织具有相似结构与功能的替代品为目标，在器官衰竭、失效、癌变等重大疾病的治疗、新药研发与筛选中潜力巨大，并有望从根本上解决器官移植中供源不足、免疫排斥等问题。

传统的组织工程技术以生物兼容或生物可降解材料为原料，通过构建具有特定三维形貌的细胞支架并实现种子细胞的着床生长，已能够构建一批应用于临床的人体组织替代品。然而，受细胞支架制备精度、生物材料降解速率与细胞生长速度可控性限制，现有技术仍难以构建从宏观形貌到微观特性均能模拟人体真实结构的人工组织。模块化组织工程技术作为近年来快速兴起的研究分支，通过将种子细胞封装入具有特定微结构特性的微模块中，并按人体组织、器官形貌进行三维组装，实现了更为精密且兼顾生理学特性的人工组织制造。然而，该类方法的研究在国际上仍处于探索阶段，开发高精度、稳定、高效的生物操作与生物制造技术，实现模块化组织工程对复合型高精密人工组织的高通量、自动化制造，是未来人工组织走出实验室投入临床应用的关键。

本书基于著者长期在微纳操作机器人与微纳生物制造领域的理论与技术积累，提炼凝聚多年来在机器人与微纳制造领域国际期刊发表的系列成果，介绍了本人在生物细胞与人工组织的机器人化微纳操作与生物制造方面的原创性研究成果。从基本概念、基础理论、发展概况、研究方案与实践等，开展对细胞的机器人化三维组装与人工组织生物制造等方面理论与实践的系统论述。内容可归纳为两部分：前 4 章，针对人工组织与器官的机器人化微纳生物制造这一新兴多学科交叉技术，全面阐述机器人化细胞组装与生物制造总体方法、生物微纳操作中涉及的物理理论、细胞化组装模块的加工方法和生物微纳操作方法；后 5 章，重点阐述著者基于跨尺度机器人协同生物组装、光致电沉积生物组装、流体动力学交互生物组装、微纤维加工以及磁控微操作生物组装等 5 类技术在人工微组织制造方面取得的原创性研究成果与关键技术。全书既涵盖人工组织、器官的生物制造及应用、典型机器人化生物制造技术的基本概念与研究进展，更重点突出了著者研究团队在该领域的多年经验积累，其主要创新点如下：

(1) 首次开展了基于多机器人跨尺度协同的人工微血管制造研究，成功制造了200μm尺度人工微血管，为复杂人工组织内部营养供给提供了解决方法（见第3、5章）；

(2) 在国内首次开展了三维肝小叶人工组织生理学、药理学测试模型的机器人化微纳生物制造，实现了具有生物功能的微尺度肝模型的离体构建，为未来新药测试与筛选开辟了新的途径（见第6、7章）；

(3) 创新性地提出了具有磁性的可降解微纤维片上封装与磁控组装方法，通过磁性纳米颗粒封装与微纤维三维引导组装，突破了机械特性可控的三维人工微组织制造模式（第8、9章）。

综上，本书全面、系统地论述并总结了微纳机器人生物操作与生物制造及其在组织工程与再生医疗中的应用，展示了著者及其团队在生物医学微纳机器人领域的原创成果，为未来生物制造技术全面投入应用奠定了坚实的理论与工程基础。

目　录

第 1 章　机器人化微纳生物制造技术

1.1　组织工程中的生物制造技术

1.1.1　组织工程研究进展

人体功能器官的衰竭与组织缺失是当前发病率最高且最具威胁性的医疗难题之一,其治疗费用高昂且治疗过程风险性高。据 2018 年世界卫生组织统计结果显示,截至 2016 年全球每年有 1520 万人因心脏病与脑血管疾病等由组织功能衰竭引起的疾病死亡,死亡率以 54% 居于榜首(图 1.1)。据 2017 年中国卫生和计划生育统计年鉴显示,缺血性心脏病、中风及其他脑血管疾病、呼吸系统癌症等由于组织、器官衰竭或病变引起的疾病在十大致死疾病中占比 52%,居于我国榜首。随着免疫抑制剂的开发与移植免疫基础研究的发展,以器官移植为代表的缺失类疾病临床医疗修复技术得到了飞速的发展。

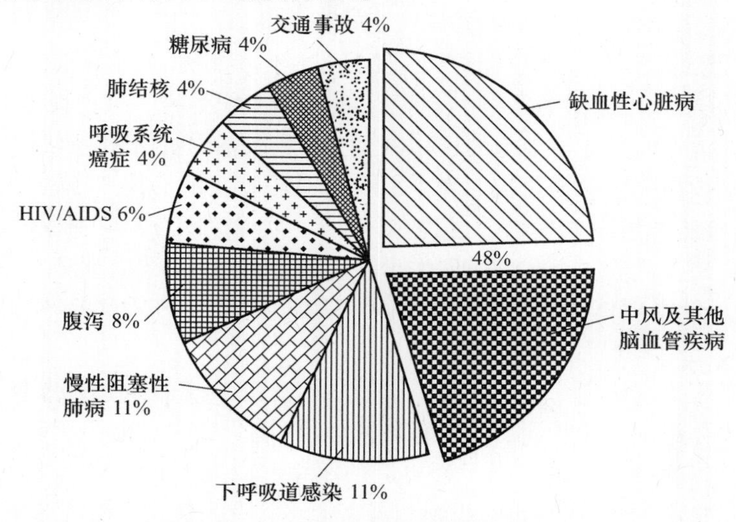

图 1.1　2014 年全球死亡率统计结果

对受损组织和器官的修复和治疗手段目前主要包括自体组织器官移植、异体组织器官移植、异种组织器官移植、采用人工器械替代等方法。自体组织器官移植的最大优点是可以避免免疫排斥，然而从患者自体获取移植供体不但供源有限，而且会造成患者更多的损伤。异体组织器官移植虽增加了人体组织和器官的供应来源，但异体间的免疫排斥常常引起移植失败。人工器械替代物由人工合成制备，既可以大批量生产解决供源的问题，又由于它是惰性物质可以避免免疫排斥，具有其他器官移植所无法相比的优点。然而人工替代物仅能替代人体组织和器官有限的生物学功能，且容易产生异物反应。如何在离体环境下构建可批量化制备且能够真实再现人体组织器官生物学功能的替代品，即人工组织与器官，已经成为当前从根本上解决受损组织修复问题的关键。人工组织以人类自体细胞为原料，通过在离体环境下构建与特定组织器官具有相似结构、功能的替代品，为器官衰竭、失效与癌变等重大疾病的治疗开辟了新的途径，研究其相关理论与方法在临床医学、基础生物学、再生医疗与药物研发等领域都将具有重大的意义[1]。

人工组织作为介于细胞与动物模型之间的新型生物模型，能够深刻揭示生命体的基本规律，将在新药研发、再生医疗、肿瘤等重大疾病的个性化治疗等领域产生重要影响[2]。首先，在临床医疗领域，人工组织为新药测试与重大疾病的治疗提供了更有效的测试模型。与啮齿类动物测试模型相比，人工组织由人体特定细胞群构成，能够更充分地在体外再现人体局部区域的新陈代谢过程。将其作为药物测试模型和肿瘤等重大疾病的治疗模型，将比动物模型更精确有效地评估疗效[3]。在再生医疗领域，人工组织是组织器官移植的终极替代品。人工组织作为具有保持、恢复及提高人体组织器官功能的替代品，以自体细胞为原料，能够从根本上解决现阶段器官移植中供源不足、免疫排斥与异物反应等弊端[4]。在基础生物学探索领域，人工组织为从根本上揭示细胞、微组织生物学机理提供了最理想的观测模型。大量研究证明细胞的迁移、分化、癌变及基因蛋白表达均与组织构型及周围环境参数相关[5]。通过控制人工组织周围环境变量及其三维构型，可以量化观测、分析细胞与组织的生物学过程，对发育生物学、形态学与癌变学意义重大。人工组织的诸多优势与潜在价值催生出从工程学角度出发，以细胞为原材料并以生物材料为合成载体，将人工组织视为产品进行开发的新兴技术，即“组织工程”[6]。

组织工程是基于生命科学并与工学原理相互交叉（图 1.2），开发具有保持、恢复及提高人体组织功能替代品的新兴研究学科，该研究为功能组织缺失类疾病开辟了新的治疗途径[7]。由组织工程再造的组织和器官不但可以同人工替代物一样进行大批量的生产，而且再造组织和器官能够实现人体真实器官的相同功能，通过使用自体细胞还可以防止免疫排斥的产生，被认为是最有希望彻底解决组织和器官修复难题的途径[8,9]。

组织工程的基本原理如图 1.2 所示，首先从人体活体组织或干细胞群获取用于构建人工组织的种子细胞,并将其进行普通生物学二维培养,使其在离体环境下扩增到理想的数量。其次,将增殖后的细胞种植到具有良好生物相容性且在体内可逐步降解吸收的多孔支架上,形成细胞-支架复合物,并使细胞沿着支架构型继续增殖、诱导分化。最终,将此复合物植入机体组织病损部位,在体内继续增殖并分泌细胞外基质,伴随着生物材料的逐步降解,形成新的与自身功能和形态相适应的组织或器官,从而达到修复病损组织或器官的目的[10]。因此,组织工程的三大要素为种子细胞、生物材料、组织构建,其核心问题是构建由细胞与再生支架结合的复合体。

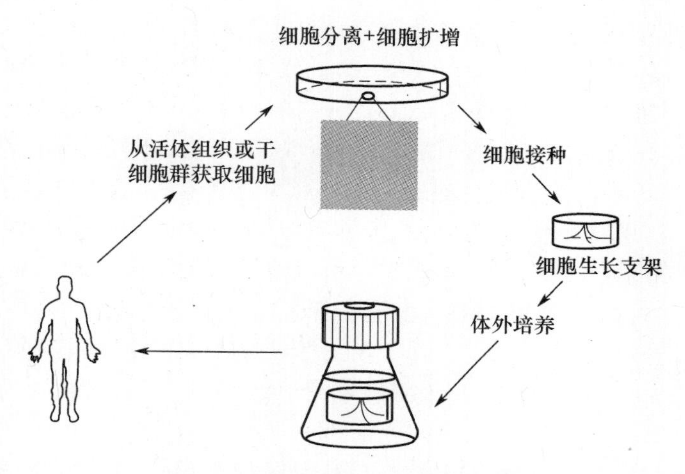

图1.2　组织工程构建人工组织原理

种子细胞是实现组织和器官再造的基础,通过获取同源组织中的理想细胞作为种子在体外培养扩增,即可获得大量的目标细胞作为构建人工组织的原材料。因此,直接从成熟组织中获取的细胞是最常用的种子细胞来源。如早期用于构建肌腱组织、软骨组织等使用的肌腱细胞、成熟软骨细胞均可来源于自体成熟组织[11-13]。然而,从自体获取的成熟细胞在体外培养环境下容易老化而失去增殖能力,无法完全满足构建组织的需求。干细胞研究的飞速发展为种子细胞的选择带来了新的希望。干细胞具有自我复制以及向多种成熟细胞分化的能力,这些优势完全符合组织工程种子细胞的需求。因此,胚胎干细胞、成体干细胞已成为最重要的两种干细胞种子来源。胚胎干细胞来源于早期囊胚的内细胞团,在体外适当培养条件下能够无限扩增且保持未分化状态。通过去除抑制细胞分化的因子后,可以自发向三个胚层细胞分化。胚胎干细胞因其独特的无限增殖能力和分化全能性,有望为组织工程提供充足的种子细胞来源。与胚胎干细胞相比,成体干细胞不仅取材方便、来源广、分化潜能相对局限而更容易定向诱导分化,并且能取自自体,避免了免疫排斥与伦理争议。因此,骨髓间充质干细胞、脂肪干细胞、表皮肝细胞、毛囊干细胞、角膜缘干细胞等已经成为当前组织工程种子细胞的重要来源[14]。

生物材料是构建人工组织生物支架的重要组成部分,在种子细胞转换为人工组织的过程中为细胞提供了赖以生存的环境。通过将生物材料制备成具有特定形貌与微结构特性的生物支架,可以为细胞的增殖、分化、营养交换、新陈代谢以及细胞外基质分泌等生理活动提供空间场所。为构建理想的生物支架,生物材料需要具有生物可降解性、合适的降解速率、良好的生物相容性、一定的生物力学强度等。目前常用的生物材料主要包括自然界存在的生物兼容性材料、人工合成生物材料两类,水凝胶等具有光交联、化学交联、热交联等特性的材料均为构建生物支架的重要成分。然而,由于不同的组织具有不同的结构与组成、不同的生物力学特性,构建不同组织的支架材料属性有较大差别,开发适用于不同组织构建的特异性可降解支架材料已经成为组织构建的关键瓶颈[15]。在具备合适的种子细胞与生物材料的情况下,即可实现对人工组织即细胞与生物材料复合体的构建。然而,复合体在体外培养过程中的外部环境需要尽可能地模拟人体真实的微环境。体内微环境是一个复杂的综合体,包括各种细胞分泌的生长因子、细胞外基质、细胞间相互作用以及局部酸碱平衡等[16]。因此,在离体环境下构建生物反应器,重现人体微环境,将对进一步提高体外构建组织的生物功能,实现组织工程的产业化与标准化意义重大[17]。

在具备理想的生物材料与足够的目标种子细胞后,构建有细胞与生物材料复合的细胞化生物再生支架成为组织工程最核心的环节。细胞化生物再生支架将细胞封装于具有特定构型的空间支架中,为种子细胞提供了赖以生存和依附的三维环境,解决了隔离细胞群无法自我生长为具有特定形态的三维组织的难题。它作为细胞外基质不仅起着决定新生组织、器官形状大小的作用,更重要的是为细胞增殖与分化提供营养,是进行气体交换,排除废物的场所[18]。再生支架作为空间基底,为细胞在三维空间的定向生长、扩散、增殖提供了必要的机械支承,通过将再生支架构造为特定的三维形貌,可以有效引导着床细胞以再生支架为模具扩增为与其具有相同形貌的三维人工组织结构。因此,为了构建与人体真实结构具有相似结构与功能的人工组织,再生支架必须具有精密的内部结构与外形,并能实现着床细胞生长与支架结构按比例降解消失[19]。当前,基于细胞化生物再生支架制造的人工组织构建方法仍存在巨大挑战。如表 1.1 所列,首先,人体组织由复合细胞构成,通过不同种类细胞间的相互协作才能从宏观层面实现特定的生物学功能。因此,人工组织必须像人体内部结构一样具有神经、骨结构、血管与角膜上皮组织等多种组成部分。其次,微尺度下真实的人体组织由具有特定轮廓与相似功能的细胞化微结构单元按特定规律重复堆叠而成,如肝脏中的肝小叶结构、肾脏中的肾元结构、胰脏中的胰岛结构等。因此,使构建的人工组织兼具真实组织的宏观形貌以及特定的特征化微结构是组织工程亟须解决的技术瓶颈。最后,人体组织与器官中遍布不同尺寸的血管结构,上至直径在毫米尺度的主动脉、下至若干微米尺度直径的毛细血管,这些血管组织复杂的网络为组织中的细胞营养交换、气体输送提供了唯一的通道。可以说微血管是人体组织的基石与必不可少的功能单元。然而,现阶段组织工程技术所构建的人工组织大多为不具备微血管循环结构的组织。受营养物质扩散能力的限制,以至于无血管情况下的人工组织大多局限于层状、薄膜状等厚度较小的二维结构,以保证结构中细胞能充分吸收外部培养液营养物质。当组织厚度进一步扩展到三维尺度时,组织内部细胞将因难以吸收到外部营养物质而逐渐凋亡。因此,人工组织的血管化是未来组织工程技术的研究重点之一。由此可见,针对组织工程构建复合三维功能化人工组织中仍存在的各项挑战,探索能够兼顾细胞级操作精度与宏观尺度加工效率的制造技术,以构建具有复合细胞、内部精密微结构、仿生外部形貌,并能长期保持细胞整体活性的三维人工组织,是当前组织工程的整体发展趋势[20]。

表1.1　工程技术现状与挑战

	组织工程已具备的技术	组织工程未达到的技术
人工组织结构	无特定微结构特性的简单组织	与对应真实组织具备相同的特征化微尺度结构的复杂组织
组织异质性	由单一种类细胞构成的组织	由多种细胞与细胞外基质构成的特异性复合组织
组织尺度	层状、薄膜状二维组织	具有厚度的三维组织
组织血管化程度	无血管与微循环系统的组织	血管化组织

1.1.2　生物制造技术概述

随着纳米技术、生物医学工程、机器人技术、材料科学等多学科前沿交叉领域的快速发展,针对组织工程对构建复合型精密人工组织的需求,近年来涌现出了一批兼顾操作精度与制备效率的细胞与生物再生支架复合制备技术。我们将这些技术统称为面向组织工程与人工组织构建的生物制造技术。生物制造技术以细胞为原材料,结合细胞定位、细胞筛选、细胞操作、细胞装配等操作手段,实现特定细胞群的封装、细胞与生物材料复合体的集成化制备,通过高精密的操作以加工技术突破组织工程对复杂人工组织的构建。

当前，针对组织工程的生物制造方法如图 1.3 所示，主要分为自上而下型及自下而上型两类[21]。自上而下型构建方法是存在较久且较为成熟的方法，即将人工组织视为整体进行加工，通过直接制备集成的再生支架并在其孔隙中进行细胞着床、培养、分裂与增殖，直至形成具有生物学意义的成熟结构，再将其移植到人体内部。通过合理控制再生支架表面孔的密度、孔隙大小及内部结构的连通性，可以有效实现对细胞营养物质的传送，并为细胞内向生长及转移提供环境。现已实现的自上而下型方法主要有电纺丝法[22]、制孔剂沥滤法[23]、三维打印[24]、多层叠片法[25]及软光刻法[26]等。自下而上型生物制造方法是指从细观尺度出发，针对人体组织与器官由具有相似功能与微结构的单元按生物学规律在三维空间连接而成这一特点，通过设计具有特定构型与生物功能的兼容性微模块，并将目标细胞封装于微模块中构成用于制造人工组织的细胞化组装单元，通过高精密、高效率的操作手段将若干微单元聚合成具有特定形貌的宏观可见组织的过程。目前，自下而上型生物制造技术中用于构建细胞化微模块的方法包括自组装聚合、水凝胶细胞封装、细胞薄层加工、细胞打印等[27,28]。通过这些方法制备的细胞化微模块将进一步通过随机填充、细胞层堆叠、引导组装等生物操作方法组装大型的三维人工组织[29-31]。该类方法中由于微单元本身具有特定微结构特性和生物功能，聚合后整体结构又具备特定的组织形貌，该类方法从微观到宏观尺度上有效再现了真实人体组织与器官的结构与功能，已经成为目前聚焦发展的前沿技术[32]。

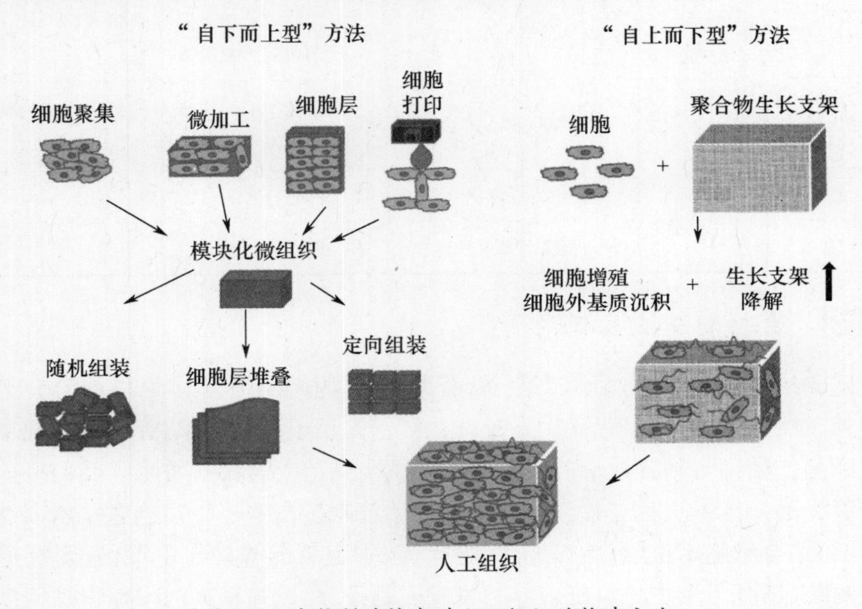

图 1.3　生物制造技术对人工组织的构建方法

1.2 自上而下型生物制造方法

自上而下型生物制造方法将人工组织作为整体进行加工,以确保从整体三维宏观结构及形貌真实模拟人体组织与器官。为实现人工组织的集成加工,该类方法具体可根据是否使用再生支架作为种子细胞的机械支撑分为两类,即基于细胞支架的生物制造技术和免细胞支架的生物制造技术。

1.2.1 基于细胞支架的生物制造技术

细胞支架的制造需要保证生物兼容性、生物可降解性及一定的孔密度与孔尺寸。通过合理控制再生支架表面孔的密度、孔隙大小及内部结构的连通性,可以有效实现对细胞营养物质的传送,并为细胞内向生长及转移提供环境[33]。如前所述,现已实现的再生支架制造方法主要有电纺丝法、制孔剂沥滤法、光刻与三维打印方法等。

普通的电纺丝法受加工工艺限制,多用于实现二维结构。L. D. Wright 和 R. T. Young 对电纺丝法进行了改进,通过对静电纺丝材料的烧结,提升其延展性等机械性能,可以实现对三维结构的塑造,获得用于细胞生长的三维再生支架[34]。在制孔剂沥滤法中,用于细胞着床与生长的生物材料与制孔剂混合以组成聚合粒子材料。通过溶解蒸发,制孔剂被过滤而在生物材料上留下小孔用于提供细胞生长环境。如图 1.4 所示,C. Hu 等人使用磁性糖粒子作为制孔剂,实现了对生物材料微结构的磁性控制,提升了三维再生支架制作的可操作性[35]。随着快速成形技术与 3D 打印技术的快速发展,生物打印在基于细胞支架的人工组织构建中作为新兴技术,展现出巨大潜力。生物打印以细胞与生物材料混合物作为打印原料,通过使用计算机进行建模与三维打印控制,实现了高精度的三维再生支架构型。K. Jakab 和 B. Damon 等人有效融合离散化与连续化生物打印,在离散型打印中将

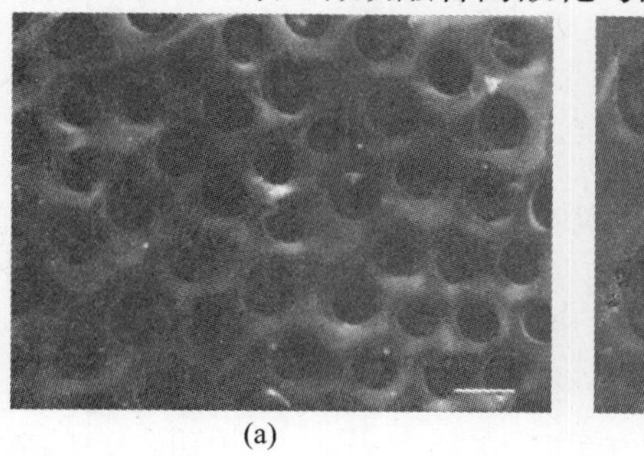
(a)

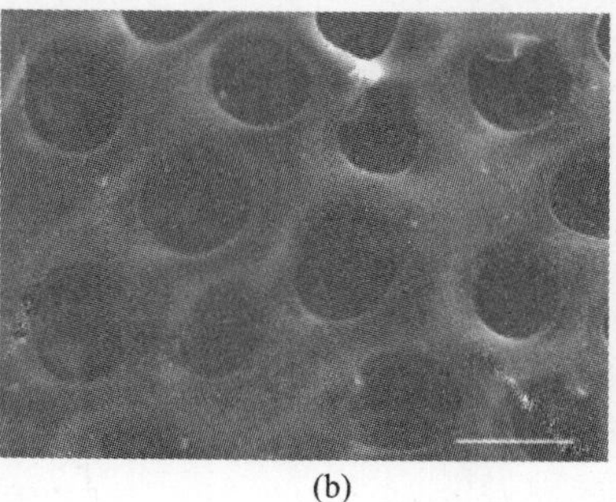
(b)

图 1.4 磁性糖粒子沥滤法对再生支架的加工(标尺:100μm)

球形细胞群分别装载到再生支架上，而连续型生物打印则将支架材料与细胞群混合并连续导出以堆叠成所需的三维结构。如图 1.5 所示，G. Vozzi 和 C. Flaim 等人使用三轴可控的微动台对微量调节注射器的针尖进行精确控制，使用恒压控制 PLGA 溶液，实现了针对再生支架的三维聚合物沉积。

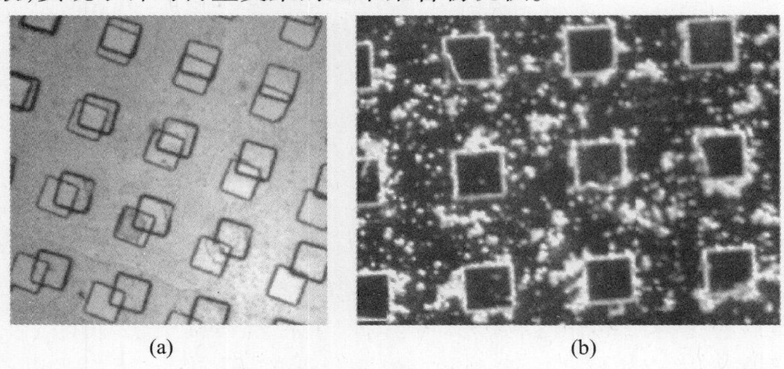
(a) (b)

图 1.5 多层叠片法对 PLGA 支架的加工

基于上述的再生支架制造方法，早在 1997 年，Joseph Vacanti 团队通过在三维再生支架上着床软骨细胞，成功在小鼠背部移植了具有人体耳朵形状的三维人工组织，成为基于细胞支架的生物制造技术的典型代表[36]。研究中可生物降解的高分子聚合物被塑形成三岁儿童耳郭形状的人工软骨组织，成功验证了三维细胞结构体外构建的可行性。聚合物模板通过聚乙醇酸非纺织网构成人类耳郭形状。随后牛关节软骨细胞着床到模板孔隙中并被移植到无胸腺小鼠背部的皮下囊袋中。在移植后 4 个星期内人工组织均能保持良好的细胞活性，在移除支架后经过 12 周的发育即可达到如图 1.6 所示的耳郭外形与内部构造。实验结果证明聚乳酸 - 聚羟基乙酸通过着床软骨细胞能够对具有一定复杂度的三维人工组织进行构建，在整形外科与重建外科等方面具有重要意义。然而，耳郭结构与人体其他组织与器官相比是较为简单的三维结构，该方法仍无法被用于构建满足组织工程需求的复杂三维细胞结构。

1.2.2 免细胞支架的生物制造技术

与基于细胞支架的人工组织制造技术相比，免细胞支架的制造技术不依赖于生物材料，而以种子细胞及细胞分泌物作为制造人工组织的原材料。如图 1.7所示，免细胞支架制造技术以细胞作为原材料，通过具有特定构型的模具、特殊生物反应器、细胞聚合生长等方式实现批量细胞的离体培养。由于细胞在生长与增殖过程中会分泌大量的细胞外基质，细胞群以分泌物作为黏合剂即可被集成为具有层状、球状等形貌的模块。这些模块作为构建人工组织的基本单元被进一步通过

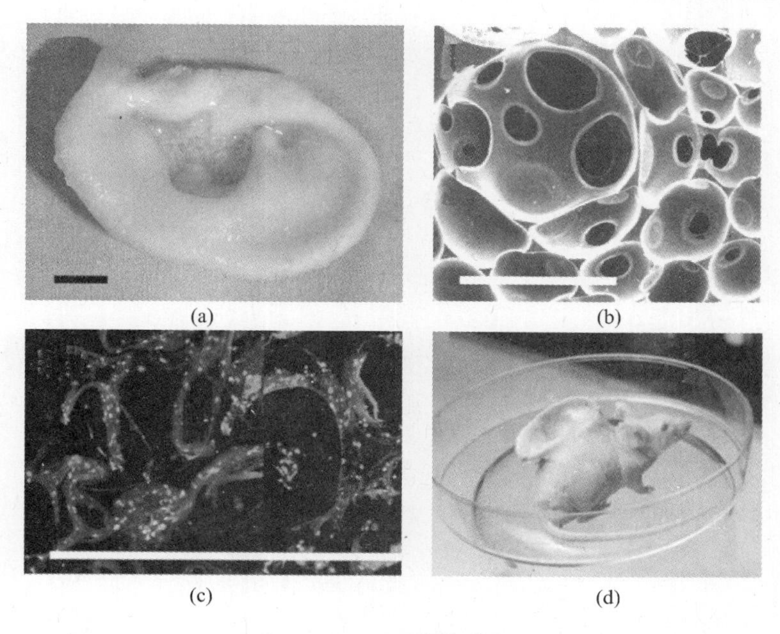

(a) (b) (c) (d)

图1.6 人工三维软骨结构

堆叠、卷曲构型或细胞打印的形式构建成三维结构。三维结构完全由复合细胞与细胞外基质构成，组成成分与人体真实组织一致。

基于模具构型的制造技术通过预先设计具有特定构型的模具，并将细胞播种到模具中培养扩增以获得具有模具相同形貌的人工组织。如图1.8所示，聚二甲基硅氧烷作为生物友好的聚合物，被设计成具有特定构型的模具。细胞被包裹到胶原蛋白凝胶中形成细胞粒并播种到模具中。营养液通过细胞粒之间的间隙渗入以保证细胞的分裂与增殖，直至最后细胞粒之间连接在一起构成完整的三维细胞结构。然而，成形模具的可塑性极其有限，无法构成复杂三维结构，且通过随机填充难以获得由多种细胞构成的多层结构[37]。该方法也可以被用于构建具有功能性的三维细胞结构，如骨骼肌肉微组织等[38]。其他面细胞支架的方法通过将细胞群与细胞外基质构成的层状、球状结构进行三维构型，即可形成所需的三维结构，如通过将层状细胞结构卷曲、折叠获得的立方体结构、管状结构等。该类基于细胞薄层构型的技术通过在温感培养皿中培养细胞，免去了传统培养中使用胰岛素等试剂对细胞结层结构的破坏。细胞层完全由细胞构成，不含其他生物材料，因此可以直接移植到病患部位，避免了对细胞载体、再生支架等的使用。然而，通过细胞层构型的三维结构大多为规则、固定的简单三维几何结构，难以构建具有更为复杂的外部轮廓的结构[39-41]。

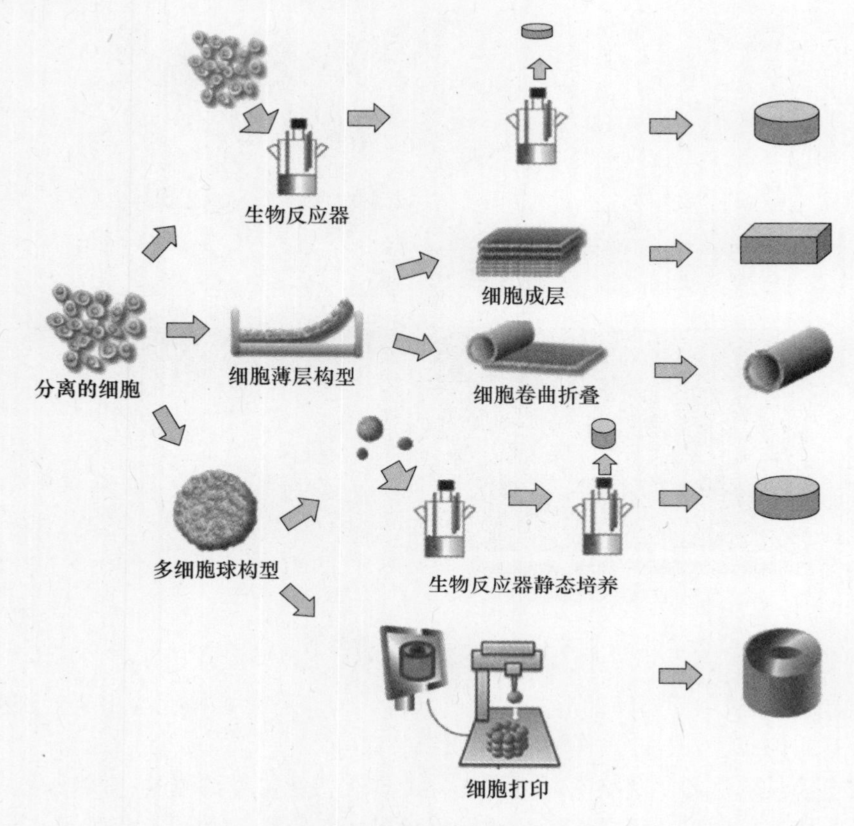

图 1.7　免细胞支架人工组织制造方法

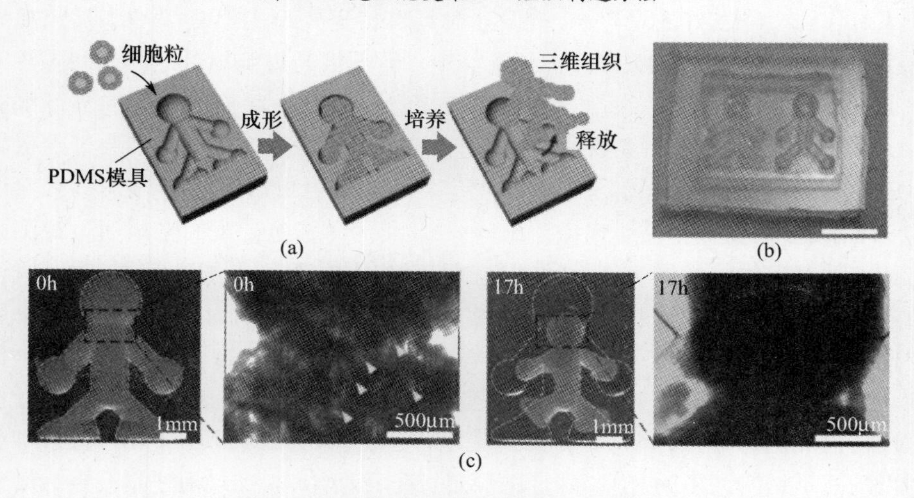

图 1.8　基于细胞填充成形的三维细胞结构

人体不同器官组织的细胞结构与种类不同,且其外形与内部构造为高度集成的复杂精密结构。尽管现有的自上而下型生物制造技术在人工组织的整体形貌和细胞成分上已取得了很大的进展,但各种制备方法和技术各有其优缺点,尚没有一种方法能同时满足人体组织结构的所有要求。现有的技术在整体加工人工组织的过程中很难兼顾结构的整体形貌与结构内部不同区域所应具备的微结构特性,且细胞支架的降解速率、生物兼容性等方面仍存在诸多问题。因此,研究者认为自上而下型生物制造技术仅能实现诸如膝盖软骨薄片结构、皮肤结构等的无特殊三维构型要求的简单结构,而要实现复杂的三维结构仍然存在很大的距离。

1.3 自下而上型生物制造方法

随着微纳操作技术的出现与快速发展,为构建从整体形貌与局部微结构特性均能再现真实人体组织与器官的三维复杂人工组织,研究者提出了基于细胞群微结构组装的自下而上型三维组织制造技术。自下而上型生物制造方法通过微纳操作技术将细胞群封装为具有不同构型的模块化微组装单元,并对模块进行有序化微组装,即可在保持真实组织宏观结构的同时使组织内部具备精密微结构,有效解决当前“自上而下”型方法的不足。如图 1.9 所示,首先满足特定要求的目标细胞群被微操作技术筛选后封装为具有特定功能与构型的二维微结构(即一维至二维)。二维微结构作为基本的组装单元,通过微操作技术在三维空间内被组装为具有特定规律的三维结构(即二维至三维)。组装过程需满足特定生物学规律,以保证组装获得的三维结构与真实的目标组织或器官具有相同的整体形貌,确保从生理学角度真实再现人体内部情况。通过这样的方法以积少成多的形式将若干微结构单元连接成肉眼可见的三维宏观结构。

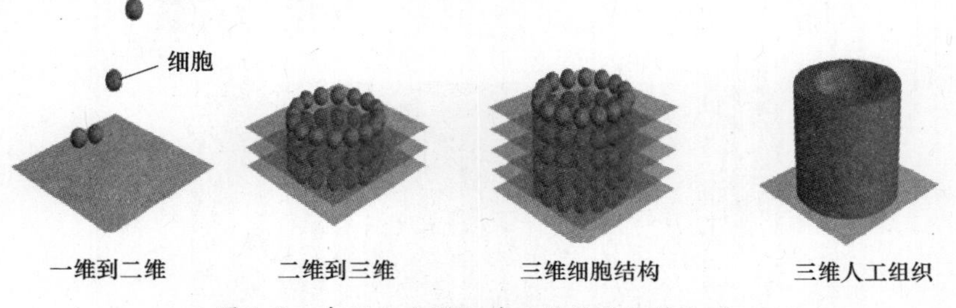

图 1.9 自下而上型细胞三维结构组装方法

1.3.1 细胞化模块制造技术

为实现人工组织的自下而上型三维组装,首要问题是如何实现细胞的封装,为生物组装操作提供用于组装的基本模块,即如何实现细胞在特定场景下的聚集以构成细胞化微组装模块。控制细胞聚集并形成细胞化模块的方法有很多,如将细胞播种于微孔中或微流道中[42],将细胞与水凝胶材料混合构型[43],获将细胞直接培养成层状结构等[44,45]。

如图 1.10 所示,基于微磨具构型的细胞化模块制造技术通过将初代细胞或干细胞播种到具有特定形状的微孔或微流道中,通过细胞的增殖及细胞外基质的分泌以构成与磨具具有相同形状的微组织[46]。该类方法的优势在于微组织模块构建中不依赖于任何生物材料,完全依靠大量分泌的细胞外基质,细胞外基质不仅使细胞聚集在一起,同时也为细胞的长期生存提供了特定的微结构特性。然而,由于一些细胞种类在增殖过程中无法分泌足够的细胞外基质,使用该方法难以在细胞之间构建稳固的连接[47]。另一类细胞化模块制造技术称为细胞成膜技术,即细胞培养环境被人为控制后将细胞群培养为具有一定厚度的层状结构的细胞膜片的过程。被控环境主要包括影响细胞分裂增殖行为的微环境参数及影响细胞外基质分泌的环境参数等。以细胞膜片作为组装单元的组装技术将能够使用简单的堆叠方式实现三维结构的组装,且由于细胞膜片本身具有足够的机械特性,构建成的三维组织同样具有理想的机械特性。第三类细胞化模块制造技术是基于水凝胶材料的

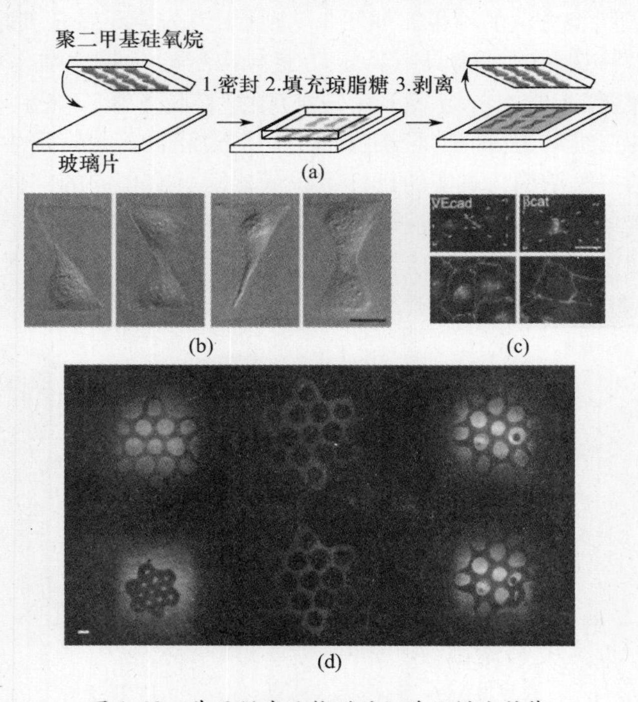

图 1.10　基于微磨具构型的细胞化模块封装

细胞封装技术，即将细胞群与水凝胶材料混合以构建成具有特定形态的细胞与生物材料混合微模块的制造技术。由于并非所有种类的细胞均可在分裂增殖过程中分泌足够的细胞外基质，水凝胶材料的出现为细胞外基质提供了理想的替代品，为各类细胞的黏合与固化封装开辟了新途径。该类方法中，细胞首先被混合于具有特定化学特性的生物兼容性水凝胶材料中。由于水凝胶具有化学交联、光交联等特性，但特定的条件触发该类交联反应是，细胞群将被固化的水凝胶材料封装，形成细胞与水凝胶的混合结构。由于交联反应的区域、时间均可控，固化形成的水凝胶微模块也可具有任意特定的结构。如图 1.11 所示，水凝胶材料构建的细胞化微模块可以具有任意形态，并可通过任意方式进行三维排列组装。由于水凝胶材料具有良好的亲水性，且其机械、化学与生物兼容性均可通过调节达到与人体细胞外基质相类似的环境，以其作为基本组装单元的人工组织构建方法具有巨大的潜力[48]。在组装过程中通过控制组装所使用的每个微小单元的形状与组成成分特征，即可使组装形成的三维人工组织达到预期的结构特性。另外，由于水凝胶封装的每个微模块的细胞密度均为可控，整体三维组织内部的扩散特性达到了前所未有的水平[49,50]。

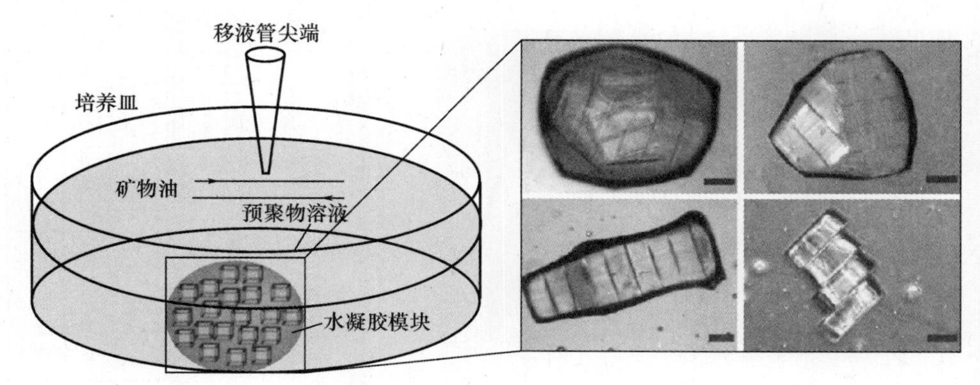

图 1.11　水凝胶细胞化微模块

1.3.2 细胞化模块组装技术

自下而上型的人工组织构建方法中的挑战为如何在保持组装微模块的微结构特性与细胞特性的前提下，组装出具有足够机械特性与仿生构型的三维结构。在此，我们将针对细胞化微模块的三维组装方法分为五类，即连续性光交联组装、随机组装、组织打印、引导组装、细胞膜片堆叠。

连续性光交联组装以二维的细胞－凝胶模块作为基本的构建模块，通过重复性的光交联反应实现逐层连接的三维人工组织结构[51,52]。如图 1.12(a)～(d)所示，通过连续性的分层光交联技术，水凝胶封装的细胞化微模块被堆叠并黏合成阵列化的六边形微结构，以实现人体肝小叶微组织的体外重构。由于在逐层的光交联中微模块的形状可控，每一层的结构特性也可控，整个三维结构从微观到宏观都为细胞的生长创造了内部高度流通的传质通道，有效提高了结构中细胞的增殖与扩散能力[53]。随机组装的概念源于人体毛细血管的分布特点。毛细血管本身具有特定的形状与生物功能，然而由于在人体各个区域对毛细血管均有大批量的需求，可以说毛细血管以随机分布的形式遍布人体组织，以提供其运输营养物质、交换代谢产物的功能。

随机组装通过使用具有特定构型和生物功能的细胞化微模块作为原材料，不具体控制每一个模块在组装中的位置，而是从外部三维形貌上整体控制最终的组装结果，三维结构内部每一个单元都以随机状态分布。如图 1.12(e)所示，为构建具有输送营养物质的微血管结构，微管状的细胞化微模块被批量地通入具有特定构型的微流道中，并被随机封装为三维结构。由于流道本身具有特定的形貌，而内部随机分布的每一个微模块都具有运输养分的扩散功能，该随机组装的方法为构建微血管三维结构提供了一种高效手段[54,55]。

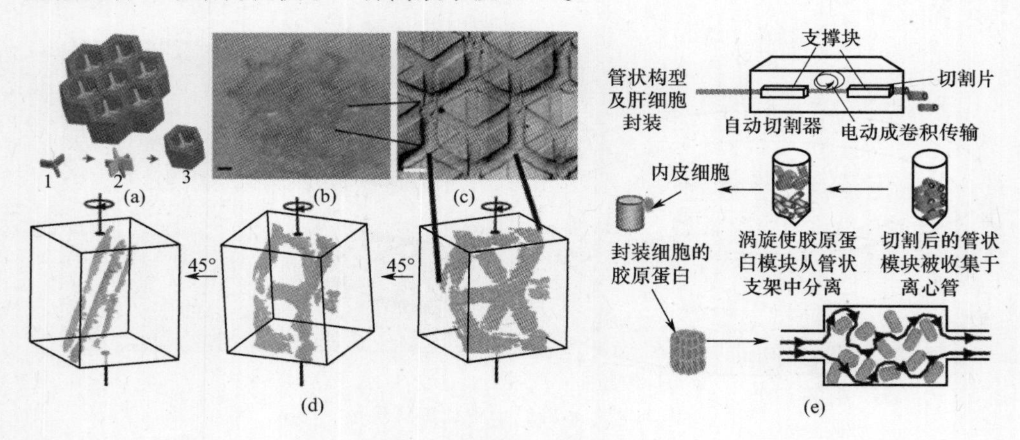

图 1.12　细胞化模块组装技术

(a)~(d)连续性光交联组装；(e)随机组装。

组织打印的概念与连续性光交联组装的方法相似，以细胞与生物材料混合物作为打印使用的生物墨水，在微尺度范围内实现特定三维结构的喷涂打印与逐层堆叠。如图 1.13 所示，早期的组织打印技术以细胞球作为生物打印墨水并以水凝胶作为生物打印纸，通过将细胞球打印到预先设计好孔的水凝胶上，并通过细胞球分泌细胞外基质后融合为具有特定形貌的集成组织结构[56,57]。随着生物打印技术的发展，近年来已出现具有双喷头并以复合后的多种细胞作为生物墨水的细胞打印系统。这类系统已能实现包括血管组织、外周神经组织等功能化组织的构建[58]。

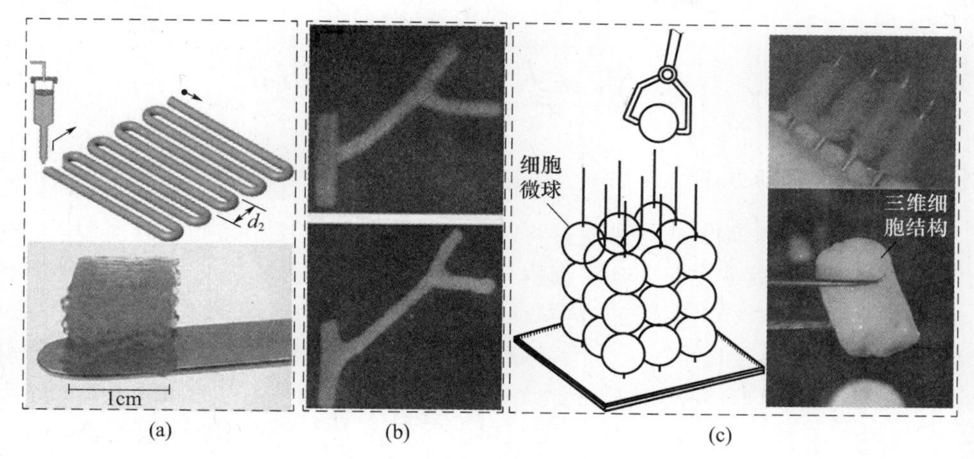

图 1.13　基于组织打印技术的人工组织构建方法

引导组装技术的出现是为了能够构建更加有序化、有空间组织能力的三维人工组织。当构建三维结构时使用的细胞化微模块为易损的特殊结构且需要由多种不同成分的微模块按特定的三维顺序分布而成时,三维组装需要针对每一个组装单元均有较高的空间操控能力,因此需要对每一个单元进行三维引导。引导组装技术借助于流体力、光电磁等场力以实现对细胞化微模块的三维引导与分布,最终以逐个引导的形式构建具有特定成分与分布特征的三维结构[59]。

细胞膜片堆叠是目前能够有效解决人工组织机械特性不足、细胞间连接问题的代表性组装方法。与其他组装方法相比,该方法通过促进细胞分泌足够的细胞外基质来实现模块间的组装与融合,即不需要除生物体系外的任何人工合成材料的辅助,整个组装过程人为干预较少。首先,用于组装的每一层细胞膜片均是由细胞及其分泌的细胞外基质混合而成,无任何掺杂。其次,组装堆叠后的各细胞层之间的连接也是依靠细胞外基质完成的[60]。因此,整个三维构架具有全面的生物特性及与真实组织极为相似的机械参数。然而,该方法受限于在增殖扩散中能够产生大量细胞外基质的细胞种类[61]。

当前,自下而上型生物制造方法已经能够制造一部分具有微结构特性且兼具人体组织相似形貌、功能的三维人工组织。然而,为构建更加精密复杂且可以批量化生产的人工组织,仍需深入探索细胞级别、亚细胞级别的高精度操作方法,以及实现更为高效、高通量、空间可控的细胞聚集与构型方法。由此可见,未来人工组织的开发与微纳尺度下的操作技术,特别是自动化操作技术息息相关。因此,对微纳操作技术的深入研究，将能够有效提高自下而上型三维人工组织构建的效率、精度与稳定性，为组织工程开发复杂功能化人工组织与临床应用开辟了新的途径。

1.4 机器人化细胞组装方法

1.4.1 细胞组装概述

自上而下型生物制造技术通过将特定细胞群进行二维封装与三维构型以构建三维人工组织。其实质是实现了细胞从一维到三维空间的组装，通过将细胞以既定的规律进行聚集，实现了细胞群从微观到宏观的尺度放大。如图 1.14 所示，从生物学角度出发，微尺度下人体大部分的器官均由具有相似形状和功能的模块化微单元构成，而这些微单元均以若干种细胞为原料，按照特定的规律组装而成。基于此生物学规律，以中科院外籍院士福田敏男教授为代表的一批学者提出了一个大胆的设想：如果我们能够以类似于人体器官构成规律对细胞进行人为组装，在保证组装效率与精度的前提下，是否能够将人体组织与器官像工业 MEMS 器件一样组装出来，细胞组装的概念孕育而生。

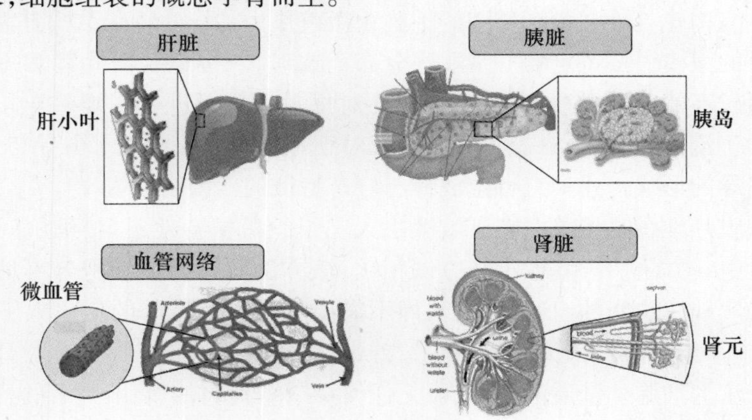

图 1.14 人体器官中的模块化微组织

细胞组装是指以细胞或细胞群为操作对象，通过高精度的微纳操作技术实现细胞在三维空间内的定位、移动、固定、聚集的过程。如果在细胞组装中引入机器人技术，即可实现机器人化的细胞组装。由于机器人技术具有高效、高精度、自动化等优势，将其应用到细胞组装中将能够大幅提升组装效率与稳定性，为批量化构建高精密复合型三维人工组织提供了一种全新的理念。图 1.15 展示了机器人化细胞组装的整体概念。整个细胞组装的过程包括单细胞操作与甄选、细胞群封装、细胞群组装、微组织培养等四个环节。首先,在获取一批种子细胞时,为从中挑选出符合特定要求的理想细胞,需要对细胞进行标记。单细胞操作通过微纳操作技术在光学显微镜、电子显微镜下对单个细胞进行物理操作,以获取每个细胞的黏度、弹性模量、局部硬度等机械参数。细胞的机械参数作为无标签的生物标记,与传统生物学标记方法相比,免去了对细胞进行特殊化学处理,而以细胞自身特征作为其评测指标,有效避免了细胞标记过程中对细胞本身的损伤。机械参数作为细胞固有属性,能够多方位地反应细胞的实时状态,对细胞筛选意义重大。例如,癌细胞的弹性模量和表面黏附特性与健康细胞相比具有很大的差别,有核细胞与无核细胞的整体硬度也存在较大差别。因此,通过基本的机械参数即可对细胞进行区分。为了能够精确抽取细胞参数,甚至是单细胞局部的周期性变化参数,需要在亚细胞级别的原位环境下对细胞进行高精密操作,这依赖于现有的各种微纳生物操作技术。微纳操作技术通过细胞切割、注射、纳米压痕操作、移动与固定等方式即可有效获取细胞的机械参数。在获取细胞机械参数完成对种子细胞的无标签标记后,即可对标记细胞进行筛选,将符合要求的所有细胞挑选后进行培养和扩增。

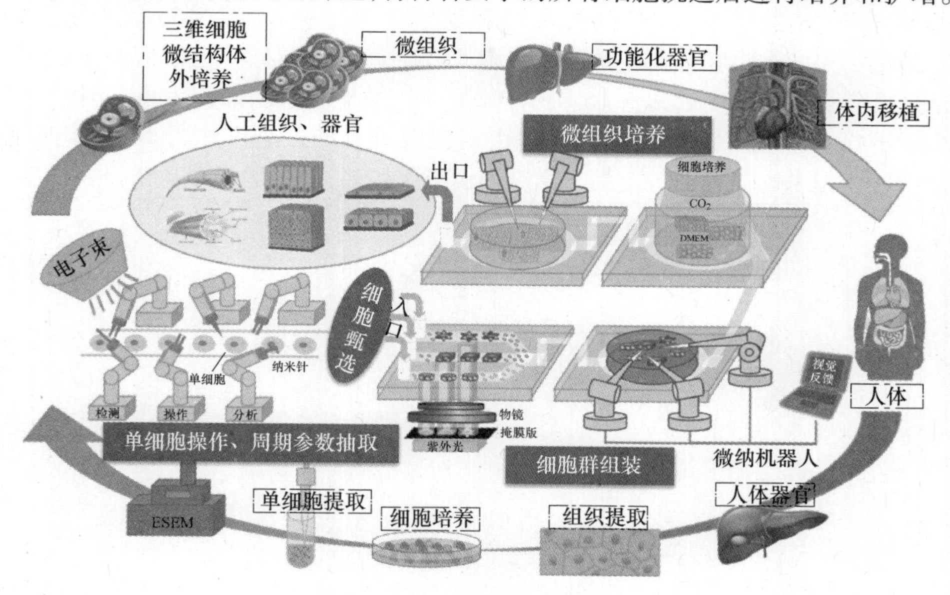

图 1.15 机器人化细胞组装整体概念

在获得扩增后的理想细胞群后,即可将细胞群进行微尺度下的二维封装。该步骤与传统的自下而上型生物制造技术相类似,通过将细胞群与具有特定化学特性的生物材料结合,即可制备成细胞 - 生物材料复合二维结构。然而,为了制备微尺度下与人体真实组织结构相似的微模块,细胞群与生物材料混合后大多被置于微流控芯片中，通过微加工技术对生物材料的光交联、化学交联实现仿生微组装二维结构的构建。在获得具有不同构型的二维细胞群组装单元后，即可通过多机器人协同微纳操作对微单元进行三维组装，构建与人体特定器官微组织有相似形貌与功能的三维复合型精密微结构。细胞组装构建的三维结构由细胞群与生物材料组装，此时的组装结构由于细胞密度较低且不具备充足的细胞外基质，仍无法作为人工组织应用。因此，细胞组装的最后一个步骤是对组装形成的三维结构进行细胞共培养。在细胞培养过程中，三维微结构中的细胞将分裂增殖，并逐步扩散填充覆盖整个三维构架。同时，细胞分泌的细胞外基质将作为黏合剂填充三维组装结构中各单元间的缝隙，辅助实现三维结构的高度集成。细胞培养过程中同时可以添加各种生长因子与诱导因子，以促进人工组织的血管等细胞的成型。最终，培养后形成的三维人工微组织即可作为药理学、病理学模型应用于生物学、医学中。

1.4.2 微纳生物操作技术研究进展

微纳操作技术是实现细胞组装的核心，为细胞组装中单细胞操作、细胞筛选、细胞群三维组装提供了必要的技术支撑，为自下而上型人工微组织的构建开辟了新的途径。微纳生物操作技术是以细胞、细胞群为操作对象，定位精度在微米、纳米尺度的操作技术。如图 1.16 所示，微纳生物操作对象以细胞为主，操作尺度集中于 100nm 至几百微米的范围[62]。由于肉眼可见的最小尺寸为 100μm，所有的微纳操作技术均需要在特定的显微观测设备下进行，如普通光学显微镜、扫描电子

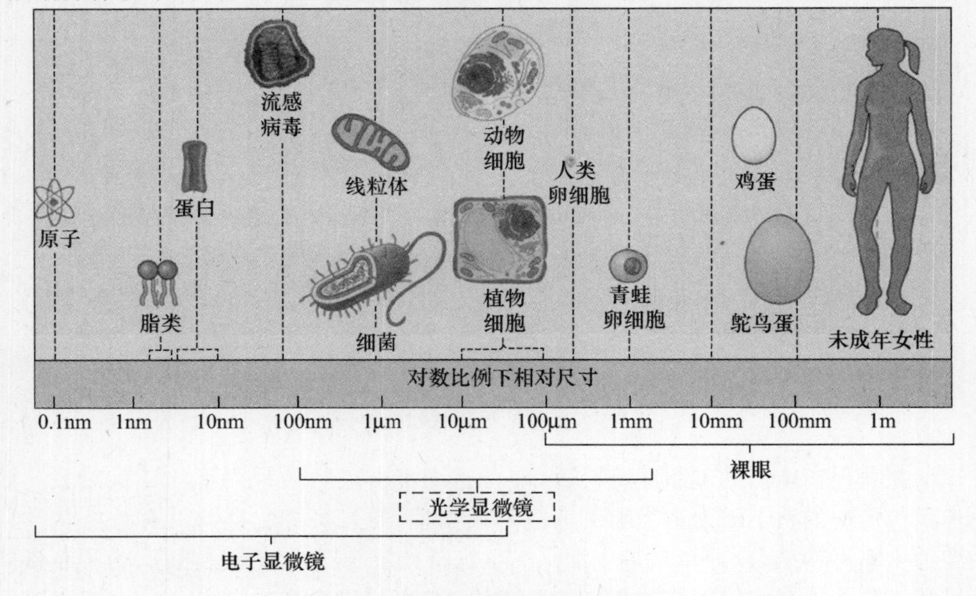

图 1.16　微纳生物操作对象相对尺寸

显微镜、原子力显微镜、透射电子显微镜等。根据操作中与生物目标的交互方式，我们可以将微纳操作技术分为接触式操作与非接触式操作两大类。

非接触式操作主要是指基于电场、磁场、光场、声场等场力所构成的非接触式力交互体系。通过与微流控技术相结合，非接触式力能够在不与细胞、细胞群发生物理接触的前提下完成生物目标的定位、拾取、移动、固定等与细胞组装息息相关的生物操作。该类微纳操作大多通过将培养液与生物目标混合入微流道中，在封闭系统中即可完成对目标的操作。由于系统为封闭式，有效避免了生物目标暴露于自然环境下，对目标生物活性的保持具有重要的意义。

微流道技术通过设计微米级的流体通道，在将微量液体与被控目标一同注入流道后，通过微阀对流体的控制即可实现对目标的操纵，其流体控制精度可以从微升增加到升。微流道以流体力、毛细力、离心力作为主要的驱动力，通过对灵敏气阀的控制，微流体可以有效实现单细胞捕捉、高通量药物筛选、单细胞分析与单分子操作等[63-66]。通过对微流道系统增加辅助的光控、电控、磁控、声控辅助系统，即融合非接触式力即可在实现流道中细胞群整体控制的前提下对某一个或若干个特定目标进行高精度的微纳操作。如图 1.17 所示，微流道系统实现了对细胞群中单细胞的自动捕获与阵列。通过对阵列单细胞设计不同的微流道舱室，可以在同一时间中对单细胞进行不同条件下的培养与观测[67]。

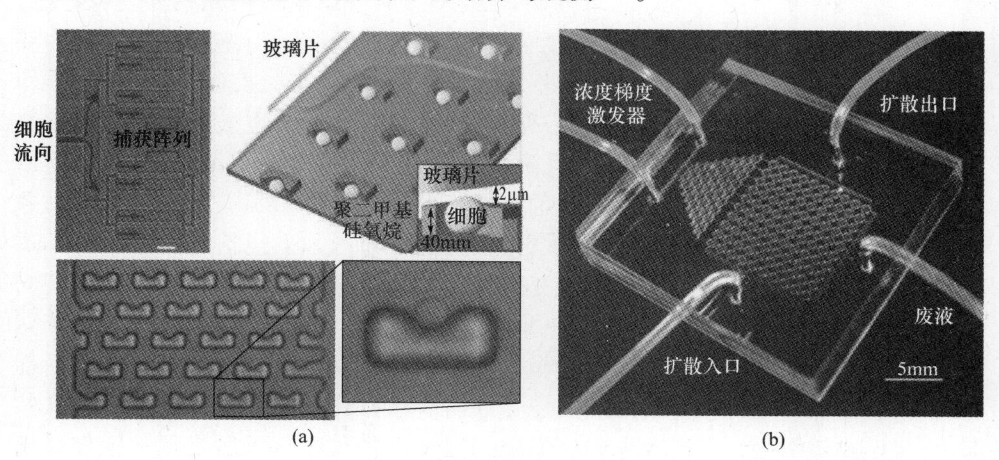

图 1.17　微流道细胞阵列操作

光镊作为非接触式微操作的典型代表，广泛应用于单细胞、病毒与 DNA 等生物目标的微操作中[57-59]。光镊系统大多与微流道系统结合，即可实现封闭空间内的生物操作。通过扫描激光焦点，光镊系统可以同时实现对多个目标的捕获与操作[68,69]。如图 1.18(a)所示，香港城市大学孙东教授团队使用光镊对细胞进行操

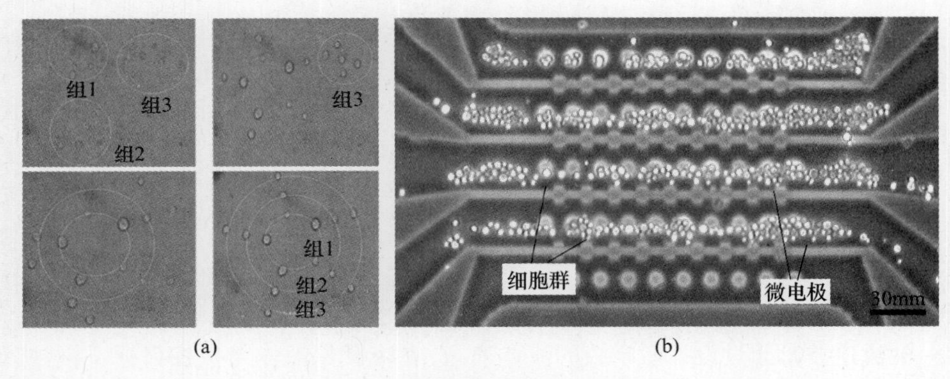

图 1.18 光镊与介电泳细胞操作

作,可以有效避免物理接触对细胞的损伤并保持较高的操作精度[70]。介电泳微操作广泛应用于细胞筛选、细胞聚集等生物微操作中。其基本原理是细胞等微尺度下物体的极化效应,即当细胞被置于电场环境下时,其表面电荷会发生迁移而受电场力作用的现象。如图 1.18(b)所示,北京理工大学福田敏男教授团队通过在微流道中加工微电极,实现了不同尺寸细胞的高速筛选[71]。沈阳自动化所刘连庆教授团队在介电泳系统原理基础上,融合光诱导技术构建了全新的光诱导介电泳(ODEP)微操作平台[72]。如图 1.19(a)所示,ODEP 中微电极由光诱导现象产生,当有足够光强的可见光照射到芯片镀层时,照射区域会实时由绝缘材料转变为导体,构成电极。与传统 DEP 相比,由于其电极可编程,可实时控制,在生物微操作中具有更高的灵活性。磁力作为另一种主要的非接触式力,也被广泛应用于生物目标的微操作中。通过使用如磁镊等磁力驱动系统并与微流道系统相结合,可以在封闭系统中构建微分类器、微装载器、微机器人等系统[73,74]。由于磁力驱动系统与光镊相比能够在三维空间内提供更大的操作力,国际上包括 Metin Sitti、Bradley Nelson、张立、孙东等团队都深入开展了相关研究,并用于细胞操作、药物靶向输送等微纳操作中[75-78]。综上所述,非接触式微操作能够有效地与微流道系统融合,在封闭环境下对细胞进行精确操作。封闭的环境有效避免了外界对细胞活性的影响,且不依赖于机械力接触的操作方式防止了操作过程中对细胞的损伤。然而,非接触式微纳操作同样存在许多缺陷。借助于各种物理场所搭建的操作系统复杂,且对操作对象的尺寸、成分及操作环境均有严格的约束,从一定程度上降低了微纳生物操作的灵活性。其次,大部分的非接触式力均为二维力,仅能在二维有限空间内对目标进行操作。最后,根据系统的参数不同,所能提供的操作力限制在皮牛至微牛级别,难以适应细胞群高效、稳定的三维操作需求。因此,为实现高通量的细胞三维组装与人工组织的构建,仍需开发能够有效介入三维操作,在保证操作精度的前提下兼顾操作灵活性与高效性的生物操作技术。

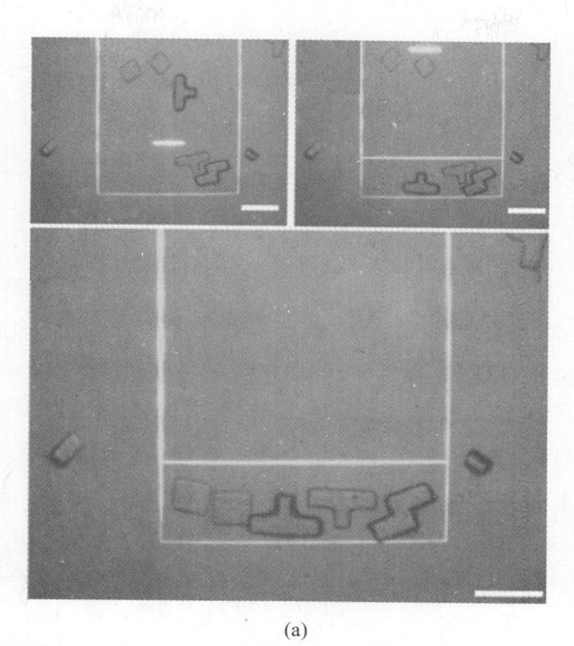

(a)

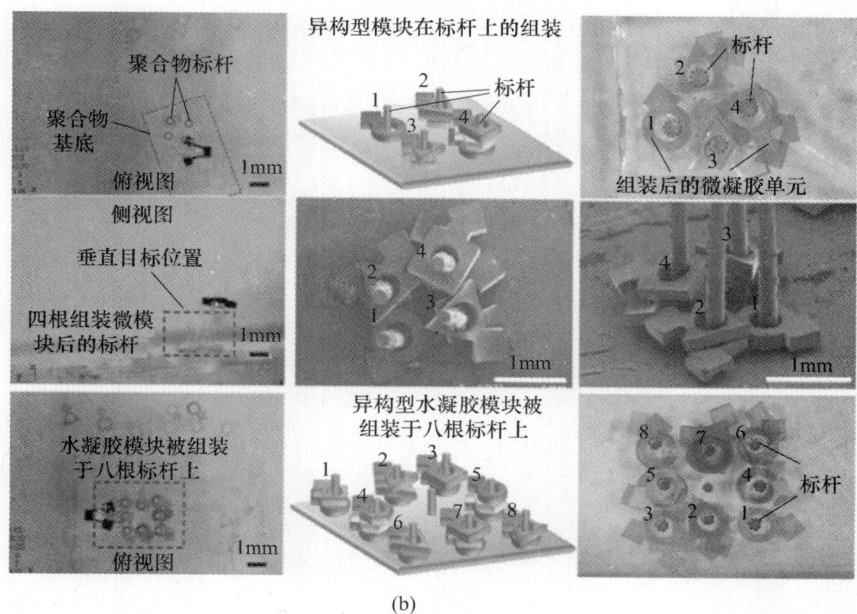

(b)

图 1.19　光诱导介电泳与磁控细胞操作

接触式微操作主要是指通过操作器与细胞群直接交互，以物理接触的形式完成的操作。由于需要与生物目标发生接触，该类微操作主要通过探针类末端执行器以吸力、黏附力、机械力等形式实现细胞定位、固定与三维组装。与非接触式微操作相比，探针物理接触能够提供从微牛到皮牛级别的操作力，三维组装效率得到保证。同时，由于探针在开放式的培养环境中对生物目标进行操作，简化的操作系统使组装过程具有较高的灵活性。

微量移液管作为使用最普遍的微操作探针，能够实现单细胞操作、卵细胞固定与注射、细胞去核、细胞硬度与黏附特性分析等[79-81]。如图1.20(a)所示，其主要原理是通过微量移液管尖端提供的气体负压，使用吸附力将细胞固定于移液管尖端，以实现对细胞的三维操纵[82]。其主要缺点是在吸附力的大小控制中，容易对细胞局部造成破坏，难以在操作后保持细胞活性[83]。为了改善接触操作对细胞表面的破坏，研究者对微量移液管进行改进，通过凝胶黏附力对细胞进行软接触式的操作。如图1.20(b)所示，微量移液管表面被镀金后变为导电微电极，通过在移液管内部注入热敏胶从而与移液管针尖区域形成闭合电路。由于热敏胶在温度发生变化时即可在液相与固相之间灵活转换，通过导通电路使电极增温即可将移液管尖端喷出的凝胶固化，同时固定其周围的生物目标[84]。基于机械力的微纳操作方法主要以标准悬臂梁及钨针等作为末端执行器。如图1.20(c)所示，通过末端执行器的协同配合下对生物目标的加持、挤压即可实现对细胞的三维移动、去核与辅助注射、细胞硬度与黏附特性分析、细胞注射、切割等生物操作等[85-88]。机械力微纳操作是最直观的生物微纳操作方法，通过机械控制能够使其从微牛到牛之间平滑变化，且宏观机械操作臂及其相关机器人系统技术已经非常成熟，可以将其相关理论与方法拓展到微纳尺度下形成基于机械力的机器人化三维组装的流水线作业[89]。

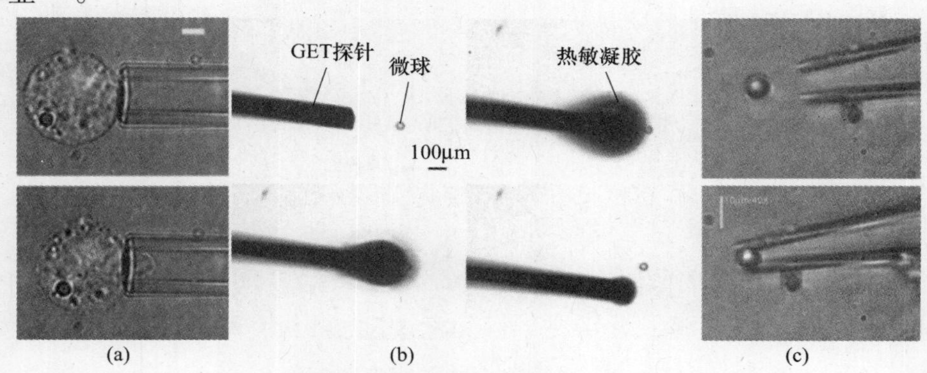

图1.20　接触式微纳操作方法

1.4.3 微纳操作机器人研究进展

近年来，随着机器人学、人工智能、纳米技术、生物医学工程等多学科之间相互渗透发展，机器人化的微纳操作在生物医学中得到了广泛的应用，其灵活、多自由度、高精度控制、实时反馈、可在线调节的优点为生物医学的发展带来了革命性突破。机器人化微纳操作以机器人技术实现微纳操作过程的实时信息反馈，并借助反馈信息对操作进行在线调节与控制。与普通微纳操作系统相比，机器人化微纳操作通过多探针末端执行器协同带来的灵活优势，能够有效实现微观定位与微结构的精密组装，其基于反馈信息的实时控制机制为微纳操作带来了更高的精度与效率[90-92]。基于视、力觉反馈的自动化微纳操作机器人系统已成为当今的研究热点，通过机器人系统代替人工操作，有效避免了复杂、重复、耗时的操作任务中的人为干预，将其相关技术应用到高速、精密的细胞三维组装操作中，将能够为组装效率与稳定性提供有力保障，推动自动化三维微组装的进程。

如图1.21所示，理想的微纳操作机器人系统集微力反馈控制和显微视觉于一体，具有高分辨率的观察能力，能够在充分考虑微观环境量子尺寸效应、表面效应、体积效应与宏观量子隧道效应等特性及范德华力、黏附力、静电力等尺度效应力干扰下，对细观操作对象的定位定向、移动和装配实现有效力控制[93-96]。国内外学者在微纳机器人系统设计与操作方法研究等领域投入了大量的精力，取得了丰硕的研究成果。早在20世纪90年代，Kimura等人即研发了世界上首台精子细胞注射微纳操作机器人系统，通过微量移液管接触式操作能够对精子完成稳定高效的注射[97]。意大利比萨圣安娜大学仿生机器人研究所则搭建了首台用于组装医用微器件的微组装机器人系统[98]。如图1.22(a)，(b)所示，日本新井健生教授搭建了具有超高速单细胞抓取与加持等操作灵巧双指微操作机器人系统，福田敏男教授搭建了世界上首台能够在扫描电子显微镜下进行纳米材料、亚细胞尺度生物目

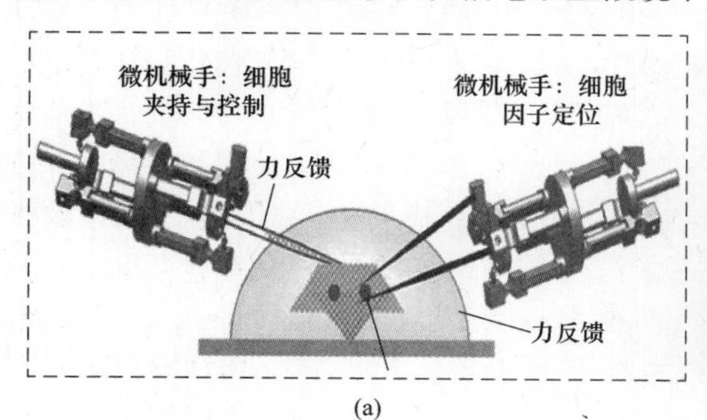

(a)

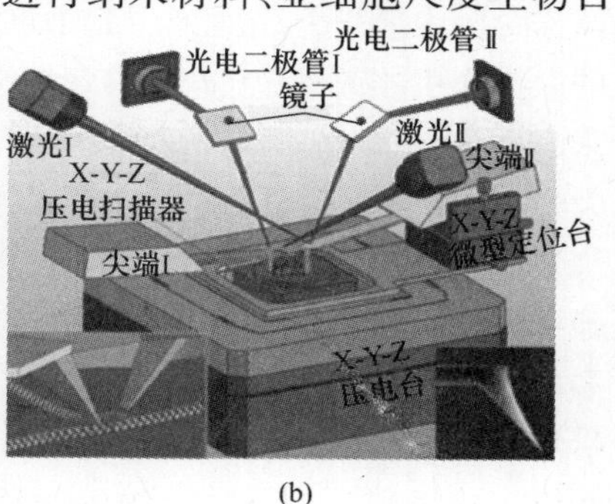

(b)

图1.21 基于视觉、力觉反馈的微纳操作机器人系统

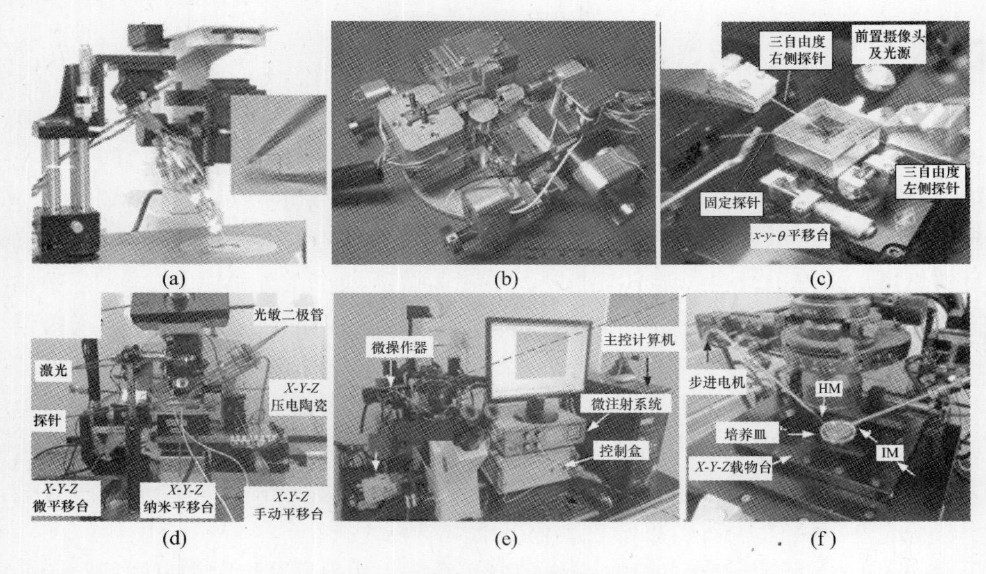

(a) (b) (c)

(d) (e) (f)

图 1.22 国内外典型微纳操作机器人系统

标机械操作的纳米操作机器人系统。多伦多孙钰教授团队基于视觉反馈下的自动微纳操作机器人系统,实现了精子筛选、细胞去核、红细胞自动计数、胚胎细胞自动注射等一系列的生物微纳操作。国内专家如孙立宁[99]、席宁[100]、赵新[101]、谢晖[102]、刘连庆[103]、汝常海[104]、白春礼[105]、张海霞[106]等人在微纳操作系统方面也做了大量的工作。如图 1.22(c)所示,哈尔滨工业大学谢晖教授搭建了一套融合视力觉多源信息反馈的协同微纳操作机器人系统,能够同时实现单细胞原位状态下多种物理参数的提取。如图 1.22(e)所示,南开大学赵新教授搭建了一套基于协同操作的细胞克隆高精密微操作机器人系统,在我国首次实现了机器人化的细胞克隆并以克隆猪形式进行了实效性验证。中科院沈阳自动化所刘连庆教授团队作为国内原子力显微镜(AFM)机器人化操作的先驱,搭建了基于 AFM 力学反馈的微操作机器人系统,实现了动物细胞在原位环境下的机械参数高精度实时抽取。东南大学、南京航空航天大学分别研发了基于力反馈的机器人控制系统[107,108],清华大学、西安交通大学搭建了基于显微反馈的微纳操作系统,解决微创及微尺度深度测量方面的问题[109-111]。北京航空航天大学研制了基于光学显微技术的生物细胞微操作系统进行了小鼠卵细胞的基因注入研究[112]。华中科技大学提出了一种多机械手协同操作的亚毫米零件装配机器人系统[113]。上海交通大学、清华大学、哈尔滨工业大学和上海大学机器人所研发了基于多自由度的协调运动操作系统,能够完成特定环境下精确的操作任务[114-118]。由此可见,微纳操作机器人系统及其相关技术已经逐步成熟,并向着全自动与智能化的方向发展。将相关技术应用到生物操作与细胞组装中能够充分发挥其高效性与高精度的特点，有效应对细胞组装中活体对操作实效性的严格要求，为未来人工组织与器官制造技术走向临床与产业化提供强有力的支撑。

显微视觉反馈作为微纳操作机器人系统中最直观且最易获得的反馈信息，是微纳操作机器人系统逐步实现全自动的核心。Nelson 带领的团队作为微纳操作机器人显微视觉反馈系统开发与自动化生物操作领域的先驱，通过虚拟现实技术与机器视觉，实现了生物细胞的遥操作与半自动化，将操作人员从烦琐、耗时的重复性工作中逐步解脱出来[119-121]。Ferreira 等人通过对虚拟现实技术的改进，将自动化微纳操作机器人系统应用到了微组装中[122]。目前，针对细胞操作中任务单一、策略简单、协同性较低的自动化操作系统已经发展成熟。研究者针对该类任务开发了多样化的显微视觉反馈算法，主要用于实现微纳操作机器人系统末端执行器的三维定位与实时跟踪。特别是针对显微视觉不易获取深度信息的特点，开发了一系列基于探针尖端离焦与对焦特性的针尖深度信息采集算法[123,124]。然而，面对细胞多维操作对精度与效率日益苛刻的要求以及三维细胞群缺乏高速有序化组装方法的现状，微纳机器人的简单操作模式与单一任务功能仍无法满足上述需求。一方面，自动化微纳操作机器人系统在完成如三维细胞结构组装等由多个子任务组装的复杂作业目标时，难以避免人为的介入。特别是在机器人系统多个操作器的协同操作策略中，人作为必要的核心单元仍然是整个控制循环中不可或缺的部分。因此，不同操作人员的经验差异使微纳操作机器人在每次完成复杂任务时的可重复性、作业再现性与稳定性受到影响[125,126]。另一方面，微纳操作机器人基于接触式操作实现对细胞的三维操作。在协同过程中不可避免地会发生探针尖端之间、探针尖端与背景之间的图像遮挡现象。这给微纳操作机器人实现全自动协同控制提出了巨大的挑战。尽管当前研究者已经根据任务需求提出了一些基于模型或无模型的算法，已经能够实现遮挡情况下的图像分割与重构[127,128]，然而该类算法主要针对显微环境下的静态目标，受计算时间的影响难以实现高速运动的多执行器实时跟踪[129,130]。为此，亟须开发能够实现细胞复杂组装任务，无须人为介入且能实现自动化协同配合的微纳操作机器人系统。

参 考 文 献

[1] 丁珊，李立华，周长忍. 新型组织工程支架材料[J]. 生物医学工程学杂志，2002，19(1)：122－126.
[2] YAMADA K M, CUKIERMAN E. Modeling tissue morphogenesis and cancer in 3D[J]. Cell,2007, 130: 601－610.

[3] 李密，刘连庆，席宁，等. 基于 AFM 的药物刺激前后淋巴瘤活细胞的形貌及弹性的变化[J]. 物理化学学报，2012，28(6)：1502－1508.

[4] RU CH, WANG F L, PANG M, et al. Suspended, shrinkage-free, electrospun PLGA nanofibrous scaffold for skin tissue engineering[J]. Acs Applied Materials & Interfaces, 2015, 7: 10872－10877.

[5] COLOSI C, COSTANTINI M, LATINI R, et al. Rapid prototyping of chitosan-coated alginate scaffolds through the use of a 3D fiber deposition technique[J]. Journal Of Materials Chemistry B, 2014, 2: 6779－6791.

[6] LANGER R, VACANTI J P. Tissue engineering[J]. Science, 1993, 260(5110): 920－926.

[7] STOCK U A, VACANTI J P. Tissue engineering: current state and prospects[J]. Annual Review of Medicine, 2001, 52: 443－451.

[8] 胡江，陶祖莱. 组织工程研究进展[J]. 生物医学工程学杂志，2000，17(1)：763－766.

[9] VACANTI C A. The history of tissue engineering[J]. Journal of Cellular and Molecular Medicine, 2006, 10(3): 569－576.

[10] 王身国，贝建中. 组织工程细胞支架及其相关技术的研究[J]. 现代康复，2001，16：227－279.

[11] CAO Y, LIU Y, LIU W, et al. Bridging tendon defects using autologous tenocyte engineered tendon in a hen mode[J]. Plastic and Reconstructive Sugery, 2002, 110(5): 1280－1289.

[12] LIU Y, CHEN F, LIU W, et al. Repairing large porcine full-thickness defects of articular cartilage using autologous chondrocyte-engineered cartilage[J]. Tissue Engineering, 2002, 8(4): 709－721.

[13] XIA W, LIU W, CUI L, et al. Tissue engineering of cartilage with the use of chitosan-gelatin complex scaffolds[J]. Journal of Biomedical Materials Research Part B-Applied Biomaterials, 2004, 71(2): 373－380.

[14] GRIFFITH L G, NAUGHTON G. Tissue engineering-current challenges and expanding opportunities[J]. Science, 2002, 295: 1009－1014.

[15] ZHANG Y S, KHADEMHOSSEINI A. Advances in engineering hydrogels[J]. Science, 2017: 356.

[16] WANG B, LIU W, ZHANG Y, et al. Engineering of extensor tendon complex by an ex vivo approach[J]. Biomaterials, 2008, 29(20): 2954－2961.

[17] LIU K, ZHOU G, LIU W, et al. The dependence of in vivo stable ectopic chondrogenesis by human mesenchymal stem cells on chondrogenic differentiation in vitro[J]. Biomaterials, 2008, 29(14): 2183－2192.

[18] 吴林波，丁建东. 组织工程三维多孔支架的制备方法和技术进展[J]. 功能高分子学报，2003，1：93－96.

[19] BORENSTEIN J T, WEINBERG E J, ORRICK B K, et al. Microfabrication of three-dimensional engineered scaffolds[J]. Tissue Engineering, 2007, 13: 1837－1844.

[20] ADELÖW C, SEGURA T, HUBBELL J A, et al. The effect of enzymatically degradable poly(ethylene glycol) hydrogels on smooth muscle cell phenotype[J]. Biomaterials, 2008, 29(3): 314－326.

[21] NICHOL J W, KHADEMHOSSEINI A. Modular tissue engineering: engineering biological tissues from the bottom up[J]. Soft Matter, 2009, 5(7): 1312－1319.

[22] YOSHIMOTO H, SHIN Y M, TERAI H, et al. A biodegradable nanofiber scaffold by electrospinning and its potential for bone tissue engineering[J]. Biomaterials, 2003, 24(12): 2077－2082.

[23] GAO J, CRAPO P M, WANG Y D. Macroporous elastomeric scaffolds with extensive micropores for soft tissue engineering[J]. Tissue Eng, 2006, 12(4): 917－925.

[24] JAKAB K, DAMON B, NEAGU A, et al. Three-dimensional tissue constructs built by bioprinting[J]. Biorheology, 2006, 43(3－4): 509－513.

[25] VOZZI G, FLAIM C, AHLUWALIA A, et al. Fabrication of PLGA scaffolds using soft lithography and microsyringe deposition[J]. Biomaterials, 2003, 24: 2533 - 2540.

[26] WHITESIDES G M, OSTUNI E, TAKAYAMA S, et al. Soft lithography in biology and biochemistry[J]. Annu. Rev. Biomed. Eng, 2001, 3: 335 - 373.

[27] L'HEUREUX N, PAQUET S, LABBE R, et al. A completely biological tissue-engineered human blood vessel [J]. Faseb Journal, 1998, 12(1): 47 - 56.

[28] YEH J, LING Y, KARP J M, et al. Micromolding of shape-controlled, harvestable cell-laden hydrogels[J]. Biomaterials, 2006, 27(31): 5391 - 5398.

[29] KOH W G, PISHKO M V. Fabrication of cell-containing hydrogel microstructures inside microfluidic devices that can be used as cell-based biosensors[J]. Analytical and Bioanalytical Chemistry, 2006, 385(8): 1389 - 1397.

[30] L'HEUREUX N, MCALLISTER T N, FUENTE L M. Tissue-engineered blood vessel for adult arterial revascularization[J]. New England Journal of Medicine, 2007, 357(14): 1451 - 1453.

[31] DU Y, LO E, ALI S, et al. Directed assembly of cell-laden microgels for fabrication of 3D tissue constructs[J]. Proceedings of the National Academy of Sciences, 2008, 105(28): 9522 - 9527.

[32] LIU T V, CHEN A A, CHO L M, et al. Fabrication of 3D hepatic tissues by additive photopatterning of cellular hydrogels[J]. FASEB Journal: Official Publication of the Federation of American Societies for Experimental Biology, 2007, 21(3): 790 - 801.

[33] MURPHY W L, DENNISR G, KILENY J L, et al. Salt fusion: an approach to improve pore interconnectivity within tissue engineering scaffolds[J]. Tissue Eng., 2002, 8: 43 - 52.

[34] WRIGHT L D, YOUNG R T, ANDRIC T, et al. Fabrication and mechanical chraterization of 3D electrospun scaffolds for tissue engineering[J]. Biomed. Mater., 2010, 5.

[35] HU C, UCHIDA T, TERCERO C, et al. Development of biodegradable scaffolds based on magnetically guided assembly of magnetic sugar particles[J]. J. Biotechnol. ,2012, 159: 90 - 98.

[36] CAO Y L, VACANTI J P, PAIGE K T, et al. Transplantation of chondrocytes utilizing a polymer-cell construct to produce tissue-engineered cartilage in the shape of a human ear[J]. Plastic and Reconstructive Surgery, 1997, 100(2): 297 - 302.

[37] MATSUNAGA Y T, MORIMOTO Y, TAKEUCHI S. Molding cell beads for rapid construction of macroscopic 3D tissue architecture[J]. Advanced Materials, 2011, 23: 90 - 94.

[38] SAKAR M S, NEAL D, BOUDOU T, et al. Formation and optogenetic control of engineered 3D skeletal muscle bioactuators[J]. Lab on a Chip, 2012, 12: 4976 - 4985.

[39] YAMATO M, OKANO T. Cell sheet engineering[J]. Materials Today, 2004, 7: 42 - 47.

[40] YANG J, YAMATO M, KOHNO C, et al. Cell sheet engineering: recreating tissues without biodegradable scaffolds[J]. Biomaterials, 2005, 26(33): 6415 - 6422.

[41] OHASHI K, YOKOYAMA T, YAMATO M,et al. Engineering functional two-and three-dimensional liver systems in vivo using hepatic tissue sheets[J]. Nature Medicine, 2007, 13(7): 880 - 885.

[42] KARP J M, YEH J, ENG G, et al. Controlling size, shape and homogeneity of embryoid bodies using poly (ethylene glycol) microwells[J]. Lab Chip, 2007, 7: 786 - 94.

[43] YEH J, LING Y, KARP J M, et al. Micromolding of shape-controlled, harvestable cell-laden hydrogels[J]. Biomaterials, 2006, 27: 5391 - 8.

[44] L' HEUREUX N, PAQUET S, LABBE R, et al. A completely biological tissue-engineered human blood vessel [J]. FASEB J, 1998, 12(1): 47 - 56.

[45] L' HEUREUX N, MCALLISTER T N, FUENTE L M. Tissue-engineered blood vessel for adult arterial revascularization[J]. New England J. Med., 2007, 357(14).

[46] KHADEMHOSSEINI A, ENG G, YEH J, et al. Microfluidic patterning for fabrication of contractile cardiac organoids[J]. Biomed. Microdevices, 2007, 9: 149 - 57.

[47] NAPOLITANO A P, CHAI P, DEAN D M, et al. Dynamics of the self assembly of complex cellular aggregates on micromolded nonadhesive hydrogels[J]. Tissue Eng., 2007, 13(8): 2087 - 94.

[48] BILLIET T, VANDENHAUTE M, SCHELFHOUT J, et al. A review of trends and limitations in hydrogel-rapid prototyping for tissue engineering[J]. Biomaterials, 2012, 33(26): 6020 - 6041.

[49] Chung S E, PARK W, SHIN S, et al. Guided and fluidic self-assembly of microstructures using railed microfluidic channels[J]. Nature Materials, 2008, 7(7): 581 - 587.

[50] LU T, LI Y, CHEN T. Techniques for fabrication and construction of three-dimensional scaffolds for tissue engineering[J]. International Journal of Nanomedicine, 2013, 8: 337 - 350.

[51] TAN W, DESAI T A. Layer-by-layer microfluidics for biomimetic threedimensional structures, Biomaterials [J]. 2004, 25:1355 - 64.

[52] LIU V A, BHATIA S N. Threedimensional photopatterning of hydrogels containing living cells[J]. Biomed. Microdevices, 2002, 4(4): 257 - 66.

[53] TSANG V L, CHEN A A, CHO L M, et al. Fabrication of 3D hepatic tissues by additive photopatterning of cellular hydrogels[J]. FASEB J., 2007, 21: 790 - 801.

[54] BORENSTEIN J T, TERAI H, KING K R, et al. Microfabrication technology for vascularized tissue engineering[J]. Biomed. Microdevices, 2002, 4(3): 167 - 75.

[55] CHROBAKK M, POTTER D R, TIEN J. Formation of perfused, functional microvascular tubes in vitro[J]. Microvasc. Res., 2006, 71(3): 185 - 96.

[56] JAKAB K, NEAGU A, MIRONOV V, et al. Organ printing: fiction or science[J]. Biorheology, 2004, 41(3 - 4):3715.

[57] JAKAB K, NEAGU A, MIRONOV V, et al. Engineering biological structures of prescribed shape using self-assembling multicellular systems[J]. Proc Natl Acad Sci USA 2004, 101(9):28649.

[58] NOROTTE C, MARGA F S, NIKLASON L E, et al. Scaffold-free vascular tissue engineering using bioprinting [J]. Biomaterials 2009, 30(30):59107.

[59] DU Y, LO E, ALI S, et al. Directed assembly of cell-laden microgels for fabrication of 3D tissue constructs [J]. Proceedings of the National Academy of Sciences, 2008, 105(28): 9522 - 9527.

[60] L' HEUREUX N, STOCLET J C, AUGER F A, et al. A human tissueengineered vascular media: a new model for pharmacological studies of contractile responses[J]. FASEB J., 2001, 15(2): 515 - 24.

[61] L' HEUREUX N, DUSSERRE N, KONIG G, et al. Human tissueengineered blood vessels for adult arterial revascularization[J]. Nat. Med., 2006, 12(3): 361 - 5.

[62] The relative sizes of biological molecules and structures on a logarithmic scale[EB/OL]. http://cnx.org/content/m44406/latest/? collection = col11448/latest.

[63] DITTRICH P S, MANZ A. Lab-on-a-chip: microfluidics in drug discovery[J]. Nature Reviews Drug Discovery, 2006, 5(3): 210 - 218.

[64] PIHL J, KARLSSON M, CHIU D. Microfluidic technologies in drug discovery[J]. Drug Discovery Today, 2005, 10: 1377 - 1383.

[65] WHEELER A, THRONDSET W, WHELAN R ,et al. Microfluidic device for single-cell analysis[J]. Analytical Chemistry, 2003, 75: 3581 - 3586.

[66] DITTRICH P, MANZ A. Single-molecule fluorescence detection in microfluidic channels-the Holy Grail in muTAS[J]. Analytical and Bioanalytical Chemistry, 2005, 382:1771 - 1782.

[67] CARLO D, WU L, LEE L. Dynamic single cell culture array[J]. Lab on a Chip, 2006, 6: 1445 - 1449.

[68] LIANG H, VU K, KRISHNAN P, et al. Wavelength dependence of cell cloning efficiency after optical trapping[J]. Biophysical Journal, 1996, 70:1529 - 1533.

[69] SASAKI K, KOSHIOKA M, MISAWA H, et al. Pattern formation and flow control of fine particles by laser-scanning micromanipulation[J]. Optics Letters, 1991, 16:1463 - 1465.

[70] XIE M, WANG Y, FENG G, et al. Automated pairing manipulation of biological cells with a robot-tweezers manipulation system[J]. IEEE/ASME Transactions on Mechatronics, 2015, 20: 2242 - 2251.

[71] YUE T, NAKAJIMA M, TAKEUCHI M, et al. On-chip self-assembly of cell embedded microstructures to vascular-like microtubes[J]. Lab on a Chip, 2014, 14: 1151 - 1161.

[72] YANG W, YU H, LI G, et al. High-throughput fabrication and modular assembly of 3D heterogeneous microscale tissues[J]. Small, 2017, 13.

[73] YAMANISHI Y, SAKUMA S, ONDA K, et al. Powerful actuation of magnetized microtools by focused magnetic field for particle sorting in a chip[J]. Biomedical Microdevices, 2010, 12:745 - 752.

[74] HAGIWARA M, KAWAHARA T, YAMANISHI Y, et al. On-chip magnetically actuated robot with ultrasonic vibration for single cell manipulations[J]. Lab on a Chip, 2011, 11:2049 - 2054.

[75] SITTI M, CEYLAN H,WENQI H, et al. Biomedical applications of untethered mobile milli/microrobots[J]. Proceedings of the IEEE, 2015, 103: 205 - 224.

[76] HUANG H W, SAKAR M S, PETRUSKA1A J, et al. Soft micromachines with programmable motility and morphology[J]. Nature Communication, 2016, 7.

[77] YAN X, ZHOU Q, VINCENT M, et al. Multifunctional biohybrid magnetite microrobots for imaging-guided therapy[J]. Science Robotics, 2017, 2(2): 1155.

[78] LI J Y , LI X J, LUO T, et al. Development of a magnetic microrobot for carrying and delivering targeted cells [J]. 2018, 3.

[79] TAKAMATSU H, UCHIDA S, MATSUDA T. In situ harvesting of adhered target cells using thermoresponsive substrate under a microscope: principle and instrumentation[J]. Journal of Biotechnology, 2008, 134:297 - 304.

[80] KIMURA Y, YANAGIMACHI R. Intracytoplasmic sperm injection in the mouse[J]. Biology of Reproduction, 1995, 52: 709 - 720.

[81] HE J, XU W, ZHU L. Analytical model for extracting mechanical properties of a single cell in a tapered micropipette[J]. Applied Physics Letters, 2007, 90: 023901.

[82] JONES W, TING-BEALL H, LEE G, et al. Alterations in the young's modulus and volumetric properties of chondrocytes isolated from normal and osteoarthritic human cartilage[J]. Journal of Biomechanics, 1999, 32: 119 - 127.

[83] THIELECKE H, IMPIDJATI, FUHR G. Biopsy on living cells by ultra slow instrument movement[J]. Journal

of Physics: Condensed Matter, 2006, 18: S627 - S637.

[84] TAKEUCHI M, NAKAJIMA M, KOJIMA M, et al. Nanoliters discharge/suction by thermoresponsive polymer actuated probe and applied for single cell manipulation[J]. Journal of Robotics andMechatronics, 2010, 22(5): 644 - 650.

[85] KASHIWASE Y, IKEDA T, OYA T, et al. Manipulation and soldering of carbon nanotubes using atomic force microscope[J]. Applied Surface Science, 2008, 254: 7897 - 7900.

[86] XIE H. Three-dimensional automated micromanipulation using a nanotip gripper with multi-feedback[J]. Journal of Micromechanics and Microengineering, 2009, 19: 075009.

[87] AHMAD M, NAKAJIMA M, KOJIMA S, et al. The effects of cell sizes, environmental conditions, and growth phases on the strength of individual w303 yeast cells inside ESEM[J]. IEEE Transactions on Nanobioscience, 2008, 7: 185 - 193.

[88] TSANG P, LI G, BRUN Y, et al. Adhesion of single bacterial cells in the micronewton range[J]. Proceedings of the National Academy of Sciences of the United States of America, 2006, 103: 5764 - 5768.

[89] RAMADAN A, TAKUBO T, MAE Y, et al. Developmental process of a chopstick-like hybrid-structure two-fingered micromanipulator hand for 3 - D manipulation of microscopic objects[J]. Industrial Electronics, IEEE Transactions on, 2009, 56: 1121 - 1135.

[90] LIXIN D, ARAI F, FUKUDA T. Destructive constructions of nanostructures with carbon nanotubes through nanorobotic manipulation[J]. Mechatronics, IEEE/ASME Transactions on, 2004, 9: 350 - 357.

[91] NAKAJIMA M, ARAI F, FUKUDA T. In situ measurement of young's modulus of carbon nanotubes inside a TEM through a hybrid nanorobotic manipulation system[J]. Nanotechnology, IEEE Transactions on, 2006, 5: 243 - 248.

[92] HEPING C, NING X, GUANGYONG L, et al. Planning and control for automated nanorobotic assembly. Proceedings of the 2005 IEEE International Conference on Robotics and Automation[C], 2005: 169 - 174.

[93] 邹志青, 赵建龙. 纳米技术和生物传感器[J]. 传感器世界, 2004(12): 6 - 11.

[94] 缪煜清,刘仲明. 纳米技术在生物传感器中的应用[J]. 传感器技术, 2002, 21(11):61 - 64.

[95] ISRAELACHVILI J. Intermolecular and surface forces [M]. London, UK: Academic Press, 1991.

[96] CHRISTENSON H. Non-DLVO forces between surfaces-solvation, hydration and capillary effects[J]. Journal of Dispersion Science and Technology, 1988, 9(2): 171 - 206.

[97] CARROZZA M, EISINBERG A, MENCIASSI A, et al. Towards a force-controlled microgripper for assembling biomedical microdevices[J]. Journal of Micromechanics and Microengineering, 2000, 10: 17 - 20.

[98] SIEBER A, VALDASTRI P, HOUSTON K, et al. A novel haptic platform for real time bilateral biomanipulation with a MEMS sensor for triaxial force feedback[J]. Sensors and Actuators A, 2008, 142:19 - 27.

[99] 何志勇, 孙立宁, 芮延年. 一种微小表面缺陷的机器视觉检测方法[J]. 应用科学学报, 2012, 30(5): 531 - 537.

[100] 李密, 刘连庆, 席宁, 等. 基于 AFM 的药物刺激前后淋巴瘤活细胞的形貌及弹性的变化[J]. 物理化学学报, 2012, 28(6): 1502 - 1508.

[101] ZHAOQ L, SUN M Z, CUI M S, et al. Robotic cell rotation based on the minimum rotation force[J]. IEEE Transactions on Automation Science and Engineering, 2015, 12: 1504 - 1515.

[102] MENGX H, ZHANG H, SONG J M, et al. Broad modulus range nanomechanical mapping by magnetic-drive soft probes[J]. Nature Communication, 2017, 8: 1 - 10.

[103] LI M, DANG D, LIU L Q, et al. Atomic force microscopy in characterizing cell mechanics for biomedical applications: a review[J]. IEEE Tansactions on Nanobioscience, DOI 10.1109/TNB.2017.2714462.

[104] ZHANG Y L, ZHANG Y, RU C H, et al. A compact closed-loop nanomanipulation system in scanning electron microscope[C]//IEEE International Conference on Robotics and Automation, 2011: 3157 - 62.

[105] 邓文礼, 白春礼, 方晔, 等. 苯基硫脲在 Au 表面自组装单分子膜的 AFM 观察[C]//四届全国 STM 学术会议, 1996.

[106] 王煜, 郭辉, 张海霞, 等. SiC 薄膜制备 MEMS 结构[C]//中国微米纳米技术第七届学术年会, 2005.

[107] 宋爱国. 力觉临场感遥操作机器人:技术发展与现状[J]. 南京信息工程大学学报(自然科学版), 2013,0 22(1): 167 - 171.

[108] 俞志伟, 宫俊, 张昊, 等. 基于三维力反馈的仿壁虎机器人单腿运动控制[J]. 仪器仪表学报, 2011, 12(3): 1421 - 1430.

[109] 谢琦, 潘博, 付宜利, 等. 基于腹腔微创手术机器人的主从控制技术研究[J]. 机器人, 2011, 19(2): 1521 - 1529.

[110] 高永基, 孙旭明, 张海霞. 微纳米分子系统研究领域的最新进展[J]. 太赫兹科学与电子信息学报, 2013, 11(3): 494 - 500.

[111] 孙明竹, 赵新, 卢桂章. 基于离焦的微操作机器人系统光轴方向深度测量[J]. 物理学报, 2009, 13(1): 139 - 145.

[112] 毕树生, 宗光华, 赵玮, 等. 微操作技术的最新研究进展[J]. 中国科学基金, 2001, 15(3): 153 - 157.

[113] 黄心汉. 微装配机器人系统研究与实现[J]. 华中科技大学学报(自然科学版), 2011, 3(9): 418 - 422.

[114] 李超, 谢少荣, 李恒宇, 等. 基于姿态闭环控制的球面并联仿生眼系统设计与研究[J]. 机器人, 2011, 21(4): 148 - 153.

[115] 唐恒博, 陈卫东, 王景川, 等. 高精度高鲁棒性的轨道机器人全局定位方法[J]. 机器人, 2013, 14(6): 189 - 194.

[116] 吉星春, 颜国正, 王志武, 等. 特殊环境移动机器人运动学及工作空间分析[J]. 现代制造工程, 2014, 18(1): 981 - 98.

[117] 郭益深, 孙富春. 漂浮基柔性空间机械臂协调运动的非线性鲁棒自适应控制[J]. 机械工程学报, 2013, 23(1): 478 - 482.

[118] 荣伟彬, 马立, 孙立宁. 二维微动工作台分析及其优化设计方法[J]. 机械工程学报, 2006, 12(4): 187 - 894.

[119] SUN Y, NELSON B J. Biological cell injection using an autonomous microrobotic system[J]. International Journal of Robotics Research, 2002, 21: 861 - 868.

[120] SUN Y, DUTHALER S, NELSON B J. Autofocusing in computer microscopy: selecting the optimal focus algorithm[J]. Microscopy Research and Technique, 2004, 65: 139 - 149.

[121] YESIN K B, NELSON B J. A CAD model based tracking system for visually guided microassembly[J]. Robotica, 2005, 23: 409 - 418.

[122] FERREIRA A, CASSIER C, HIRAI S. Automatic microassembly system assisted by vision servoing and virtual reality[J]. IEEE-Asme Transactions on Mechatronics, 2004, 9: 321 - 333.

[123] WANG W H, LIU X Y, SUN Y. Contact detection in microrobotic manipulation[J]. International Journal of

Robotics Research, 2007, 26: 821 –828.

[124] LIU J, GONG Z, TANG K, et al. Locating end-effector tips in robotic micromanipulation[J]. IEEE Transactions on Robotics, 2013, 30: 1 –6.

[125] BANERJEE A G, GUPTA S K. Research in automated planning and control for micromanipulation[J]. IEEE Transactions on Automation Science and Engineering, 2013, 10: 485 –495.

[126] CASTILLO J, DIMAKI M, SVENDSEN W E. Manipulation of biological samples using micro and nano techniques[J]. Integrative Biology, 2009, 1: 30 –42.

[127] SALAH M, et al. Model-free, occlusion accommodating active contour tracking[J]. ISRN Artif. Intell, 2012, 7: 78 –88.

[128] VASWANI N, et al. Deform PF-MT: particle filter with mode tracker for tracking nonaffine contour deformations[J]. IEEE T. Image Process, 2010, 19: 841 –857.

[129] SAVIA M, KOIVO H N. Contact micromanipulation-survey of strategies[J]. IEEE/ASME Transactions on Mechatronics, 2009, 14: 504 –514.

[130] OUYANG P R, ZHANG W J, GUPTA M M, et al. Overview of the development of a visual based automated bio-micromanipulation system[J]. Mechatronics, 2007, 17: 578 –588.

第2章 生物微纳操作中的物理体系

2.1 微纳尺度效应

一般来说,微纳操作是指操作对象或操作空间的尺寸在几个纳米到几百个纳米范围内的操作。与宏观世界中的操作相比,微纳操作最明显的区别是特征长度的不同。由于自然界很多物理量都与长度相关,因此在尺寸减小时,物理规律将发生微妙的变化。常见物理量与长度的关系见表2.1[1]。

表2.1 常见物理量与长度的关系

物理量	符号	表达式	尺度效应
长度	L	L	L
面积	S	$\propto L^2$	L^2
体积	V	$\propto L^3$	L^3
质量	m	ρV	L^3
压力	F_P	PS	L^2
重力	G	mg	L^3
惯性力	F_I	$-ma$	L^3
黏性力	F	$uS/d\ \mathrm{d}x/\mathrm{d}t$	L^2
弹性力	F	$eS\Delta L/L$	L^2
弹簧刚度	K	$2UV/(\Delta L^2)$	L
谐振频率	ω	$\sqrt{K/m}$	L^{-1}
转动惯量	I	mr^2	L^5
偏移	D	M/K	L^2
雷诺数	Re	F_i/f_f	L^2
静电力	F_e	$\varepsilon SE^2/2$	L^2
范德华力	F_{vdw}	$Hd/12z^2$	L
介电力	F_d	$2\pi L^3\varepsilon_1\dfrac{\varepsilon_2-\varepsilon_1}{\varepsilon_2+2\varepsilon_1}\nabla(E^2)$	L^3

由表 2.1 可知,重力、惯性力等与长度的高阶次相关,因此在尺寸减小时,这些作用力急剧减小,而黏性力、静电力等与长度的低阶次相关,因此在尺寸减小时,这些作用力减小较为缓慢。因此,黏性力、静电力、范德华力等在宏观世界中影响很小的作用力,在微观领域具有不可忽视的影响和作用。此外,当尺度继续减小时,分子内部的作用力和运动将不可忽视,当尺寸减小至纳米级别时,甚至还会出现量子效应。因此,如何分析微纳环境的作用力和构建数学物理模型,是微纳研究的一大关键点。

2.2 微纳尺度下的材料与力学性能

微纳操作的本质是利用接触式操作器或非接触式驱动力改变微观物体的位置和姿态,进而实现有序的分类筛选和排列组装。类比到宏观世界中,微纳操作相当于多个机械臂在车间中搬运装配组件。宏观世界常见的此类操作对象有纸箱子、机械零部件等,其规则的形状和一定的刚度使得机械臂设计便于实现[2]。然而,在微观世界中,由于材料的不同,使得微纳操作变得更为复杂。尤其涉及细胞科学和组织工程时,由于生物材料往往硬度和刚度较低,且形状多变,夹取生物材料就好像用筷子加年糕。施力过小易掉落,施力过大易破坏。不单如此,在夹取至目标位置时,由于材料黏性和表面张力的存在,操作对象可能会黏附在操作器上无法释放。同样,对于操作器来说,如果刚度不足,则存在变形过大,操作精度过低的问题。然而,如果操作器过硬,则极易划割或刺入生物材料,造成不可避免的机械损伤。较大的硬度和刚度也不一定是不利的,如显微注射等操作则必须穿刺细胞。由此可见,操作器和操作对象的材料和力学特性对操作结果的影响至关重要。本章节会介绍生物微纳操作中常用的生物材料,以及它们不同的理化性质和应用场景,从而阐明微纳操作中存在的技术难点和实现方法。

2.2.1 材料的基本力学特性

在组织工程中,生物材料是与细胞结合的支架材料。支架材料为细胞提供附着和增殖的环境,形成细胞外基质。支架材料的应用场合对其理化性质提出了要求。就化学性质而言,支架材料必须具有良好的生物兼容性和可降解性等。就物理性质而言,支架材料必须具有一定的刚度和弹性,才能作为细胞生长的“支架”,此外材料还要具有可加工性,能够形成特定的形状和结构。考虑到上述条件,高分子材料以门类广、便于改性等优点成为了支架材料的主要选择。按照材料来源来划分,上述生物材料主要包括两大类:一是人工高分子聚合物,如聚乙二醇;二是天然高分子材料,如琼脂。表 2.2 和表 2.3 分别给出了常用的人工高分子聚合物和天然高分子材料[3]。一般地,人工高分子聚合物的机械性能优异,可加工性和可操作性强,但细胞增殖效果不太理想。天然高分子材料具有突出的生物兼容性,但刚度通常较低,形状控制和操作难度较大。

表2.2 常用的人工高分子聚合物(按字母顺序排序)

英文缩写	英文名称	中文名称
FEP	fluorinated ethylene propylene	全氟乙烯丙烯共聚物
LDPE	low - density polyethylene	低密度聚乙烯
PAM	polyacrylamide	聚丙烯酰胺
PANi	polyaniline	聚苯胺
PC	polycarbonate	聚碳酸酯
PCL	polycaprolactone	聚己内酯
PDMS	polydimethyl siloxane	聚二甲基硅氧烷
PEDOT	poly(3,4 - ehtylenedioxythiophene)	聚(3,4 - 乙烯二氧噻吩)
PEG	polyethylene glycol	聚乙二醇
PEGDA	polyethylene glycol diacrylate	聚乙二醇二丙烯酸酯
PEGDMA	polyethylene glycol dimethacrylate	聚乙二醇二甲基丙烯酸酯
PET	polyethylene terephthalate	聚对苯二甲酸乙二醇酯
PGA	polyglycolic acid	聚乙醇酸
PLA	polylactide	聚乳酸
PLGA	poly(lactic - co - glycolic acid)	聚乳酸 - 羟基乙酸共聚物
PMMA	poly(methyl methacrylate)	聚甲基丙烯酸甲酯
pNIPAM	poly(N - isopropylacrylamide)	聚(N - 异丙基丙烯酰胺)

表2.3 常用的天然高分子材料(按字母顺序排序)

英文名称	中文名称
agar	琼脂
alginate	褐藻胶
chitosan	壳聚糖
collagen	胶原蛋白
gelatin	明胶

人体中不同细胞的机械性能不同。如图2.1(a)所示,对于骨细胞,弹性模量约为10GPa,而对于肝脏细胞,弹性模量约为1kPa。对于一些常用的支架材料,改变工艺参数将改变结构最终的力学性能。如聚丙烯酰胺(PAM)在150Pa~150kPa的范围内可控。然而,弹性模量等参数的跨度远不及需求,因此需要根据不同的应

用场合选择相应的支架材料。图 2.1(b)给出了常用材料的弹性模量和应用范围[6]。

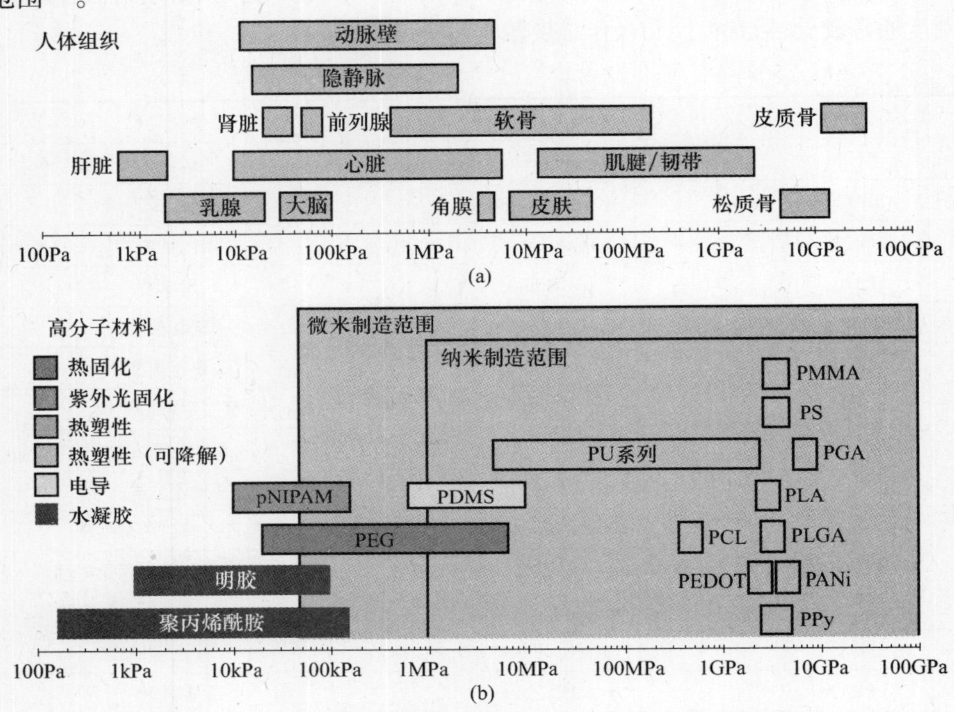

图 2.1　人体细胞组织和常用生物材料的弹性模量范围

支架材料一般需要可控的结构形状,而传统机械切削加工的方式在微纳领域受到了加工精度和灵活性的限制。因此支架材料多采用基于理化特性的特殊成形方式,包括热固化、光固化、热塑性、电沉积、化学交联等。

热固化是指材料初次受热后发生化学变化,逐渐硬化成形,即使受热也不软化的不可逆过程。具备热固化的典型材料是聚二甲基硅氧烷(PDMS)。PDMS 是一种无色、无味、无毒、不易挥发且具有良好的化学惰性的黏稠液体。由于 PDMS 与硅片和玻璃具有贴合性,且透光性良好,因此作为微流控和软光刻中广泛使用的材料。为了制成特定形状的 PDMS,通常采用有表面形貌的硅片作为模具,从而在固化后的 PDMS 表面得到互补的形貌。

光交联是指高分子材料在光照情况下发生化学反应并固化的过程。在具体使用中,经常选择聚乙二醇(PEG)这一类在紫外光下交联,而对自然光不敏感的材料。低分子量的 PEG 是一种无色无味的黏稠液体,高分子量呈现固态。PEG 依据不同的分子量有不同的用途。如 PEG - 400 为无色透明液体,可用于眼药水等。

PEG4000 为白色固体,可用作药片膜衣。PEGDMA 和 PEGDA 是 PEG 的两种衍生物,同样具有紫外光交联的性质,但在亲疏水性等方面有差异。由于受到光照的部分才会交联固化,因此利用掩膜版或数字微镜阵列(Digital Micromirror Device, DMD)改变光路的图案,即可得到不同形状的结构。

热塑性是指物体能够反复加热软化流动和冷却硬化为固态的性质。大部分线型高分子材料具有热塑性,如聚乳酸(PLA)。PLA 具有良好的机械性能和较低的密度,是 3D 打印机的常用耗材。此外,PLA 具有生物降解性和兼容性,因而可用作生物医学材料。形状控制方面,热塑性材料主要采用两种方法:一是利用高精度的 3D 打印技术,直接形成连续复杂的三维空间结构;二是利用模板辅助法,可借助软光刻等技术。

电沉积是指在电场作用下物质从其化合物溶液或熔盐中沉积出来的过程。聚苯胺(PANi)是一种具有极高电导率的聚合物,具有特殊的掺杂特性,性质稳定但又便于合成,是优良的导电高分子材料。PANi 可以在电极表面沉积成膜,因而常用作纳米级镀膜材料。此外,可采用电纺丝等技术形成纳米线,结合直写技术可以得到二维或三维空间结构。

化学交联是指由小的链状分子交联成大分子网状或空间结构的过程。例如,海藻酸钠遇到含 Ca^{2+} 溶液会发生交联反应,形成固态水凝胶,并由此成为发酵工艺中产酶细胞的传统包裹材料。同理,海藻酸钠作为组织工程中的细胞支架材料,具有先验性的优势。利用微流控的方法,调整海藻酸钠和 $CaCl_2$ 溶液的流速可以得到直径在几十微米的海藻酸钙纤维。而利用海藻酸钠和 $CaCO_3$ 纳米颗粒悬浮液,则可以通过电沉积方法得到一定图案形状的海藻酸钙水凝胶。

2.2.2 弹塑性变形

力学同细胞和组织的行为状态息息相关。一方面,细胞的生长状态会表现在力学特性上,如癌细胞的黏性会大幅度减小,更加容易转移。另一方面,支架材料的刚度、孔隙率以及外界的应力刺激会影响细胞的增殖和表达,如流体剪切可以促进内皮细胞重构细胞骨架,增加细胞强度。因此,研究细胞及支架材料的力学特性对细胞检测和培养均有重要意义。然而细胞结构复杂,难以得到具有广泛适用性的物理模型。本节将着重介绍现有的几种简单模型和相应的测量方法,为解决问题提供一定的思路。

虽然细胞内部有细胞核以及线粒体、内质网等功能各异的结构,但细胞的整体表现受内部不均匀性影响较小。因此如果不研究细胞内部结构或特定细胞骨架问题,我们一般讲细胞简化为内部均匀同一介质[7]。在小受力和小变形的情况下,细胞的变形与受力几乎成正比,那么我们可以假设其满足线性弹性体模型(图 2.2

(a))。该模型可以采用很多结构力学的方法来求解,如给定应力载荷 σ,测量细胞应变 ε,便可以得到细胞的弹性模量 E,可表示为

$$\sigma = E\varepsilon \tag{2-1}$$

如果在该模型的基础再考虑细胞的黏性,假设细胞由弹性元件和黏性元件组成,便可以得到黏弹性模型(图 2.2(b))。对于黏度为 μ 的黏性元件,其应力应变满足以下关系:

$$\sigma = \mu\dot{\varepsilon} \tag{2-2}$$

如果弹性元件和黏性元件串联,则称为麦克斯韦模型(图 2.3(a)),其满足 $\sigma = \sigma_1 = \sigma_2$,$\varepsilon = \varepsilon_1 + \varepsilon_2$,代入弹性元件和黏性元件公式,可得

$$\dot{\varepsilon} = \frac{1}{E}\dot{\sigma} + \frac{1}{\mu}\sigma \tag{2-3}$$

如果弹性元件和黏性元件并联,则称为开尔文模型(图 2.3(b)),其满足 $\sigma = \sigma_1 + \sigma_2$,$\varepsilon = \varepsilon_1 = \varepsilon_2$,代入弹性元件和黏性元件公式,可得

$$\sigma = E\varepsilon + \mu\dot{\varepsilon} \tag{2-4}$$

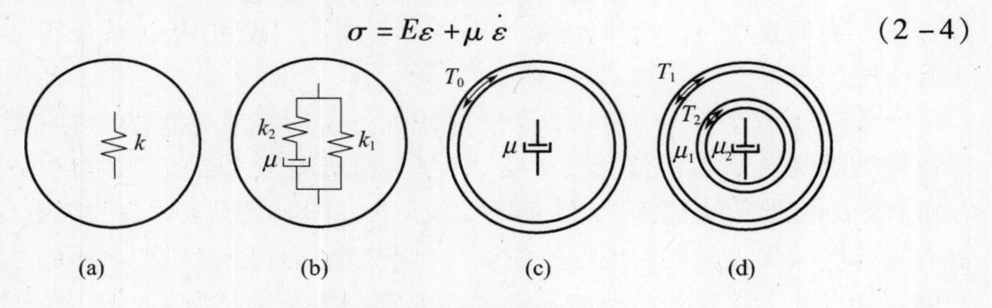

图 2.2　四种细胞模型

(a)线弹性;(b)黏弹性;(c)液滴;(d)复合液滴。

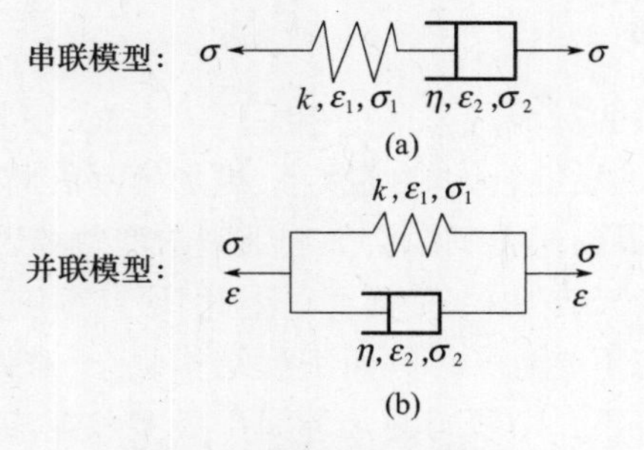

图 2.3　两种黏弹性模型

我们知道细胞膜和细胞质的组成和表征有着很大的差异,因此我们也可以把细胞简化为由弹性细胞膜和黏性流体组成的液滴模型(图 2.2(c))。该模型的细胞膜有各项同性的张力,但不抗弯,因此适用于细胞有很大变形的情况,但速度较快时不太匹配。在此基础上,如果再可考虑细胞核和细胞质的差异性,可以将细胞

核膜和细胞核再比作一个两相液滴，形成细胞膜－细胞质－细胞核膜－细胞质的复合液滴模型（图2.2(d)）。除此之外，还有很多其他模型，适用于不同的研究问题和计算方法。

无论是上述哪种模型，在测量时主要关注的是应力和应变，一方面如何准确提供应力载荷，另一方面，如何准确测量应变数值。常用的方法有微管吮吸法、按压法等。微管吮吸法是指利用负压将细胞吸入直径小于它的管内。负压可由压力泵精确控制，而细胞进入微管的变形明显，便于观测，因此可实现性较强。按压法是利用探针或平板使细胞受压，然后观测细胞的变形量。该方法操作较为直观，但在使用探针操作时，存在局部应力不均匀，影响测量结果的代表性。不过该方法可与原子力显微镜等相结合，从而获得精确的定位测量以及信息丰富的成像。此外，还有些基于悬浮的测量技术、基于流体剪切变形的测量技术等，具有一定的适用性[8]。

2.2.3 疲劳与断裂

通常情况下，我们希望材料具有一定的强度和刚度。比如，操作探针在夹取微观物体时，本身变形不能太大，否则难以精确定位；更不能断裂或碎裂，否则容易污染样品。另一方面，当进行细胞穿刺或切核时，我们又希望细胞的柔韧性不是很好。本节主要探讨如何在生物微纳操作中避免或者利用材料的疲劳和断裂。

在接触式机械操作中，多采用探针结构作机械臂的末端执行器。在电子显微镜下为避免电荷累积等因素，一般采用金属探针。在光学显微镜下为了便于吮吸注射等操作，一般采用微量移液管作为探针。对于探针和机械臂而言，相当于悬臂梁式结构。假设水平悬臂梁长度为 l，质量线密度为 q，则水平悬臂梁由于自重引起的挠曲线方程为

$$w = -\frac{qx^2}{24EI}(x^2 - 4lx + 6l^2) \tag{2-5}$$

式中：E 为弹性模量，$I = \int_A y^2 \mathrm{d}A$ 为惯性积，EI 称为弯曲刚度。一般规定 y 轴向上为正向，故挠曲线方程带负号。由挠曲线方程可得，悬空的末端变形量最大，转角和挠度分别为

$$\begin{cases} \theta_B = -\dfrac{ql^3}{6EI} \\ w_B = -\dfrac{ql^4}{8EI} \end{cases} \tag{2-6}$$

对于长50mm，直径5mm的钢质圆柱机械臂，末端挠度大约有20μm。该变形量对于宏观世界并不算很大，但足以影响显微观测下的操作精度。而且在光学显

微镜下,高度方向上的距离超过 5μm 可能出现离焦的问题。为了改善该问题可以通过加粗机械臂、采用锥状结构、更换刚度更大的材料等方式,也可以采用并联式机器人结构,通过多杆并联提高系统整体的刚度和定位精度。

上述计算说明,钢铁、玻璃等宏观条件刚性很强的材料可以受力产生显微可见的变形。微纳操作中的机械臂控制更多是基于位置控制,而非力矩控制。因此,对于作为末端执行器的玻璃探针,适当的变形能力虽会影响操作精度,却可以避免玻璃探针直接折断。这种微观下的"柔韧性"使得玻璃材料称为末端执行器的主要选择,并且其变形经常作为相互接触或提供足够夹持力的判断依据。当然,如果变形量达到十几微米甚至几十微米,玻璃探针同样存在产生裂纹甚至直接断裂的可能。

若末端执行器夹持或按压物体时,受到垂直方向上的力为 F,则操作臂的挠曲线方程为

$$w = -\frac{Fx^2}{6EI}(3l - x) \tag{2-7}$$

由挠曲线方程可得,末端变形量最大,转角和挠度分别为

$$\begin{cases} \theta_B = -\dfrac{Fl^3}{2EI} \\ w_B = -\dfrac{Fl^3}{3EI} \end{cases} \tag{2-8}$$

由此可知,相比于重力这种均布载荷,单端受力可以引起更大的变形。

在细胞穿刺和切核中,主要需要提供足够的力使操作器沿接近法向的方向刺入细胞,从而注射或吸取物质。在分析受力时,可采用合适的细胞力学模型。对于植物细胞,还应考虑细胞壁的影响。当然,操作器的刚度和硬度应该足够大,才能刺入细胞膜。

2.3 微纳尺度下的流体力学

流体力学是力学的一个分支,主要研究流体本身的运动状态和其他物体相互作用的物理规律。由于生物微纳操作以细胞、支架材料等为主,其操作环境以液态为主,因此研究微纳尺度下的流体作用对分析和优化生物微纳操作具有重要价值。尽管经典流体力学的研究背景多基于宏观条件,但在微纳操作下,由于其尺寸尚且足够大,流体力学的假设基本满足,很多经典理论仍适用。另外,微纳操作研究主要关注流体作用的宏观表现,与现有方法的研究目标较为一致。因此本章节内容以宏观层次的经典流体力学为基础,介绍通用物理方法的同时,突出微观操作面临

的不同条件,并对微观操作特有的现象着重介绍。

2.3.1 流体力学基本假设

1. 连续介质假设

流体力学的研究对象是气体和液体为主的流体。流体是由大量分子组成的,这些分子的宏观运动便是流体的运动。为了研究流体不同位置的运动和力学特性,常常需要微积分等数学工具,取局部微元,因此需要满足连续介质假设:流体的微元充满了整个空间,并能满足数学上的微分和偏导条件。连续介质假设是经典流体力学的基本假设,不论具有任何黏附特性或边界特性的流体,在进行建模计算时,必须遵循着连续介质假设。在某些特殊问题中,连续介质假设可能不满足。例如,对于稀薄流体环境(如扫描电子显微镜的真空腔),流体分子之间的距离较大,与物体的特征尺度接近,不宜再看作连续介质[9]。

流体力学的研究结果基于宏观条件,对于微纳米研究来说,当尺寸降至分子尺寸时,分子的热运动和作用将必须考虑。然而像水分子的直径在 0.4nm 左右,平均自由程约 10^{-8} 量级,远小于大多微纳问题的研究尺度,故一般不考虑分子的微观运动,但对于范德华力等具有宏观表现的作用,往往需要针对特定问题加以考虑。

2. 黏性

当两种流体之间或流体与界面之间相互运动时,流体对运动有抵抗,这种抵抗便称为黏性。黏性是流体的固有属性之一,而黏度则用来表示黏性的强度,也称作黏性系数[10]。黏度用符号 μ 表示(Pa · s)。实验证明,大多数流体的速度与受力的大小成正比。假设沿一定方向流动,相邻非常近的两层流体的速度之差为 $\mathrm{d}u$,之间的距离为 $\mathrm{d}y$,则流体受到的切应力为

$$\tau = \mu \frac{\mathrm{d}u}{\mathrm{d}y} \tag{2-9}$$

式中:$\mathrm{d}u/\mathrm{d}y$ 被称为剪切变形速度。该定律称为牛顿黏性定律。满足该定律的流体称为牛顿流体,表 2.4 给出了常见流体黏度。

表 2.4 常见流体的黏度

流体类型	黏度($\times 10^{-5}$ Pa · s)
水	100.2
乙醇	119.7
水银	156
干燥空气	1.82
二氧化碳	1.47

若用流体的黏度μ除以密度ρ,则得到运动黏度,用符号ν表示(m^2/s)。

$$\nu = \frac{\mu}{\rho} \tag{2-10}$$

对于某些黏性很小的流体,有时视为黏度为0,称作非黏性流体。现实世界中流体都是黏性流体,但黏性会使计算复杂。空气等流体的黏度较小,因此在满足要求的前提下,可当作非黏性流体来处理。

并非所有流体都满足牛顿黏性定律,其中将不满足牛顿黏性定律的流体称为非牛顿流体。如图2.4所示,常见的非牛顿流体包括以下几类。

(1)塑性流体,其切应力-剪切变形速度曲线不过原点,而是存在一个最小切应力值,当物体所受切应力小于该值时,物体的表现如同固体。当物体所受切应力大于该值时,物体才会像流体一样运动。若依旧满足线性关系,称作宾汉流体。常见的有牙膏、奶油、豆沙等。

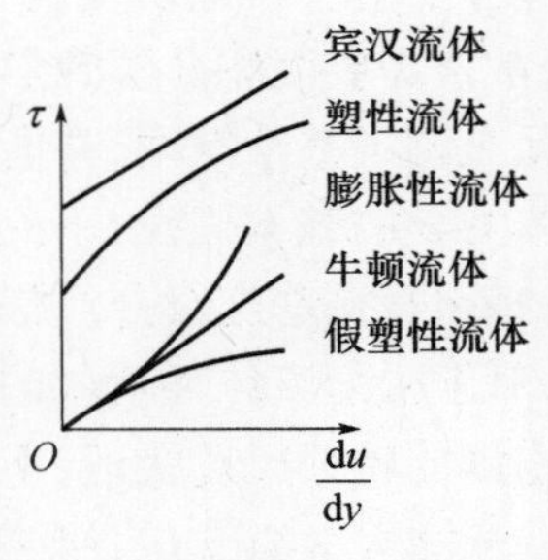

图2.4　流体的类型
(切应力-剪切变形速度)

(2)假塑性流体,是指随着剪切变形速度增大而黏度变小的流体。血液、淀鸡蛋液等大部分高分子材料和溶液均属于这一类。

(3)膨胀性流体,是指随着剪切变形速度增大而黏度变大的流体,如较浓稠的玉米淀粉糊。

3. 可压缩性

流体的体积并非一成不变,通常我们将能够压缩的流体称为可压缩流体,将压缩时体积几乎不变、可忽略其压缩性的流体称为不可压缩流体。在一般问题中,液体体积变化不大,被看作是不可压缩的,气体体积极易发生变化,被看作是可压缩的。但在水击问题中,液体必须看作是可压缩的。不可压缩的流体在现实世界是不存在的,也是为了便于分析的一种模型化近似。

不具有黏性且不可压缩的流体称为理想流体。理想流体不存在阻力和能量损耗,在计算时较为简便,但也意味着真正意义上的理想流体是不存在的。如流体的边界部分,由于黏性的存在会出现速度梯度,而远离边界的部分受黏性影响,有时可以将后者看作理想流体。

2.3.2　流体力学基本方程组

1. 两种描述方法

研究流体运动的主要有两种方法:拉格朗日方法和欧拉法。拉格朗日方法是指以空间中某个流体质点为研究对象,观察其随着时间的位置、速度、加速度和受力变化。采用该方法时流体的运动状态仅是时间 t 的函数。若已知 t_0 时刻该质点坐标为(x_0,y_0,z_0)，记该质点的位置矢量 $\boldsymbol{r}=[x \quad y \quad z]$、速度矢量 $\boldsymbol{u}=[u \quad v \quad w]$ 和加速度矢量 $\boldsymbol{a}=[a_x \quad a_y \quad a_z]$ 分别表示为

$$\begin{cases} \boldsymbol{r}=\boldsymbol{r}(x_0,y_0,z_0,t) \\ \boldsymbol{u}=\dfrac{\partial \boldsymbol{r}(x_0,y_0,z_0,t)}{\partial t} \\ \boldsymbol{a}=\dfrac{\partial^2 \boldsymbol{r}(x_0,y_0,z_0,t)}{\partial t^2} \end{cases} \tag{2-11}$$

欧拉方法是指持续观测空间中固定的一点，研究任意时刻通过该点的流体运动状态，进而描绘出空间中所有位置点的流体运动状态。由于固定观测点在现实生活中更易实现，因此流体力学多采用欧拉方法。令观测点坐标为 $\boldsymbol{r}=[x \quad y \quad z]$，时刻为 t，则该点的速度矢量表示为

$$\boldsymbol{u}=\boldsymbol{u}(x,y,z,t) \tag{2-12}$$

取经历微小时间 $\mathrm{d}t$ 的一端微元，则加速度矢量可表示为

$$\begin{aligned} \boldsymbol{a} &= \lim_{\mathrm{d}t\to 0}\frac{\boldsymbol{u}(x+\mathrm{d}x,y+\mathrm{d}x,z+\mathrm{d}x,t+\mathrm{d}x)-\boldsymbol{u}(x,y,z,t)}{\mathrm{d}t} \\ &= \lim_{\mathrm{d}t\to 0}\frac{1}{\mathrm{d}t}\left(\frac{\partial \boldsymbol{u}}{\partial t}\mathrm{d}t+\frac{\partial \boldsymbol{u}}{\partial x}\mathrm{d}x+\frac{\partial \boldsymbol{u}}{\partial y}\mathrm{d}y+\frac{\partial \boldsymbol{u}}{\partial z}\mathrm{d}z\right) \\ &= \frac{\partial \boldsymbol{u}}{\partial t}+u\frac{\partial \boldsymbol{u}}{\partial x}+v\frac{\partial \boldsymbol{u}}{\partial y}+w\frac{\partial \boldsymbol{u}}{\partial z} \end{aligned} \tag{2-13}$$

式中：第 1 项称为局部导数，表示非定常运动由于时间变化引起的速度变化；第 2 ~4 项称为位变导数，表示流体质点由于位置变化引起的速度变化。该式整体称为随体导数或物质导数。

为简便起见，记$\dfrac{\mathrm{D}}{\mathrm{D}t}=\dfrac{\partial}{\partial t}+u\dfrac{\partial}{\partial x}+v\dfrac{\partial}{\partial y}+w\dfrac{\partial}{\partial z}$，所以

$$\boldsymbol{a}=\frac{\mathrm{D}\boldsymbol{u}}{\mathrm{D}t}=\frac{\partial \boldsymbol{u}}{\partial t}+u\frac{\partial \boldsymbol{u}}{\partial x}+v\frac{\partial \boldsymbol{u}}{\partial y}+w\frac{\partial \boldsymbol{u}}{\partial z} \tag{2-14}$$

在笛卡儿坐标系下的形式：

$$\begin{cases} a_x=\dfrac{\mathrm{D}u}{\mathrm{D}t}=\dfrac{\partial u}{\partial t}+u\dfrac{\partial u}{\partial x}+v\dfrac{\partial u}{\partial y}+w\dfrac{\partial u}{\partial z} \\ a_y=\dfrac{\mathrm{D}v}{\mathrm{D}t}=\dfrac{\partial v}{\partial t}+u\dfrac{\partial v}{\partial x}+v\dfrac{\partial v}{\partial y}+w\dfrac{\partial v}{\partial z} \\ a_z=\dfrac{\mathrm{D}w}{\mathrm{D}t}=\dfrac{\partial w}{\partial t}+u\dfrac{\partial w}{\partial x}+v\dfrac{\partial w}{\partial y}+w\dfrac{\partial w}{\partial z} \end{cases} \tag{2-15}$$

在有了流体的描述方法后，我们可以根据具有普适性的宏观物理规律，建立流

体力学领域的基本方程组。

2. 连续性方程

根据质量守恒推出连续性方程，其矢量形式为

$$\frac{\partial \rho}{\partial t}+\nabla\cdot(\rho\boldsymbol{u})=0 \tag{2-16}$$

笛卡儿坐标系形式为

$$\frac{\partial \rho}{\partial t}+\frac{\partial(\rho u)}{\partial x}+\frac{\partial(\rho v)}{\partial y}+\frac{\partial(\rho w)}{\partial z}=0 \tag{2-17}$$

式中：ρ 为流体的密度；$\boldsymbol{u}=(u,v,w)$ 为流体的速度矢量。

对于定常运动（不随时间变化的流动），$\frac{\partial \rho}{\partial t}=0$，所以

$$\nabla\cdot(\rho\boldsymbol{u})=0 \text{ 或 } \frac{\partial(\rho u)}{\partial x}+\frac{\partial(\rho v)}{\partial y}+\frac{\partial(\rho w)}{\partial z}=0 \tag{2-18}$$

3. 运动方程

根据动量守恒可以推出运动方程，其微分形式为

$$\rho\frac{\mathrm{D}\boldsymbol{u}}{\mathrm{D}t}=\rho\boldsymbol{F}+\nabla\cdot\boldsymbol{P} \tag{2-19}$$

式中：$\boldsymbol{F}=(f_x,f_y,f_z)$ 为单位体积上的质量力；$\boldsymbol{P}$ 为二阶应力张量。

$$\boldsymbol{P}=\begin{bmatrix} p_{xx} & p_{xy} & p_{xz} \\ p_{yx} & p_{yy} & p_{yz} \\ p_{zx} & p_{zy} & p_{zz} \end{bmatrix} \tag{2-20}$$

笛卡儿坐标系形式为

$$\begin{cases} \rho\left(\frac{\partial u}{\partial t}+u\frac{\partial u}{\partial x}+v\frac{\partial u}{\partial y}+w\frac{\partial u}{\partial z}\right)=\rho f_x+\frac{\partial p_{xx}}{\partial x}+\frac{\partial p_{xy}}{\partial y}+\frac{\partial p_{xz}}{\partial z} \\ \rho\left(\frac{\partial v}{\partial t}+u\frac{\partial v}{\partial x}+v\frac{\partial v}{\partial y}+w\frac{\partial v}{\partial z}\right)=\rho f_y+\frac{\partial p_{yx}}{\partial x}+\frac{\partial p_{yy}}{\partial y}+\frac{\partial p_{yz}}{\partial z} \\ \rho\left(\frac{\partial w}{\partial t}+u\frac{\partial w}{\partial x}+v\frac{\partial w}{\partial y}+w\frac{\partial w}{\partial z}\right)=\rho f_z+\frac{\partial p_{zx}}{\partial x}+\frac{\partial p_{zy}}{\partial y}+\frac{\partial p_{zz}}{\partial z} \end{cases} \tag{2-21}$$

4. 能量方程

可以根据能量守恒推出能量方程：

$$\rho\frac{\mathrm{D}}{\mathrm{D}t}\left(U+\frac{1}{2}\boldsymbol{u}\cdot\boldsymbol{u}\right)=\rho\boldsymbol{F}\cdot\boldsymbol{u}+\nabla\cdot(\boldsymbol{P}\cdot\boldsymbol{u})+\nabla\cdot(k\nabla T)+\rho q \tag{2-22}$$

式中：U 为单位质量的内能；q 为由于热辐射或其他原因在单位时间内传入单位质量流体的热量；K 为热传导系数；T 为热力学温度。

笛卡儿坐标系形式为

$$\begin{aligned}&\rho\left(\frac{\partial}{\partial t}+u\frac{\partial}{\partial x}+v\frac{\partial}{\partial y}+w\frac{\partial}{\partial z}\right)\left(U+\frac{u^2+v^2+w^2}{2}\right)\\&=\rho(f_xu+f_yv+f_zw)+\frac{\partial}{\partial x}(p_{xx}u+p_{xy}v+p_{xz}w)+\frac{\partial}{\partial y}(p_{yx}u+p_{yy}v+p_{yz}w)\\&\quad+\frac{\partial}{\partial z}(p_{zx}u+p_{zy}v+p_{zz}w)+\frac{\partial}{\partial x}\left(k\frac{\partial T}{\partial x}\right)+\frac{\partial}{\partial y}\left(k\frac{\partial T}{\partial y}\right)+\frac{\partial}{\partial y}\left(k\frac{\partial T}{\partial y}\right)+\rho q\end{aligned}\tag{2-23}$$

左边项代表动能和内能的随体导数，右边项依次是单位体积内质量力做的功，单位体积内面积力做的功，单位体积内由于热传导传入的能量，以及由于辐射或其他原因传入的能量。

5. 本构方程

流体的应力和变形之间存在密切的关系，对于牛顿流体，可用本构方程来表示：

$$\tau_{ij}=\begin{cases}\mu\left(\dfrac{\partial u_i}{\partial x_j}+\dfrac{\partial u_j}{\partial x_i}\right), & i\neq j\\[2ex] -p+2\mu\dfrac{\partial u_i}{\partial x_j}-\dfrac{2}{3}\mu\,\nabla\cdot\boldsymbol{u}, & i=j\end{cases}\tag{2-24}$$

上述方程构成了流体力学基本方程组。

2.3.3 纳维－斯托克斯方程

由于基本方程组的中运动方程采用动量守恒推导，并未考虑黏性因素。将黏性应力引入运动方程，得到纳维－斯托克斯方程，简称N－S方程。其微分形式为

$$\rho\frac{\mathrm{D}\boldsymbol{u}}{\mathrm{D}t}=\rho\boldsymbol{F}-\nabla p+\mu\nabla^2u\tag{2-25}$$

笛卡儿坐标系形式为

$$\begin{cases}\rho\left(\dfrac{\partial u}{\partial t}+u\dfrac{\partial u}{\partial x}+v\dfrac{\partial u}{\partial y}+w\dfrac{\partial u}{\partial z}\right)=\rho f_x-\dfrac{\partial p}{\partial x}+\mu\left(\dfrac{\partial^2u}{\partial x^2}+\dfrac{\partial^2u}{\partial y^2}+\dfrac{\partial^2u}{\partial z^2}\right)\\[2ex]\rho\left(\dfrac{\partial v}{\partial t}+u\dfrac{\partial v}{\partial x}+v\dfrac{\partial v}{\partial y}+w\dfrac{\partial v}{\partial z}\right)=\rho f_y-\dfrac{\partial p}{\partial y}+\mu\left(\dfrac{\partial^2v}{\partial x^2}+\dfrac{\partial^2v}{\partial y^2}+\dfrac{\partial^2v}{\partial z^2}\right)\\[2ex]\rho\left(\dfrac{\partial w}{\partial t}+u\dfrac{\partial w}{\partial x}+v\dfrac{\partial w}{\partial y}+w\dfrac{\partial w}{\partial z}\right)=\rho f_z-\dfrac{\partial p}{\partial z}+\mu\left(\dfrac{\partial^2w}{\partial x^2}+\dfrac{\partial^2w}{\partial y^2}+\dfrac{\partial^2w}{\partial z^2}\right)\end{cases}\tag{2-26}$$

由于N－S方程考虑了流体的黏性，因此具有更为普遍的适用性，并被广泛应用于流体力学仿真计算当中。由于N－S方程为非线性方程，一般计算较为复杂，甚至仿真求近似解的计算量也较大。

2.3.4 雷诺数

黏性是流体力学研究中不可忽视的一个因素,为了表示黏性对流体的影响程度,引入了雷诺数的概念。其表达式为

$$Re = \frac{\rho u L}{\mu} \tag{2-27}$$

式中:ρ 为流体的密度;u 为流体的速度;L 为流体的特征长度;μ 为流体的黏度。

雷诺数是惯性力和黏性力的比值。雷诺数越大,黏性力的影响越小,当雷诺数大于一定值(约4000)时,流体的微小变化也会引起不稳定和急剧变化,形成湍流。当雷诺数小于一定值(约2300)时,流体的运动较有规律,并有明显的分层现象,称为层流。当雷诺数位于过渡状态时,流体的类型一般需视具体情况而定。湍流和层流对应不同的研究模型,而雷诺数是判断流体类型和选用研究模型的一大准则。由于微纳领域的特征尺度较小,因而雷诺数不会太大,一般符合层流条件。

2.3.5 黏性不可压缩流体运动

由于大部分微纳生物操作基于液态环境,黏性力影响突出,故一般视为黏性不可压缩流体情形,将前述的流体力学基本方程组加以改变,便可得到黏性不可压缩流体的基本方程组。

(1) 连续性方程。对于不可压缩流体,$\rho \equiv \rho_0$,所以

$$\nabla \cdot \boldsymbol{u} = 0 \tag{2-28}$$

(2) 运动方程,即N-S方程:

$$\rho \frac{\mathrm{D}\boldsymbol{u}}{\mathrm{D}t} = \rho \boldsymbol{F} - \nabla p + \mu \nabla^2 u \tag{2-29}$$

(3) 能量方程保持不变,仍为

$$\rho \frac{\mathrm{D}}{\mathrm{D}t}\left(U + \frac{1}{2}\boldsymbol{u} \cdot \boldsymbol{u} \right) = \rho \boldsymbol{F} \cdot \boldsymbol{u} + \nabla \cdot (\boldsymbol{P} \cdot \boldsymbol{u}) + \nabla \cdot (k \nabla T) + \rho q \tag{2-30}$$

(4) 对于不可压缩流体 $\nabla \cdot \boldsymbol{u} = 0$,所以本构方程为

$$\tau_{ij} = \begin{cases} \mu\left(\dfrac{\partial u_i}{\partial x_j} + \dfrac{\partial u_j}{\partial x_i} \right), & i \neq j \\ -p + 2\mu \dfrac{\partial u_i}{\partial x_j}, & i = j \end{cases} \tag{2-31}$$

2.3.6 扩散现象

扩散是物质输运的宏观表现。在微观研究中,由于液态环境的浓度不同,会出

现高浓度向低浓度扩散的现象。

根据菲克第一定律，单位时间内通过单位截面的扩散物质流量与该截面处的浓度梯度成正比：

$$J = -D\frac{\mathrm{d}c}{\mathrm{d}x} \tag{2-32}$$

式中：J 为扩散通量；D 为扩散系数；c 为扩散物质的体积浓度。

该式适用于扩散通量不随时间变化的稳态扩散情况。对于非稳态扩散，则有菲克第二定律表示浓度随时间的变化：

$$\frac{\partial c}{\partial t} = D\left(\frac{\partial^2 c}{\partial x^2} + \frac{\partial^2 c}{\partial y^2} + \frac{\partial^2 c}{\partial z^2}\right) \tag{2-33}$$

2.3.7 表面张力与亲疏水性

液体表面存在趋于拉紧收缩的特性，这种现象便是由表面张力引起的。表面张力一般用 γ 表示（N/m）。表面张力的大小与相接触的两种物质有关，作用方向与接触面相切。

对于经典的肥皂泡模型，有

$$F = 2\gamma l \tag{2-34}$$

将表面自由能引入四个热力学基本公式[11]中，有

$$\begin{aligned}
\mathrm{d}U &= T\mathrm{d}S - p\mathrm{d}V + \gamma\mathrm{d}A_s + \sum_B \mu_B \mathrm{d}n_B \\
\mathrm{d}H &= T\mathrm{d}S + V\mathrm{d}p + \gamma\mathrm{d}A_s + \sum_B \mu_B \mathrm{d}n_B \\
\mathrm{d}A &= -S\mathrm{d}T - p\mathrm{d}V + \gamma\mathrm{d}A_s + \sum_B \mu_B \mathrm{d}n_B \\
\mathrm{d}G &= -S\mathrm{d}T + V\mathrm{d}p + \gamma\mathrm{d}A_s + \sum_B \mu_B \mathrm{d}n_B
\end{aligned} \tag{2-35}$$

式中：U 为热力学能；T 为热力学温度；S 为系统的熵；p 为压强；V 为体积；A_s 为表面积；μ_B 为化学势；n_B 为物质的量；H 为系统的焓；G 为吉布斯自由能。

从上述关系，可推导出

$$\gamma = \left(\frac{\partial U}{\partial A_s}\right)_{S,V,n_B} = \left(\frac{\partial H}{\partial A_s}\right)_{S,p,n_B} = \left(\frac{\partial A}{\partial A_s}\right)_{T,V,n_B} = \left(\frac{\partial G}{\partial A_s}\right)_{T,p,n_B} \tag{2-36}$$

由此可知，在其他量不变的条件下，γ 对应单位表面积增量引起的系统热力学能或吉布斯自由能增量，因此 γ 又称为表面自由能。

大部分物质可以按与水的亲和能力分为亲水性和疏水性两种。一般而言，亲

水性之间会互相吸附,亲水性溶液可以润湿亲水性表面,只有很小的接触角。而疏水性材料很难润湿亲水性表面,具有很大的接触角。亲疏水性是表面张力的一种体现,并在微纳领域有很多应用。如亲水材料会吸附在微流道的玻璃底面,因此可以在玻璃表面涂布一层疏水的 PDMS,使其能够顺利地通过流道。对于一些生物改性,则需要降低亲水性材料和疏水性材料之间的表面张力,使他们能够混合或连接,一般需要用到表面活性剂。表面活性剂是一种可以降低亲疏水材料之间表面张力的物质,通常是有机高分子链,一端具有羟基等极性的亲水基团,一端具有链烃等非极性的疏水基团。

2.4 微纳尺度下的电磁现象

在微纳尺度下,电磁现象具有更为广泛的体现。除了宏观条件下的静电力和磁力外,范德华力等微观现象的本质也是电磁作用。由于电磁学理论较为成熟,可控性较强,因此常用来进行非接触式的微纳操作,如电泳、介电泳、磁驱动等。因此,研究电磁特性不仅是分析微观物理现象的理论基础,更是实现非接触式微纳操作的有效途径。

2.4.1 静电作用

静电力又称库仑力,是指静止带电体之间的作用力,是微纳操作常见的驱动力或干扰力。静电力的一大特性是它是远距离力,且不需要介质,因此可用于非接触方式的驱动控制[12]。

当带电物体间的距离远大于物体尺寸时,便可将其抽象为点电荷。真空中两个静止的点电荷之间 q_1 受到 q_2 的静电力:

$$\boldsymbol{F}_{12} = \frac{q_1 q_2}{4\pi\varepsilon_0 r^2}\boldsymbol{e}_{12} \tag{2-37}$$

式中:r 为两个带电物体的中心距离;q_1、q_2 为两个物体的带电量,其符号表示电荷的正负;$\varepsilon_0 = 8.85 \times 10^{-12} \mathrm{C^2/(N \cdot m^2)}$ 为真空介电常数;$\boldsymbol{e}_{12}$ 为 q_1 指向 q_2 的单位方向矢量。

当两个物体带同种电荷时,计算出的静电力为正,表现为斥力;当两个物体带异种电荷时,计算出的静电力为负,表现为引力。

静电力满足叠加性,点电荷 q_0 受到的静电力:

$$\boldsymbol{F} = \sum_{i=1}^{n} \frac{q_0 q_i}{4\pi\varepsilon_0 r_i^2}\boldsymbol{e}_{0i} \tag{2-38}$$

若物体尺寸远小于物体之间距离,上式较为符合,若物体之间距离非常近时,

可近似表示为

$$F_e \approx \frac{\pi\sigma_1\sigma_2}{\varepsilon_0}d^2 \tag{2-39}$$

式中：σ_1、σ_2 为面电荷密度，$\sigma_i = \frac{q_i}{\pi d_i^2}$；$d$ 为等效半径。

然而，如果电场、物体形状、电荷分布都较为复杂，则很难由库仑定律推导出的静电力。而电拉力（麦克斯韦应变力）可用电场 $\boldsymbol{E}$ 来表示：

$$f_e = \frac{1}{2}\varepsilon_0 E^2 \tag{2-40}$$

2.4.2 范德华力

分子间作用力，又称范德华力，是存在于中性分子或原子之间的一种弱碱性的电性吸引力[13]。范德华力的本质是分子或原子之间的静电相互作用，其能量大小约几十千焦每摩，比化学键能小 1～2 个数量级，没有方向性和饱和性。两个分子间的相互作用可采用兰纳－琼斯势（L－J 势）来表示：

$$\phi(r) = 4\varepsilon\left[\left(\frac{\sigma}{r}\right)^{12} - \left(\frac{\sigma}{r}\right)^{6}\right] \tag{2-41}$$

式中：r 为分子的半径；E 为势能阱深度；σ 为相互作用的势能正好为零时的两者距离。

L－J 势更偏向于经验公式，ε 和 σ 一般由实验拟合得出。一般认为 6 次方项才是与范德华力有关的项。当两个分子具有一定距离时，其之间表现为引力。当距离过于接近时，则表现为斥力。图 2.5 以 C 原子为例，绘制出了 L－J 势与作用距离的关系。

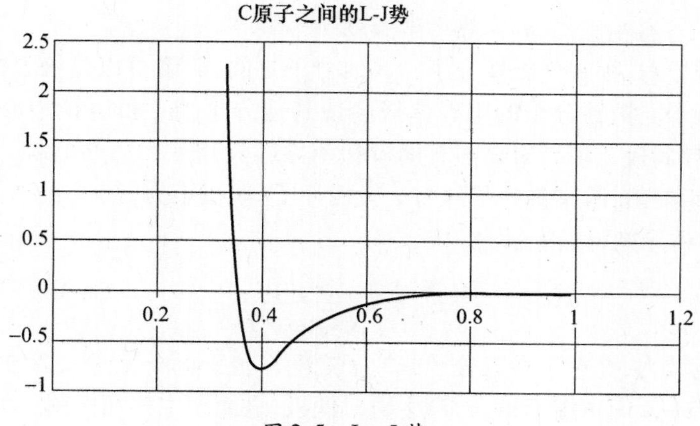

图 2.5　L－J 势

范德华力的大小受很多因素影响,其中一项是分子的极性。根据正负电荷中心是否重合可将分子分为极性分子和非极性分子。分子的极性可用偶极矩$\boldsymbol{\mu}$来衡量,其大小等于极性分子正(或负)电荷中心的电荷量q与两中心距离d的乘积:

$$\boldsymbol{\mu} = q\boldsymbol{d} \tag{2-42}$$

$\boldsymbol{\mu}$是一个矢量,方向由正电荷中心指向负电荷中心,单位为库·米(C·m)。表2.5给出了一些物质的偶极矩。

表2.5　一些物质的偶极矩

物质	偶极矩/(10^{-30}C·m)	物质	偶极矩/(10^{-30}C·m)
H_2	0	H_2O	6.16
N_2	0	HCl	3.43
CO_2	0	HBr	2.63
CS_2	0	HI	1.27
H_2S	3.66	CO	0.40
SO_2	5.33	HCN	6.99

按照产生原理不同来划分,范德华力一般包括三种形式的力。

(1)取向力,存在于极性分子和极性分子之间。极性分子本身正负电荷中心不重合,存在固有偶极。取向力是固有偶极之间相互作用的结果,一些文献中称其为偶极间的静电力。取向力由葛生于1912年提出,故又称为葛生力。假设两分子的偶极矩分别为μ_1、μ_2,分子质心间距离为r,则取向力引起的作用能可以表示为

$$E_K = -\frac{2\mu_1^2\mu_2^2}{3kT(4\pi\varepsilon_0)^2 r^6} \tag{2-43}$$

式中:k为玻耳兹曼常数;T为热力学温度。

(2)诱导力,存在于极性分子和其他分子之间,后者可以是极性分子,也可以是非极性分子。极性分子的固有偶极会使其他分子的正负电荷中心发生相对位移,形成诱导偶极。诱导力是固有偶极和诱导偶极相互作用的结果。取向力由德拜于1912年提出,故又称为德拜力。极性分子(偶极矩为μ_1)与被诱导分子(极化率为α_2)的诱导能可以表示为

$$E_D = -\frac{\alpha_2\mu_1^2}{(4\pi\varepsilon_0)^2 r^6} \tag{2-44}$$

(3)色散力,存在于所有分子或原子之间。由于电子无时无刻的运动,正负电荷中心在某一瞬间可能不重合,产生瞬时偶极,进而产生相互作用。色散力由伦敦证明,故又称伦敦力。两个分子之间的色散能可以表示为

$$E_L = -\frac{3}{2}\frac{I_1 I_2}{I_1 + I_2}\frac{\alpha_1\alpha_2}{(4\pi\varepsilon_0)^2 r^6} \tag{2-45}$$

式中：I_1、I_2 为两个分子的电离能。

表2.6给出分子间作用力的能量分配。

表2.6　分子间作用力的能量分配

分子类型	Ar	CO	HI	HBr	HCl	NH_3	H_2O
取向能 E_K/(kJ/mol)	0	0.0029	0.025	0.687	3.31	13.31	36.39
诱导能 E_D/(kJ/mol)	0	0.0084	0.113	0.502	1.01	1.55	1.93
色散能 E_L/(kJ/mol)	8.50	8.75	25.87	21.94	16.83	14.95	9.00
总作用能 E_{vdw}/(kJ/mol)	8.50	8.76	26.02	23.13	21.25	29.81	47.32

上述公式是基于点粒子模型推导出的，对于两个半径分别为 r_1 和 r_2 的球形粒子（图2.6(a)），质心间距离为 R，其分子间作用能可以表示为

$$E_{vdw} = -\frac{H}{6}\left[\frac{2r_1r_2}{R^2-(r_1+r_2)^2} + \frac{2r_1r_2}{R^2-(r_1-r_2)^2} + \ln\frac{R^2-(r_1+r_2)^2}{R^2-(r_1-r_2)^2}\right] \tag{2-46}$$

式中：$H=\pi^2 C\rho_1\rho_2$ 为哈梅克常数。

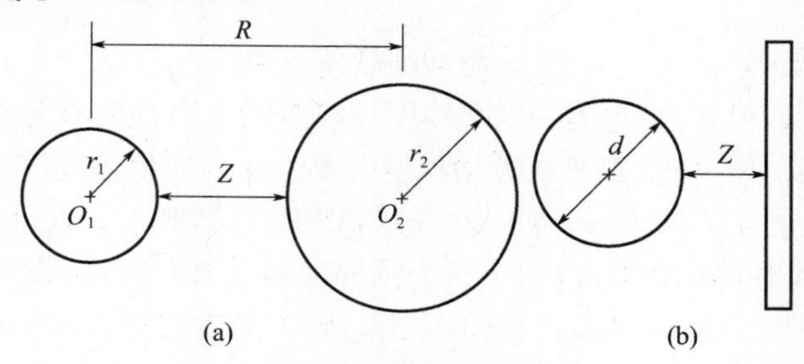

图2.6　球形粒子模型
(a)两个球形粒子模型；(b)球形粒子和平面模型。

当 $r_2\to\infty$ 时，便可以得到粒子和平面之间（图2.6(b)）的分子间作用能：

$$E_{vdw} = -\frac{H}{6}\left[\frac{d}{2z} + \frac{d}{2(z+d)} - \ln\frac{z}{z+d}\right] \tag{2-47}$$

式中：z 为粒子表面到平面的距离；d 为粒子的直径。

对式(2-47)求导，可得分子间作用力：

$$F_{vdw} = \frac{H}{6}\left[\frac{d}{2z^2} + \frac{d}{2(z+d)^2} - \frac{1}{z} + \frac{1}{z+d}\right] \tag{2-48}$$

若 $z \gg d$，则式(2-48)可简化为

$$F_{vdw} = \frac{Hd}{12z^2} \tag{2-49}$$

2.4.3 介电力

电介质在电场中会产生感应电荷，而在非均匀电场中受到力的作用，由此产生的运动现象称为介电泳(DEP)。介电泳由哈切克和托姆于1923年发现，由赫伯特·波尔于1951年命名。直流电和交流电均可产生非均匀电场，由于直流存在电泳现象，而交流受其影响较小，故常采用交流电来产生非均匀电场。波尔于1978年建立了传统介电力的计算模型，对于均匀介质球形粒子来说，其在非均匀电场中受到的传统介电力为

$$F_{\mathrm{DEP}} = 2\pi r^3 \varepsilon_m \mathrm{Re}[K(\omega)]\ \nabla \boldsymbol{E}^2 \tag{2-50}$$

式中：r 为粒子的半径；ε_m 为媒介的介电常数；$\boldsymbol{E}$ 为电场强度；Re 表示取实部；$K(\omega)$为克劳修斯-莫索提因子，其表达式为

$$K(\omega) = \frac{\varepsilon_p^* - \varepsilon_m^*}{\varepsilon_p^* + 2\varepsilon_m^*} \tag{2-51}$$

式中：ε_p^* 和 ε_m^* 分别为粒子和媒介的复合介电常数，其形式为

$$\varepsilon^* = \varepsilon - \mathrm{j}\frac{\sigma}{\omega} \tag{2-52}$$

式中：ε 为介电常数；σ 为电导率；ω 为电场的角频率。

由式(2-52)可知，介电力的大小除了与材料的介电性质有关外，还与频率有关。当 $\mathrm{Re}[K(\omega)] > 0$ 时，粒子的极化程度强于媒介的极化程度，粒子朝场强梯度最大方向移动(图2.7(a))，称为正介电泳(pDEP)。当 $\mathrm{Re}[K(\omega)] < 0$ 时，粒子的极化程度弱于媒介的极化程度，粒子朝场强梯度最小方向移动(图2.7(b))，称为负介电泳(nDEP)。当 $\mathrm{Re}[K(\omega)] = 0$ 时，$F_{\mathrm{DEP}} = 0$，此时对应的频率称为交叉频率。

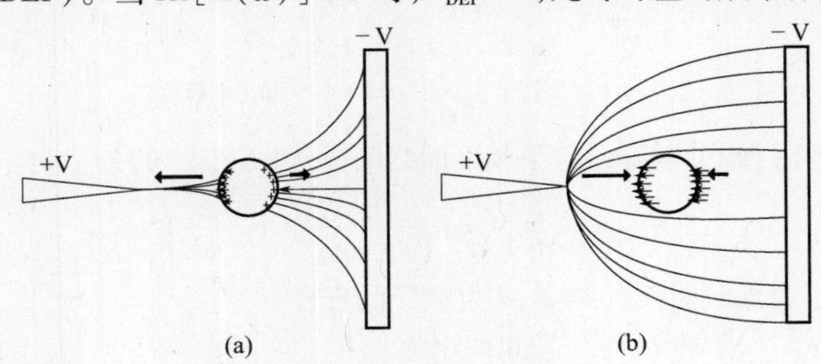

图2.7 介电泳原理图
(a)pDEP；(b)nDEP。

事实上，不仅频率会影响介电力，相位的变化也可以产生介电泳，这种现象称为行波介电泳(DEP)，如图2.8所示。行波介电泳的作用力可表示为

$$\boldsymbol{F}_{\text{DEP}} = 2\pi r^3 \varepsilon_m \text{Im}[K(\omega)](\boldsymbol{E}_x^2 \nabla\varphi_x + E_y^2 \nabla\varphi_y + E_z^2 \nabla\varphi_z) \tag{2-53}$$

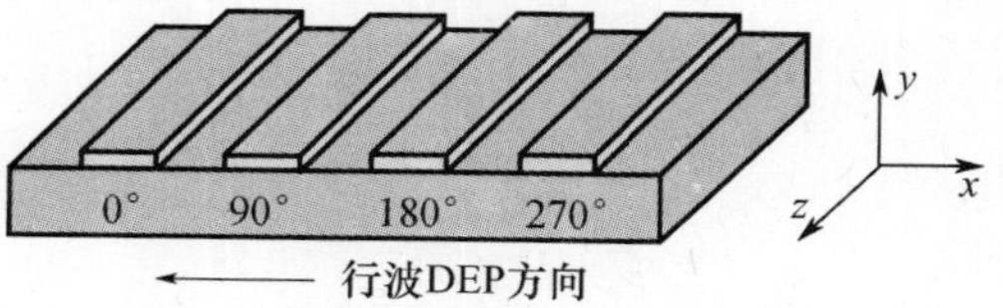

0° 90° 180° 270°
y x z
行波DEP方向

图 2.8 行波介电泳原理图

将两种介电力合并，统一的介电力可表示为

$$\boldsymbol{F}_{\text{DEP}} = 2\pi r^3 \varepsilon_m \{\text{Re}[K(\omega)] \nabla\boldsymbol{E}^2 + \text{Im}[K(\omega)] \sum \boldsymbol{E}^2 \nabla\varphi\} \tag{2-54}$$

2.4.4 电泳现象

电泳是指带电颗粒在电场作用下向着电极运动的过程。

电泳力可用电场 E 来表示：

$$F_v = q_v E \tag{2-55}$$

式中，q_v 为电荷量，其具有以下特性：①力的方向由电场的方向和电荷的正负决定；②由均匀电场和非均匀电场产生；③电场频率较低时，可观测到振动现象，电场频率较高时，电泳力减小。

2.4.5 电磁场理论与应用

麦克斯韦方程组是描述电磁场性质最常用的方程组[14]，其积分形式为

$$\begin{cases} \oint_S \boldsymbol{D} \cdot \mathrm{d}\boldsymbol{S} = \int_V \rho \mathrm{d}V \\ \oint_S \boldsymbol{B} \cdot \mathrm{d}\boldsymbol{S} = 0 \\ \oint_l \boldsymbol{E} \cdot \mathrm{d}\boldsymbol{l} = -\dfrac{\mathrm{d}}{\mathrm{d}t}\int_S \boldsymbol{B} \cdot \mathrm{d}\boldsymbol{S} \\ \oint_l \boldsymbol{H} \cdot \mathrm{d}\boldsymbol{l} = \int_S \boldsymbol{J} \cdot \mathrm{d}\boldsymbol{S} + \int_S \dfrac{\partial \boldsymbol{D}}{\partial t} \cdot \mathrm{d}\boldsymbol{S} \end{cases} \tag{2-56}$$

式中：D 为电位移矢量；B 为磁感应强度；E 为电场强度；H 为磁场强度；J 为电流密度；ρ 为电荷体密度函数。

式(2-56)中的第一式是有介质的高斯定理，第二式是磁通连续定理，第三式是电流环路定理，第四式是全电流的安培环路定理。

此外，还需要三个辅助表达式：

$$\begin{cases}\boldsymbol{D}=\varepsilon\boldsymbol{E}\\\boldsymbol{B}=\mu\boldsymbol{H}\\\boldsymbol{J}=\sigma\boldsymbol{E}\end{cases}\tag{2-57}$$

麦克斯韦方程组的微分形式为

$$\begin{cases}\nabla\cdot\boldsymbol{D}=\rho\\\nabla\cdot\boldsymbol{B}=0\\\nabla\times\boldsymbol{E}=-\dfrac{\partial\boldsymbol{B}}{\partial t}\\\nabla\times\boldsymbol{H}=\boldsymbol{J}+\dfrac{\partial\boldsymbol{D}}{\partial t}\end{cases}\tag{2-58}$$

式中:第一式表明电荷产生电场;第二式表明磁场为无源场;第三式表明静电场无旋,感生电场符合电磁感应定律;第四式表明电流产生磁场。麦克斯韦方程组是大部分仿真计算的依据公式,建模时一般视自由电荷和电流为产生电磁场的根本因素。

由于静电场无旋,又有梯度场无旋,故可以将静电场表示为一个标量的梯度场,该标量称为电势,用符号 φ 表示。电势与电场强度满足以下关系:

$$\boldsymbol{E}=-\nabla\varphi\tag{2-59}$$

代入电场的高斯公式中:

$$\nabla^2\varphi=-\frac{\rho}{\varepsilon}\tag{2-60}$$

该式属于数学物理方法解决范畴,具有经典的解析解。

此外,由于电场力是保守力,故可以引入静电势能的概念,点电荷 q 在电场中的势能为

$$E_p=q\varphi\tag{2-61}$$

另外,由于磁场无源,又有旋度场无源,故可以将磁场表示为一个矢量的旋度场,该矢量称为磁矢势,用符号 $\boldsymbol{A}$ 表示。磁矢势与磁感应强度的关系为

$$\boldsymbol{B}=\nabla\times\boldsymbol{A}\tag{2-62}$$

磁矢势的环量代表对应曲面的磁通量,但磁矢势本身并没有直接的物理意义。此外,磁矢势作为矢量,在计算时依旧较为复杂。因此考虑到特殊情形时的简便计算,如果研究的区域内没有自由电流,即

$$\begin{cases}\nabla\cdot\boldsymbol{B}=0\\\nabla\times\boldsymbol{H}=0\end{cases}\tag{2-63}$$

则该特殊情况下,磁场满足无源无旋条件,故可以引入磁标势 φ_m,有

$$\boldsymbol{H}=-\nabla\varphi_m\tag{2-64}$$

需要注意的是,磁场力本身与路径有关,是非保守力,不存在磁势能的概念,但在该特殊条件下,可以引入势能。跟点电荷相对应,在磁场中引入磁偶极子模型,其磁矩为 m,则势能为

$$E_p = m\varphi_m \tag{2-65}$$

将其分别对位置和姿态角求导,便可以得到磁偶极子在磁场中受到的力和力矩:

$$\begin{aligned} \boldsymbol{F} &= (\boldsymbol{m} \cdot \nabla)\boldsymbol{B} \\ \boldsymbol{T} &= \boldsymbol{m} \times \boldsymbol{B} \end{aligned} \tag{2-66}$$

这是现今大多磁驱动系统的工作原理。需要注意的是受力公式仅在计算空间内无电流时才满足,而力矩公式虽由特殊条件推导出,但其适用于一般条件,包括分子自旋等模型。

2.5 微纳尺度下的光学技术

2.5.1 显微成像

人类肉眼的分辨率大约在 0.1mm 左右,目力较好者可达到 0.05mm。然而,大部分细胞的平均直径为 10~20μm,要想看到微观世界,必须借助显微镜。按照成像原理来划分,显微镜包括光学显微镜、电子显微镜以及其他成像方式。

1. 光学显微镜

光学显微镜(OM)是一种由多个透镜及相应机构组成的光学仪器。其利用光学原理,把人眼所不能分辨的微小物体放大成像,以供人们提取微观结构信息。自问世以来,光学显微镜广泛应用于生物研究和医学诊治等。随着 MEMS 技术的出现,光学显微镜作为观测手段,在加工制造、精密组装等领域发挥着不可或缺的作用。

如图 2.9 所示,常见的光学显微镜一般由载物台、聚光照明系统、物镜和目镜组成的成像系统和调焦机构组成。早期的光学显微镜只是光学元件和精密机械元件的组合,它以人眼作为接收器来观察放大的像。后来在显微镜中加入了摄影装置,以感光胶片作为可以记录和存储的接收器。现代又普遍采用光电元件、电视摄像管和电荷耦合器等作为显微镜的接收器,配以微型电子计算机后构成完整的图像信息采集和处理系统。在计算机视觉和自动控制的引入后,光学显微镜有望实现操作任务的全自动化。

光学显微镜主要应用于微纳制造、先进材料以及生物医学等领域。光学显微镜是一种历史悠久而富有生命力的仪器,时至今日依旧是微纳制造和生物医学研

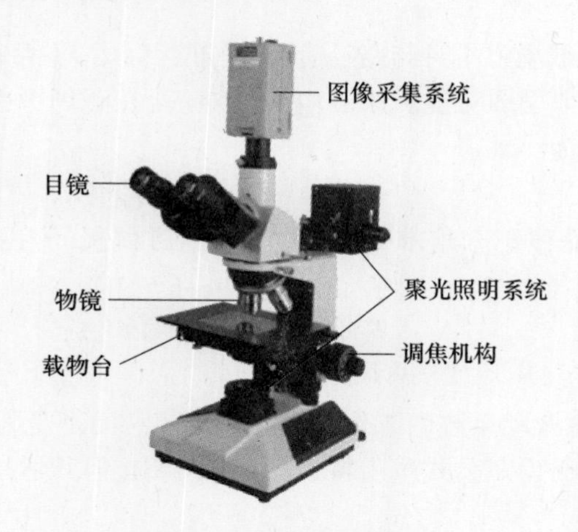

图 2.9　显微镜的组成

究中最为主流和不可替代的有效观测手段。现代常见的光学显微镜有体视显微镜、金相显微镜、倒置显微镜、共聚焦显微镜、原子力显微镜等。下面将着重介绍细胞科学及生物操作中常用的显微镜。

1）体视显微镜

体视显微镜是指双目镜筒光路具有一定夹角而非平行的显微镜，其使图像有立体感。如图 2.10(a)所示，体视显微镜具有较大的工作距离和景深，可放置较高较厚的物体，而不局限于生物切片，因此作为生物组织的常用观测仪器。由于内部棱镜的转向，图像为正立关系。体视显微镜中一般利用复杂镜头组合实现放大倍率连续变化，称为连续变倍体视显微镜[15]。然而机构特性也决定了体视显微镜的放大倍数有限，一般只有 0.5～6 倍。

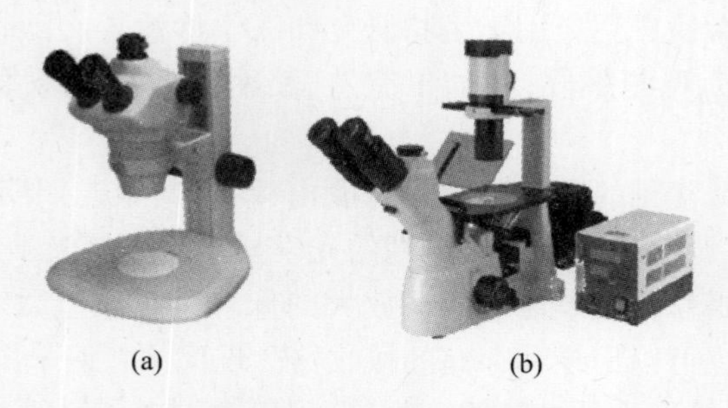

图 2.10　(a)体视显微镜；(b)倒置显微镜。

2）倒置显微镜

倒置显微镜是指物镜与光源上下颠倒的显微镜。如图 2.10(b)所示，倒置显微镜的物镜位于载物台的下方，而光源和聚光镜等器件位于载物台的上方，光线由上而下照射物体。倒置显微镜的载物台上方空间较大,可放置培养皿等器件,因此常用于细胞生物学的相关研究。倒置显微镜一般配有相差环,可用于活细胞观测。若在倒置显微镜上配置荧光光源、激发块、切换器等附件,即可实现倒置荧光观察。在荧光观测时,荧光光源从物镜进入,最终反射光也由物镜接收,经半透半反镜后传给图像采集模块,得到荧光观测图像。

3) 共聚焦显微镜

共聚焦显微镜是一种利用逐点照明和空间针孔调制来改善成像的显微镜。如图2.11(a)所示,点光源发射的探测光通过透镜聚焦到被观测物体上,如果物体恰在焦平面的2倍焦点上,那么反射光通过原透镜应当汇聚回到光源,这就是所谓的共聚焦[16-18]。通过移动透镜系统可以对一个半透明的物体进行三维逐点扫描,通过计算机重构即可提高图形的分辨率和对比度(图2.11(b)),从而得到在普通显微镜下被叠加隐藏的信息。共聚焦显微镜的出现对细胞和微生物观测具有重要意义,已成为现代生命科学研究中不可或缺的观测仪器。

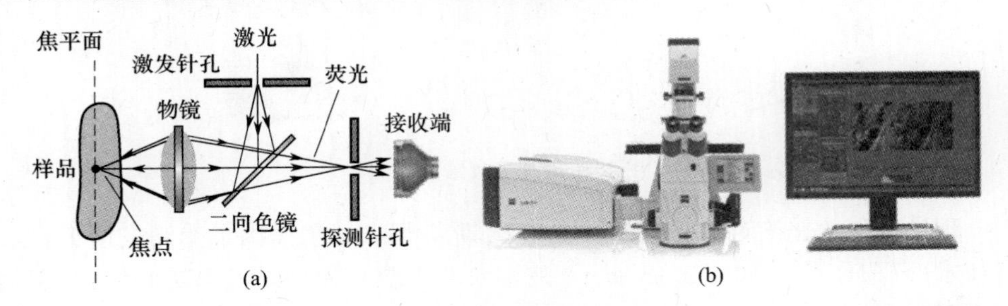

图2.11 共聚集显微镜
(a)共聚焦的原理;(b)共聚焦显微镜实物。

4) 超分辨率光学显微镜

由于光的波动性,光在通过小孔时会发生衍射,中心亮斑即为艾里斑。艾里斑的角度 θ 与波长 λ 及小孔的直径 d 满足下式:

$$\sin\theta \approx \frac{1.22\lambda}{d} \tag{2-67}$$

当一个艾里斑的边缘与另一个艾里斑的中心正好重合时,此时对应的两个物点刚好能被人眼或光学仪器所分辨,称为瑞利判据。所以可用艾里斑半径衡量成像面分辨率的极限:

$$\delta \approx \frac{0.61\lambda}{n\sin\alpha} \tag{2-68}$$

式中:δ 为分辨率;n 为折射率;α 为孔径角。

由式可知，显微镜分辨率的极限约为光波波长的一半，称为阿贝极限（图 2.12）。自然界可见光中波长最短的紫光波长约 400nm，因此阿贝极限约为 200nm。大多数病毒和细胞内部结构均小于该尺寸，因此无法用传统光学显微镜观测，然而电子显微镜要求材料具有导电性，否则电荷堆积会导致无法观测图像，且真空状态细胞会快速失水，难以存活或保持形状，因此也难以使用电子显微镜观测极小尺寸的生物结构。

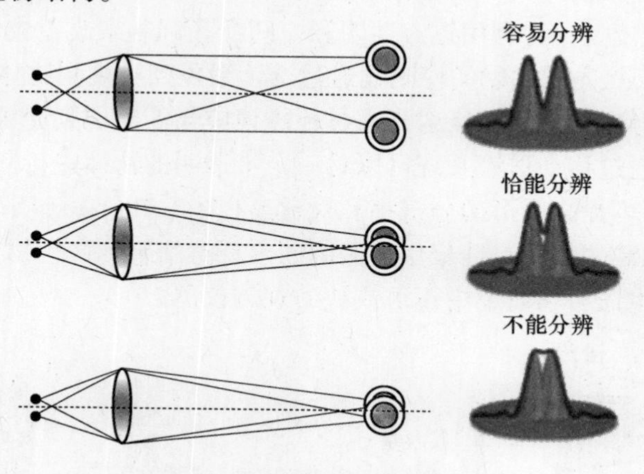

图 2.12　阿贝极限示意图

理论极限并非绝对不可逾越，1994 年，斯蒂芬·赫尔提出了受激发射损耗显微技术（STED）[19]。如图 2.13 所示，该技术利用激光使物质发出荧光后，再利用环形激光使外围荧光淬灭，从而使荧光光斑尽可能小。通过精确定位和逐点扫描，便可获得突破分辨率极限的图像。2006 年，埃里克·白兹格等人研制了光激活定位显微镜（PALM）。如图 2.14 所示，该显微镜利用低能量的荧光，每次只激活少量蛋白，由于彼此之间距离较远，因此分辨出来，通过多次照射后的图层叠加，便可得到超分辨率的图像。上述方法严格来讲并没有违背光学分辨率极限，而是利用物理方法和化学特性巧妙地避开了这一制约，实现了超分辨率观测。2014 年，诺贝尔化学奖颁给了埃里克·白兹格、斯蒂芬·赫尔以及威廉·莫尔纳，以表彰他们对超分辨率荧光成像的贡献。

2. 电子显微镜

电子显微镜（EM）是由电子束作为照射源的显微镜。实物粒子也具有波动性，而电子的波长远小于可见光的波长，故电子显微镜具有更高的分辨率，可以看见病毒和细胞内部结构，是纳米级研究常用的观测仪器。就结构而言，电子显微镜主要由电子源、样品台、电磁透镜以及真空装置等部分组成。按照工作原理来划分，电子显微镜主要包括投射电子显微镜、扫描电子显微镜等。

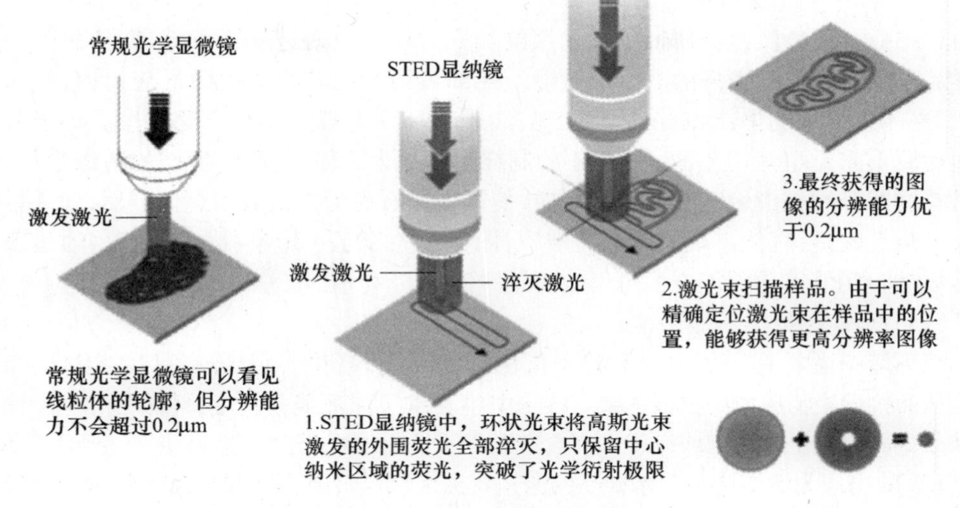

图2.13　受激发射损耗显微技术

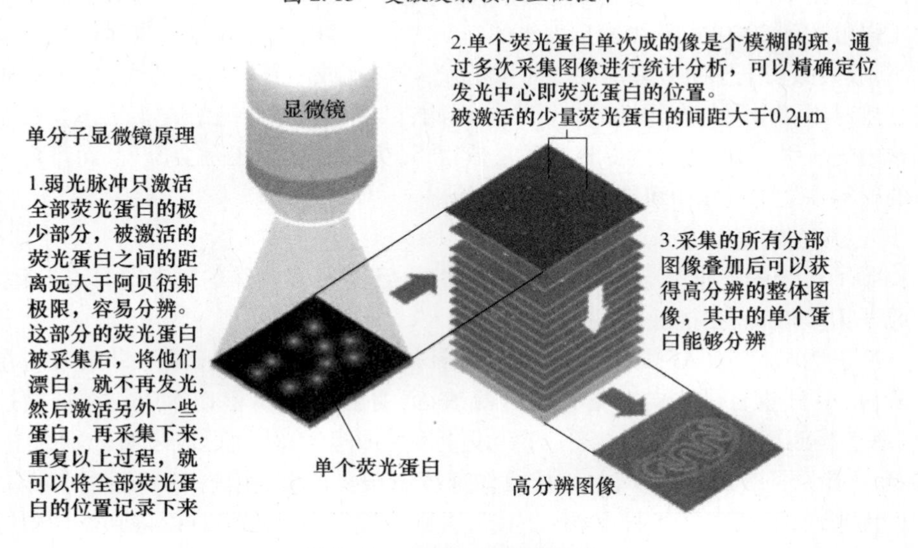

图2.14　光激活定位显微镜

1）透射电子显微镜

透射电子显微镜（TEM）是指利用电子书作为照射源穿透观测对象，利用电磁透镜作为图像接收装置的电子显微镜。电子束经过样品时会发生散射，从而在荧光屏上产生亮度不同的图像。由于电子穿透能力有限，为了便于观测需将样品切至50nm左右的超薄切片，一般需要借助专业的电镜切片机。TEM的分辨率可以达到0.2nm。

2）扫描电子显微镜

扫描电子显微镜（SEM）是指利用电子束对样品表面进行逐点扫描，从而得到样品表面三维灰度图像的电子显微镜。SEM 可用于观测物体表面形貌，具有景深大、立体感强等优势，因而在材料纹理、细胞结构等中观测具有广泛应用。由于表面观测不需要超薄切片，因此 SEM 的制样过程更为简便。此外，表面的边缘形貌、材料的成分均在成像亮度上有所反应，使图像具有更为丰富的信息。当然，如果材料导电性较差，可能出现表面电荷堆积，图像过亮以至于影响观测的情况，通过表面喷镀金属使其导电等方法可以改善这一问题。

3）环境扫描电子显微镜

环境扫描电子显微镜（ESEM）是指在样品台可以提供一定压强、温度、湿度等条件从而接近生物环境的扫描电镜。传统电镜要求工作环境为真空，样品为导电干燥样品。而常规生物细胞或组织在高真空条件下快速失水死亡，难以保持原有形貌，而 ESEM 的出现为活细胞和含水样品的电镜观测提供了可能。一方面，ESEM 采用多级压差光阑技术，在镜筒内形成梯度真空，保持电子枪 10^{-5}Pa 高真空的同时，使样品台的压强可达到 2000Pa，减少真空失水的问题。另一方面，ESEM 采用气体的二次电子检测，放大微弱电子信号并消除电荷累积，改善含水或不导电材料的成像。ESEM 可以直接对不镀金属的生物样品进行活体观测，尽可能反映样品的真实形态。然而样品台内的压强、湿度与自然界相比还是低很多，失水等问题还是会出现，而且含水量高的材料在失水过程中可能会损坏电子枪。

3. 其他成像方式

除了传统的光学显微镜和电子显微镜外，还有很多特殊的显微镜，比较典型的有原子力显微镜、扫描隧道显微镜等。

原子力显微镜（AFM）是一种利用探针对样品进行扫描成像的显微镜。在起始阶段，AFM 探针的尖端非常接近样品表面，受到原子间相互作用。在扫描过程中，由于表面形貌凹凸不平，会使探针发生形变或运动，从而形成表面形貌的图像。AFM 具有原子级的分辨率，但扫描成像速度有限。此外，由于 AFM 通过与样品相互作用来成像，所以要求样品相对固定，否则位置发生改变将难以得到确切图像。

2.5.2 激光捕获

光本身是具有能量的。当采用激光束聚集照射物体时，便可形成光阱，使微小物体受压束缚在光阱内。当移动激光束时，光阱内的物体便会随之移动。该方法仿佛有无形的镊子夹住物体一样，因此称为光镊（OT）。光镊的作用力主要包括两部分：一方面，光被粒子吸收或散射，使粒子受到光照方向的压力，称为散射力；另一方面，光束的聚焦意味着在焦点附近有很强的电场梯度，对介电粒子有很强的吸引作用，称为梯度力。因此，粒子被定位在光束焦点靠下的位置。

光的本质是电磁波，若粒子直径小于光的波长，满足瑞利散射条件，可采用电磁模型来计算光镊作用力的大小。将粒子视为电偶极子，其受到的梯度力可表示为

$$\boldsymbol{F}_{\text{grad}}=\frac{1}{2}\alpha\nabla\boldsymbol{E}^2 \tag{2-69}$$

式中：α 为电偶极子的极化率；$\boldsymbol{E}$ 为电场强度。对于球形诱导电偶极子，极化率可表示为

$$\alpha=4\pi\varepsilon_0 n_m^2 r^3\frac{n_p^2-n_m^2}{n_p^2+2n_m^2} \tag{2-70}$$

式中：r 为粒子的半径；n_p 和 n_m 分别为粒子和介质的折射率，代入梯度力公式，可得

$$F_{\text{grad}}=2\pi\varepsilon_0 n_m^2 r^3\frac{n_p^2-n_m^2}{n_p^2+2n_m^2}\nabla\boldsymbol{E}^2 \tag{2-71}$$

由此可知，梯度力的大小与电场强度的梯度有关。除了梯度力外，粒子所受的散射力可以表示为

$$\boldsymbol{F}_{\text{scat}}=\frac{n_m 128\pi^5 r^6}{3\lambda^4}\left(\frac{n_p^2-n_m^2}{n_p^2+2n_m^2}\right)^2 I_0 \tag{2-72}$$

式中：λ 为光的波长；I_0 为发光强度。

若粒子直径大于光的波长，则可采用米氏散射模型来计算，梯度力和散射力可以分别表示为

$$\begin{cases}\boldsymbol{F}_{\text{grad}}=\dfrac{n_m p}{c}\left\{-R\cos2\theta_1+\dfrac{T^2[\sin(2\theta_1-2\theta_2)+R\sin2\theta_1]}{1+R^2+2R\cos2\theta_2}\right\}\\ \boldsymbol{F}_{\text{scat}}=\dfrac{n_m p}{c}\left\{1+\cos2\theta_1-\dfrac{T^2[\sin(2\theta_1-2\theta_2)+R\sin2\theta_1]}{1+R^2+2R\cos2\theta_2}\right\}\end{cases} \tag{2-73}$$

式中：R 为光束的反射率；T 为光束的投射率；P 为激光光束的功率；c 为光速；θ_1 为光束的入射角；θ_2 为光束入射到粒子的折射角。

参 考 文 献

[1] FUKUDA T, ARAI F. Micro - nanorobotic manipulation system and their application [M]. Berlin: Springer, 2013.

[2] 束德林. 工程材料力学性能 [M]. 3 版. 北京：机械工业出版社,2016.
[3] KAGATA G,GONG J P,OSADA Y. Friction of gels. 6. Effects of sliding velocity and viscoelastic responses of the network[J]. The Journal of Physical Chemistry B,2002,106(18):4596 – 4601.
[4] KWON H J,OSADA Y,GONG J P. Polyelectrolyte gels – fundamentals and applications[J]. Polymer Journal, 2006,38(12)：1211 – 1219.
[5] 吕东媛,周吕文,龙勉. 干细胞的生物力学研究[J]. 力学进展,2017,47:534 – 585.
[6] 马斌,王作斌. 原子力显微镜在细胞力学特性研究中的进展[J]. 微纳电子技术,2014,51(9)：593 – 597.
[7] 吴望一. 流体力学[M]. 北京：北京大学出版社,1983.
[8] 日本机械学会. JSME 教科书系列流体力学[M]. 北京：北京大学出版社,2013.
[9] 傅献彩. 物理化学 [M]. 5 版. 北京：高等教育出版社,2006.
[10] 苟秉聪,胡海云. 大学物理 [M]. 2 版. 北京：国防工业出版社,2011.
[11] 郭硕鸿. 电动力学 [M]. 3 版. 北京：高等教育出版社,2008.
[12] PARSEGIAN V A. Van der waals forces (A handbook for biologists, chemist, engineers and physicists) [M]. Cambridge：Cambridge University Press,2006.
[13] 李焱,龚旗煌. 从光学显微镜到光学“显纳镜”[J]. 物理与工程,2015,25(2):31 – 36.
[14] 李楠,王黎明,杨军. 激光共聚焦显微镜的原理和应用[J]. 军医进修学院学报,1996(3):232 – 234.
[15] 任小则,宋峰,庞雪芬. 激光扫描共聚焦显微镜的使用及其在医学研究领域中的应用[J]. 中国科技信息,2009(11)：237 – 238.
[16] 陈耀文,林珏龙,赖效莹,等. 激光扫描共聚焦显微镜系统及其在细胞生物学中的应用[J]. 激光生物学报,1998(2)：131 – 134.
[17] 张椝墨. 微分干涉相衬显微镜的设计[D]. 武汉:湖北工业大学,2009.

第3章　细胞化微模块加工技术

“自下而上”型生物制造方法通过重复性细胞化微模块的制备和组装，构建具有特定微结构的三维功能化组织，在大尺寸复杂组织或器官（如肝脏、肾脏）的体外人工构建方面展现出极大的应用潜力[1,2]。这些尺寸、形状可控的细胞化微结构作为细胞化三维组织的基本单元，其本身的特性影响最终三维组织的功能。

细胞化微模块通常由水凝胶等生物材料包裹或封装细胞形成。水凝胶通常由天然或人工合成聚合物制备，可以与合适的试剂在特定的刺激下产生交联反应，如pH、温度、光照等。交联后的水凝胶是柔软疏松的，能够吸收大量的水[3]。水凝胶交联链具有很强的保水性，这使得它们具有与真实细胞外基质（ECM）相近的柔性和机械性能[4]。此外，水凝胶组织内部具有多孔结构，利于被封装细胞的氧气、营养物质供给和代谢。通过控制交联条件，可以很灵活地调节水凝胶的膨胀性、机械特性、化学和物理结构、交联密度和孔隙率等相关参数。常用的水凝胶材料有琼脂糖、海藻酸盐、壳聚糖、胶原、明胶、聚-2-甲基丙烯酸羟乙酯（聚HEMA）、聚乙二醇二丙烯酸酯（PEGDA）等。根据细胞生存的微环境的需求，水凝胶可以制备成具有不同形状和结构的微模块。细胞化水凝胶微模块的制备方法有很多，如光固化、微流控、生物打印等，如图3.1所示。本书针对这几种常用的制备方法，介绍微尺度的细胞化水凝胶微模块的制备以及它们在组织工程中的不同应用。

3.1　光固化技术

光固化技术使用光或光子以特定几何形状投射到光敏感材料的表面。这种技术的起源可以追溯到现代半导体工业领域。其中，光固化技术被广泛应用于在氧化薄膜或衬底上创建复杂图案。在生物医学领域，光固化技术可以独立或与其他技术结合，用于制作二维的细胞生长支架或包裹细胞的微结构[5]。光固化技术在制作细胞化微模块方面的优点是，它可以将细胞均匀地封装于水凝胶中，具有毫米到微米范围的制作分辨率，制备过程产生热量很小，能够在时间和空间上对交联反

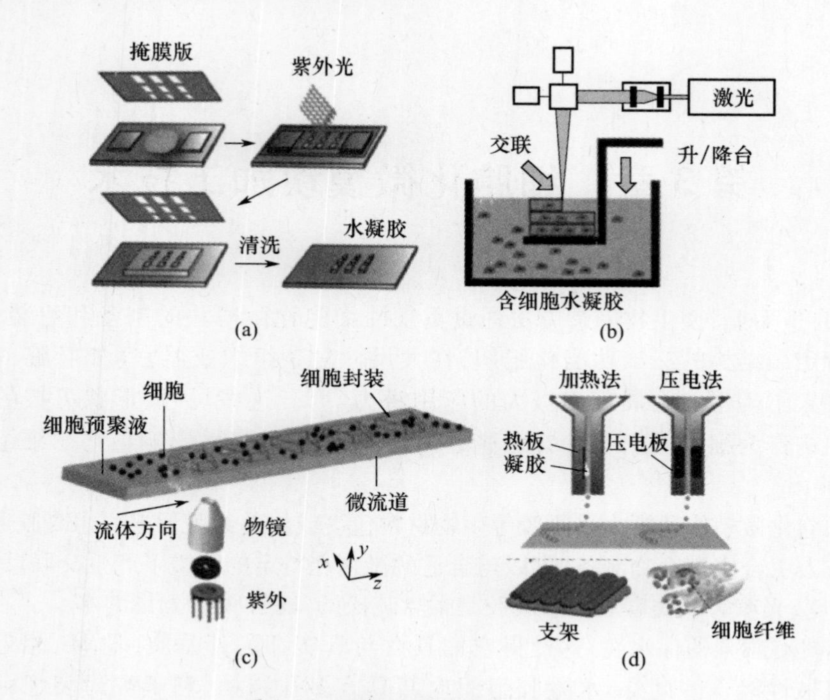

图 3.1 细胞化微模块的加工方法
(a)基于掩膜版的光固化技术；(b)立体光刻技术；(c)微流控技术；(d)生物打印。

应进行很好的控制。因此，光固化技术已经用于组织工程领域中多种细胞的体外培养，如肝细胞、成纤维细胞、成肌细胞、内皮细胞、心脏干细胞[6]和海马神经元等[7]。然而光固化技术也存在一些缺点。由于水凝胶光交联反应需要引入光引发剂，而光引发剂吸收入射光会产生自由基。由光引发剂用量造成的自由基过量可能对细胞产生毒性。此外，制作厚度较大的微模块时存在光交联梯度问题，可能导致微模块的力学特性在空间上的不均匀。尽管如此，光固化技术低成本、操作简单灵活、图案保真度高等特点依然使其广泛地应用于制作各种形状的细胞化微模块，服务于人工三维组织的体外构建。

3.1.1 基于掩膜版的光固化加工工艺

基于掩膜版的光固化加工工艺主要依靠掩膜版来控制固化图案，即采用预先印制期望图案的掩膜版，控制紫外光曝光在水凝胶预聚物上的图案[8]。水凝胶和光引发剂的混合物在紫外光照射下发生交联反应，并且只有曝露在紫外线下的溶液区域才会固化形成多孔网络，如图 3.2(a)所示。交联完成后，未反应的预聚物被冲掉，就得到具有期望图案的水凝胶结构。这种工艺成本低，节省时间，可以短

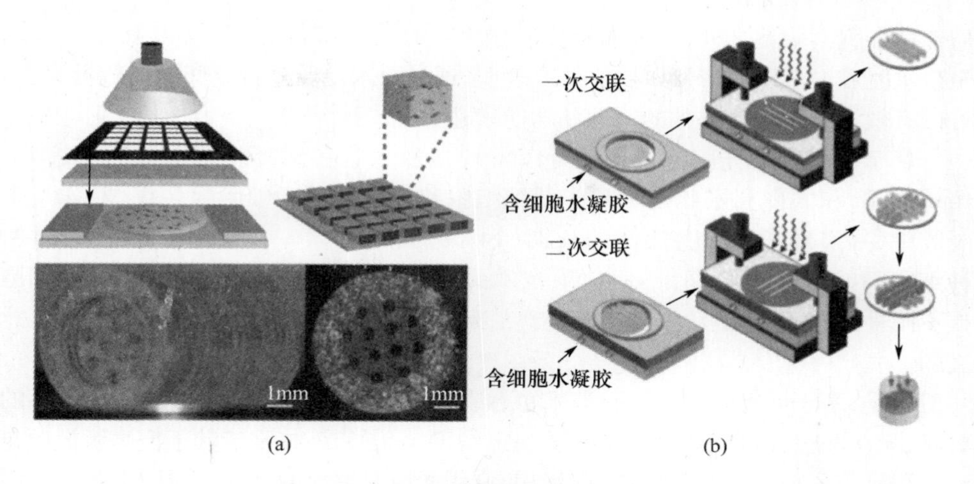

图 3.2 两种光固化加工工艺

(a)基于掩膜版的光固化技术制作细胞化微模块；(b)多层曝光平台制作 PEG 水凝胶微结构。

时间内大批量生产微模块[9]。很多天然或者合成的聚合物都可以用这种方法进行光聚合。众所周知，哺乳动物的细胞对其生存的二维微环境因素包括硬度、几何形状、配体密度等非常敏感[10-12]。而基于掩膜版的光固化加工工艺可以对二维或三维水凝胶的这些基质参数进行灵活调整[13]。Khetan 等人用透明质酸(HA)水凝胶，通过使用多种肽和紫外光制作出了具有相同结构但不同硬度的水凝胶模块[14]。封装在这些水凝胶中的人骨髓间充质干细胞(hMSCs)在分化过程中展现出对水凝胶的刚度依赖性，指细胞在刚度不同的水凝胶中向成骨或脂肪方向进行分化。hMSCs 在较硬的水凝胶中分化成脂肪细胞，而在较软的水凝胶中分化成骨细胞。这一结果与以往发表的研究结果截然不同[15,16]。这项研究说明利用水凝胶的刚度变化可以用于研究和控制哺乳动物细胞的分化。调节水凝胶机械性能的另一种方法是通过调节交联程度和预聚物的浓度。Ali 教授团队用明胶和甲基丙烯酸酯混合反应，制备了一种新型的水凝胶材料——甲基丙烯酸明胶(GelMA)[17]。GelMA 聚合物的刚度就可以通过调节甲基丙烯酸化程度(20%~80%)和 GelMA 的浓度(5%~15%)来改变。将 3T3 成纤维细胞封装在 GelMA 结构中进行培养，发现最柔软的水凝胶(5%)中细胞存活率超过 90%，而最硬的水凝胶(15%)中细胞存活率仅为 75%。

在另一项研究中，LiuTsang 等人设计了一个多层曝光平台进行聚乙二醇(PEG)水凝胶混合多肽的光交联实验。如图 3.2(b)所示，他们将肝细胞封装在该水凝胶聚合物中进行培养，发现聚合水凝胶中的肝细胞活性比未聚合的水凝胶中肝细胞活性高。这是因为聚合后的水凝胶形成了疏松的孔隙网络，有利于营养物质传达细胞。除此之外,聚合水凝胶中肝细胞的尿素和白蛋白产量也明显高于未聚合水凝胶中细胞的产量。这一研究表明,通过对水凝胶进行空间上的成形聚合,可以有效提高细胞在体外的活性和功能表达。

基于掩膜版的光固化技术也可以实现多种细胞在水凝胶结构中的共培养。Hammoudi 和同事利用此技术将成纤维细胞和骨髓基质干细胞封装在 PEGDA 水凝胶中,并实现了高细胞活性的长期(14 天)共培养[18]。虽然该实验没有对两种细胞间的交互进行探讨,但这项技术可以用于研究体外培养条件下同种细胞或不同种细胞间的相互作用。这对于人工组织在生物医学方面的应用是很有意义的。

但是,基于掩膜版的光固化技术也存在一定的局限性。如只适用于光敏感的材料,光交联过程可能会对细胞造成一定伤害。此外,该技术依赖于掩膜版因此自动化程度不高,并且由于光的衍射作用,利用光掩膜形成的微凝胶对图案的还原精度也有一定的限制。

3.1.2 立体光刻技术

立体光刻技术(SL)是一种计算机辅助设计(CAD)的无掩膜光刻技术,广泛用于快速成型工业领域,最近十年开始应用于生物医学领域。该工艺的基本原理如图 3.3 所示。首先利用三维计算机绘图软件设计结构/支架。对于非常复杂的三维设计,也可以使用磁共振成像(MRI)或计算机断层扫描(CT)[19,20]。然后用软件对该设计模型进行分层处理,每层厚度约 25 ~ 100μm。将分层后的数据传送至 SL 设备(SLA)。SLA 利用紫外光固化生成第一层,然后 SLA 上升,紫外固化生成第二

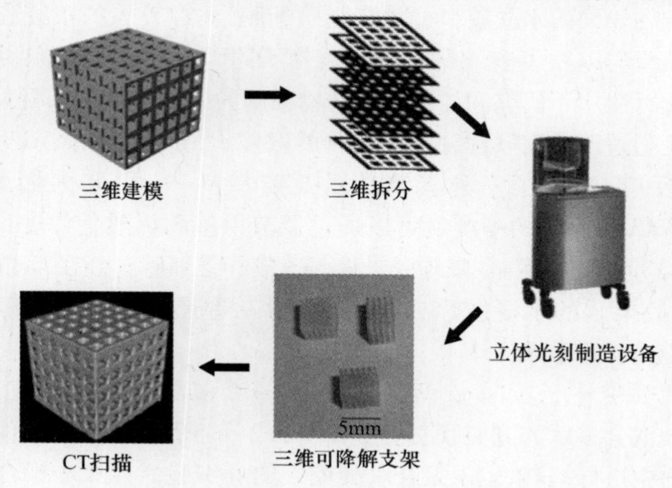

图 3.3　立体光刻技术制作三维支架

层，以此类推，直到完成所有层。相比于基于掩膜版的光固化技术，立体光刻技术具有不可比拟的优点[21]。立体光刻技术不需要制作物理掩膜版，这样就节省了微结构的加工时间和成本。此外，SLA 的自动化技术也使得对结构的制作厚度有了精确的控制。立体光刻技术可以制造用于三维微组织构建的基本微单元，也可以直接制造出三维的结构，制造范围为几百微米到几毫米。

Dhariwala 等人是最早将立体光刻技术应用于生物医学的研究团队之一。他们利用该技术将细胞封装在具有简单几何形状的聚（环氧乙烷）和 PEG－二甲基丙烯酸酯（PEGDMA）水凝胶中[22]。虽然该研究只证明了其中细胞的高活性，但这是首次表面立体光刻技术可应用于组织工程领域。之后的研究人员又利用 SLA 制备了更为复杂的微结构，并探究了外界微环境对细胞长期培养的影响。对于可生物降解的水凝胶，也有研究证实可以使用 SLA 制作可生物降解的生物支架[23]。

尽管过去几年立体光刻技术在生物制造领域发展迅速，但传统 SLA 可制备的微组织最小尺寸受激光束宽度的限制。大部分商业化的激光器波束宽度在 250μm 左右[24]，并不适用于微米尺度的三维组织构建。针对这一问题，Bajaj 等人将立体光刻技术与介电泳（DEP）技术结合，制作细胞化微结构。DEP 控制水凝胶和细胞形成特殊图案，SLA 交联固化形成模块。这种方法可以操作单个细胞，也可以用于细胞化微球的制备。另一方面，新型的高分辨率 SLA 也在逐步商业化。微型 SLA 的精度可达到 20μm，能够制备亚微米尺寸的水凝胶模块，从而实现微米尺度的三维组织构建[25－27]。

3.2 微流控法

微流控法是一种基于微流道芯片形成水凝胶微模块或细胞化水凝胶微模块的方法。在各种制造方法中，微流控技术非常适合于微尺寸细胞化微结构的形成。微流道可以以一种可控的方式操纵水凝胶预聚物，从而实现对微模块尺寸的精确控制[28,29]。因此该方法具有高制备率、高均匀性和设计灵活性，便于大量生产。与光固化技术可以形成任意形状的薄片状微单元不同，基于微流道构造的细胞化微模块可分为点、线、面三种标准化形状，如图 3.4 所示。点状细胞化微模块制备工艺比较简单，被广泛应用于简单的三维模型组装[30,31]。线状细胞化微模块适用于血管、神经网络、肌纤维等线状组织的重建[32]。另外，在组织工程中，线状细胞化结构可以被卷绕或编制形成三维大尺度的组织。平面状细胞化微模块可以通过堆叠或卷曲等进行三维组织构建，或直接作为移植微组织应用于临床医学研究[33,34]。

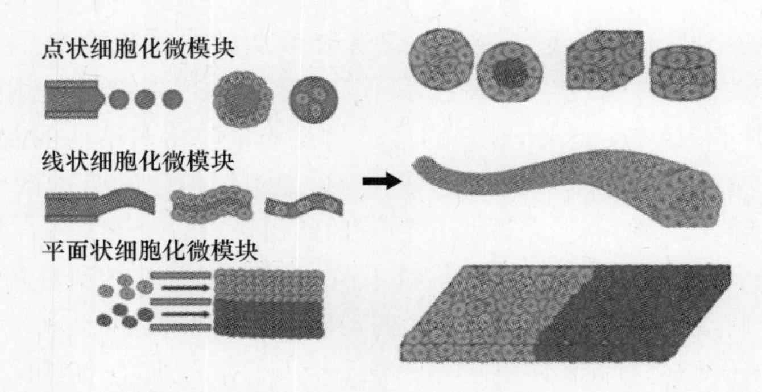

图 3.4　基于微流控技术的点状、线状、平面状细胞化微模块构建

3.2.1 点状细胞化微模块

点状细胞化微模块是由细胞聚集(细胞球)或细胞培养在水凝胶球(细胞化水凝胶微球)形成。细胞球的制备是通过将细胞培养在非细胞黏附性的基底,这样细胞会趋向于聚集成团。因此,细胞球模块的大小由聚集的细胞数量决定。而为了产生尺寸均等的细胞球,通常使用垂滴或在微孔中培养的方式[35-38]。近年来,以微流道芯片结合垂滴培养或微孔培养的手段成功地实现了均匀大小的细胞球的批量生产[39,40]。因为微流道的液体流动性,这些微流道装置能够持续为细胞提供营养,添加药物和收集分泌物。此外,微流道装置还可以注入其他类型的细胞形成多种细胞自由混合的微球,实现多细胞共培养。因此该方法制作的细胞化微球可以被用于微尺度的组织模型构建进行生物和药代动力学分析。然而,由于细胞微球是由细胞和其分泌的 ECM 组成的,因此很难通过提前设计细胞和 ECM 之间的作用关系来增强细胞的活性和功能。

为了实现理想的细胞 - ECM 相互作用和细胞分布控制,细胞化水凝胶微球被提出。制备细胞化水凝胶微球,需在水凝胶预聚物液滴产生形变或塌陷前对完成交联反应。而微流道芯片能够重复生产均匀大小的预聚滴液并固化以维持其形状。制作预聚滴液采用准二维平面微流控设备,如 T 连接型微流道和二维微流体混合设备。T 连接型微流道通过两种互不相容的液体如水凝胶预聚液和表面活性剂油在“T”形连接处接触,形成微球[41-43],如图 3.5(a)所示。二维微流体混合设备以水凝胶预聚液为内液,表面活性剂油为外围液,也可以在孔口或流道下游产生大小均匀的微球[44-46],如图 3.5(b)所示。对于这两种装置,通过调节两种液体的流速和通道的尺寸,可以轻易、统一地控制微球的大小。然而在二维微流控设备中,微滴和微流道面的接触有时仍会造成微滴的变形。

为了克服这个问题,科学家们研究出了微喷管流道和圆柱形微流道设备。微喷管用于在空气中产生形状规则的微滴,如图 3.5(c)所示。这样微滴就不会接触任何面而导致变形[47]。而圆柱形微流道设备产生的微滴四周均被外围液体包围，从而避免了微滴与流道管壁的接触[48,49]，如图3.5(d)所示。设备的圆腔管道可以根据需求微滴的尺寸而设计。圆柱形微流道设备可以生产与二维微流控设备类似的高规则性、高产量的水凝胶微滴，因此同样可以实现基于海藻酸盐、胶原、PEG等的细胞化水凝胶微球[50]。

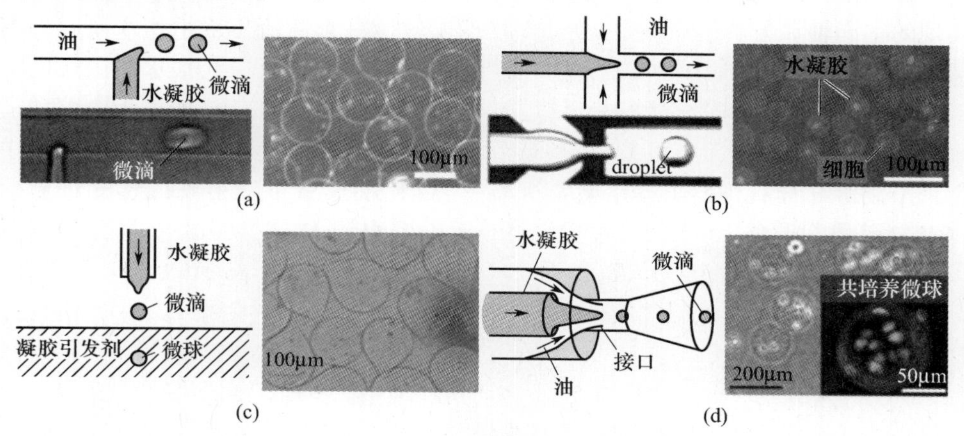

图3.5　基于不同微流道的点状细胞化微模块构建

(a)T连接型微流道；(b)二维混合流道；(c)微喷管流道；(d)圆柱形微流道。

基于上述微流控技术制备的细胞化水凝胶微球，可以进行多层次细胞培养。一种方法是在已经封装细胞的微球表面再接种一层细胞。已有研究制备了针对肝细胞和成纤维细胞[51]、真皮成纤维细胞和表皮角化细胞[52]的三维微球共培养组织。因为三维培养环境和多细胞交互作用可以增强细胞功能，因此这种三维同心微球共培养模式也常用于药理学和病理学研究。

3.2.2　线状细胞化微模块

微流控技术提供了长度不受限制的水凝胶微纤维制造方案。含有细胞的水凝胶在微流道芯片中流动生成纤维，通过设计微流道芯片的通道尺寸和控制液体流量控制，可以控制微纤维的直径。微流控连续产生细胞化水凝胶的技术可以分为挤压法、二维层流法和同轴流法(图3.6)。挤压法是把微喷管尖端置于凝胶引发剂中，然后将混有细胞的水凝胶预聚液从微喷管直接挤入凝胶引发剂中，使水凝胶从液体流变为固态纤维，如图3.6(a)所示。在成形过程中，细胞化水凝胶的直径主要由微喷管尖端孔径决定，略受液体流速变化的影响。采用挤压法，可以轻易制备封装细胞的海藻酸盐微纤维[53,54]。

二维层流方法可以实现水凝胶微纤维的并行控制。二维层流方法基本采用与二维微流控设备相似的水凝胶微球生产装置(图3.6(b))。表面活性剂取代油，凝胶引发剂作为外围液体引发流动中的水凝胶的固化[55]。通过改变内部和外部的液体流速可以改变微纤维的直径。利用并行控制的方法,可以制作多层多种细胞的微纤维结构,实现体外共培养。

在同轴流道中,水凝胶微纤维的径向控制是通过类似于圆柱形微流道的装置实现的。同轴流方法的原理是,设计多层的同轴圆柱形微流体通道使水凝胶外圈包裹一层凝胶引发剂。这样设计的好处是,水凝胶的交联反应会在水凝胶束的周围同步进行[56]。利用这一特点,可以制作内芯为载有细胞 ECM,外壳为海藻酸盐水凝胶的微纤维[57,58],如图3.6(c)所示。依附 ECM 的细胞可以在微纤维结构中生长形成微纤维状细胞群。溶解海藻酸盐水凝胶壳,就可以得到成熟的细胞化 ECM 微纤维。此外,如果制作过程中将载有细胞的 ECM 替换为微管,就可以得到中空的水凝胶微纤维,作为人造血管的模型。

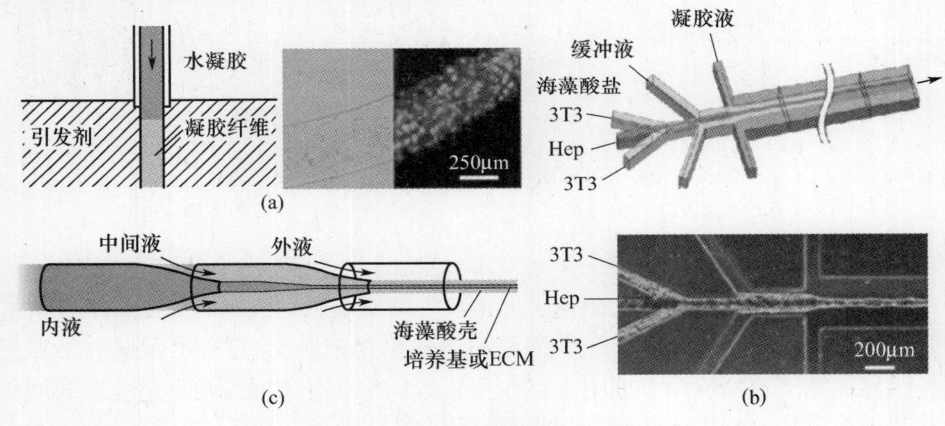

图3.6 线状细胞化微模块构造方法

(a)挤压法; (b)二维层流法; (c)同轴流道法。

3.2.3 平面状细胞化微模块

基于微流控技术构建平面状细胞化微模块,可以实现复杂、多层的细胞化板片。微流道芯片能够在制作过程中通过控制含细胞的液体流动来控制不同细胞在基底或在水凝胶中的固定位置[59,60](图3.7(a))。利用复合微流道可以帮助培养基形成梯度化,从而引导其中琼脂糖凝胶片上的间充质干细胞分区域分化为不同细胞,如图3.7(b)所示。此外,将微流道与载有细胞的多孔膜整合,可以实现“片上器官”的模型搭建。微流道灌注培养基,多孔膜搭载多种类型细胞,从而形成动态的共培养系统,模拟具有血液循环功能的人体组织。基于此模型的相关研究,如

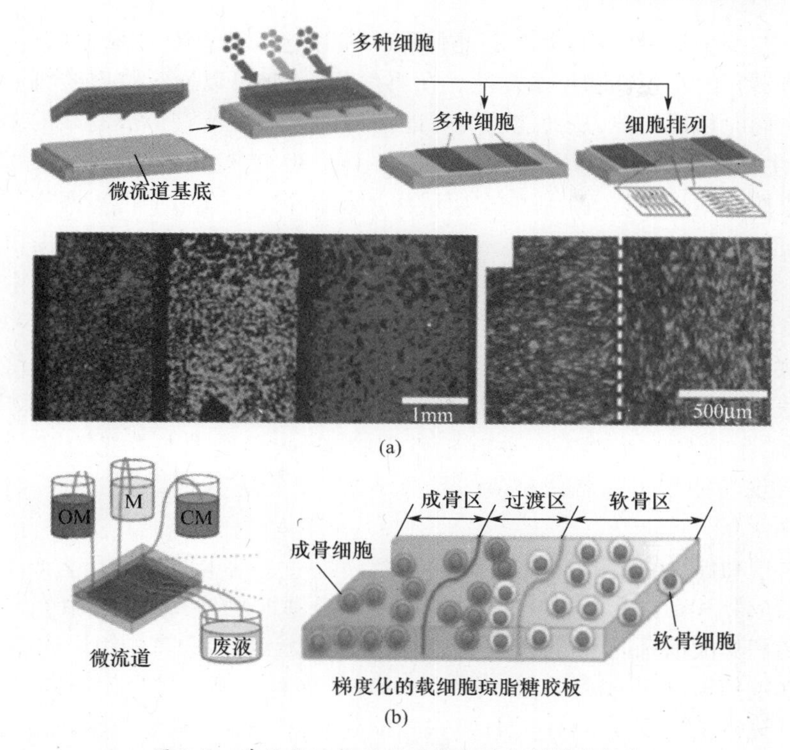

图3.7　基于微流控的平面状细胞化微模块制备

(a)利用微流道控制平面状微模块上的细胞分布；(b)利用微流道引导细胞在凝胶板上的分化趋势。

用上皮细胞和内皮细胞、肝细胞和内皮细胞的片上共培养，在培养过程中不仅可以很方便地加入其他试剂，同时也可以实时监测细胞的形态变化[61,62]。这种“片上器官”的一个主要优点是，它可以实现细胞在体外的功能重建而不需要整个器官组织模型。因此，基于微流道的“片上器官”系统可以作为药物测试中动物模型的低成本替代品。

然而，尽管基于微流控技术的点状、线状、平面状细胞化微模块可以作为人工微组织独立地应用于细胞的体外培养和药物测试等，但它们简单的构架不可比拟人体器官的三维复杂结构和血管网络。构建模拟人体器官的复杂三维微组织仍需要精确的操作手段来组装这些微模块。

3.3　生物打印

3D打印是一种快速的成形和添加剂制造技术，用于通过逐层构建过程以高精度的方式制造复杂的结构。这个自动化的、可添加的过程有助于制造具有精确体系结构(包括外部形状、内部孔隙、几何形状和互连性)的3D产品,具有很高的天然组织或器官的重现性和可重复性。在再生领域,它可以通过将多个细胞类型和生物因子同时精确构建,从而能够更好地模仿活组织或器官形成复杂的多尺度结构,为仿生支架的制作提供一个很好的选择。近30年来,3D生物打印技术已被广泛用于直接或间接制造3D细胞支架或医用植入物,并应用于再生医学领域。它在细胞、蛋白质、DNA、药物、生长因子和其他生物活性物质的放置上提供了非常精确的时空控制,以更好地指导组织的形成以供病人的特异性治疗。生物活性支架的3D打印包含两种支架制作:包含生物成分的脱细胞功能支架和旨在复制天然类组织的细胞负载结构。两者的目标都是为组织/器官再生提供生物相容性的可植入结构,因此将生物活性支架制造中的3D打印称为"生物打印"。在这方面,生物打印并不表示细胞是直接打印的,而是参与制造过程的某个阶段。要再现功能组织或器官复杂的异质结构,一个基本的要求是对其组成和组织的全面了解。

要再现功能性组织或器官复杂的异质结构,一个基本的要求是全面了解其组成部分的成分和结构。因此,医学成像技术是提供细胞、组织、器官和机体层面的三维结构和功能信息的不可或缺的工具,有助于设计特定患者的组织或器官结构。计算机断层扫描(CT)和磁共振成像(MRI)作为两种主要方式为3D打印提供信息支持。计算机辅助设计(CAD)、计算机辅助制造(CAM)工具和数学建模也被用来收集和数字化组织的复杂层析和结构信息。将被三维成像的组织或器官模型分为二维水平切片,导入3D生物打印系统逐层沉积。结合现有的3D生物打印技术,选择细胞类型(分化型或未分化型)、生物材料(合成型或天然型)和辅助生化因子,这些打印组件的配置驱动3D组织器官的构建。这种综合技术(图像设计-制造)可以重建更复杂的三维器官水平的结构,并结合机械和生化引导,这是整个器官结构的关键元素。此外,该技术通过模拟自然的、高度动态的、可变的三维结构、力学性能和生化微环境,具有构建三维组织或器官特异性微环境的能力。通过这种方式,用于器官再生的3D生物打印涉及打印多种活细胞能力,包括脉管系统和神经网络集成,最终开发3D生物打印器官类似物的特定功能。1986年Charles W. Hull获得液体光多聚体立体摄影技术专利;这被证明是未来3D打印技术的先驱工作。2003年,Charles W. Hull提出了一种基于传统二维喷墨技术的细胞生物打印技术。2009年,Organovo和Invetech公司创造了第一个商业3D生物打印机。到2022年,全球3D生物打印市场预计将达到18.2亿美元,包括用于牙科、医疗、分析和食品应用的产品和材料。尽管考虑到其复杂性和功能性,仍处于起步阶段,但该技术似乎显示出了极大的潜力,可以推动组织工程向器官制造方向发展,最终减轻器官短缺,挽救生命。

3.3.1 基本原则

组织工程应用的3D生物打印可根据是否将活细胞直接打印到结构中分为两种形式。细胞生物打印技术可以直接将活细胞沉积在生物油墨中,形成三维生物结构。根据工作策略(图3.8),主要可分为基于流线型、基于挤出型和激光辅助生物打印。现有生物打印技术的变化也会影响活组织/器官构建的特征。相比之下,脱细胞生物打印技术为组织再生应用提供了更广泛的选择。不考虑细胞活力或生物活性成分,几种具有较高温度、化学品和其他恶劣环境的3D打印技术可用于制造植入物。考虑到目标组织/器官特性的具体要求,设计必须考虑生物打印系统(生物油墨和生物打印系统)的能力和性能。

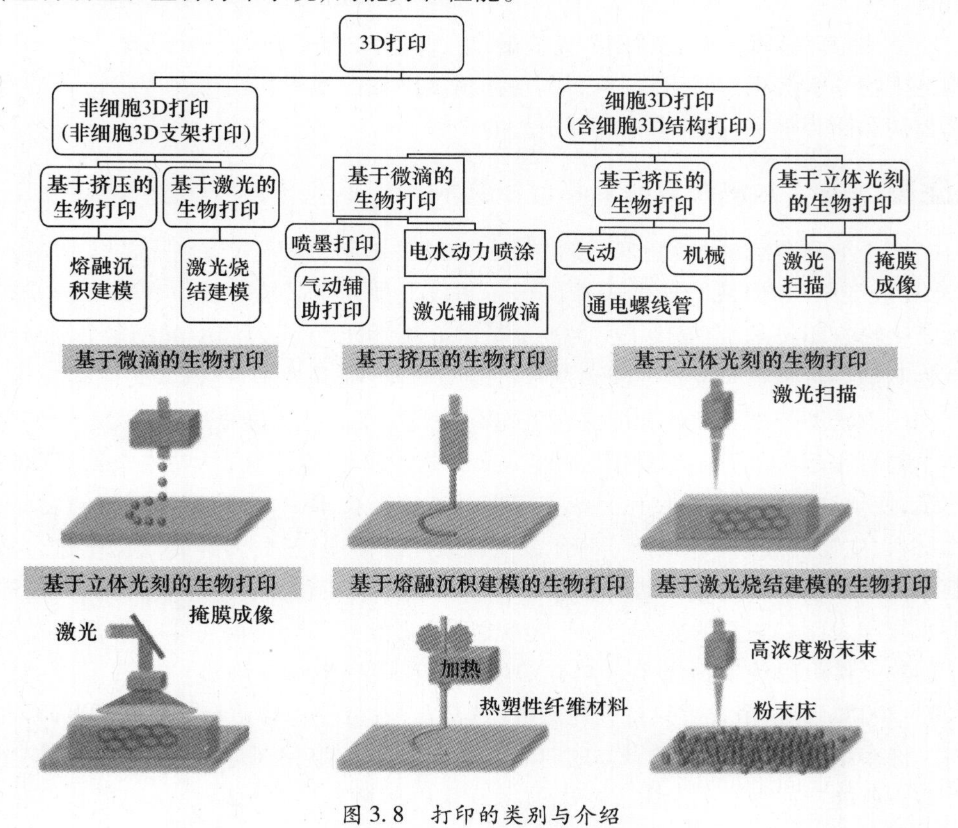

图3.8 打印的类别与介绍

3.3.2 细胞3D生物打印

细胞3D生物打印直接利用活细胞在构建制造过程中,结合3D打印快速成形

的固有优势，人们已经开发出各种各样的技术来创造三维活体组织/器官类似物，每一种都有不同的特性（优点和局限性），如生物材料、分辨率、打印速度和细胞存活率。根据打印方式的不同（生物油墨沉积机理），细胞生物打印的代表性技术可以分为基于打印的技术、基于挤压的技术和立体打印技术。基于软骨的生物打印依赖于各种能源（热、电、激光束、声学或气动机制），以高通量的方式对活细胞和其他生物制剂的生物墨水微滴进行模块化设计。

由熔融沉积成形（FDM）打印技术发展而来的基于挤压的生物打印技术，采用气动、机械或电磁驱动系统，以“针式注射器”为基础进行细胞沉积。在生物打印过程中，生物墨水通过沉积系统精确地打印出充满细胞的细丝，形成所需的三维结构。

立体打印技术主要是利用激光能量，通过光束扫描或图像投影建模，将充满细胞的生物墨水沉积在储层中，从而实现高精度图案的成形。由于对生物沉积的精确控制和高分辨率，这种技术具有更大的优势。

3.3.3 基于细胞液滴的生物打印技术

基于细胞液滴的生物打印技术（DCB）的关键特征是，充满细胞的生物墨水（水凝胶或浆状物）液滴被生成并沉积在基板上预先定义的位置。作为一种非接触式生物打印技术，它提供了一种高通量的方法，可以在小液滴中沉积多个细胞或生物制剂到目标空间位置。液滴技术可分为四类：喷墨技术、电液动力喷射技术、气动压力辅助技术和激光辅助液滴生物喷射技术。最早获得蜂窝状打印专利的喷墨生物打印起源于商业 2D 喷墨打印。必要的设备很容易由 2D 喷墨桌面打印机改造，使得这种技术广泛使用且成本较低。在这项技术中，生物油墨溶液（包括生物材料、生物活性因子和细胞）储存在墨盒或贮液器中，然后转移到墨盒中进行液滴喷射。液滴可以由热驱动或压电驱动两种机构产生，它们可以从喷墨头喷嘴喷射到打印表面。它们的操作类似于传统的“按需投放”2D 喷墨打印机。热驱动基于加热元件可以使生物墨水过热并产生气泡利用气泡喷出液滴。尽管温度到达 200～300℃，但这个过程只持续几微秒（约 2μs）就可使打印机头温度上升 10℃左右。许多结果表明，温度的升高的时间越短对打印细胞和其他整合生物制剂的生存能力就能造成最小的危害。压电技术利用电压诱导压电材料的快速形状变化，在流体中产生压力脉冲，迫使墨滴从喷嘴中流出。液滴的形状和大小可以通过调整施加在压电材料上的电压来调整。与热喷墨相比，它允许使用更广泛的油墨，因为不需要挥发性成分，也不存在凝固问题。与超声场相关的声辐射力也被用来从压电打印机的气液界面喷出液滴。在这个系统中可以调整超声参数（脉冲、持续时间和振幅)，以控制液滴的大小和射速。声辐射能够产生和控制均匀大小的液滴和控制喷射方向。然而，这些打印机使用的声波频率有可能引起细胞膜损伤和细胞裂解。此外，一些改进的喷墨技术与多喷墨技术通过利用多种细胞类型和其他组织成分，已经被用于建立复杂的组织和器官。总的来说，喷墨生物打印技术需要确保快速制造具有高度可重复性的图案，以及需要缩小液滴体积(低至50μm)使印刷分辨率提高，还需要确保80%以上的细胞活性。

3.3.4 基于挤压的细胞生物打印

通常，基于挤压的(分配器，直接写入)生物打印是一项集成技术，包括用于挤压控制流体的分配系统和用于生物打印的自动化机器人系统。生物墨水被挤压成充满细胞的圆柱形丝状物，或者分散的生物墨水，可以精确地沉积到所需的三维结构中。连续沉积在快速制造过程中提供更好的结构完整性。分注系统可分为三类，即气动式、机械式(活塞式或螺杆式)和螺线管式微挤出(图3.9)，基于气动系统的生物3D打印式利用加压空气通过无阀或基于阀的系统挤出细胞纤维。

与无阀系统相比，有阀的系统由于压力和脉冲频率可控，具有更高的精度。机械微挤压(或直接书写)提供了一种更简单、更直接的控制生物油墨打印的方法。通常由注射器和针头组成的活塞系统适用于低黏度流体，而螺杆系统能够产生更大的压力，使生物油墨可以具有更高的黏度。然而，在机械微挤压过程中沿喷嘴施加的巨大剪力可能会对负载细胞造成潜在的伤害。电磁(或电磁驱动)微挤压通过抵消浮动磁铁柱塞和铁磁环形磁铁之间产生的磁力来打开阀门。由于气动系统中压缩气体体积的时间延迟和电磁驱动系统的高复杂性，机械分配系统可能对物料流动提供更直接的控制。材料黏度从 $30\sim6\times10^{7}$ mPa·s 的生物油墨已被证明是可以很好的保护生物膜水中细胞的生物活性，高黏度材料通常可以为打印提供结构支撑而低黏度材料为维持细胞生存和功能提供一个合适的环境。除了分配系统，挤出打印机还包括一个或多个墨盒(即注射器)，可装入充满细胞的生物墨水或其他生物制剂用于打印。打印过程可以通过涂布程序、速度、喷嘴大小、墨盒的位移来控制。总体而言，基于挤压的技术能够提高沉积和打印速度，并对异质配方具有更大的耐受性，允许在高细胞密度下使用，这有助于在相对较短的时间内实现可伸缩性。尽管它的多功能性和巨大的优势，基于挤压的生物打印仍然有几个挑战，主要涉及低分辨率、高剪切应力和有限的材料选择等。基于挤压的生物打印的最小特征尺寸通常超过100μm；而非生物微挤压打印机能够达到5μm精度。喷嘴处的高剪切应力可能会降低细胞的存活率，微挤压生物打印后的细胞存活率明显低于喷墨生物打印，其细胞存活率为40%~86%。

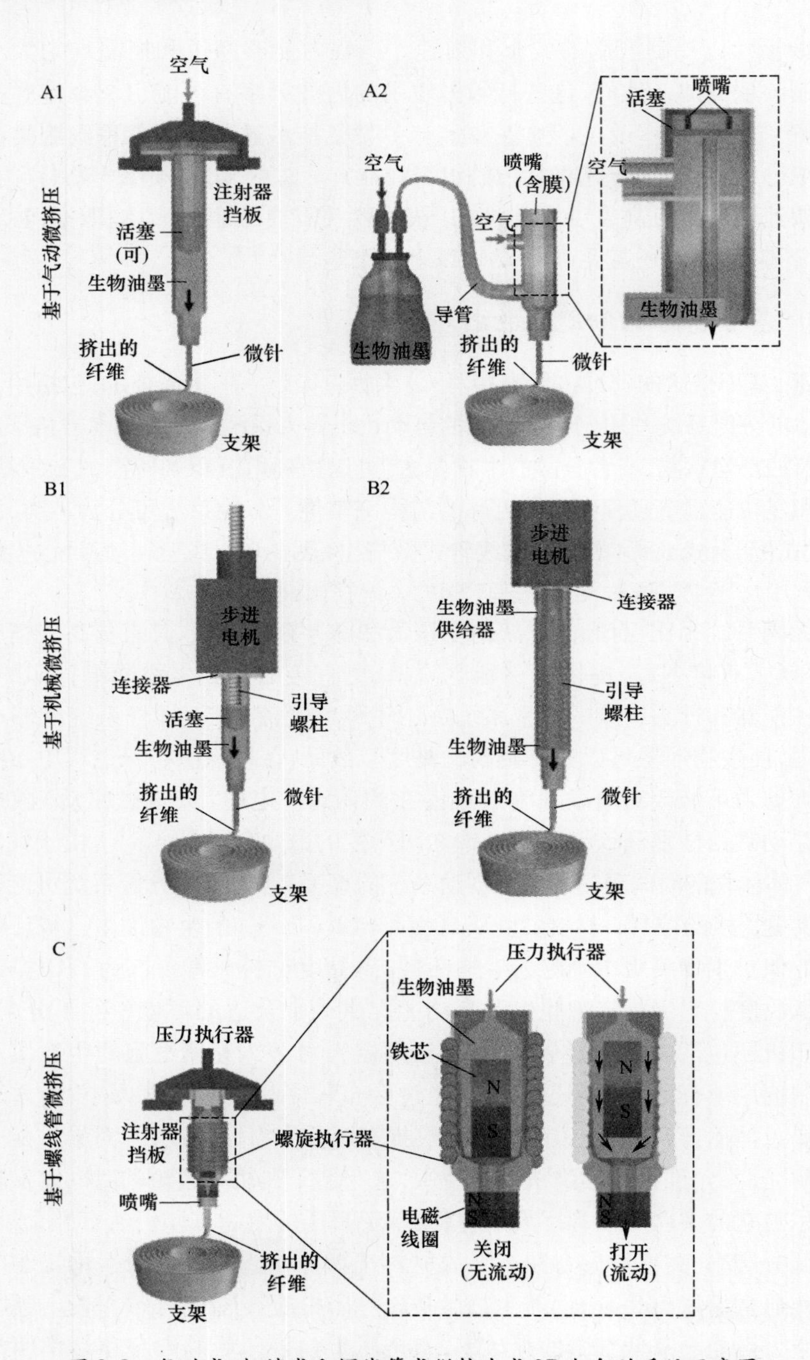

图 3.9 气动式、机械式和螺线管式微挤出式 3D 打印的系统示意图

3.3.5 基于立体光刻的细胞生物打印

立体光刻成型(SLA)提供了一种非常高分辨率和准确性的添加型制造技术。基于立体光刻的生物打印技术(光聚固化)利用光或激光的空间控制,通过选择性光聚合在生物油墨中分层形成几何二维图案,如图3.10所示。3D结构可以按照“逐层”的方式连续构建在二维图形层上,未固化的生物墨水可以很容易地从最终产品中去除。二维图案层的光聚合是基于SLA的生物印刷中最关键的一步。传统的基于SLA的生物打印技术有两种类型:激光扫描和掩模图像投影。激光扫描技术是指使用激光束扫描可光固化的生物油墨,以凝固二维图案层。分辨率取决于光照条件(激光光斑的大小、波长、功率、曝光时间/速度以及激光束的吸收或散射的发生),以及光引发剂或紫外线吸收剂的选择。生物油墨的种类和浓度、扫描速度和激光功率对生物印迹结构的整体力学性能有很大影响。此外,当打印多层时,早期的层可能会反复曝露在激光下,造成机械强度不均匀或3D结构/图案不理想。微立体光刻技术(μSLA)分辨率约5μm(*x*/*y*平面)和10μm(*z*轴)可以实现。该掩模图像投影打印系统利用数字光处理技术(DLP)动态生成已定义的掩模图像,将该图像投影到可光固化生物油墨的表面,可以同时固化整个二维图形层。DLP系统使用一个数字微镜阵列(DMD)从水平切片3D结构中投影一组2D图像。与激光扫描技术相比,由于能够同时形成整个图层的形状,掩模图像投影打印速度更快。

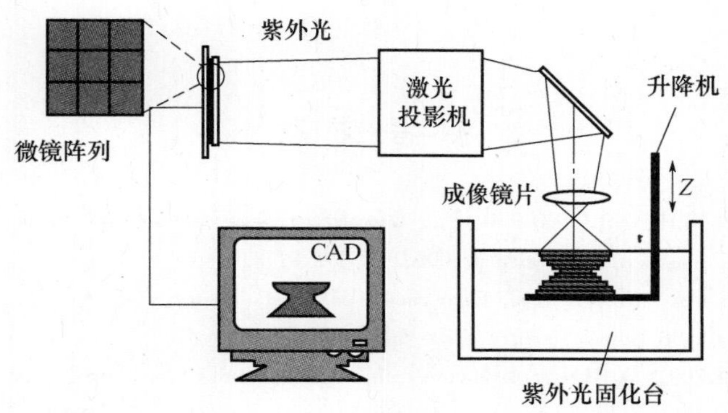

图3.10 基于立体光刻的生物打印技术的系统示意图

可光聚合生物油墨的选择有限,但聚合物改性技术可以使研究人员有更多的选择。常见的可光固化生物油墨包括聚乙二醇丙烯酸酯/甲基丙烯酸酯及其衍生物、甲基丙烯酸酯/丙烯酸酯天然生物材料(明胶、透明质酸、葡聚糖等)和甲基丙烯酸酯/丙烯酸帽等合成聚合物。总体而言,基于立体光刻的生物打印技术的主要优势在于,它们能够简单地制造出具有高分辨率的复杂结构,并在没有支撑材料的情况下快速打印结构。然而,光聚合是由剧烈的化学反应引起的,自由基会破坏细胞膜、蛋白质和核酸。这种技术可以实现高达40%~80%的细胞生存能力,这取决于激光波长、功率、曝光时间和光引发剂的毒性。因此,应用细胞相容性的光引发剂是非常重要的。此外,可光固化生物材料的有限可用性和高昂的设备成本是这项技术的主要关注点。

最后,为了保证器官打印技术的有效工业化翻译和商业化,关键问题是生物油墨、生物打印剂和生物打印产品的质量保证和监管。这个可定制的3D产品需要一个全面的监管,以确保质量控制的每一步过程,即生产印刷设备和原材料(生物、生物材料、生物因素和细胞)、3D打印的设计控制模型、生产及其管理软件的验证、产品测试,以及最后的注入过程。虽然大多数试验都是在动物身上进行的,但打印用于植入人体的组织或器官将引起伦理上的担忧。随着仪器技术的进步,空间和时间分辨率的提高,以及特定器官的生物油墨和细胞来源的优化,3D生物打印技术有望在不久的将来成为最高效、可靠和方便的生物组织构建方法之一。3D生物打印的高度灵活性和可控性使得多种具有时空梯度的活性药物在组织/器官再生过程中调节细胞功能成为可能。这项技术的一个独特之处在于,它能够实现个性化的治疗计划,以满足患者的个人需求。此外,具有生理变化特征的先进材料工程方法将进一步优化生物材料的性能,这些结构能满足发育过程中动态组织重塑的要求。此外,3D生物打印技术显示出了促进真实组织/器官模型开发的潜力,因此该技术也有望转化为其他特定应用,如药物/毒物学筛选模型。

参考文献

[1] NAITO H, MELNYCHENKO I, DIDIÉ M, et al. Optimizing engineered heart tissue for therapeutic applications as surrogate heart muscle[J]. Circulation, 2006, 114: 172-178.

[2] LIU T V, CHEN A A, CHO L M, et al. Fabrication of 3D hepatic tissues by additive photopatterning of cellular hydrogels[J]. FASEB Journal, 2007, 21: 790-801.

[3] RIVEST C, MORRISON D, NI B, et al. Microscale hydrogels for medicine and biology: synthesis, characteristics and applications[J]. Journal of mechanics of Materials and Strutures, 2007, 2: 110319.

[4] SLAUGHTER B V, KHURSHID S S, FISHER O Z, et al. Hydrogels in regenerative medicine[J]. Advanced Materialsv, 2009, 21: 330729.

[5] SUN J, TANG J, DING J. Cell orientation on a stripe-micropatterned surface[J]. Chinese Science Bulletin, 2009, 54: 3154-3159.

[6] AUBIN H, NICHOL J W, HUTSON C B, et al. Directed 3D cell alignment and elongation in microengineered hydrogels[J]. Biomaterials, 2010, 31: 6941-6951.

[7] ZORLUTUNA P, JEONG J H, KONG H, et al. Stereolithography-based hydrogel microenvironments to examine

cellular interactions[J]. Advanced Functional Materials,2011,21: 3642 - 3651.

[8] REVZIN A,RUSSELL R J,YADAVALLI V K,et al. Fabrication of poly (ethylene glycol) hydrogel microstructures using photolithography[J]. Langmuir,2001,17: 5440 - 5447.

[9] 刘灏,黄国友,李昱辉,等. 基于水凝胶的"自下而上"组织工程技术研究进展[J]. 中国科学:生命科学,2015,45(3): 256 - 270.

[10] BAJAJ P,TANG X,SAIF T A,et al. Stiffness of the substrate influences the phenotype of embryonic chicken cardiac myocytes[J]. Journal Biomedical Materials Research Part A,2010,95A: 1261 - 1269.

[11] WARD M,DEMBO M,HAMMER D. Kinetics of cell detachment: effect of ligand density[J]. Annals Biomedical Engineering,1995,23: 322 - 331.

[12] BAJAJ P,REDDY B,MILLET L,et al. Patterning the differentiation of C2C12 skeletal myoblasts[J]. Integrative Biology,2011,3: 897 - 909.

[13] MARKLEIN R A,BURDICK J A. Spatially controlled hydrogel mechanics to modulate stem cell interactions [J]. Soft Matter,2010,6: 136 - 143.

[14] KHETAN S,BURDICK J A. Patterning network structure to spatially control cellular remodeling and stem cell fate within 3 - dimensional hydrogels[J]. Biomaterials,2010,31: 8228 - 8234.

[15] HUEBSCH N,ARANY P R,MAO A S,et al. Harnessing traction-mediated manipulation of the cell/matrix interface to control stem-cell fate[J]. Nature Materials,2010,9: 518 - 526.

[16] LANNIEL M,HUQ E,ALLEN S,et al. Substrate induced differentiation of human mesenchymal stem cells on hydrogels with modified surface chemistry and controlled modulus[J]. Soft Matter,2011,7:6501 - 6514.

[17] NICHOL J W,KOSHY S T,BAE H,et al. Cell-laden microengineered gelatin methacrylate hydrogels[J]. Biomaterials,2010,31: 5536 - 5544.

[18] HAMMOUDI T M,LU H,TEMENOFF J S. Long-term spatially defined coculture within threedimensional photopatterned hydrogels[J]. Tissue Eng Part C Methods,2010,16: 1621 - 1628.

[19] MANKOVICH N J,SAMSON D,PRATT W,et al. Surgical planning using 3 - dimensional imaging and computer modelling[J]. Otolaryngologic Clinics of North America,1994,27: 875 - 889.

[20] GABBRIELLI R,TURNER I G,BOWEN C R. Development of modelling methods for materials to be used as bone substitutes[J]. Key English Materials,2008,361 - 363,903 - 906.

[21] BAJAJ P,MARCHWIANY D,DUARTE C,et al. Patterned three-dimensional encapsulation of embryonic stem cells using dielectrophoresis and stereolithography[J]. Advanced Healthcare Materials,2013,2:450 - 458.

[22] DHARIWALA B,HUNT E,BOLAND T. Rapid prototyping of tissue-engineering constructs,using photopolymerizable hydrogels and stereolithography[J]. Tissue Engineering,2004,10: 1316 - 1322.

[23] Seck T M,Melchels F P W,Feijen J,et al. Designed biodegradable hydrogel structures prepared by stereolithography using poly(ethylene glycol)/poly(d,l-lactide)-based resins[J]. Journal of Control Release,2010,148: 34 - 41.

[24] Melchels F P W,Feijen J,Grijpma D W. A poly(d,l-lactide) resin for the preparation of tissue engineering scaffolds by stereolithography[J]. Biomaterials,2009,30: 3801 - 3809.

[25] LEIGH S J,GILBERT H T J,BARKER I A,et al. Fabrication of 3 - dimensional cellular constructs via microstereolithography using a simple,three-component,poly(ethylene glycol) acrylate-based system[J]. Biomacromolecules,2012,14: 186 - 192.

[26] ZHANG A P,QU X,SOMAN P,et al. Rapid fabrication of complex 3D extracellular microenvironments by dy-

namic optical projection stereolithography[J]. Advanced Materials,2012,24: 4266 – 4270.

[27] LEE S – J,KANG H – W,PARK J,et al. Application of microstereolithography in the development of three-dimensional cartilage regeneration scaffolds[J]. Biomedical Microdevices,2008,10: 233 – 241.

[28] CHUNG B G,LEE K – H,KHADEMHOSSEINI A,et al. Microfluidic fabrication of microengineered hydrogels and their application in tissue engineering[J]. Lab on a Chip,2011,12: 45 – 59.

[29] KANG A,PARK J,JU J,et al. Cell encapsulation via microtechnologies[J]. Biomaterials,2014,35: 2651 – 2663.

[30] KHADEMHOSSEINI A,LANGER R. Microengineered hydrogels for tissue engineering[J]. Biomaterials, 2007,28: 5087 – 5092.

[31] LIN R Z,CHANG H Y. Recent advances in three-dimensional multicellular spheroid culture for biomedical research[J]. Biotechnology Journal,2008,3: 1172 – 1184.

[32] ONOE H,TAKEUCHI S. Cell-laden microfibers for bottom-up tissue engineering[J]. Drug Discovery Today, 2015,20: 236 – 246.

[33] MATSUDA N,SHIMIZU T,YAMATO M,et al. Tissue engineering based on cell sheet technology[J]. Advanced Materials,2007,19: 3089 – 3099.

[34] YANG J,YAMATO M,KOHNO C,et al. Cell sheet engineering: recreating tissues without biodegradable scaffolds[J]. Biomaterials,2005,26: 6415 – 6422.

[35] LEE W G,ORTMANN D,HANCOCK M J,et al. A hollow sphere soft lithography approach for long-term hanging drop methods[J]. Tissue Engineering Part C Methods,2010,16: 249 – 259.

[36] TUNG Y C,HSIAO A Y,ALLEN S G,et al. High-throughput 3D spheroid culture and drug testing using a 384 hanging drop array[J]. Analyst,2011,136: 473 – 478.

[37] FUKUDA J,NAKAZAWA K. Orderly arrangement of hepatocyte spheroids on a microfabricated chip[J]. Biomaterials,2005,11 : 1254 – 1262.

[38] KATO-NEGISHI M,TSUDA Y,ONOE H,et al. A neurospheroid network-stamping method for neural transplantation to the brain[J]. Biomaterials,2010,31: 8939 – 8945.

[39] FREY O,MISUN P M,FLURI D A,et al. Reconfigurable microfluidic hanging drop network for multi-tissue interaction and analysis[J]. Nature Communications,2014,5: 4250.

[40] TORISAWA Y,TAKAGI A,NASHIMOTO Y,et al. A multicellular spheroid array to and viability realize spheroid formation,culture,assay on a chip[J]. Biomaterials,2007,28: 559 – 566.

[41] HONG S,HSU H J,KAUNAS R,et al. Collagen microsphere production on a chip[J]. Lab on a Chip,2012, 12: 3277 – 3280.

[42] TAN W H,TAKEUCHI S. Monodisperse alginate hydrogel microbeads for cell encapsulation[J]. Advanced Materials,2007,19: 2696 – 2701.

[43] WIEDUWILD R,KRISHNAN S,CHWALEK K,et al. Noncovalent hydrogel beads as microcarriers for cell culture[J]. Angewandte Chemie-International Edition,2015,54: 3962 – 3966.

[44] AIKAWA T,KONNO T,TAKAI M,et al. Spherical phospholipid polymer hydrogels for cell encapsulation prepared with a flow-focusing microfluidic channel device[J]. Langmuir,2012,28: 2145 – 2150.

[45] DENG Y,ZHANG N,ZHAO L,et al. Rapid purification of cell encapsulated hydrogel beads from oil phase to aqueous phase in a microfluidic device[J]. Lab on a Chip,2011,11: 4117 – 4121.

[46] LEE D H,JANG M,PARK J K. Rapid one-step purification of single-cells encapsulated in alginate microcap-

sules from oil to aqueous phase using a hydrophobic filter paper: implications for single-cell experiments[J]. Biotechnology Journal,2014,9: 1233 – 1240.

[47] HUANG S B,WU M H,LEE G B. Microfluidic device utilizing pneumatic microvibrators to generate alginate microbeads for microencapsulation of cells[J]. Sensors and Actuators B: Chemical,2010,147: 755 – 764.

[48] UTADA A S,LORENCEAU E,LINK D R,et al. Monodisperse double emulsions generated from a microcapillary device[J]. Science,2005,308: 537 – 541.

[49] TAKEUCHI S,GARSTECKI P,WEIBEL D B,et al. An axisymmetric flowfocusing microfluidic device[J]. Advanced Materials,2005,17:1067 – 1072.

[50] TSUDA Y,MORIMOTO Y,TAKEUCHI S,Monodisperse cell-encapsulating peptide microgel beads for 3D cell culture[J]. Langmuir,2010,26:2645 – 2649.

[51] MATSUNAGA Y T,MORIMOTO Y,TAKEUCHI S. Molding cell beads for rapid construction of macroscopic 3D tissue architecture[J]. Advanced Materials,2011,23: H90 – H94.

[52] MORIMOTO Y,TANAKA R,TAKEUCHI S. Construction of 3D,layered skin,microsized tissues by using cell beads for cellular function analysis[J]. Advanced Healthcare Materials,2013,2: 261 – 265.

[53] SUGIURA S,ODA T,AOYAGI Y,et al. Tubular gel fabrication and cell encapsulation in laminar flow stream formed by microfabricated nozzle array[J]. Lab on a Chip,2008,8: 1255 – 1257.

[54] MAZZITELLI S,CAPRETTO L,CARUGO D,et al. Optimised production of multifunctional microfibres by microfluidic chip technology for tissue engineering applications[J]. Lab on a Chip,2011,11: 1776 – 1785.

[55] ZHANG S,GREENFIELD M A,MATA A,et al. A self-assembly pathway to aligned monodomain gels[J]. Nature Materials,2010,9: 594 – 601.

[56] LEE K H,SHIN S J,KIM C – B,et al. Microfluidic synthesis of pure chitosan microfibers for bio-artificial liver chip[J]. Lab on a Chip,2010,10: 1328 – 1334.

[57] HSIAO A Y,OKITSU T,ONOE H,et al. Smooth muscle-like tissue construction with circumferentially oriented cells formed by the cell fiber technology[J]. Plos One,2015,10: e0119010.

[58] HIRAYAMA K,OKITSU T,TERAMAE H,et al. Cellular building unit integrated with microstrand-shaped bacterial cellulose[J]. Biomaterials,2013,34: 2421 – 2427.

[59] YUAN B,JIN Y,SUN Y,et al. A strategy for depositing different types of cells in three dimensions to mimic tubular structures in tissues[J]. Advanced Materials,2012,24: 890 – 896.

[60] LENG L,MCALISTER A,ZHANG B,et al. Mosaic hydrogels: one-step formation of multiscale soft materials [J]. Advanced Materials,2012,24: 3650 – 3658.

[61] HUH D,MATTHEWS B D,MAMMOTO A,et al. Reconstituting organ-level lung functions on a chip[J]. Science,2010,328: 1662 – 1668.

[62] ILLA X,VILA S,YESTE J,et al. A novel modular bioreactor to in vitro study the hepatic sinusoid[J]. PLos one,2014,9: e111864.

第4章 生物微纳操作方法

微纳机器人操作广泛应用于工业领域与生物医学领域。例如:MEMS加工中通过微探针与微纳器件的接触实现对器件电学特性参数的分析与检测;细胞学研究中通过对细胞的注射、去核等操作实现对单细胞病理学、药理学特性的分析[1,2]。在这些应用场景下,微纳操作机器人通过不同的操作力与目标进行交互,实现对目标的定位、拾取、移动与释放[3,4]。

如图4.1所示,根据机器人在微纳操作中与目标交互方式的不同,我们将操作方法分为接触式操作、非接触式操作两大类[5]。其中,接触式操作常用的操作力包括吮吸力、黏附力、机械力等;非接触式操作中常用的操作力主要基于介电泳、光镊、磁控等。由于接触式操作需要与操作目标发生直接接触,对目标的损伤比非接触式操作大。然而,接触式操作力最为直观,对系统与操作环境要求简单,所能提供的力大小跨度广,因此应用场景也更为广泛,宏观操作中的控制方式、操作策略大多都可以直接应用到微观尺度下。相比之下,非接触式操作由于需要借助特殊物理学现象,对操作环境及系统复杂程度要求较高。比如,对操作目标的形状、尺寸、成分等均有严格的约束,且操作环境多为封闭系统,其所能提供的力大多均处于皮牛至微牛的尺度,应用场景较为单一。

	接触式微纳操作机器人			非接触式微纳操作机器人		
	吮吸力	黏附力	机械力	介电泳	光镊	磁控
细胞损伤	高	中	高	低	中	低
施加力大小	中	中	大	小	小	中
操作环境约束	中	中	低	中	高	高

图4.1 微纳操作中常用的操作力

4.1 机械微纳操作

基于机械力的微纳操作机器人系统是起步较早,研究程度更为成熟的一类系统。正如传统机器人系统使用机械臂实施抓取、搬运等任务，同样我们可以使用微纳尺度下的机械臂实现细胞等活体目标的生物微纳操作。然而，在尺度缩小的过程中由于受尺度效应、低雷诺数等因素的影响，微纳尺度下的物理体系与力学体系同宏观尺度有很大的区别[6]。因此，在细观尺度下开发基于机械力的机器人系统需要重点考虑物理学参数的变化。

4.1.1 机械微纳操作原理

当操作尺度缩小到微纳时，操作环境将变为低雷诺数环境，即生物细胞所在的普通液相环境将被视为高黏性液体。在低雷诺数环境下，惯性力将极小于黏性力，由惯性产生的力将不再是主导力。因此，在宏观下基于牛顿三大定律的力学体系将不再适用。例如，在宏观环境下，受到外力作用的物体该时刻的运动速度、加速度均与上一时刻的运动情况相关，而在微观环境下由于惯性力可以被忽略，当前时刻的运动情况将仅与当前时刻的受力情况相关[7]。其次，如图 4.2 所示，当尺寸缩小时，物体体积将以三次方速度缩小，而其长度、面积将以一次方、二次方速度缩小，下降速度比体积小很多。由此，与体积相关的力（体积力）的下降速度将远高于面积力和线性力，则黏附力、摩擦力等将成为维纳尺度下的主导力[8]。

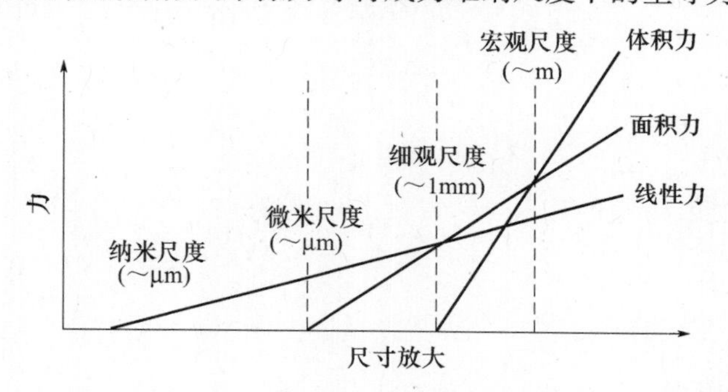

图 4.2　受尺度效应影响下的力变化

根据尺度效应可知，当操作环境在微纳尺度时，主导力主要集中在黏附力中，这些是基于机械操作的微纳机器人实现生物目标抓取、移动的根源。在微纳尺度下，主要的吸附力包括范德华力、表面张力和静电力三大类。范德华力作为原子力，受诱导效应、取向效应与色散效应的影响，可表示为

$$F_{vdw} = \left(\frac{\delta}{\delta + \gamma/2}\right)^2 \left(\frac{Hd}{16\pi\delta^2} + \frac{H\rho^2}{8\pi\delta^2}\right) \tag{4-1}$$

式中：γ 为接触表面粗糙度；H 为理夫绪兹 - 范德华力分量；d 为微结构尺寸；ρ 为黏附区域表面半径。表面张力在微观尺寸下受环境湿度影响，可表示为

$$F_{\text{tens}} = \pi R_2^2 \gamma \left(\frac{1}{R_1} + \frac{1}{R_2} \right) + 2\pi R_2 \gamma \tag{4-2}$$

式中:R_1与R_2为接触面半月桥圆柱面的特征半径;γ为潮湿环境下水的表面张力。静电力与微结构表面电荷情况相关,可表示为

$$F_{\text{elec}} = \frac{\pi \varepsilon d U^2}{2\delta} \tag{4-3}$$

式中:ε为空气介电常数;U为接触物之间的压差。

三种不同类的吸附力在微纳操作中扮演重要的角色,且应用于不同场景下。如图4.3(a)和图4.3(b)所示,当在干燥的空气中进行微操作时,微操作目标与操作器表面很容易吸附电荷,则当操作器靠近目标时会受到静电力作用而对操作对象进行吸附[8,9]。由于操作对象的重力作为非主导力可以被忽略,目标被吸附后可以进行拾取和移动等微操作。如图4.3(c)和图4.3(d)所示,在纳米尺度下,当AFM悬臂梁靠近碳纳米管时,受范德华力作用,碳纳米管会自动吸附贴靠到AFM表面并被固定住[11,12]。在此基础上即可对碳纳米管进行拔取和移动操作。由此可见,不同场景下所使用的机械力不同,这主要是由三类吸附力的特性决定的。首先,静电力需要操作对象与操作器均带有电荷,这要求其操作环境为非液相环境,即一般为空气或真空环境下的操作。其次,范德华力是基于原子间相互作用产生的,其所需要的尺度会更小,一般在纳米级别。因此,一般以范德华力为主导力的

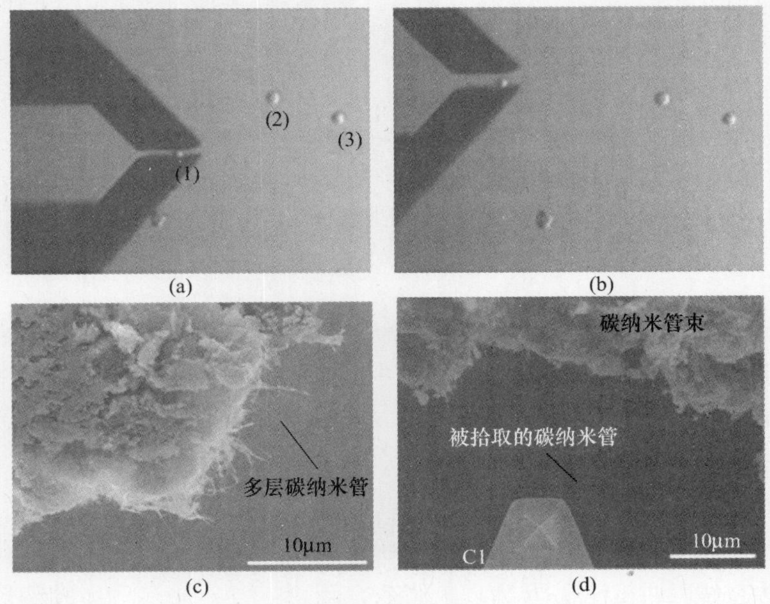

图4.3　基于静电力与范德华力的微纳操作

操作均发生在纳米尺度。最后,表面张力发生在两相界面相交处,要求存在亲疏水界面。因此,表面张力大多发生在气相、液相交互或亲疏水液体交互的环境中。针对生物微纳操作,由于生物细胞大多为10~100μm尺度,且操作环境为非结构液相环境。因此,面向生物微纳操作的机械力系统大多以表面张力、普通机械力、范德华力为主导力,而静电力则被忽略。

4.1.2 机械微纳操作机器人系统

由于微纳尺度下的物理体系与宏观尺度完全不同,机械微纳操作机器人系统的设计在驱动、传感、控制等方面都存在较大差异。图4.4展示了一套集成精密驱动、多传感器信息融合与反馈的协同生物微操作机器人系统[12]。与传统机器人的驱动方式相比,微纳操作机器人系统重点需要考虑驱动器所带来的重复定位精度、操作空间、操作效率三方面的特征。由于操作尺度在微纳米级别,重复定位精度的要求极高[13]。同时,受现有驱动模式的约束,大行程与高精度操作很难兼顾,如何在两者之间取得平衡是选择驱动方式的重要指标。因此,宏观下常用的液压驱动、普通电机驱动等集成度有限、重复定位精度与操作精度有限,在微纳尺度下已不再适用。常用的微纳操作机器人系统多以压电陶瓷、静电激励等作为基本驱动模式,并以建立非结构液相环境下的物理模型实现微纳目标位姿控制为目标。

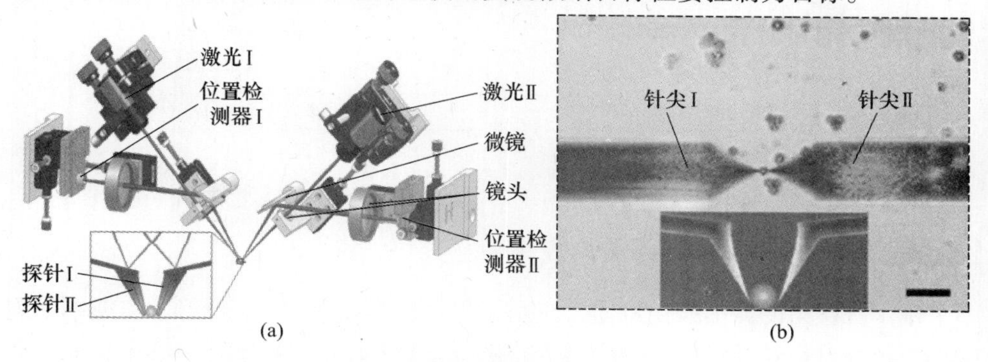

图4.4 具有驱动、传感与控制的协同微操作机器人系统

针对微纳操作空间有限、易受干扰等环境因素,传感模式选择时应重点考虑高集成度、高敏感性、高鲁棒性的传感模式。然而,受目前MEMS、NEMS加工工艺限制,现有的传感器很难做到纳米尺度,微纳操作机器人大多以视觉、力觉作为基本的传感反馈信息。视觉是显微操作中最直观的反馈信息,这与微纳操作在显微镜观测条件下开展密切相关。显微观测信息可直接作为反馈信息,以图像形式回传给机器人系统以获取操作目标与操作器本身的三维实时位置,为生物微纳操作的自动化与智能化提供了必要的技术支撑。微纳机器人机械操作过程中无可避免地

会发生物理接触与形变,通过与应变原理结合即可在操作器上固定力传感器,实现操作过程中的实时力反馈。然而,由于微纳操作器末端尺寸极小,且易在操作中被污染或损坏。因此,在操作器末端搭载的力传感器易损且大多仅能采集一个维度上的力变化。如何在有限空间内实现六维力实时传感,仍是未来微纳尺度力传感反馈需要解决的难题。

微纳尺度下的生物操作大多发生在非结构液相环境下,该环境具有的特点包括尺度效应、高黏性低雷诺系数、布朗运动等。因此,微纳生物操作的控制策略与宏观尺度下截然不同。图 4.5 展示了单细胞注射这一生物微操作的基本控制流程[14,15]。其建模难点主要集中在非线性、动态、随机、不可预测、反馈信息有限等。由于缺乏微纳尺度下环境物理参数,难以对被控目标建立精确的物理模型。控制难点不再是算法设计,而是如何精确描述非常态化的物理现象。只有从驱动、传感、控制三个方面综合考虑微纳尺度环境的特殊性,才能够设计出兼顾高精度、稳定性与有效操作空间的机械微纳操作机器人系统。

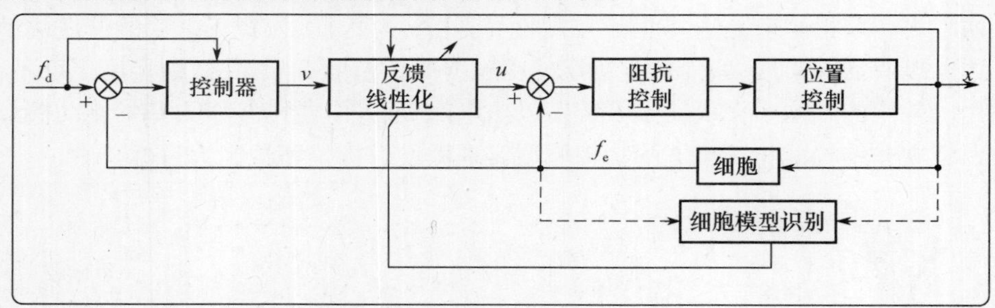

图 4.5　单细胞注射基本力控制流程

4.1.3　机械力生物微纳操作应用

基于机械力的微纳操作机器人应用于生物医学工程中,主要用于实现单细胞操作与特性分析。通过细胞拾取、移动、挤压、切割、注射等实现对单细胞在原位环境下的黏附力、表面硬度、弹性模量等机械参数的抽取,或外界机械刺激下的细胞生理学特性变化分析、药理学特性分析等。

如图 4.6 所示,福田敏男教授团队早期搭建了一套基于环境扫描电子显微镜的微纳操作机器人系统[16]。环境扫描电子显微镜在纳米尺度下提供了湿环境,为生物细胞活性的保持和原位观测创造了基本的条件。纳米操作机器人系统由两个协同的且具有平移和旋转自由度的操作平台构成,以实现纳米级别的定位精度。操作台中间提供的冷台通过实时控制表面温度,保证了液相环境的存在。操作平台前端集成了用于不同操作的纳米操作器,包括纳米刀、纳米探针等,以实现对单细胞在原位环境下的切割、推动、分离等操作[18-20]。

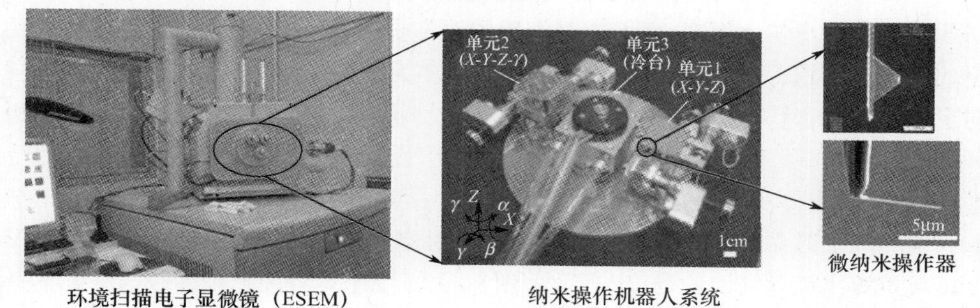

图 4.6　基于环境扫描电子显微镜的微纳操作机器人系统

如图 4.7 所示，为了实现纳米尺度下对单细胞的原位操作与参数抽取，细胞被放置于冷台上并在电子显微镜下进行观测。通过在纳米操作平台前端固定不同功能的操作器，即可实现不同的操作目标。其基本原理是基于纳米压痕无损操作，即

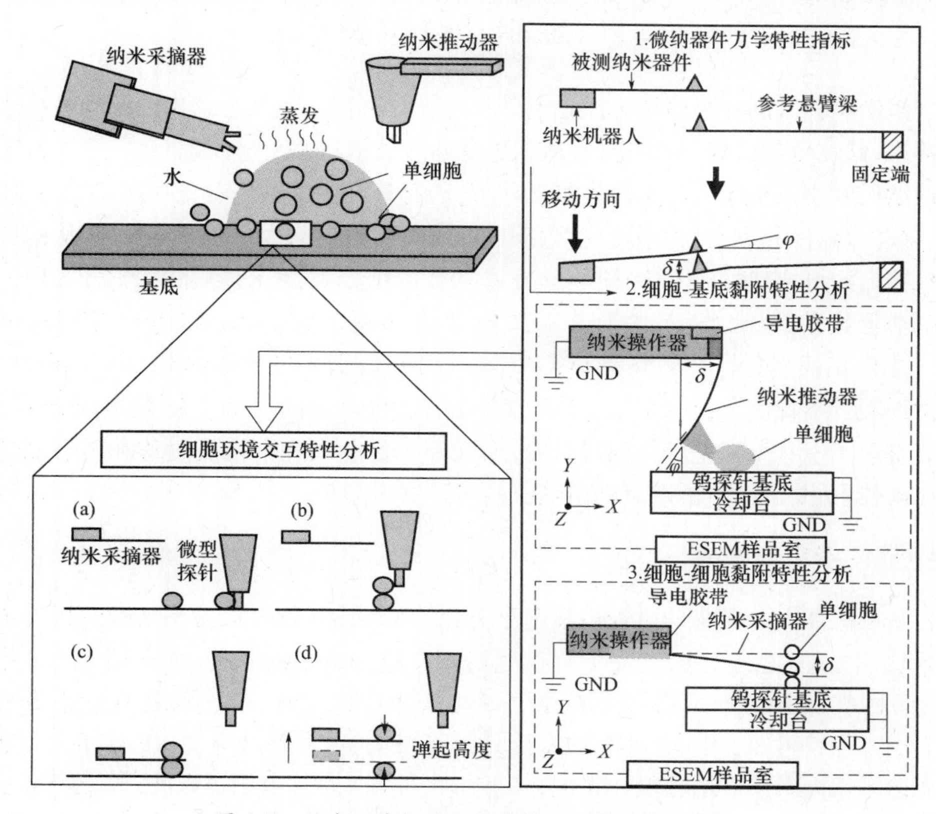

图 4.7　纳米尺度机器人细胞交互操作与特性分析

当纳米尺度下的操作器与细胞局部发生接触时,由于该尺度下的操作器刚度较低,挤压过程中自身发生形变,而不会对细胞本身造成破坏。操作器被视为纳米尺度下的悬臂梁结构,其受力形变可使用基本力学体系分析。由此,通过观测计算其实时形变量,即可计算出单细胞局部受到的机械力大小。由于细胞存活于原位液相环境下,当操作器推动细胞而发生形变时,即可由形变推算出细胞表面的黏附特性。同样的,当使用操作器分离两个相互黏附的细胞而发生形变时,即可推算出细胞间的相互黏附作用力。假设通过纳米探针对细胞局部进行挤压时,通过探针形变即可推算出细胞局部的硬度与弹性模量。由于细胞本身的物理参数与细胞本身的生物学特性息息相关,如正常细胞与癌细胞间的表面硬度与黏附特性就有极大的差别。因此,通过微纳机器人对单细胞的操作,即可对细胞建立无标记的生物标签,未来可实现对细胞的分类识别与筛选,对细胞增殖、分裂、癌化等基础生物学研究意义重大。

4.2 磁驱动微纳操作

微纳机器人的一个研究方向是制作尺寸在几百微米到几个纳米之间的微小型机器人,其在生物医疗、环境监测、微机电制造等领域都具有应用前景[20-22]。由于在微纳尺度集成机器人各部件的难度较大,因此现今的微纳机器人往往将能源、控制、驱动等部件分离出去,通过光[23]、声[24]、磁[25]等非接触方式驱动机构,从而提高机器人的可实现性。其中,磁驱动方式具有作用力大、理论相对成熟、可实现三维驱动等优势,已逐步应用于主动式胶囊内窥镜、载药式靶向治疗等临床问题[26,27]。然而相比于其他驱动方式,磁驱动微纳机器人的机构必须具有导磁性,对微加工技术提出了特殊要求,故成为微纳机器人研究的一大关键技术问题[28]。本节整理了现有微纳磁操作的研究成果,介绍了磁驱动理论发展过程和现有制造和控制技术,并总结分析磁驱动微纳机器人的发展趋势。

4.2.1 磁驱动原理

微纳机器人的磁驱动原理包括两个方面:一是如何利用磁场控制微纳机器人的运动,本节将重点介绍;二是如何产生所需大小和分布的磁场,将在第 4.2.2 中讨论。根据经典理论,无论是电磁场还是电磁场中的物体,都遵循麦克斯韦方程组。由方程组可知,磁场是典型的有旋无源场,其大小与路径有关,故不存在势能的概念。然而对于微纳磁操作系统,其工作空间内一般没有电流存在,因此磁场表达式可改写为

$$\begin{cases} \nabla \cdot \boldsymbol{B} = 0 \\ \nabla \times \boldsymbol{H} = 0 \end{cases} \tag{4-4}$$

磁场满足无源无旋的性质,为了便于研究这一特殊问题,我们可以引入磁矢势和磁势能的概念。由于磁操作对象的尺寸在毫米以下,远小于场源磁体的尺寸,因此可抽象为磁偶极子。根据广义力与势能的关系,磁体在磁场中受到的力和力矩可表示为

$$\begin{cases} \boldsymbol{F} = (\boldsymbol{m} \cdot \nabla)\boldsymbol{B} \\ \boldsymbol{T} = \boldsymbol{m} \times \boldsymbol{B} \end{cases} \tag{4-5}$$

式中,m 为磁操作对象的磁矩。对于软磁材料,磁矩的大小和方向受外磁场影响,稳态时最终趋于同向。对于已充磁的硬磁材料,只要未超过其矫顽力,磁矩的大小和方向相对固定。由式(4-5)可知,磁体在磁场中受到的力矩与磁场分布有关,并且在稳定状态下力矩趋于零。磁体在磁场中受到的力与磁场梯度的分布有关,比如越靠近磁铁表面磁场梯度越大,与两磁体靠近最终相吸的常识符合。根据电磁场理论,电磁场中没有任意一点处于稳定状态,可以让物体仅受电磁力而静止不动。因此要直接控制磁体在磁场中的位置,必须采用精度较高的闭环控制。然而对于现今的微观研究,其操作环境多为液相。微纳尺度下的操作一般对应很低的雷诺数,意味着一个高黏度、低速度的环境,黏滞力的作用远大于惯性力,如要保持物体运动,必须源源不断地提供驱动力。因此微观操作中,当驱动力足够大时,磁体可缓慢地定向运动,当驱动力小于黏滞力时,磁力随即不再运动。

4.2.2 磁驱动微纳操作机器人系统

在磁场产生方面,场源系统按材料可分为永磁体和电磁铁,其中电磁铁包括气芯式和铁芯式。永磁体产生磁场较强,但大小难以改变,电磁铁的磁场大小与线圈电流成正比,因此易于控制。场源按分布方式可分为匀强磁场、匀强梯度场和混合场,其代表分别为亥姆霍兹线圈(图4.8)、麦克斯韦线圈以及多极电磁铁系统[29-31]。前两者控制较为简单,但都属于气芯式电磁铁,磁力有限。现今多采用多级电磁铁系统,其磁场分布一般不均匀,但通过复杂解算,可实现最多5个自由度的运动[32](图4.9)。缺少的自由度是由磁场特性决定的,对于同质磁体,磁化轴方向永远不会受到磁力矩的作用,因而无法控制该方向的旋转。常见的多极电磁铁系统按维度分为平面式和立体式,按极数分为四极、六极、八极甚至是十二极[33-36]。一般而言,磁铁极数不少于控制自由度个数;在自由度各数相同情况下,极数越多,磁场分布越平滑,控制性能越好(图4.10)。

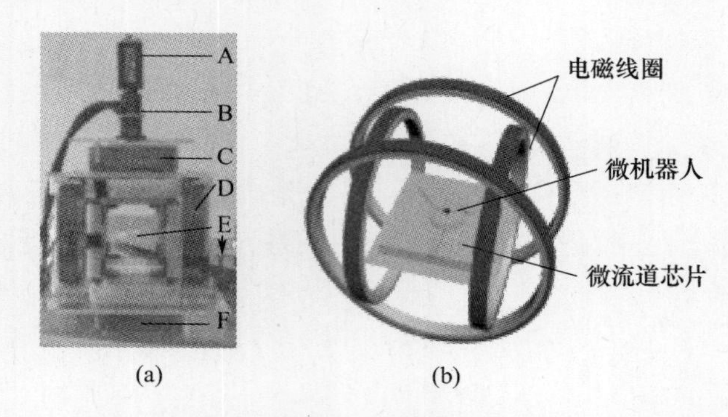

(a) (b)

图 4.8 亥姆霍兹线圈
(a)两轴;(b)三轴。

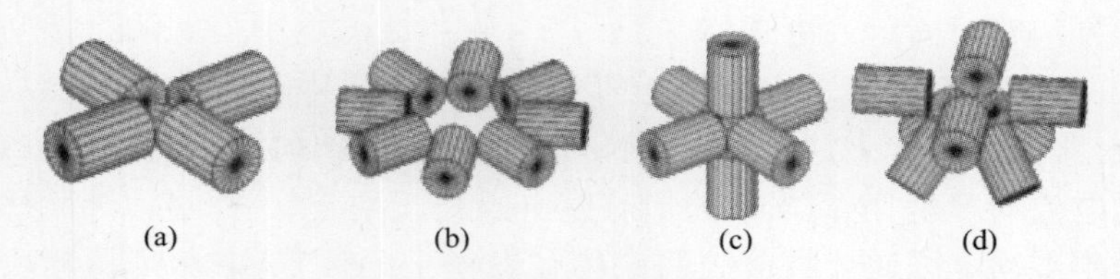
(a) (b) (c) (d)

图 4.9 几种多级电磁铁分布形式

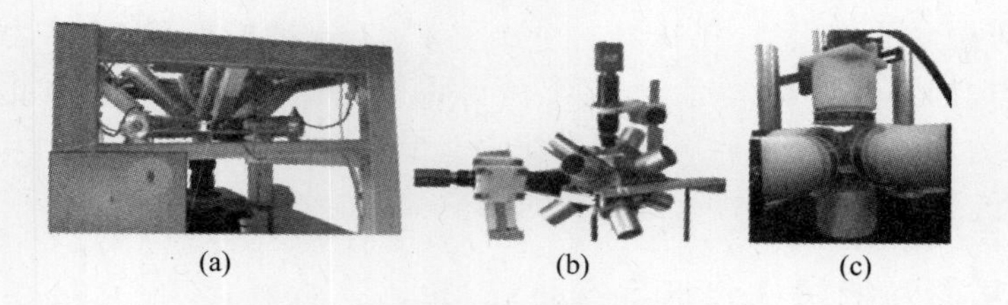
(a) (b) (c)

图 4.10 几种现有的多极电磁铁系统

4.2.3 磁驱动生物微纳操作应用

磁驱动生物微纳操作在生物组装、微创手术、主动式胶囊内窥镜、载药式靶向治疗等有重要应用。对于亥姆霍兹线圈和匀强磁场,因此主要是对机器人旋转运动的控制。为了实现机器人的前进,必须通过一定的机构转化。最直接的手段便是采用螺旋状结构,利用其旋转产生的推力使机器人前后运动。螺旋式微纳机器人的制作方法主要有自卷曲、掠射角沉积(GLAD)、激光直写、模板辅助等。

自卷曲法指在制备微纳机器人的过程中利用多层材料的性能不同,使其自发地卷曲成螺旋结构[37]。2007 年,苏黎世联邦理工大学 Nelson 团队首次利用自卷曲技术制备了螺旋式微纳机器人。如图 4.11 所示,该团队首先在 GaAs(001)基底上利用分子束外延依次生长了 AlGaAs 牺牲层和 InGaAs/GaAs 双层薄膜,利用电子束蒸镀了15nm厚的Cr层。随后利用反应离子刻蚀除去多余的Cr/InGaAs/GaAs,形成机器人的带状尾部。用电子束蒸镀和剥离工艺沉积了部分Cr/Ni/Au,作为机器人的软磁头部。最后利用HF刻蚀掉牺牲层释放尾部结构,由于InGaAs/GaAs双层薄膜的内应力不同,机器人会自行地卷曲成螺旋状[38,39]。因该结构形似细菌鞭毛,故称为人工细菌鞭毛。该方法制备过程较为简便,可行性高,但成品的螺距等参数基于材料特性很难更改,且选材难度较高,需要两种既能互相贴合又有足够差异的材料[40]。

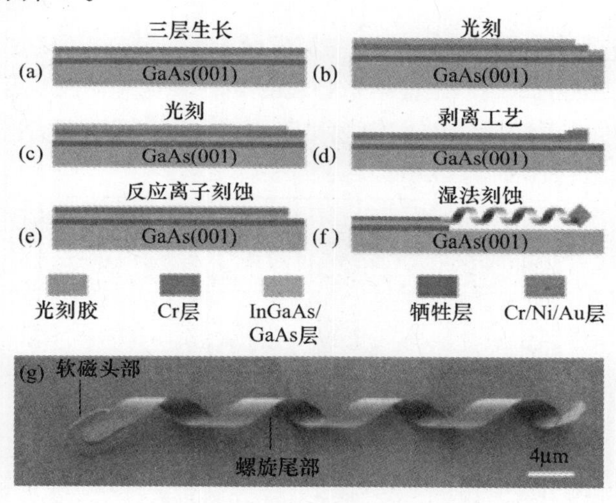

图4.11 自卷曲法

掠射角沉积技术是指蒸汽源与基底沿一定角度,利用影蔽效应等实现定向生长,通过控制基底的运动,可形成特定形状的微纳结构[41]。2009年,Ghosh等人利用GLAD技术实现了螺旋微纳结构的批量制造。该方法在硅片表面紧密排列大量硅珠,通过电子束蒸发在硅珠上定向生长SiO_2,同时旋转硅片,从而产生螺旋状的结构(图4.12)。通过蒸发镀膜方式在表面镀有Co层,随后沿轴向充磁为永磁体[42]。该方法具有批量制造、形状可控性强等优点,具有较大的应用潜力。但操作复杂,控制难度较大,对设备和人员的需求均较高。

激光直写技术是利用光刻胶的感光特性,通过控制激光束的路径,从而形成任意形状的结构[43]。2012年,Tottori等人基于激光直写技术和电子束蒸镀制作出了磁性螺旋结构。如图4.13(a)所示,该研究在玻璃基板上涂布有一定的负光刻胶,通过高精密平移台移动玻璃基板,从而改变激光焦点在透明负胶中的三维相对坐标。被激光照射的位置发生双光子聚合,形成与激光轨迹相同的螺旋状固化结构。由于该结构没有任何磁性,因此需要在整个螺旋结构表面通过电子束蒸镀Ni/Ti

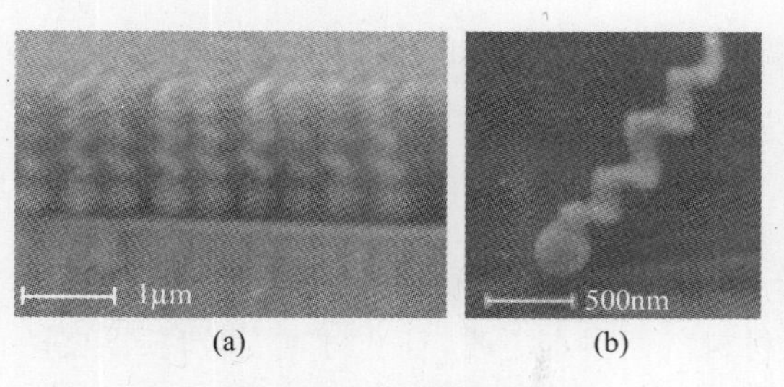

(a) (b)

图 4.12 掠射角沉积

层[44]。基于激光直写技术,其他学者有不同的磁化处理方法。如图 4.13(b)所示,Suter 等人采用混有 Fe_3O_4 磁性纳米颗粒的 SU-8 负光刻胶聚合物作为激光直写材料,一次直写成形后无须二次镀膜处理[45]。此外,也有研究者采用图 4.13(c)所示的方法,直接在 CoNi 软磁头部上进行激光直写[46]。

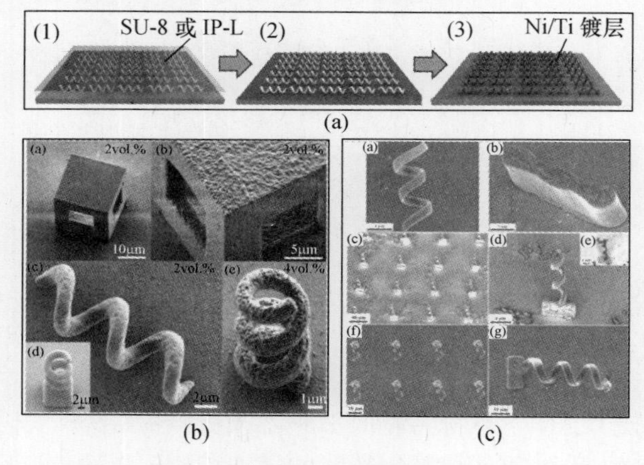

(a)

(b) (c)

图 4.13 几种基于激光直写技术的制作方法

模板辅助法是指借助特定形状模具辅助制造螺旋结构的手段,其依据不尽相同。2013 年,加州大学 Gao 等人开发出一种以植物螺旋导水管为模板的辅助制造方法。如图 4.14(a)所示,研究者从当地的树叶中剥离出较长的螺旋状维管束,经过适当机械加工修整后,直接在木质导管表面电子束蒸镀 Ti/Ni 层。再涂布光刻胶作为保护,随后机械切割出所需长度的螺旋结构。相比于上述其他方法,该过程无需先进设备和复杂工艺来制造微螺旋,在可实现性方面具有极大优势,但螺旋尺寸依赖于天然材料,形状控制能力有限[47]。此外,值得注意的是,Li 等人提出一种基于电化学现象的另类模板辅助制造。如图 4.14(b)所示,其首先在圆柱形底部电沉积 Au 层作为基底,随后电解含有 $PdCl_2$、$CuCl_2$ 和 HCl 的混合溶液,从而沉积 Pd/Cu 层。由于客观化学现象,Cu 主要集中在中间圆柱体部分,Pd 会在 Cu 表面形成螺旋形结构。去掉 Au 和 Cu 后,镀 Ni 即可得到磁性螺旋结构[48]。

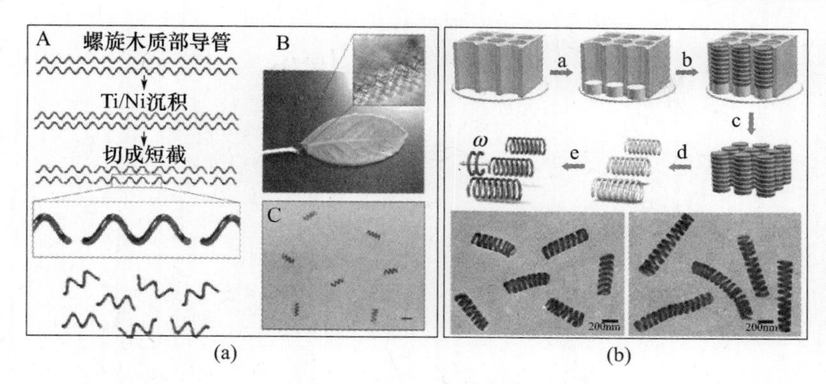

图 4.14　模板辅助法

由于微纳机器人在梯度场下能够实现位置控制，因而可抽象为一个机械臂，用来移动操作其他非磁性物体。因此该类型微纳机器人虽对结构形状要求较低，却对磁力要求较大，故普遍采用实体结构提高磁矩，而不是螺旋形这种接近镂空的结构。

2011 年，Sitti 等人采用了一种基于软光刻技术的批量制造方法。该方法首先在硅片上旋涂 SU - 8 光刻胶，通过曝光固化得到所需形状，利用 PDMS 翻模得到新的模具。将 NdFeB 粉末和聚氨酯按 4∶1 比例混合，真空除泡后倒入 PDMS 模具中，并冲压成模块。冲压期间采用磁铁吸附 NdFeB，从而提高其局部浓度。待聚氨酯硬化后取出模块，经磁化处理后，便可得到高磁性的微纳机器人[49]。如图 4.15 所示，该研究者基于“推箱子”的原理，利用该机器人推动组装了不同的聚合物微结构，充分验证了磁控机器人在微组装中可提供足够作用力，能够灵活实现复杂操作。具有良好的应用前景。

上述方法的精度较高，但工艺较为复杂。Wang 等人开发了一种更为方便的制作方法，基于 PDMS 固化的制作方法。首先利用雕刻机在 PMMA 表面加工出模具。随后将 NdFeB 粉末与 PDMS 按 1∶1 混合，除泡后注入模具中。待 PDMS 冷却后剥离，即可得到微纳磁性模块[50]。如图 4.16 所示，该方法制得的微纳机器人精度较为有限，但便于制作，所得结构能满足基本控制需求，适合前期研究使用。

除了上述作为操作臂的研究用途外，微纳机器人还被用于药物运送和靶向治疗等。该用途要求微纳机器人具有较好的生物兼容性和运输能力。Hu 提出了一种多孔式的微纳机器人。首先在 Si(111) 基底表面依次生长 Ti/Au/Ti 层，其中 Ti 层作为粘结层，Au 层作为导电层。随后在表面涂布负光刻胶，利用光刻技术得到长方体槽。刻蚀掉槽中的上层 Ti，露出导电的 Au 层。向槽中倒满 PS 球珠后置于相应电解液，在槽中电沉积 CoNi。最后溶解掉光刻胶和 PS 球珠，便可得到多孔的 CoNi 长方体。该结构可作为载体实现物质的定向运送。

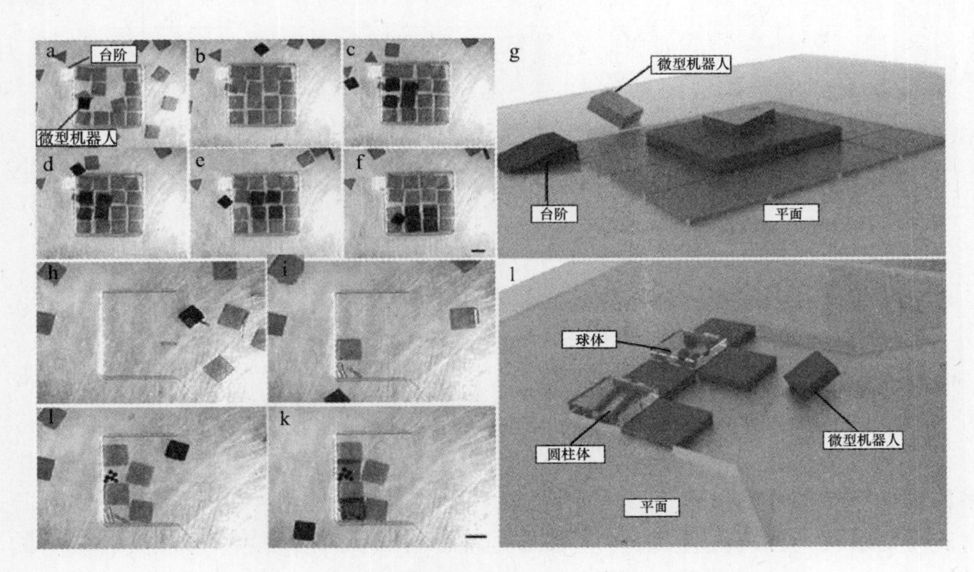

图 4.15 基于软光刻技术的制作方法和微纳磁操作应用

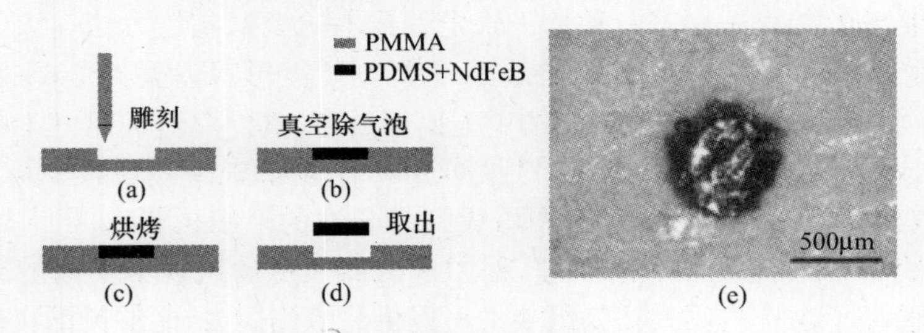

图 4.16 基于 PDMS 固化的制作方法

4.3 光驱动微纳操作

光作为一种电磁波,本身具有动量和能量。光的照射会对物体产生力的作用,如太阳对地球表面物体的光辐射压约为 $5 \times 10^{-5}\ N/m^2$。激光器的出现,使得小区域内的高强度光和驱动力成为可能。利用汇聚激光束照射物体从而实现粒子捕获和移动的技术称为光镊(OT)[51]。光镊技术具有非接触、损伤小、精度高、环境要求低等优点,因而成为生物微纳操作常用的一种操作手段[52]。

4.3.1 光镊原理

当光束照射在物体表面时,一部分会反射,另一部分会进入物体发生折射。反射和折射使得物体受到沿光照射方向的作用力,即为散射力(图4.17(a))。对于汇聚光束,由于光强的非均匀性,粒子不同位置受力不同,从而产生使粒子趋于焦点的作用力,即为梯度力(图4.17(b))。由于梯度力和散射力的共同作用,使得粒子限制在光束焦点靠下的位置。光镊的本质是利用光阱定位粒子,通过移动光束来移动粒子。

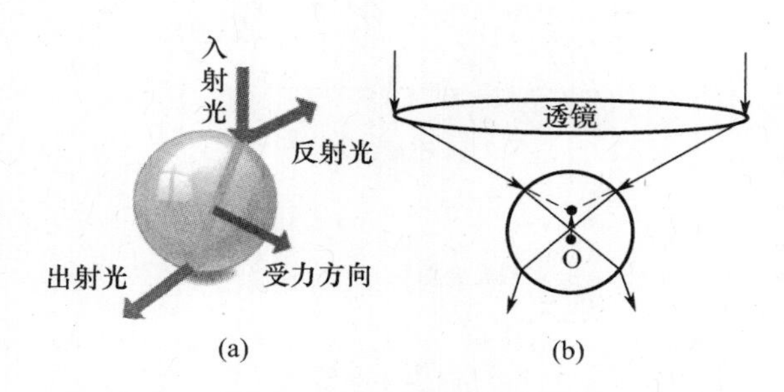

图4.17 (a)散射力;(b)梯度力的产生原理。

常见细胞的直径为10~20μm,远大于激光的波长(约几百纳米),符合米氏模型[54]。根据几何光学,球形粒子在单光束照射下受到的梯度力和散射力分别为

$$\begin{cases} \boldsymbol{F}_{\text{grad}} = \dfrac{n_m p}{c}\left\{-R\cos 2\theta_1 + \dfrac{T^2[\sin(2\theta_1 - 2\theta_2) + R\sin 2\theta_1]}{1 + R^2 + 2R\cos 2\theta_2}\right\} \\ \boldsymbol{F}_{\text{scat}} = \dfrac{n_m p}{c}\left\{1 + \cos 2\theta_1 - \dfrac{T^2[\sin(2\theta_1 - 2\theta_2) + R\sin 2\theta_1]}{1 + R^2 + 2R\cos 2\theta_2}\right\} \end{cases} \tag{4-6}$$

式中:n_m 为介质的折射率;P 为激光光束的功率;c 为光速;R 为光束的反射率;T 为光束的投射率;θ_1 为光束的入射角;θ_2 为光束入射到粒子的折射角。

因此,光镊要实现粒子捕获,需要满足以下几个条件。一是微观粒子和介质要具有一定的透光性。如果介质透光性太差,将难以被光束穿透照射到微观粒子以产生足够的驱动力。如果粒子对光的反射率较高,则会产生较大的散射力,难以利用梯度力捕获移动粒子。二是微观粒子与介质要有一定的折射率之差。如果微观粒子与介质折射率相同时,光由介质进入粒子时不会发生折射,也不会产生作用力。三是激光要具有足够的功率和梯度。激光的功率和梯度直接影响作用力的大小,所以一般采用透镜来汇聚激光束。

4.3.2 光镊微纳操作系统

经典的光镊系统如图4.18所示,主要由激光源、中间镜组、载物台、显微成像等装置。激光源提供高强度的激光,是驱动力的能量来源。中间镜组除了传递光路外,还需汇聚激光束,一般使用高数值孔径的透镜来得到较强的光束和较大的梯

度。载物台和显微成像部分与常见倒置显微镜的构造原理想通,因此可将二者系统相结合,得到光镊显微镜系统。

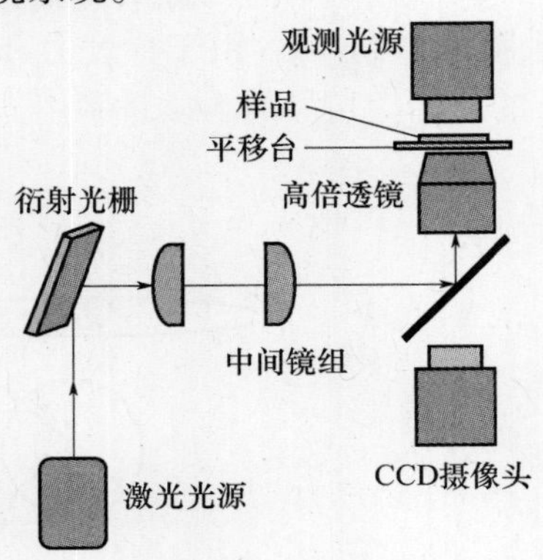

图 4.18　光镊系统原理图

4.3.3　光镊生物微纳操作

1986 年,贝尔实验室的 Ashkin 构建了如图 4.19 所示的光镊系统,首次验证了光梯度力势阱的原理,随后进行了单细胞的捕获操作,从此开启了光镊技术在生物微纳操作中的研究与应用[54,55]。

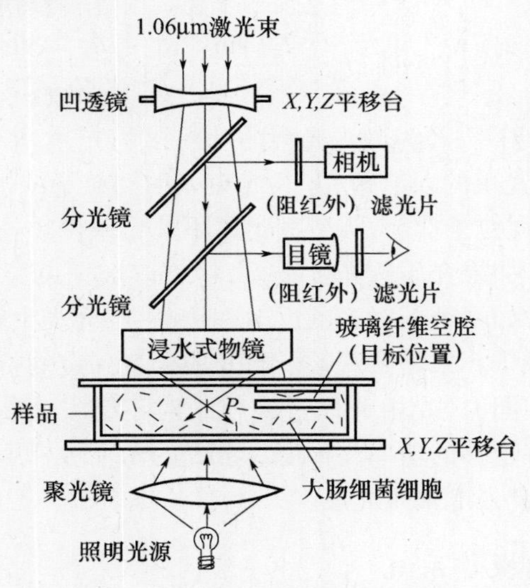

图 4.19　Ashkin 的光镊系统原理图

光镊最基本的应用是粒子的捕获与移动。香港城市大学的孙东团队利用光镊系统(图 4.20(a))实现了细胞的运输和有序排列(图 4.20(b))。该方法通过快速搜索随机树的视觉算法得到无碰撞轨迹,用光镊直接操作细胞,使其沿规划路径移动。该方法具有较高的运送效率,并且可以采用多个光镊同时操作多个细胞,验证了光镊操作的优势和可行性[56-58]。

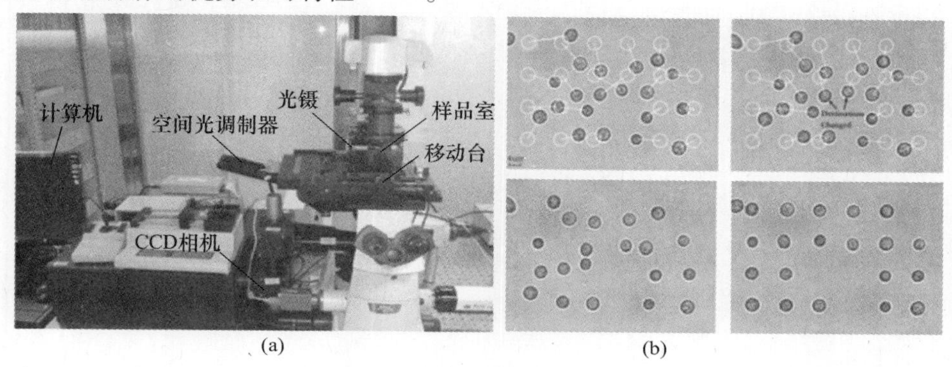

(a)　　(b)

图 4.20　细胞的运输和有序排列
(a)光镊系统;(b)细胞的有序排列。

直接利用光镊束缚并移动粒子是最简单的操作方式之一,但是高强度的激光照射对细胞有不同程度的损伤。所以一种方案是利用可与细胞黏附的微小粒子作为操作对象,进而间接操作细胞等微观生物结构。名古屋大学的 Maruyama 等人利用含有螺吡喃的聚乙二醇水凝胶作为光镊操作的中间物体[59]。聚乙二醇(PEG)是一种紫外光交联材料,制备过程中,PEG 在紫外光照射下固化成水凝胶。螺吡喃是一种光致变色材料,并且不同状态下的细胞黏附性不同。在操作过程中,若采用紫外光照射,细胞可黏附在水凝胶上,若采用可见光照射,细胞可与水凝胶分离。如图 4.21 所示,通过光镊操作水凝胶,便可移动其黏附的细胞。

然而使用具有黏附性的中间物体在到达目标位置后,由于表面张力等作用的存在,中间物体普遍存在难以释放细胞的问题。因此,另一种解决方案是利用多光镊操作多个非黏性中间物体,像钳子一样去夹持目标物体,从而实现微纳移动和操作。马里兰大学的 Chowdhury 等人开发了一种多光镊微钳技术,采用多光镊控制多个无黏性的球珠,通过多点夹持的方式运送酵母细胞[60]。如图 4.22 所示,该方法在夹持稳定性和释放可靠性等方面具有极大的优势。

由于光镊可以提供标准大小的作用力,因而被用于细胞的黏弹性测量。1999 年,Hénon 等人利用光镊系统测量了红细胞膜的弹性模量。为了便于施加作用力,该研究在红细胞溶液中加入硅珠。如图 4.23 所示,光镊拉动黏附在细胞两端的硅珠,从而使细胞膜发生形变,根据线弹性模型计算出约为 2.5μN/m 的弹性模量[61]。2007 年,Bareil 等人则直接将双光束势阱作用在细胞两端进行拉伸,测得约为 6.67μN/m 的弹性模量[62]。

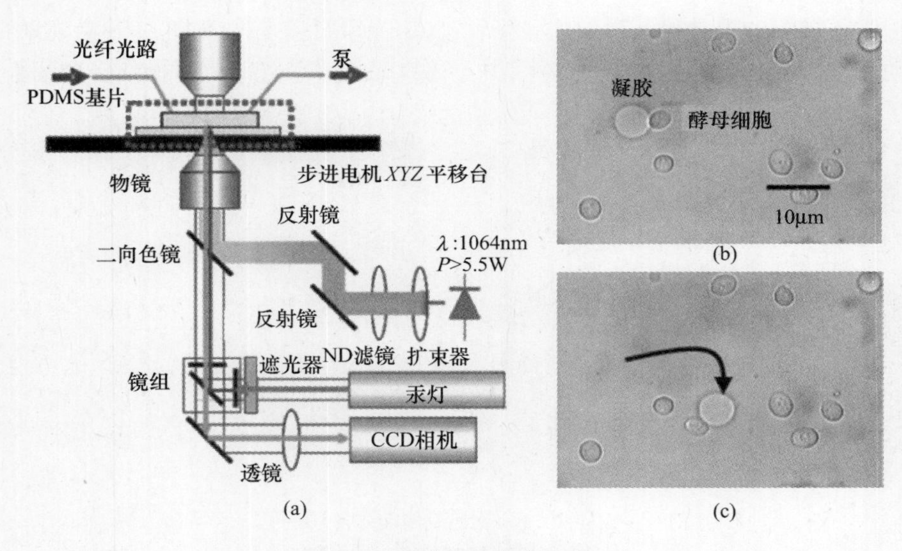

图 4.21　光镊操作水凝胶

(a)系统示意图；(b)移动前；(c)移动后。

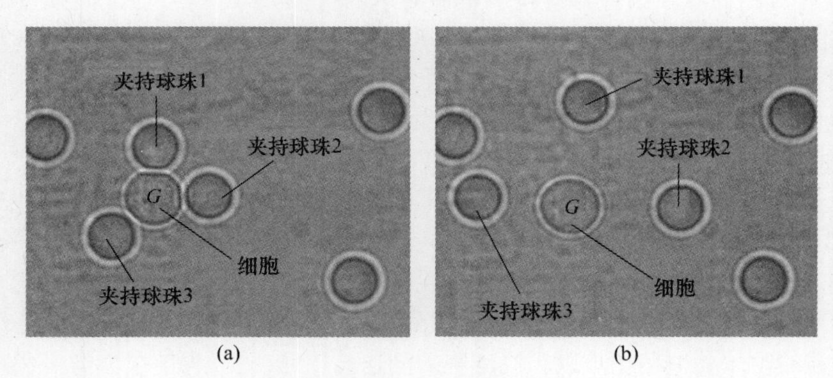

图 4.22　多光镊微钳技术

(a)夹持；(b)释放。

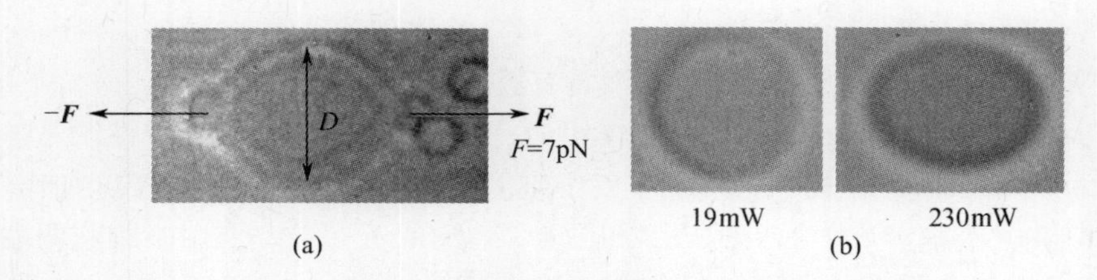

图 4.23　基于光镊拉伸细胞膜的弹性模量测量

(a)间接；(b)直接。

根据衍射理论,激光束经汇聚后的光斑的最小尺寸约为波长的一半,因此传统光镊难以捕获尺寸小于衍射极限。为了解决这一问题,近场光镊技术被用于超衍射极限的微纳操作[63]。近场光镊所用的隐失场在界面附近随距离急剧衰减,因而可产生很强的梯度力用于近场捕获[64]。按实现方式来划分,近场光镊可分为棱镜全反射式[65]、金属探针式[66]、纳米孔径式[67]、聚焦光束式[68]、微纳光纤式[69]等不同类型。此外,针对解决分辨率问题而产生的还有表面等离激元光镊技术。表面等离激元是指利用金属表面自由电子与入射光子耦合振荡形成的电磁波,其波长小于入射光波长,因而可以突破衍射极限,目前已取得一定的研究[70]。

4.4 电场驱动微纳操作

电场很早便用于生物微纳操作中的应用,如研究者利用电泳技术进行细胞分离,也可根据电性变化引起的分离来诊断细胞有无病变。介电泳被发现后,逐渐用于微纳操作。相比于光镊,介电泳具有更大的作用力,相比于磁驱动,介电泳不要求操作对象有磁性,因而成为一种常用的非接触式操作方法[71-73]。

4.4.1 介电泳原理

电介质在电场中会由于极化作用,沿电场方向产生感应电荷。如果电场是非匀强场,电介质会受到介电力的作用,并向着或远离电荷密集的区域移动,这种现象称为介电泳(DEP)。根据赫伯特 · 波尔的计算模型[74],球形粒子受到的介电力为

$$\begin{cases} \boldsymbol{F}_{\text{DEP}} = 2\pi r^3 \varepsilon_m \mathrm{Re}[K(\omega)] \ \nabla \boldsymbol{E}^2 \\ K(\omega) = \dfrac{\varepsilon_p^* - \varepsilon_m^*}{\varepsilon_p^* + 2\varepsilon_m^*}, \ \varepsilon^* = \varepsilon - \mathrm{j}\dfrac{\sigma}{\omega} \end{cases} \tag{4-7}$$

式中:r 为粒子的半径;ε_m 为媒介的介电常数;E 为电场强度;$K(\omega)$为克劳修斯 - 莫索提因子;Re 表示取实部。ε_p^* 和 ε_m^* 分别为粒子和媒介的复合介电常数,其中 ε 为介电常数,σ 为电导率,ω 为电场的角频率。

介电常数和电导率由粒子和媒介的特性决定,而系统控制的变量是电场的频率。当频率较低时,$K(\omega)$主要与电导率有关,当频率较高时,$K(\omega)$主要与介电常数有关。在频率变化的过程中,$\mathrm{Re}[K(\omega)]$的正负可能发生变化。当$\mathrm{Re}[K(\omega)]>0$时,粒子朝场强梯度最大方向移动,称为正介电泳(pDEP)。当 $\mathrm{Re}[K(\omega)]<0$ 时,粒子朝场强梯度最小方向移动,称为负介电泳(nDEP)。当 $\mathrm{Re}[K(\omega)]=0$ 时,介电力恰好为 0,此时对应的频率称为交叉频率。不同物体具有不同的电学性质,因而具有不同的频率响应特性,通过调整频率即可分离不同的粒子[75]。

除了传统介电力以外，相位的变化也可以产生介电泳，称为行波介电泳(twDEP)。行波介电泳的作用力可表示为

$$F_{\mathrm{DEP}}=2\pi r^{3}\varepsilon_{m}\mathrm{Im}[K(\omega)](E_{x}^{2}\nabla\varphi_{x}+E_{y}^{2}\nabla\varphi_{y}+E_{z}^{2}\nabla\varphi_{z}) \tag{4-8}$$

将两种介电力合并，统一的介电力可表示为

$$F_{\mathrm{DEP}}=2\pi r^{3}\varepsilon_{m}\{\mathrm{Re}[K(\omega)]\nabla E^{2}+\mathrm{Im}[K(\omega)]\sum E^{2}\nabla\varphi\} \tag{4-9}$$

因此，介电泳可以通过非接触方式，实现对微观物体的捕获、移动、筛选、分离等操作，在细胞采集和测量、生物微纳组装等领域具有广泛研究和应用。

由于电场的分布依赖于电极的形状和相对位置，在操作过程中难以灵活改变。为了解决这一问题，研究者光电导材料与介电泳相结合，开发出光诱导介电泳技术。光诱导介电泳(ODEP)，又称光电子镊，是利用可控光路照射光电导材料形成虚拟电极，从而产生可控的非均匀电场，进而实现介电泳操作[76]。光路图案可由投影设备或数字微镜器件实现可编程控制，从而能够在操作过程中实时改变电场分布，实现更为复杂的微纳操作，已在粒子的富集、输运、排列以及微纳组装等领域取得研究进展。

4.4.2 介电泳微纳操作机器人系统

介电泳系统的关键在于产生非均匀电场。我们知道两个平行极板之间的电场接近匀强电场。当把一个平行极板换成针状电极，便可得到最为简单的非均匀电场。如图4.24所示，针状电极附近的场强远大于平板电极附近[77]。当电极通上交流电后，针状电极对粒子具有介电作用，可以捕获细胞等结构，通过移动针状电极，便可实现粒子随电极的移动。当改变交流电至某一频率范围后，针状电极不再对粒子有吸引力，从而释放粒子。该方法原理较为直观，可实现性。但存在热损耗较大的问题，且针端的密集电荷会对细胞产生较大的电损伤。

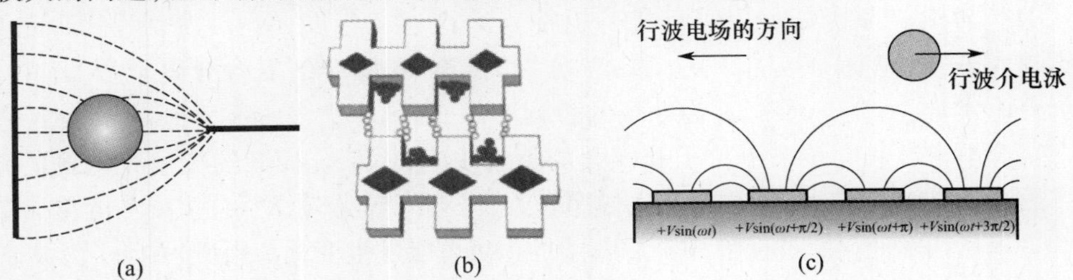

图4.24 (a)平板针状电极；(b)交错电极；(c)行波介电泳装置。

此外，研究者提出了一种交错电极，采用两组梳齿状电极错开角度排列的形式[78]。由于电荷会在曲率大的聚集，因此凸起部分的直角附近电场强度较大，而

凹陷部分电场强度较小，从而形成非均匀电场。通过调整电流频率，便可实现对不同粒子的分离。该方法可实现性也较强，但由于分离的粒子交错堆积，后续分离难度较大，分离效果不太理想。

除了传统介电泳方式外，可采用行波介电泳实现粒子分离。在相邻电极上施加相位角差90°的交流电，产生非均匀电场[79]。与传统介电泳不同的是，该电场沿水平方向的分布会发生周期性变化，从而实现在粒子沿水平方向的驱动。

4.4.3 光诱导介电泳微纳操作机器人系统

光诱导介电泳系统的关键在于光控虚拟电极的建立。现有方法基本都采用相同的设计：在两块平板电极中的一块上镀有光电导涂层。如图4.25所示，平板电极一般采用表面含有氧化铟锡（ITO）导电图层的透明玻璃，同时保证导电性和透光性。在其中一块ITO玻璃表面上再镀上氢化非晶硅（α-Si:H）光电导层。α-Si:H在光照和黑暗条件下的电导比可以达到上千倍。在没有强光照射时，α-Si:H涂层电阻很大，承担了大部分电压，而极板间电场很弱。当有强光照射时，α-Si:H涂层被照射到的区域电阻骤减，与另一极板间产生较强电场。光路图案可由投影设备控制，通过改变软件上的图按形状，即可改变最终的电场分布，从而实现基于光诱导介电泳的微纳操作[80]。

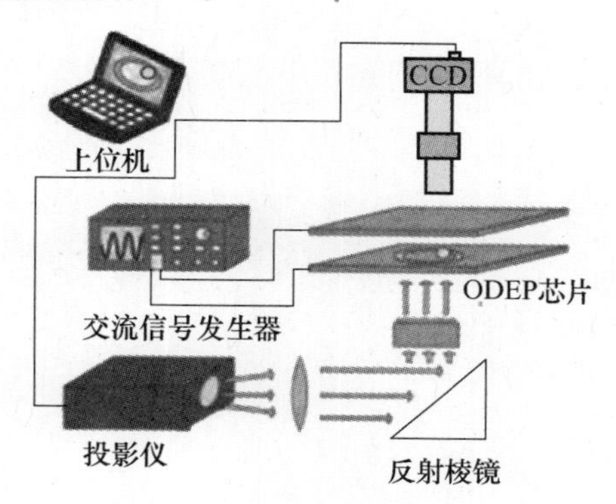

图4.25　光诱导介电泳系统组成

4.4.4 介电泳生物微纳操作应用

由于介电泳存在交叉频率和正负介电泳的特性，因而在粒子的捕获、移动和释放等操作中具有优势。2006年，T. P. Hunt利用光电子镊进行了单个细胞的定位和操作。如图4.26所示，该方法采用了两侧附有电极的微量移液管，在尖端附近形成非均匀电场。由于正介电泳作用，细胞会被吸入移液管内，从而实现单个细胞的捕获、电穿孔以及显微注射等操作。由于移液管的隔离，细胞不会直接接触电极，因而受损较小，存活率较高[81]。

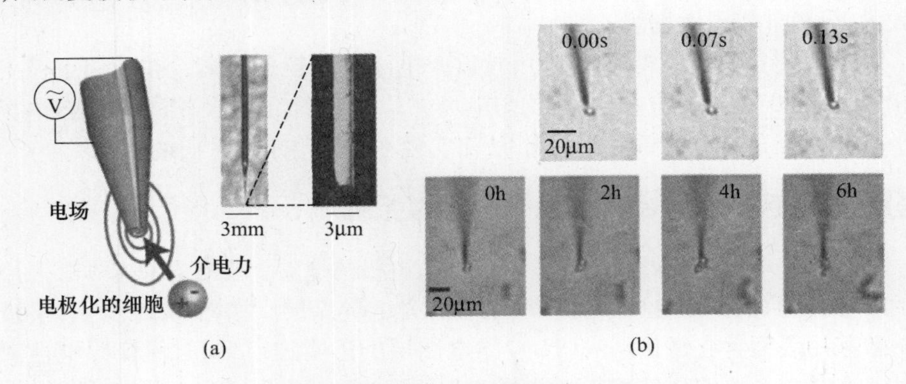

图 4.26　基于介电泳的细胞捕获

介电力是与材料介电和电导特性相关的作用力，在同一交变电场下，不同物体受到的介电力大小不同甚至反向，因此常用来分离不同的粒子。2005 年，Cho Young - Ho 等人制作了一种基于流体动力学和介电泳的连续细胞分离芯片。如图 4.27 所示，分离芯片使用了三个平面电极来形成电场。其中一类细胞受到正介电泳作用，向两端运动并流出，另一类细胞受到负介电泳作用，沿中心线附近运动并流出。该芯片可实现连续分离，效率和精度较高[82]。

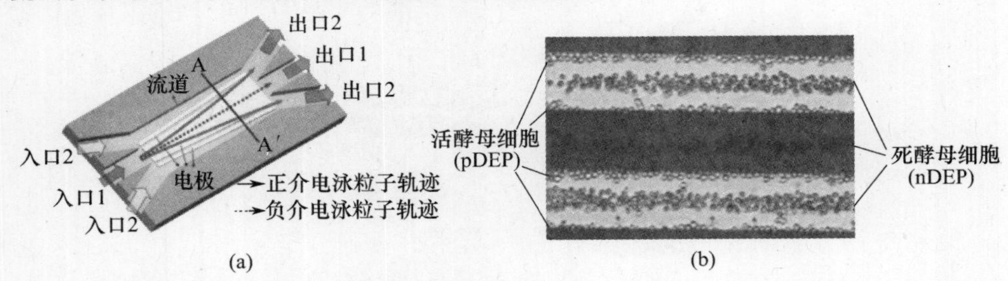

图 4.27　基于介电泳的连续细胞分离芯片
(a)结构示意图；(b)实物图。

随着光诱导介电泳技术的出现，人们对介电力的运用也更加灵活，逐步应用于生物微纳组装领域。2016 年，沈自所刘连庆团队借助光诱导介电泳实现了微结构的快速组装。如图 4.28 所示，该团队利用负介电泳形成推力，因此光照射的区域如同一堵能量墙，不仅可以用来推动微组装单元的运动，还可以用来包围限制微组装单元的运动。该方法组装效率上均有极大的优势，并且适用于各种形状的微结构，具有较好的灵活性[83]。

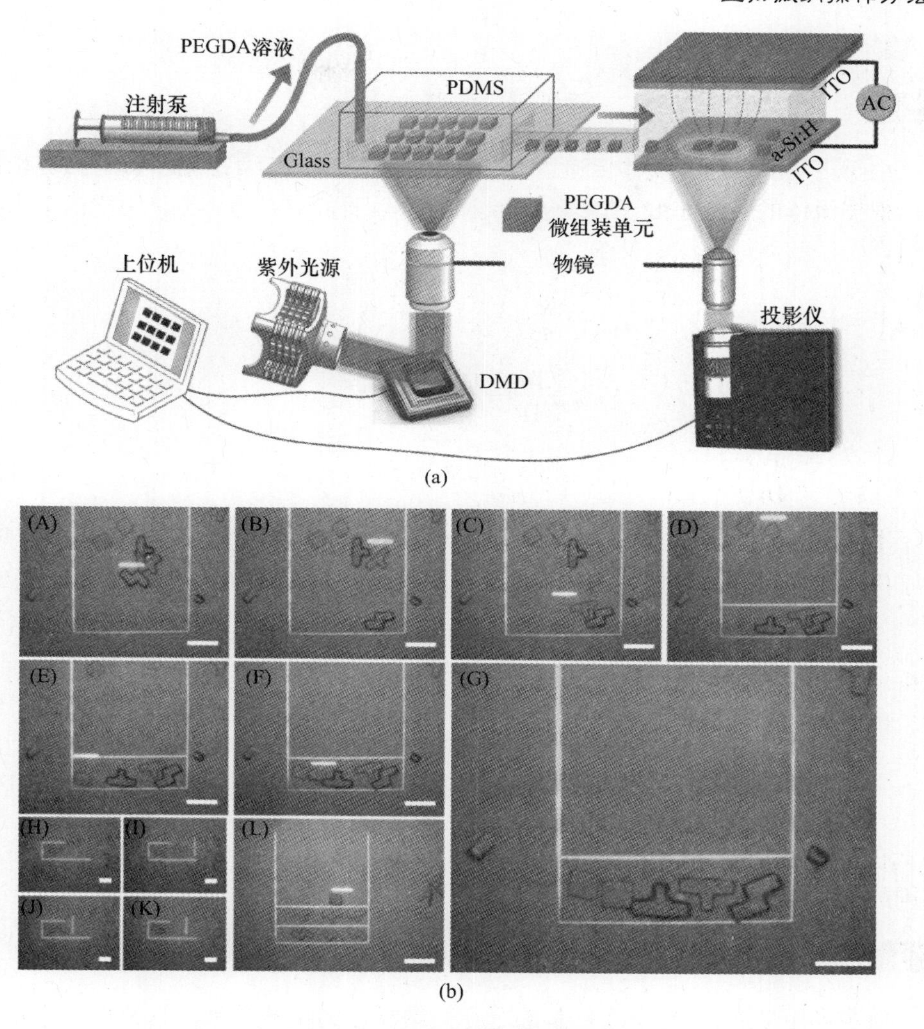

图4.28 面向生物组装的光诱导介电泳
(a)系统示意图；(b)微组装实验。

4.5 声场驱动微纳操作

声波是由物体振动产生的。声波的本质是能量在介质中的传递。既然是能量,声波就有推动其他物体运动的能力。声场驱动是指利用声辐射压力、声表面波等作用使流体介质中的粒子位置或姿态发生变化的过程[84]。声波作为一种能在流体介质中传递和间接作用的形式,与微流道有很好的匹配,因而被广泛应用于片上实验室的研究与开发中。

4.5.1 声场驱动原理

由于声场驱动通过流体传递运动状态和能量,因此其满足流体力学的理论体系。根据流体的质量守恒、动量守恒和能量守恒,我们可以得到流体力学的基本方程组[85]。

$$\frac{\partial \rho}{\partial t}+\nabla\cdot(\rho \boldsymbol{u})=0 \tag{4-10}$$

$$\rho\frac{\mathrm{D}\boldsymbol{u}}{\mathrm{D}t}=\rho\boldsymbol{F}+\nabla\cdot\boldsymbol{P} \tag{4-11}$$

$$\rho\frac{\mathrm{D}}{\mathrm{D}t}\left(U+\frac{1}{2}\boldsymbol{u}\cdot\boldsymbol{u}\right)=\rho\boldsymbol{F}\cdot\boldsymbol{u}+\nabla\cdot(\boldsymbol{P}\cdot\boldsymbol{u})+\nabla\cdot(k\nabla T)+\rho q \tag{4-12}$$

上述方程适用于理想不可压缩的流体,各参数具体含义请参照第 2.3.2 节。由于声波传递过程中近似绝热,因此可以小振幅波的状态方程:

$$p=c_0^2\rho \tag{4-13}$$

式中:p 为压强;$\boldsymbol{\rho}$ 为密度;c_0 为等熵波速。

由上述方程可推导出小振幅波的波动方程:

$$\frac{1}{c_0^2}\frac{\partial^2 p}{\partial t^2}-\nabla^2 p=0 \tag{4-14}$$

在实际的声表面波等计算中会涉及二阶非线性量,因此针对不同问题通常有不同的进一步建模。

4.5.2 声场驱动微纳操作机器人系统

就声场驱动而言,超声波是非常适合微纳操作的声波类型。这是因为水中的波速约为1500m/s,当声波频率大于 1.5MHz 时,波长小于 1mm,以便满足亚毫米操作的需求[86]。为此要产生精确稳定的高频声波,压电激振是十分适合的声波发生方式。压电激振一般利用的是逆压电效应,即材料两端施加电压后发生变形的特性。如图 4.29 所示,逆压电效应按变形方式主要分为四种,即轴向伸缩变形、横向伸缩变形、垂直平面内剪切变形和平行平面内剪切变形[87]。

压电激振主要利用的是伸缩变形。逆压电材料的振动引发流体的振动,从而形成特定频率和波长的声波[88]。除了压电激振器件外,声场驱动微纳操作通常根据不同的问题需求设计不同的微流体芯片,图 4.30 展示了一些微流体芯片[89-91]。

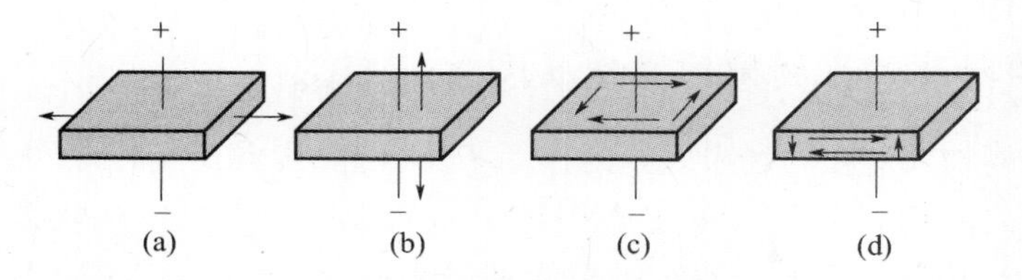

图 4.29　逆压电效应类型

(a)轴向伸缩变形；(b)横向伸缩变形；(c)垂直平面内剪切变形；(d)平行平面内剪切变形。

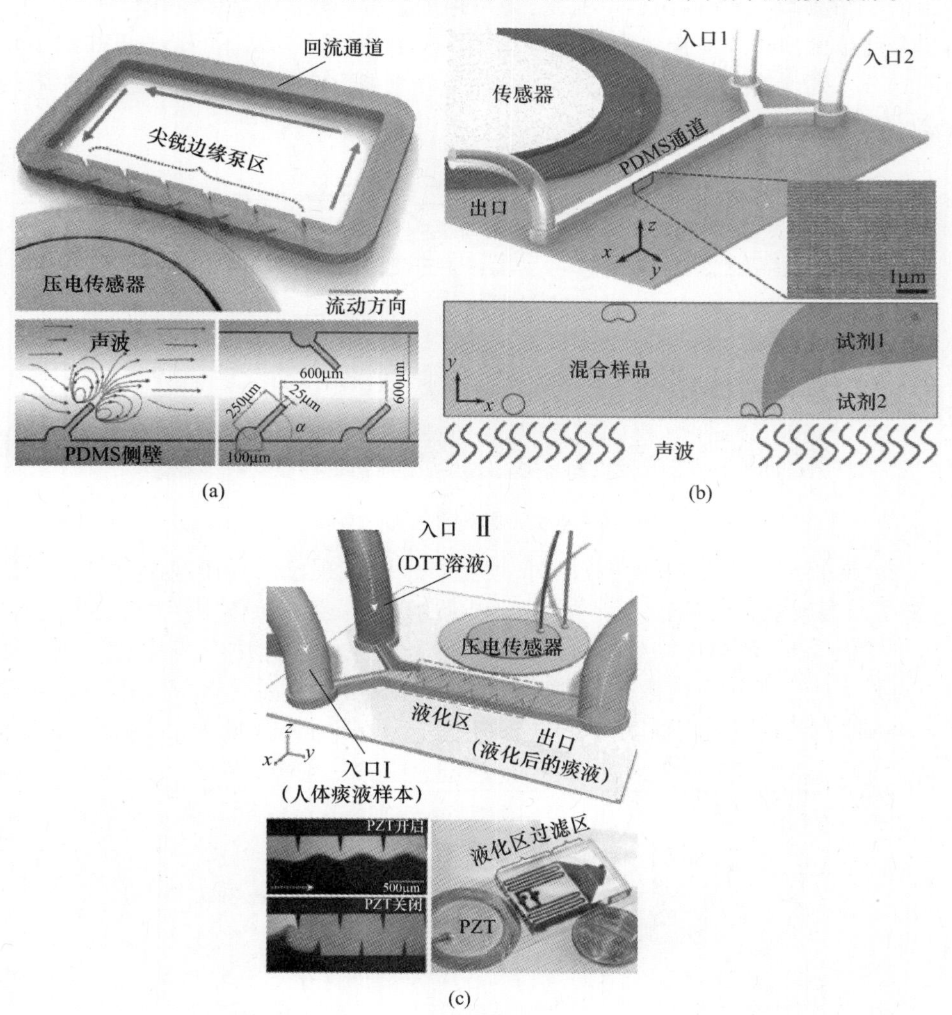

图 4.30　微流体芯片

(a)可编程声流体泵；(b)空化流体混合器；(c)人体痰液液化器。

4.5.3 声场驱动生物微纳操作应用

由于不同物体对在声场中受到的作用不尽相同,因此声场驱动可以用于粒子的富集和分离。Thomas Laurell 等人设计了面向细胞分离的声驱动微流体芯片。如图 4.31 所示,由入口 a 注入细胞溶液,通过流道调整由此进入的流体位置,由入口 b 注入无细胞水基溶液,稀释溶液便于分离。在流道中端由于超声场作用,一种细胞沿中间流动,最终由出口 1 流出,另一种细胞沿两端流动,最终由出口 3 流出,而多余液体由出口 2 流出。在验证环节,该芯片实现了 5μm 和 7μm 两种微小差距的聚苯乙烯微球分离。随后,该芯片也成功实现了正常红细胞与癌变细胞的分离[92]。

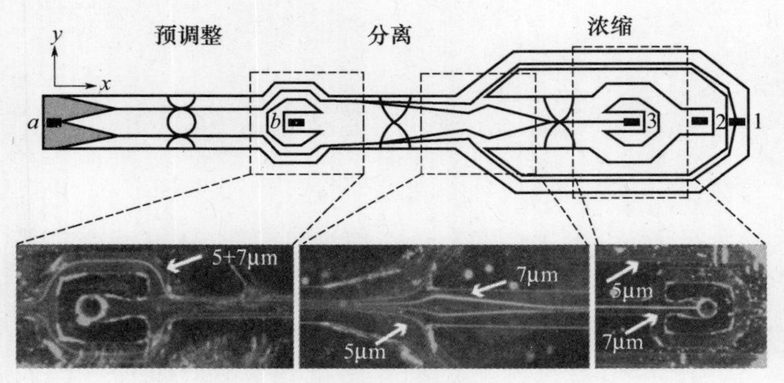

图 4.31 基于声驱动的细胞分离芯片

当介质长度为半波长的整数倍时,就会产生驻波现象。利用驻波分布中的势阱,便可以实现粒子的捕获[93]。如图 4.32 所示,激振器在流体中产生驻波。当恰好为半个波长时,流体中心处形成压力节点,声辐射压力使物体聚集并被限制在压力节点处。一般利用压电激振器和发射器来形成驻波,有时可以仅采用一个激振器。Bazou 等人利用超声捕获对 HepG2 细胞进行了三维悬浮培养(图 4.33),从而

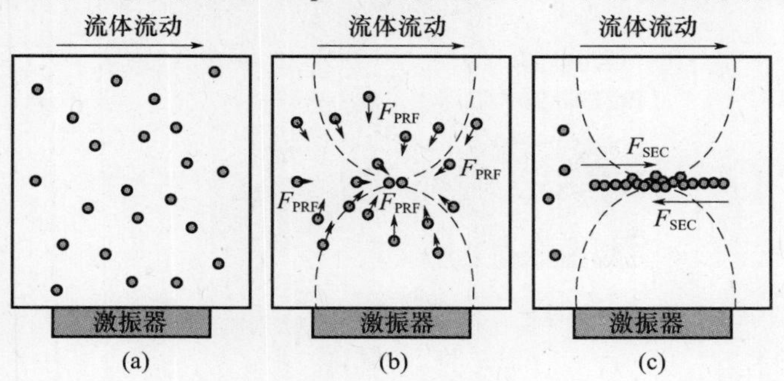

图 4.32 超声驻波的产生与作用

验证三维培养模式下细胞的行为表达与传统二维培养的不同[94]。

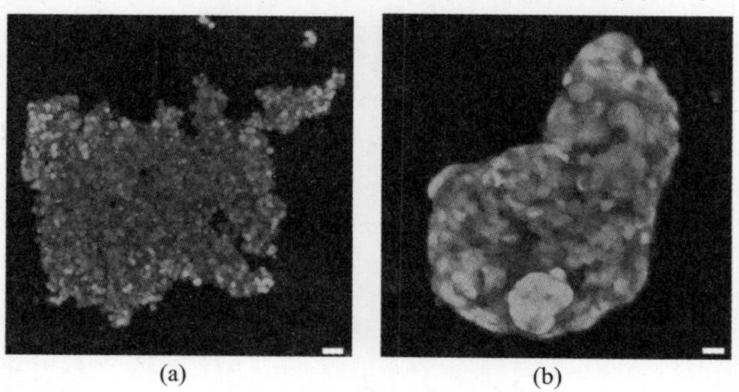

图 4.33　HepG2 细胞三维悬浮培养对比
(a)培养前;(b)培养3天后。

此外,声场驱动还可以与其他驱动方式相结合[95]。2006 年,Wiklund 等人在微流体芯片中采用了声泳和介电泳相结合的粒子操作方式。如图 4.34 所示,该方法利用声驻波使粒子聚集和线性排列,然后通过底部共面电极产生的介电力进一步操作。声驻波的作用范围较大,速度快,并且对细胞损伤小,而介电泳的灵活性和定位精度较高,两种方法可以有效地互补[96]。

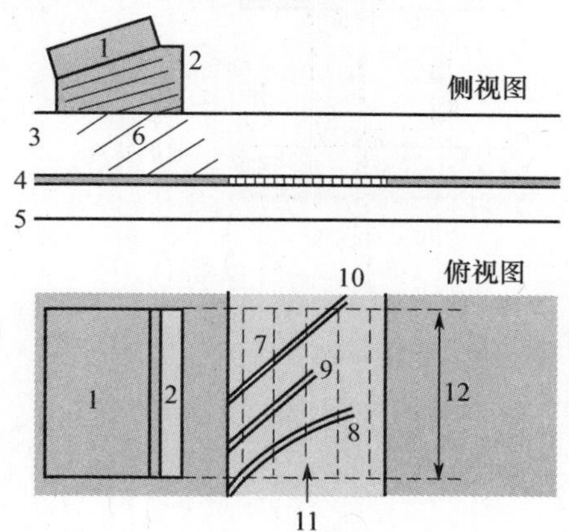

图 4.34　声泳和介电泳相结合的微流体芯片

Adams 设计了一种基于声场和磁场的微流体分离系统(图 4.35),输入样本先后经过声场和磁场,被分成三个流,受声场影响的粒子从中间流出,受磁场磁影响的粒子从下端流出,而几乎不受影响的粒子从顶端流出。该芯片可达每小时 108 个颗粒的分离速率[97]。

Thalhammer 等人使用声学和光学技术的组合来进行各种操作任务。如

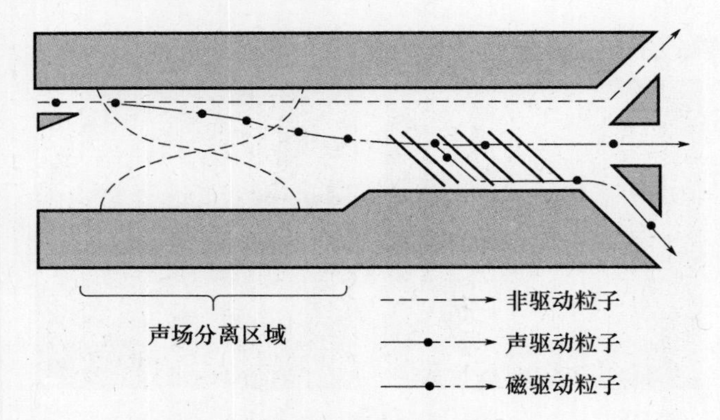

图 4.35 基于声场和磁场的微流体芯片

图 4.36所示,该系统在操作空间两端装有激光源和反射镜,用于形成光镊势阱。在上端还有压电激振器件,用于产生超声场。由于超声场的作用,粒子被限定在半波长共振节点处。随后利用光镊系统可实现粒子的光学捕获和移动。该组合方法在效率和作用力等方面有一定的优势[98]。

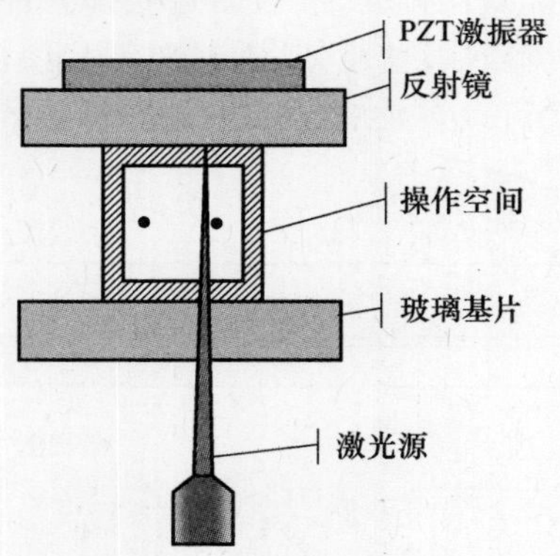

图 4.36 声场和光镊的微流体系统

参 考 文 献

[1] SAVIA M, KOIVOH N. Contact micromanipulation-survey of strategies[J]. Mechatronics, IEEE/ASME Transactions on, 2009, 14: 504 - 514.

[2] CECIL J, VASQUEZ D, POWELL D. A review of gripping and manipulation techniques for micro-assembly applications[J]. International Journal of Production Research, 2005, 43: 819 - 828.

[3] CASTILLO J, DIMAKI M, SVENDSEN W E. Manipulation of biological samples using micro and nano tech-

niques[J]. Integrative Biology,2009,1: 30 -42.

[4] BANERJEE A G,GUPTA S K. Research in automated planning and control for micromanipulation[J]. IEEE Transactions on Automation Science And Engineering,2013,10: 485 -495.

[5] MENCIASSI A,EISINBERG A,IZZO I,et al. From "macro" to "micro" manipulation: models and experiments [J]. Mechatronics,IEEE/ASME Transactions on,2004,9: 311 -320.

[6] FEARING R S. Survey of sticking effects for micro parts handling [C]. Intelligent Robots and Systems 95. 'Human Robot Interaction and Cooperative Robots', Proceedings. 1995 IEEE/RSJ International Conference on, 1995,2: 212 -217.

[7] CHEN B K,ZHANG Y,SUN Y. Active release of microobjects using a MEMS microgripper to overcome adhesion forces[J]. Journal of Microelectromechanical Systems,2009,18: 652 -659.

[8] ARAI F,ANDO D,FUKUDA T,et al. Micro manipulation based on micro physics-strategy based on attractive force reduction and stress measurement [C]. in Intelligent Robots and Systems 95. 'Human Robot Interaction and Cooperative Robots',Proceedings. 1995 IEEE/RSJ International Conference on,1995,2:236 -241.

[9] WASON J D,WENJ T,GORMAN J J,et al. Automated multiprobe microassembly using vision feedback[J]. IEEE Transactions on Robotics,2012,28: 1090 -1103.

[10] LIU P,NAKAJIMA M,Yang Z,et al. Evaluation of van der waals forces between carbon nanotube tip and gold surface under electron microscope[J]. Proceedings of the Institution of Mechanical Engineers,Part N: Journal of Nanoengineering and Nanosystems,2008,222(2): 33 -38.

[11] YANG Z,NAKAJIMA M,SAITOY,et al. Isolated high-purity platinum nanowire growth via field emission from a multi-walled carbon nanotube[J]. Applied Physics Express,2011,4: 035001 -1 -3.

[12] XIE H,REGNIER S. Development of a flexible robotic system for multiscale applications of micro/nanoscale manipulation and assembly[J]. Ieee-Asme Transactions on Mechatronics,2011,16: 266 -276.

[13] XIE H,REGNIER S. Three-dimensional automated micromanipulation using a nanotip gripper with multi-feedback[J]. Journal of Micromechanics And Microengineering,2009,7(19): 31 -33.

[14] LIU J,SIRAGAM V,GONG Z,et al. Robotic adherent cell injection for characterizing cell-cell communication [J]. IEEE Transactions on Biomedical Engineering,2015,62: 119 -125.

[15] LADJAL H,HANUS J L,FERREIRA A. Micro-to-nano biomechanical modeling for assisted biological cell injection[J]. IEEE Transactions on Biomedical Engineering,2013,60: 2461 -2471.

[16] SHENY J,NAKAJIMA M,YANG Z,et al. Design and characterization of nanoknife with buffering beam for in situ single cell cutting[J]. Nanotechnology,2011,22: 305701.

[17] SHENY J,NAKAJIMA M,AHMAD M R,et al. Effect of ambient humidity on the strength of the adhesion force of single yeast cell inside environmental-SEM[J]. Ultramicroscopy,2011,111(8): 1176 -1183.

[18] SHANG W F,LI D F,LU H J,et al. Less-invasive non-embedded cell cutting by nanomanipulation and vibrating nanoknife[J]. Applied Physics Letters,2017,110 (043701).

[19] SHENY J,NAKAJIMAM,ZHANG Z H,et al. Dynamic force characterization microscopy based on integrated nanorobotic AFM and SEM system for detachment process study[J]. IEEE/ASME Transactions on Mechatronics,2015,20 (6): 3009 -3017.

[20] KIM E,TAKEUCHI M,ATOU W,et al. Construction of hepatic lobule-like vascular network by using magnetic fields[C]. IEEE International Conference on Robotics and Automation. IEEE,2018: 2688 -2693.

[21] ABBOTT J J,ERGENEMAN O,KUMMER M P,et al. Modeling magnetic torque and force for controlled ma-

nipulation of soft-magnetic bodies[C]. International Conference on Advanced Intelligent Mechatronics. IEEE, 2007:1 -6.

[22] SITTI M, CEYLAN H, HU W, et al. Biomedical applications of untethered mobile milli/microrobots[J]. Proceedings of the IEEE, 2015, 103(2):205 -224.

[23] STEAGER E B, SELMAN SAKAR M, KIM D H, et al. Electrokinetic and optical control of bacterial microrobots[J]. Journal of Micromechanics & Microengineering, 2011, 21(3):035001.

[24] QIU F, NELSON B J. Magnetic helical micro-and nanorobots: toward their biomedical applications[J]. Engineering, 2015, 1(1):021 -026.

[25] FENG L, DI P, ARAI F. High-precision motion of magnetic microrobot with ultrasonic levitation for 3 - d rotation of single oocyte[J]. IJRR (International Journal of Robotics Research), 2016.

[26] GAO M, HU C, CHEN Z, et al. Design and fabrication of a magnetic propulsion system for self-propelled capsule endoscope[J]. IEEE Transactions on Biomedical Engineering, 2010, 57(12):2891 -2902.

[27] ULLRICH F, BERGELES C, POKKI J, et al. Mobility experiments with microrobots for minimally invasive intraocular surgery[J]. Investigative Ophthalmology & Visual Science, 2013, 54(4):2853 -2863.

[28] SON S J, REICHEL J, HE B, et al. Magnetic nanotubes for magnetic-field-assisted bioseparation, biointeraction, and drug delivery[J]. Journal of the American Chemical Society, 2005, 127(20):7316 -7.

[29] WANG J, JIAO N, TUNG S, et al. Magnetic microrobot and its application in a microfluidic system[J]. Robotics & Biomimetics, 2014, 1(1):18.

[30] YESIN K B, VOLLMERS K, NELSON B J. Modeling and control of untethered biomicrorobots in a fluidic environment using electromagnetic fields[J]. International Journal of Robotics Research, 2006, 25(5 -6): 527 -536.

[31] PAWASHE C, FLOYD S, SITTI M. Modeling and experimental characterization of an untethered magnetic micro-robot[J]. International Journal of Robotics Research, 2009, 28(8):1077 -1094.

[32] SCHUERLE S, ERNI S, FLINK M, et al. Three-dimensional magnetic manipulation of micro-and nanostructures for applications in life sciences[J]. IEEE Transactions on Magnetics, 2013, 49(1):321 -330.

[33] ERNI S, SCHÜRLE S, FAKHRAEE A, et al. Comparison, optimization, and limitations of magnetic manipulation systems[J]. Journal of Micro-Bio Robotics, 2013, 8(3 -4):107 -120.

[34] KUMMER M P, ABBOTT J J, KRATOCHVIL B E, et al. OctoMag: An electromagnetic system for 5 - DOF wireless micromanipulation[J]. IEEE Transactions on Robotics, 2010, 26(6):1006 -1017.

[35] DILLER E, GILTINAN J, JENA P, et al. Three dimensional independent control of multiple magnetic microrobots[C], IEEE International Conference on Robotics and Automation. IEEE, 2013:2576 -2581.

[36] WANG J, JIAO N, YANG Y, et al. 3D motion control and target manipulation of small magnetic robot[C]. International Conference on Intelligent Robotics and Applications. Springer, Cham, 2017:110 -119.

[37] HWANG G, DOCKENDORF C, BELL D, et al. 3 - D InGaAs/GaAs helical nanobelts for optoelectronic devices [J]. International Journal of Optomechatronics, 2008, 2(2):88 -103.

[38] BELL D J, LEUTENEGGER S, HAMMAR K M, et al. Flagella-like propulsion for microrobots using a nanocoil and a rotating electromagnetic field[C], IEEE International Conference on Robotics and Automation. IEEE, 2007:1128 -1133.

[39] ZHANG L, ABBOTT J J, DONG L, et al. Artificial bacterial flagella: fabrication and magnetic control[J]. Applied Physics Letters, 2009, 94(6):064107 -064107 -3.

[40] HUANG H W, SAKAR M S, PETRUSKA A J, et al. Soft micromachines with programmable motility and morphology[J]. Nature Communications, 2016, 7: 12263.

[41] ROBBIE K, SIT J C, BRETT M J. Advanced techniques for glancing angle deposition[J]. Journal of Vacuum Science & Technology B: Microelectronics and Nanometer Structures Processing, Measurement, and Phenomena, 1998, 16(3): 1115 - 1122.

[42] GHOSH A, FISCHER P. Controlled propulsion of artificial magnetic nanostructured propellers[J]. Nano Letters, 2009, 9(6): 2243 - 2245.

[43] KAWATA S, SUN H B, TANAKA T K, et al. Finer features for functional microdevices: micromachines can be created with higher resolution using two-photon absorption[J]. Nature, 2001, 412(6848): 697 - 698.

[44] TOTTORI S, ZHANG L, QIU F, et al. Magnetic helical micromachines: fabrication, controlled swimming, and cargo transport[J]. Advanced Materials, 2012, 24(6): 709 - 709.

[45] SUTER M, ZHANG L, SIRINGIL E C, et al. Superparamagnetic microrobots: fabrication by two-photon polymerization and biocompatibility[J]. Biomedical Microdevices, 2013, 15(6): 997 - 1003.

[46] ZEESHAN M A, GRISCH R, PELLICER E, et al. Hybrid helical magnetic microrobots obtained by 3D template-assisted electrodeposition [J]. Small (Weinheim an der Bergstrasse, Germany), 2014, 10(7): 1284 - 1288.

[47] GAO W, FENG X, PEI A, et al. Bioinspired helical microswimmers based on vascular plants[J]. Nano Letters, 2014, 14(1): 305.

[48] LI J, SATTAYASAMITSATHIT S, DONG R, et al. Template electrosynthesis of tailored-made helical nanoswimmers[J]. Nanoscale, 2014, 6(16): 9415 - 9420.

[49] TASOGLU S, DILLER E, GUVEN S, et al. Untethered micro-robotic coding of three-dimensional material composition[J]. Nature Communications, 2014, 5(1): 3124.

[50] WANG J, JIAO N, TUNG S, et al. Automatic path tracking and target manipulation of a magnetic microrobot [J]. Micromachines, 2016, 7(11): 1 - 14.

[51] BANERJEE A, CHOWDHURY S, GUPTA S K. Optical tweezers: autonomous robots for the manipulation of biological cells[J]. Robotics & Automation Magazine IEEE, 2014, 21(3): 81 - 88.

[52] 李银妹,龚雷,李迪,等. 光镊技术的研究现况[J]. 中国激光,2015,42(1):1 - 20.

[53] 张聿全. 新型动态光镊技术及应用研究[D]. 南开大学,2015.

[54] ASHKIN A, DZIEDZIC J M, BJORKHOLM J E, et al. Observation of a single-beam gradient force optical trap for dielectric particles[J]. Optics letters, 1986, 11(5): 288 - 290.

[55] ASHKIN A, DZIEDZIC J M, YAMANE T. Optical trapping and manipulation of single cells using infrared laser beams[J]. Nature, 1987, 330(6150): 769 - 771.

[56] HU S, SUN D. Automatic transportation of biological cells with a robot-tweezer manipulation system[J]. International Journal of Robotics Research, 2011, 30(14): 1681 - 1694.

[57] CHEN H, SUN D. Moving groups of microparticles into array with a robot-tweezers manipulation system[J]. IEEE Transactions on Robotics, 2012, 28(5): 1069 - 1080.

[58] JU T, LIU S, YANG J, et al. Rapidly exploring random tree algorithm-based path planning for robot-aided optical manipulation of biological cells[J]. IEEE Transactions on Automation Science & Engineering, 2014, 11(3): 649 - 657.

[59] MARUYAMA H, FUKUDA T, ARAI F. Laser manipulation and optical adhesion control of functional gel-mic-

rotool for on-chip cell manipulation[C]. International Conference on Intelligent Robots and Systems. IEEE, 2009: 1413 - 1418.

[60] CHOWDHURY S, THAKUR A, SVEC P, et al. Automated manipulation of biological cells using gripper formations controlled by optical tweezers[J]. IEEE Transactions on Automation Science & Engineering, 2014, 11(2): 338 - 347.

[61] HÉNON S, LENORMAND G, RICHERT A, et al. A new determination of the shear modulus of the human erythrocyte membrane using optical tweezers[J]. Biophysical Journal, 1999, 76(2): 1145 - 51.

[62] CHIOU A, BAREIL P B, CHEN Y Q, et al. Calculation of spherical red blood cell deformation in a dual-beam optical stretcher[J]. Optics Express, 2007, 15(24): 16029.

[63] 闫树斌,赵宇,杨德超,等. 基于近场光学理论光镊的研究进展[J]. 红外与激光工程,2015,44(3): 1034 - 1041.

[64] 范伟康,许吉英,王佳. 近场光镊技术的研究进展和应用前景[J]. 激光与光电子学进展,2007,44(7): 40 - 45.

[65] KAWATA S, SUGIURA T. Movement of micrometer-sized particles in the evanescent field of a laser beam[J]. Optics Letters, 1992, 17(11): 772 - 774.

[66] NOVOTNY L, BIAN R X, XIE X S. Theory of nanometric optical tweezers[J]. Physical Review Letters, 1997, 79 (4): 645 - 648.

[67] KWAK E S, ONUTA T D, AMARIE D, et al. Optical trapping with integrated near-field apertures[J]. The Journal of Physical Chemistry B, 2004, 108(36): 13607 - 13612.

[68] GU M, HAUMONTE J B, MICHEAU Y, et al. Laser trapping and manipulation under focused evanescent wave illumination[J]. Applied Physics Letters, 2004, 84(21): 4236 - 4238.

[69] BRAMBILLA G, MURUGAN G S, WILKINSON J S, et al. Optical manipulation of microspheres along a subwavelength optical wire[J]. Optics Letters, 2007, 32(20): 3041 - 3043.

[70] 豆秀婕,闵长俊,张聿全,等. 表面等离激元光镊技术[J]. 光学学报,2016(10): 297 - 318.

[71] PETHIG R. Review article-dielectrophoresis: status of the theory, technology, and applications[J]. Biomicrofluidics, 2010, 4(3): 39901.

[72] 张洋,张晓飞,白国花,等. 用于细胞排列的介电泳微流控芯片制备与实验研究[J]. 分析化学,2014,42(11): 1568 - 1573.

[73] 倪中华,朱树存. 基于介电泳的生物粒子分离芯片[J]. 东南大学学报(自然科学版),2005,35(5): 724 - 728.

[74] 任玉坤,敖宏瑞,顾建忠,等. 面向微系统的介电泳力微纳粒子操控研究[J]. 物理学报,2009,58(11): 7869 - 7877.

[75] 周金华,龚錾,李银妹. 光镊与介电泳微操纵技术[J]. 激光生物学报,2007,16(1): 119 - 127.

[76] 杨德超,赵宇,张文栋,等. 基于光诱导介电泳原理的粒子操纵研究[J]. 科学技术与工程,2015,15(3): 120 - 123.

[77] SCHNELLE T, MÜLLER T, HAGEDORN R, et al. Single micro electrode dielectrophoretic tweezers for manipulation of suspended cells and particles[J]. Biochimica et Biophysica Acta (BBA)-General Subjects, 1999, 1428(1): 99 - 105.

[78] OBLAK J, KRIZAJ D, AMON S, et al. Feasibility study for cell electroporation detection and separation by means of dielectrophoresis[J]. Bioelectrochemistry, 2007, 71(2): 164 - 171.

[79] HUANG Y, WANG X B, TAME J A, et al. Electrokinetic behaviour of colloidal particles in travelling electric fields: studies using yeast cells[J]. Journal of Physics D Applied Physics, 1993, 26(9): 1528.

[80] 闫树斌,杨德超,安盼龙,等. 光电子镊的研究进展[J]. 激光与光电子学进展,2015,52(9):21-30.

[81] HUNT T P, WESTERVELT R M. Dielectrophoresis tweezers for single cell manipulation[J]. Biomedical Microdevices, 2006, 8(3): 227.

[82] DOH I, CHO Y H. A continuous cell separation chip using hydrodynamic dielectrophoresis process[J]. Sensors & Actuators A Physical, 2005, 121(1): 59-65.

[83] YANG W, YU H, LI G, et al. High-throughput fabrication and modular assembly of 3d heterogeneous microscale tissues[J]. Small, 2016, 13(5).

[84] FRIEND J, YEO L Y. Microscale acoustofluidics: microfluidics driven via acoustics and ultrasonics[J]. reviews of modern physics, 2011, 83(2): 647-704.

[85] BRUUS H. Acoustofluidics 1: governing equations in microfluidics[J]. Lab on A Chip, 2011, 11(22): 3742-3751.

[86] BRUUS H. Acoustofluidics 2: perturbation theory and ultrasound resonance modes[J]. Lab on A Chip, 2011, 12(1): 20-28.

[87] 白光磊. 超声行波微流体驱动技术的基础研究[D]. 济南:山东大学,2007.

[88] DUAL J, MÖLLER D. Acoustofluidics 4: piezoelectricity and application in the excitation of acoustic fields for ultrasonic particle manipulation[J]. Lab on A Chip, 2012, 12(3): 506-514.

[89] HUANG P H, NAMA N, MAO Z, et al. A reliable and programmable acoustofluidic pump powered by oscillating sharp-edge structures[J]. Lab on A Chip, 2014, 14(22): 4319-4323.

[90] OZCELIK A, AHMED D, XIE Y, et al. An acoustofluidic micromixer via bubble inception and cavitation from microchannelsidewalls[J]. Analytical Chemistry, 2014, 86(10): 5083-8.

[91] HUANG P H, REN L, NAMA N, et al. An acoustofluidic sputum liquefier[J]. Lab on A Chip, 2015, 15(15): 3125-3131.

[92] ANTFOLK M, MAGNUSSON C, AUGUSTSSON P, et al. Acoustofluidic, label-free separation and simultaneous concentration of rare tumor cells from white blood cells[J]. Analytical Chemistry, 2015, 87(18): 9322.

[93] EVANDER M, NILSSON J. Acoustofluidics 20: applications in acoustic trapping[J]. Lab on A Chip, 2012, 12(22): 4667-4676.

[94] BAZOU D, COAKLEY W T, HAYES A J, et al. Long-term viability and proliferation of alginate-encapsulated 3-D HepG2 aggregates formed in an ultrasound trap[J]. Toxicology in Vitro, 2008, 22(5): 1321-1331.

[95] PETER G J, HILL M. Acoustofluidics 23: acoustic manipulation combined with other force fields[J]. Lab on A Chip, 2013, 13(6): 1003-1010.

[96] WIKLUND M, GÜNTHER C, LEMOR R, et al. Ultrasonic standing wave manipulation technology integrated into a dielectrophoretic chip[J]. Lab on A Chip, 2006, 6(12): 1537-1544.

[97] ADAMS J D, THÉVOZ P, BRUUS H, et al. Integrated acoustic and magnetic separation in microfluidic channels[J]. Applied Physics Letters, 2009, 95(25): 423.

[98] THALHAMMER G, STEIGER R, MEINSCHAD M, et al. Combined acoustic and optical trapping[J]. Biomedical Optics Express, 2011, 2(10): 2859-2870.

第5章 基于多机器人协同的血管化人工微组织组装技术

5.1 跨尺度细胞组装机器人系统

人工组织与器官的机器人化构建是一个复杂的微纳操作与组装过程,其中包括单细胞取样、单细胞特性分析、多细胞目标性筛选、细胞群二维封装与三维组装等多种操作任务。微纳操作机器人系统的有效介入能够为上述操作提供有力的辅助手段,促进可重复、高精度地细胞定量操作和组装,同时也为细胞结构特性分析、单细胞注射与细胞物理参数检测等生物医学工程研究提供了新思路。为此,我们提出了基于跨尺度微纳操作机器人系统的细胞三维操作与自动化组装方法。

如图5.1所示,跨尺度微纳操作机器人系统通过配备不同定位精度、操作范围的微纳操作器,实现了宏微混合驱动下的多操作器协同,能够有效兼顾微纳尺度操作精度与宏微尺度操作效率。该系统不仅能够完成人体细胞的参数抽取与分析、细胞筛选与分离等生物医学工程中单细胞分析与操作,而且更重要的是基于高速显微视觉反馈实现了多机器人自动协同,完成自动化的细胞微结构三维组装,有效

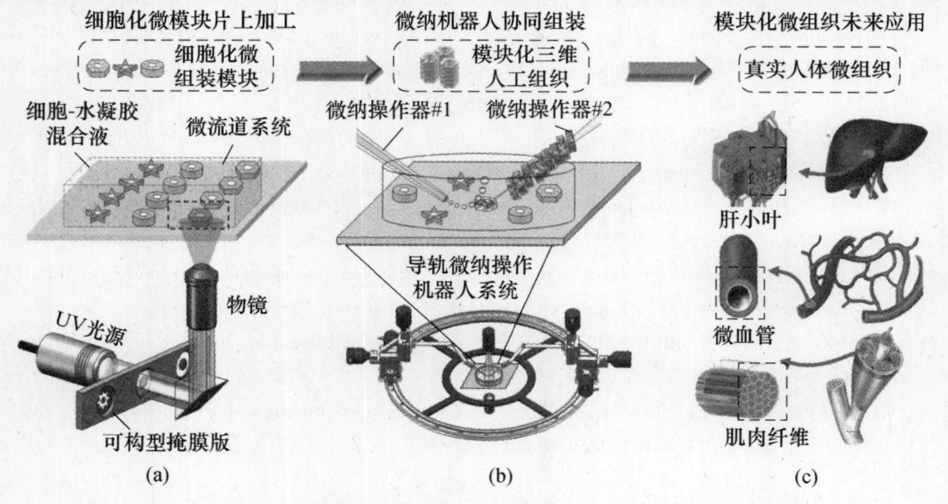

图5.1 面向细胞三维操作与自动化组装的跨尺度微纳操作机器人系统

降低了组织工程中制造具有内部微结构特性与复杂构型的三维人工组织的操作难度与烦琐,为微纳机器人与再生医疗相融合提供了新的思路[1]。

5.1.1 导轨微操作机器人系统设计

基于接触式微操作的三维细胞组装,需要末端探针在与生物目标的交互过程中以特定的姿态实现快速定位,同时在组装过程中需要频繁的变换末端姿态以提高组装精度与效率,避免因组装时间过长或操作精度不足造成生物目标损伤与失活。然而,传统微纳操作机器人系统多为功能单一、基座固定的多操作器系统,无法同时实现大行程的快速定位与微纳尺度下的高精密操作,且由于运动关节很少配备旋转副,难以在有限的显微观测视野内实现末端执行器的操作角度变换,其已经不能满足微尺度下日益复杂的生物操作任务需求。为此,著者团队提出了一种基于圆形导轨引导与宏微混合驱动的多机器人协同操作系统。宏观尺度下,通过圆形导轨旋转基座快速灵活地对心运动实现微纳操作机器人的快速定位与操作姿态实时变换;微观尺度下,通过导轨机器人的协同配合实现高精密微组装。通过宏微跨尺度下的混合驱动模式,实现了三维细胞组装对高精度、高速度、高灵活度的多重需求。

如图5.2所示,本团队针对生物微操作高速、高精度的需求构建了基于混合驱动的微纳操作导轨机器人系统,该系统由三个子系统组成,即导轨子系统、微纳操作子系统与视觉反馈子系统。其中,快速步进电机与导轨配合实现远距离生物交互中的快速运动与粗定位,高精密压电陶瓷电机组成导轨机器人实现有限空间内的精细操作。所有子系统均集成于倒置荧光光学显微镜(IX73,Olympus Ins.)。其中,导轨子系统由固定于显微镜载物台上的圆形导轨及可移动基座组成。基座被约束于导轨之上,并由步进电机驱动(model PG15S - D20,MINEBEA Inc.)。通过基座的对心旋转运动,可在与生物目标的交互过程中实现末端探针的位姿变换。

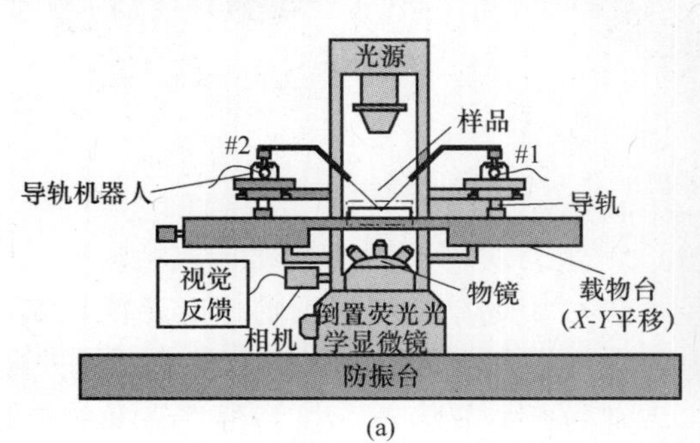

(a)

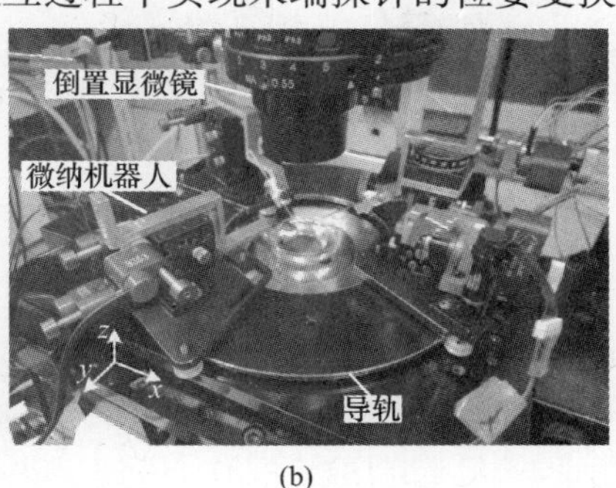

(b)

图5.2 导轨微纳操作机器人系统

微纳操作子系统由分别固定于三个基座上的微纳操作机器人组成。每个机器人均配备三个平移自由度并由压电陶瓷电机驱动(model 8353, New Focus Inc.),可分别沿 $X-Y-Z$ 方向运动,定位精度可达 30nm。微纳操作机器人末端探针由微量移液管组成(G-1000, NARISHIGE Inc.),通过拉针仪热处理与微加工(PC-10, NARISHIGE Inc.),探针尖端尺寸可以达到微米级别,满足细胞操作的精度需求。视觉反馈子系统由 CCD 数码相机(DP21, Olympus Inc.)及图像采集与处理软件组成,分辨率为 200 万像素,帧率为 25 帧/s,实现显微图像的实时采集。通过对视觉反馈信息的处理与分析,微纳操作机器人将能够完成对生物目标的跟踪、定位与运动控制。

如图 5.3 所示,为了同时实现三维细胞组装中的快速定位、末端位姿变换及精细操作,本团队提出了一种基于导轨引导的对心运动模式,为机器人系统提供了额外的旋转副,提升了三维组装的灵活性。在操作过程中导轨机器人受导轨约束,末端探针均指向导轨圆心。如图 5.4 所示,导轨微纳操作机器人系统拥有一个旋转副,使每一个机器人可以沿导轨进行曲线运动,有效避免了传统微纳操作机器人基座固定造成的操作空间有限,末端执行器姿态难以在有限视野内变换的缺点。通过旋转自由度带来的对心运动,能够使末端探针在显微视野范围内实现 360°姿态变换[2]。与传统机器人链式机构相比,该机器人系统配备了三个平移自由度,能够实现纳米尺度下的三维精确定位。通过旋转副与平移副的配合及宏微混合驱动,有效实现了姿态快速变换、大尺度平移与高精度定位下的多探针协同操作。

图 5.3　微纳操作机器人导轨子系统

由于导轨微纳操作机器人系统中每个约束于圆形导轨上的机器人均具有一个旋转自由度和三个平移自由度,通过配合即可实现显微视野下的位姿变换。如表 5.1 所列,我们将每一个约束于导轨上的微纳操作机器人按 D-H 参数法进行运动学分析,以获取其操作空间。其中 i 为机器人关节编号,a_{i-1} 为两关节间的连杆长度,α_{i-1} 为连杆转角,d_i 为连杆偏距,θ_i 为关节角。根据 D-H 参数法,以 s 和 c 分

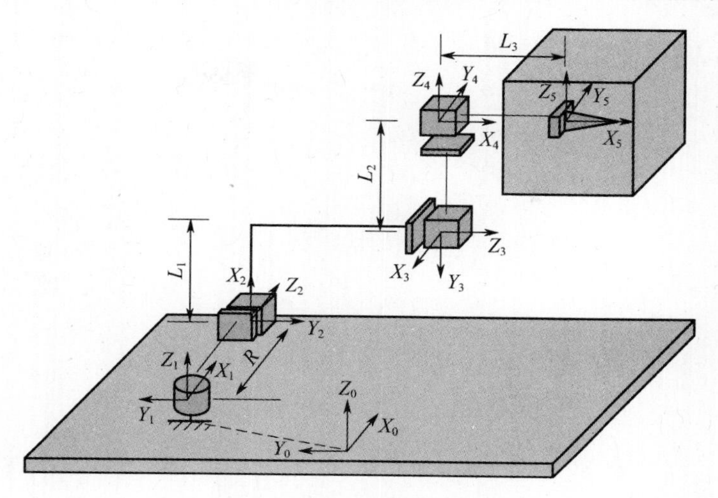

图5.4 导轨机器人运动学参数与坐标系配

表5.1 导轨机器人连杆参数表

i	α_{i-1}	a_{i-1}	d_i	θ_i
1	0°	0	0	θ_1
2	90°	0	$R+d_2$	90°
3	-90°	L_1	d_3	90°
4	90°	0	L_2+d_4	90°
5	0°	L_3	0	0

别表示正弦值与余弦值,可以获得各连杆的变换矩阵为

$$
{}_1^0\boldsymbol{T}=\begin{bmatrix} c\theta_1 & -s\theta_1 & 0 & a_0 \\ s\theta_1 c\alpha_0 & c\theta_1 c\alpha_0 & -s\alpha_0 & -s\alpha_0 d_1 \\ s\theta_1 s\alpha_0 & c\theta_1 s\alpha_0 & c\alpha_0 & c\alpha_0 d_1 \\ 0 & 0 & 0 & 1 \end{bmatrix}=\begin{bmatrix} \cos\theta_1 & -\sin\theta_1 & 0 & 0 \\ \sin\theta_1 & \cos\theta_1 & 0 & 0 \\ 0 & 0 & 1 & 0 \\ 0 & 0 & 0 & 1 \end{bmatrix} \tag{5-1}
$$

$$
{}_2^1\boldsymbol{T}=\begin{bmatrix} c\theta_2 & -s\theta_2 & 0 & a_1 \\ s\theta_2 c\alpha_1 & c\theta_2 c\alpha_1 & -s\alpha_1 & -s\alpha_1 d_2 \\ s\theta_2 s\alpha_1 & c\theta_2 s\alpha_1 & c\alpha_1 & c\alpha_1 d_2 \\ 0 & 0 & 0 & 1 \end{bmatrix}=\begin{bmatrix} 0 & -1 & 0 & 0 \\ 0 & 0 & -1 & -(R+d_2) \\ 1 & 0 & 0 & 0 \\ 0 & 0 & 0 & 1 \end{bmatrix} \tag{5-2}
$$

$$ {}_3^2\boldsymbol{T}=\begin{bmatrix} c\theta_3 & -s\theta_3 & 0 & a_2 \\ s\theta_3 c\alpha_2 & c\theta_3 c\alpha_2 & -s\alpha_2 & -s\alpha_2 d_3 \\ s\theta_3 s\alpha_2 & c\theta_3 s\alpha_2 & c\alpha_2 & c\alpha_2 d_3 \\ 0 & 0 & 0 & 1 \end{bmatrix}=\begin{bmatrix} 0 & -1 & 0 & L_1 \\ 0 & 0 & 1 & d_3 \\ -1 & 0 & 0 & 0 \\ 0 & 0 & 0 & 1 \end{bmatrix} \tag{5-3} $$

$$ {}_4^3\boldsymbol{T}=\begin{bmatrix} c\theta_4 & -s\theta_4 & 0 & a_3 \\ s\theta_4 c\alpha_3 & c\theta_4 c\alpha_3 & -s\alpha_3 & -s\alpha_3 d_4 \\ s\theta_4 s\alpha_3 & c\theta_4 s\alpha_3 & c\alpha_3 & c\alpha_3 d_4 \\ 0 & 0 & 0 & 1 \end{bmatrix}=\begin{bmatrix} 0 & -1 & 0 & 0 \\ 0 & 0 & -1 & -(L_2+d_4) \\ 1 & 0 & 0 & 0 \\ 0 & 0 & 0 & 1 \end{bmatrix} \tag{5-4} $$

$$ {}_5^4\boldsymbol{T}=\begin{bmatrix} c\theta_5 & -s\theta_5 & 0 & a_4 \\ s\theta_5 c\alpha_4 & c\theta_5 c\alpha_4 & -s\alpha_4 & -s\alpha_4 d_5 \\ s\theta_5 s\alpha_4 & c\theta_5 s\alpha_4 & c\alpha_4 & c\alpha_4 d_5 \\ 0 & 0 & 0 & 1 \end{bmatrix}=\begin{bmatrix} 1 & 0 & 0 & L_3 \\ 0 & 1 & 0 & 0 \\ 0 & 0 & 1 & 0 \\ 0 & 0 & 0 & 1 \end{bmatrix} \tag{5-5} $$

最后得到五连杆的变换矩阵乘积为

$$ {}_5^0\boldsymbol{T}={}_1^0\boldsymbol{T}{}_2^1\boldsymbol{T}{}_3^2\boldsymbol{T}{}_4^3\boldsymbol{T}{}_5^4\boldsymbol{T}=\begin{bmatrix} -\cos\theta_1 & \sin\theta_1 & 0 & (R+d_2)\cdot\sin\theta_1-(d_3+L_3)\cdot\cos\theta_1 \\ -\sin\theta_1 & -\cos\theta_1 & 0 & -(R+d_2)\cdot\cos\theta_1-(L_3+d_3)\cdot\sin\theta_1 \\ 0 & 0 & 1 & L_1+L_2+d_4 \\ 0 & 0 & 0 & 1 \end{bmatrix} \tag{5-6} $$

在生物操作中，当目标位置(p_x,p_y,p_z)已知时，导轨机器人各关节的平移量可由逆运动学直接获得：

$$ d_2=p_x\sin\theta_1-p_y\cos\theta_1-R \tag{5-7} $$

$$ d_3=-p_y\sin\theta_1-p_x\cos\theta_1-L_3 \tag{5-8} $$

$$ d_4=p_z-L_1-L_2 \tag{5-9} $$

其中，θ_1为操作过程中导轨机器人通过对心运动调整后的最终末端姿态，因姿态调整在三维操作之前完成，即θ_1为常量。所以，导轨机器人在操作过程中各关节的运动无耦合。根据导轨机器人所用压电陶瓷驱动单元参数，我们获得导轨机器人的操作空间。导轨机器人各关节均使用高精密平移台（9061 - *XYZ* - *M*, Newport Inc.）与压电陶瓷电机相连。高精密平移台的高度为10mm，压电陶瓷电机的最大行程为12.7mm，因此导轨机器人的三维操作空间如图5.5所示。末端执行器所能到达的三维空间位置分别为$-63.837\text{mm}\leqslant x\leqslant 63.837\text{mm}$、$-63.837\text{mm}\leqslant$

$y \leqslant 63.837$mm、20mm$\leqslant z \leqslant 32.7$mm，定位精度均为30nm。如图5.5(c)所示，通过导轨机构引导，增加了微纳操作机器人的运动行程，对心运动能够在有限的显微视野内使机器人在趋近生物目标的过程中有效变换末端探针，实现灵活的协同配合。

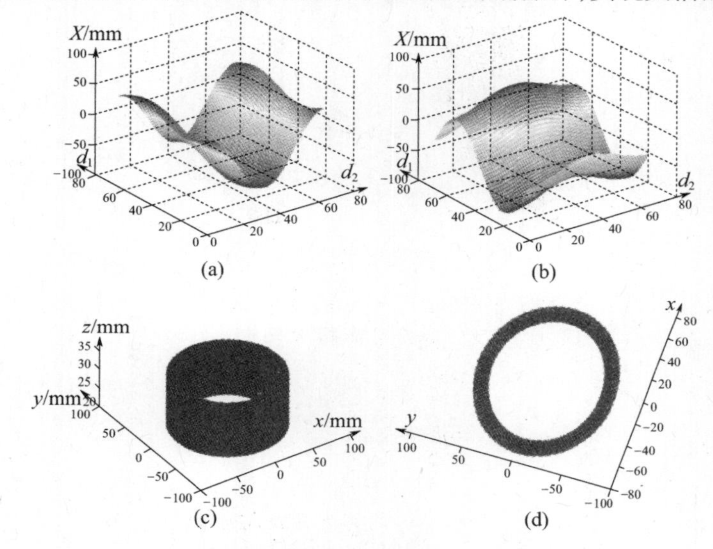

图5.5　导轨微操作机器人工作空间示意图

5.1.2 微纳操作机器人末端执行加工

微纳操作导轨机器人系统的末端操作器由微移液玻璃管组成。微量移液管作为接触式微操作的典型代表，已经被广泛应用于生物医学微操作中。微量移液管可以在开放的液体环境中进行生物操作，无需光、电、磁等辅助系统的介入即可完成细胞吸附、细胞注射、细胞切割与去核等微操作，操作相对灵活简单。这里，导轨机器人群以微量移液玻璃管作为末端探针，通过玻璃探针间的协同控制实现三维细胞结构的组装。

根据需要，微移液玻璃管可通过加热、拉伸与等离子溅射等微加工使其尖端达到1～100μm级别。本书所使用的微纳操作器由如图5.6所示的竖直型拉针仪(PC－10)微加工获得，使用的玻璃管为实心石英玻璃管，外径为1mm，长度90mm，具体加工过程如图5.7所示。通过调节PC－10的参数，可以加工不同尖端尺寸的位操作器。PC－10的参数主要包括加工模式(STEP1/STEP2)、加热温度(H_1/H_2)及拉力(150g/200g/250g)。

为加工尖端尺寸在20μm左右且外径逐渐均匀增大的玻璃管，在加工过程中我们选用STEP2模式进行分段加工，即在加工微操作器过程中拉针仪会分两步拉

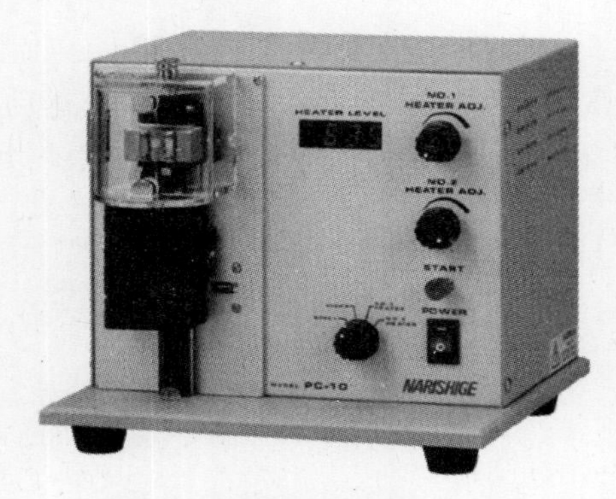

图 5.6　竖直型拉针仪 PC－10

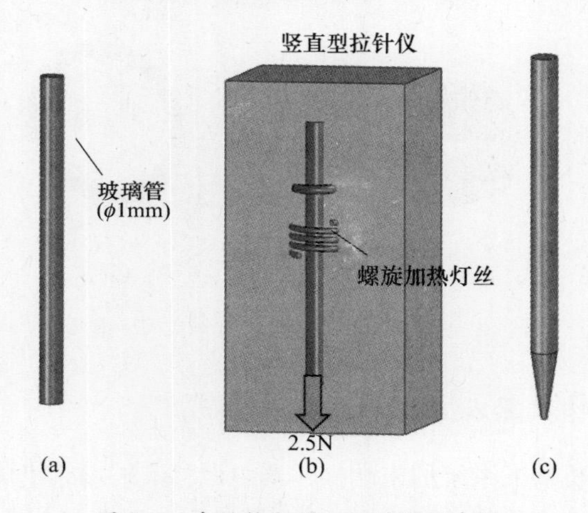

图 5.7　末端执行器加工过程示意图

伸玻璃管，每一步对应不同的加热温度。由于不同温度及拉力对微操作器末端尺寸影响较大，我们针对不同的微加工参数，进行了多组实验，以获得不同参数对玻璃管针尖构型的影响规律。如表 5.2 所列，1、2 组实验在不同的第一阶段热处理温度 H_2 下进行，3、4 组实验在不同的第二阶段热处理温度 H_1 下进行，5～7 组实验分别在相同热处理温度及不同的拉力下进行。每组实验均使用相同的玻璃管进行 20 次重复实验，以消除因人为操作产生的加工误差。

表 5.2　拉针仪不同参数下微操作器加工实验

实验编号	1	2	3	4	5	6	7
H_1	75	75	75	99	75	75	75
H_2	60	75	60	60	75	75	75
F	200	200	200	200	150	200	250

通过测量不同加工参数下的位操作器针尖末端直径,我们获得了各参数对针尖尺寸的影响规律。由图 5.8 不同加热温度对微操作器尖端尺寸影响可知,热处理温度 H_1 与 H_2 均对微操作器末端构型有影响,特别是 H_2 的变化对其尺寸会有剧烈影响。针尖尺寸随 H_1 温度的升高而增大,随 H_2 的增加而减小。

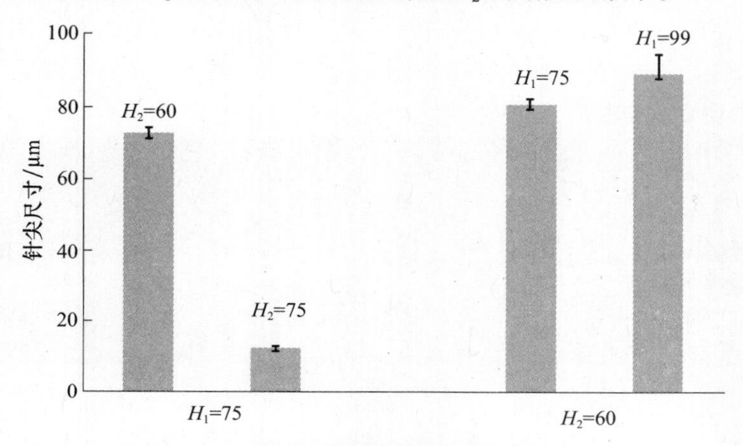

图 5.8　不同加热温度对微操作器尖端尺寸影响

由图 5.9 可知,针尖尺寸随拉力 F 的增大而增大。然而,由于拉力较大时玻璃针尖会发生剧烈的形变而断裂,尖端形状将出现不规则突变,影响后续的操作过程。因此,为了使针尖尺寸达到 20μm 左右的尺寸,可选择的最优加工参数为 $H_1 = 60$, $H_2 = 75$, $F = 150$。

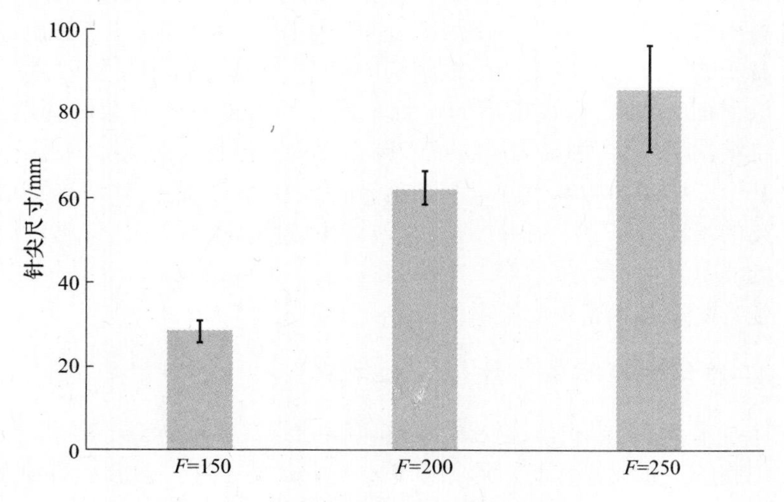

图 5.9　不同拉力对微操作器尖端尺寸影响

由于普通玻璃针在拉针仪拉伸后尖端仍为透明状态,在微操作器间协同配合时不容易受背景物体干扰,不利于进行目标跟踪与实现视觉信息反馈。为了排除视觉干扰,便于后期图像处理并未自动化操作提供精准信息,我们对拉针仪微加工后的微操作器进行了等离子溅射处理,即在探针尖端镀一层金属薄膜,使其变为非透明表面,有利于显微观测与视觉图像处理。我们用于电镀的等离子溅射设备为E-200S ANELVA,通过在玻璃针尖表面分别电镀Cr及Au,我们获得了如图5.10所示的非透明微操作器。

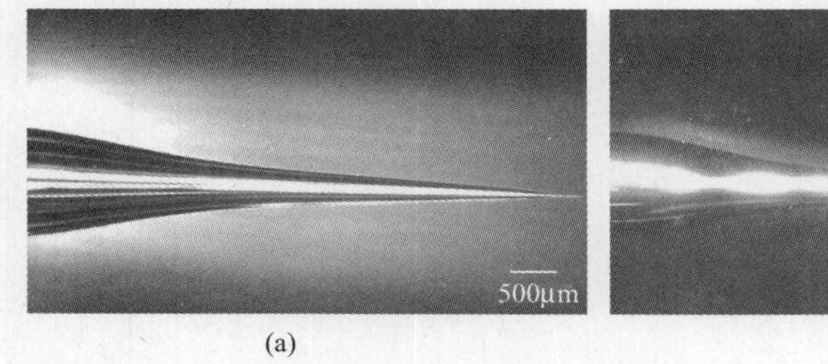

图5.10 微操作器尖端等离子溅射处理

(a)等离子溅射前;(b)等离子溅射后。

5.2 细胞微结构的协同微组装方法

微纳操作机器人组装三维细胞结构的基本概念来源于宏观环境下对细胞化二维结构堆叠的自上而下型人工组织加工方法。如图5.11所示,该方法通过对含有细胞群且具有宏观尺寸的细胞片二维结构的堆叠,形成了具有足够厚度的三维细胞结构[3]。然而,由于宏观尺度下的二维单元不具备良好的微结构特性,当堆叠获得的三维结构较厚时,内部细胞将逐渐凋亡而失去生物学意义。因此,本团队提出了一种基于二维微结构堆叠的三维细胞结构组装方法,通过对具有微结构特性的二维单元的堆叠,使三维结构同时具有微结构特性与宏观尺寸,能够使内部细胞获取足够的养分并保持新陈代谢。为此,在进行人工微组织的三维协同组装之前,需要通过生物制造技术实现二维微组装单元的片上加工。

5.2.1 二维细胞微结构设计与片上加工

微流体技术在细胞操作与组装中具有重要的意义,其与细胞相同特征尺寸的微流道为细胞的定量化操作与培养创造了不可替代的条件。微流体器件一般由一系列通过刻蚀或模具成型的微流道组合而成。模具需要达到微纳尺度,一般由玻璃、硅片与聚二甲基硅氧烷(PDMS)等聚合物构成。通过微流道的互通连接,微芯

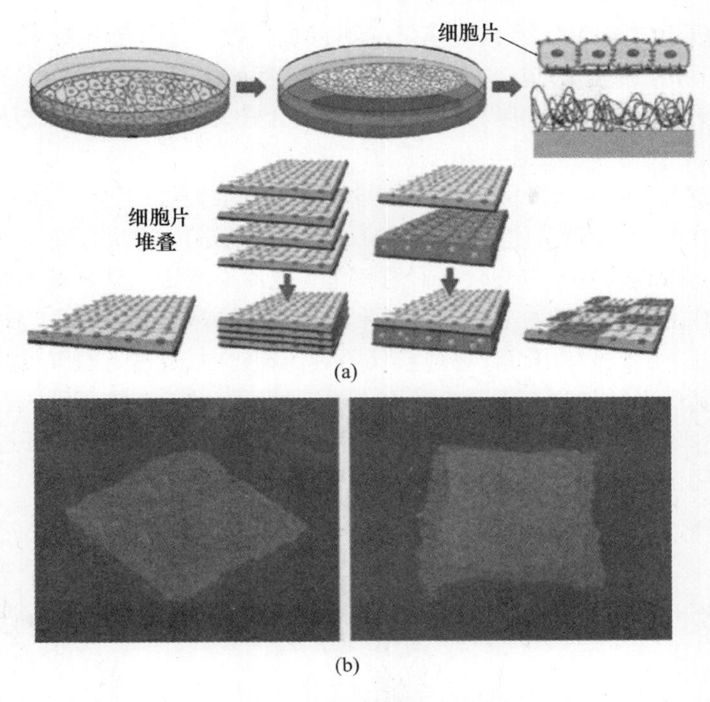

(a)

(b)

图 5.11　细胞化二维结构堆叠

片能够为细胞培养与操作提供诸如微量液体混合、微泵操作、引流与化学物质反应等特殊的微环境。这些微流道通过宏观尺寸的入口与出口与宏观世界相连,并能实现特殊液体与气体的注入与微流体芯片内液体的排出。随着微流体技术的发展与任务复杂度的增加,越来越多的微流体芯片通过集成微电极、微机械部件扩展功能,已经形成了能够完成多个子任务流水线操作的集成芯片,即片上实验室(LOC)。

高通量的细胞三维组装为构建可移植的人工组织提供了有效的方法,已经成为组织工程的研究热点[4]。人体组织与器官中的细胞以特定的模式与形态组合在一起,如神经细胞组成线形、皮肤细胞为网状、血管为管状[5]。为了实现人体组织的体外构建,一个重要的问题是如何能够加工具有不同模式与外形的组装单元并将细胞群封装,以及如何将这些组装单元按照与真实组织相同的规律固定在一起[6]。针对细胞群的固定与封装,传统方法主要是基于玻璃探针内外气压差、液体压差等形成的微力操作[7]。其优势是能够在固定细胞的过程中提供较大的力,然而由于使用玻璃探针与细胞直接接触,容易对细胞造成损伤[8]。微流道的使用为细胞的固定与封装提供了新的方法[9]。液体环境的存在保证了细胞封装过程中能够提供与原始培养环境相仿的液态环境,通过对流体力控制,能够同时对多个

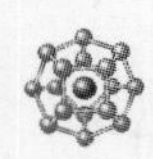

细胞单元实现固定与操作，有效提高了细胞封装的效率。基于微流道芯片中光交联材料固化并将细胞群封装于交联结构内的方法为微流道细胞单元加工提供了一种新的技术手段。通过将细胞与光交联材料混合并直接固化，该方法能够提供高速、低成本且形状可变的二维组装单元加工方法[10]。

为了实现二维细胞为单元的加工，为组装具有微结构特性的三维细胞结构提供必要的组装单元，本团队使用如图 5.12 所示的微流道芯片，通过注入混合细胞的光交联生物兼容材料并对交联材料的固化实现片上加工。光交联水凝胶与细胞混合以后被注入由 PDMS 加工而成的微流道中。通过将提前设计好的掩膜版覆盖到紫外灯光源上，紫外灯将以特殊的形状照射到流道中，通过光交联反应水凝胶发生固化并将其周围的细胞一并包裹进固化单元中。通过改变掩膜版的形状并对微流道中不同区域进行曝光，该微芯片将能够在期望的区域加工具有任意构型的二维细胞单元用于后续组装。

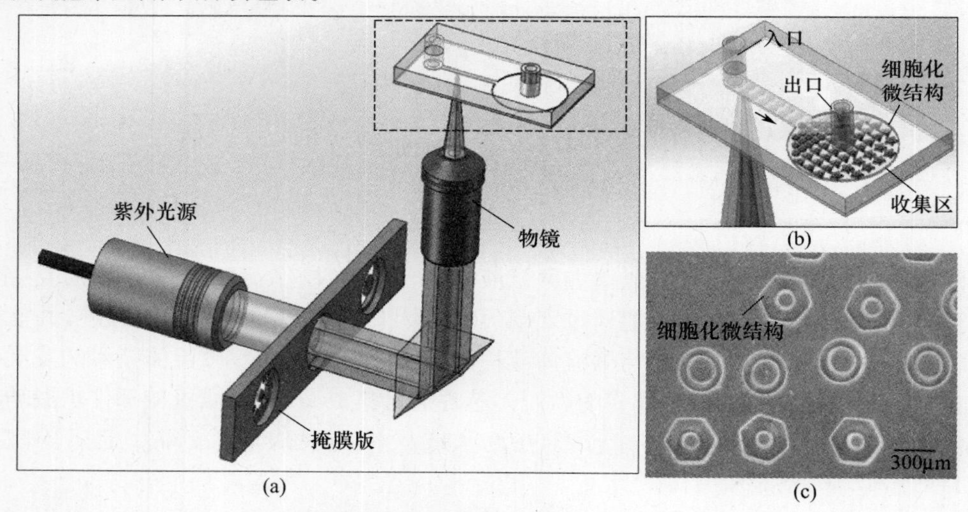

图 5.12　二维细胞组装单元片上加工

如图 5.12(a)所示，为了加工不同形状的微结构单元，使用 PET(聚对苯二甲酸乙二醇酯)设计并加工了多种图形。实验中我们使用 PEGDA 700 系列(平均分子量 700)作为光交联树脂材料。PEGDA 具有良好的生物兼容性，不会对细胞造成损伤，同时当 PEGDA 固化以后具有与人体软组织相类似的机械性能，能够良好地模拟人体内部的生物环境[11]。紫外光通过 PET 以所需的形状照射到 PDMS 微流道芯片上，内部的 PEGDA 瞬间固化成凝胶。通过改变 PET 的模板形状，我们可以在 PDMS 流道中获得任意形状的微结构。二维微结构单元在微流道中的位置由显微镜 $X-Y$ 载物台控制。当微流道的底面表层为玻璃材质时，交联的树脂将黏合在玻璃表面,将不利于微结构的收集与后续组装操作。为此,微流道底面通过特殊处理涂有一层 PDMS。由于 PDMS 对气体具有渗透性,流道在注入树脂以后玻璃片表层将仍有一层气体的存在。当光交联反应发生时,空气层的存在阻止了玻璃片表面的 PEGDA 固化[12]。因此,接近 PDMS 表面的空气在 PDMS 表面与微结构表面之间构成一层未反应的液态 PEGDA,其厚度约为 2μm。因此,片上加工的微结构的厚度由微流道厚度与 PDMS 表面形成的未反应区域厚度同时决定[13]。这里使用厚度为 40μm 的微流道,由于上下表面均为 PDMS 层,加工的微结构厚度为 36μm。图 5.13 展示了通过光交联反应获得的水凝胶微结构单元。加工过程中使用紫外线曝光 0.2s,分别使用 40 倍与 100 倍物镜进行图形缩放。通过缩放,加工的微结构单元分别为使用掩膜版的图形实际尺寸的 1/40 与 1/100。

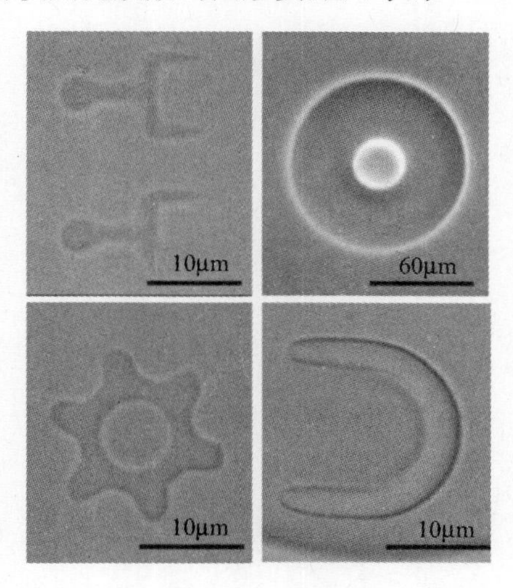

图 5.13 任意形状微结构单元片上加工

为了能够实现对含有细胞的组装单元的加工,研究中将细胞与 PEGDA 缓冲液按一定的比例混合进行片上加工,即在曝光过程中 PEGDA 能够将其周围的细胞群同时固化包裹在微结构中,不仅形成了具有细胞群的组装单元,也为细胞建立了一层保护膜,以防止后续组装中探针直接接触对细胞的损伤。NIH/3T3 细胞作为老鼠成纤维细胞,是构成血管外层的主要细胞。因此,NIH/3T3 细胞被用于与 PEGDA 700 系列混合,构成细胞混合缓冲液加工二维细胞结构组装单元。在加工二维细胞结构组装单元之前,NIH/3T3 细胞被置于混有 10% 胎牛血清(FBS)的培养基(DMEM)并放入细胞培养箱培养 72h。细胞成熟以后通过与 DMEM 溶液分离与磷酸盐缓冲液(PBS)混合,并构成具有 $1.0\times10^{7}\,ml^{-1}$ 细胞密度的 PBS - 细胞混合溶液。用于加工二维细胞结构的光交联树脂混合液由 PEGDA700 与光引发剂

(PI,1mg/ml)及混有细胞的 PBS 溶液组成。其中,PEGDA700 占 20% ,0.5% 的 PI 用于加速 PEGDA 的交联反应速度,PBS 则占 79.5% 。

如图 5.14 所示,通过对光交联细胞混合液的曝光,可以加工不同形状的微结构单元并将细胞包裹其中。如图 5.14(a)所示,NIH/3T3 细胞在与 PBS、PEGDA 混合并注入微流道后均匀分布于液体中。如图 5.14(b)所示,选定曝光区域后在 40 倍物镜下使用紫外灯曝光约 0.5s 即可将掩膜板对应的图形以水凝胶固化的形式瞬间形成二维细胞结构,细胞被同时封装到该方形结构中。由于微血管是径向堆成的圆柱形结构,其切面为具有内腔的圆形结构,可视为由圆环堆叠组装而成。因此,在后续的二维细胞结构组装中,我们使用了圆环状的单元作为基本组装单元。

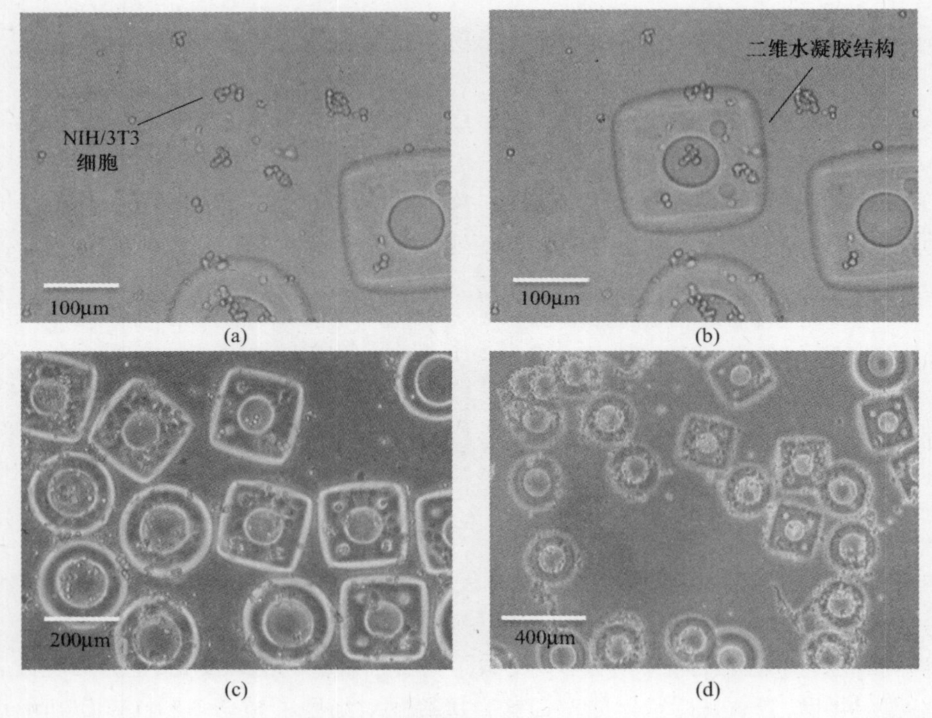

图 5.14 二维细胞结构组装单元

NIH/3T3 作为动物细胞,需要长期处于适宜的 DMEM 液体培养环境中。由于二维微结构的加工过程使其脱离原始生长环境而曝露于不利于生长的光交联树脂,时间过长将造成细胞的死亡,使其失去生物学意义而无法被后续用于组装成类血管三维细胞结构。为了对二维细胞结构的细胞活性进行评估,我们对加工后的组装单元进行了细胞活性测试实验。细胞活性测试剂由 10μL 钙黄绿素(Calcein

AM,1mg/mL)、15μl 碘化丙啶(PI,1mg/mL)及 5mLPBS 溶液组成。测试开始后,收集的二维细胞结构组装单元被浸没如测试溶液并放入细胞培养箱培养 30min。如图 5.15 所示,二维细胞结构组装单元染色培养以后,通过荧光观测(490nm 波长)即可分析其细胞存活率。图中荧光观测结果显示,通过微流道加工细胞群能够均匀地分布在二维组装单元中,且不存在其他杂质污染。

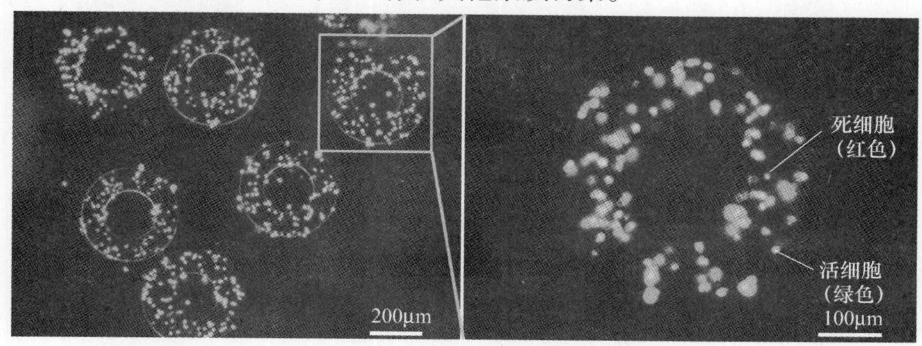

图 5.15　二维微结构组装单元细胞活性测试

5.2.2 微纳操作机器人二维细胞结构拾取策略

这里提出的基于微纳操作机器人协同操作的三维细胞结构组装方法基本概念图 5.16 所示。圆环形结构(DSM)作为微血管的基本组成被选做用于三维组装的二维微结构单元,组装类血管的能够用于更为复杂的三维组织营养输送与新陈代谢的人工组织。如图 5.16(a)所示,DSM 二维微结构单元由微流道芯片收集到缓冲液中用于组装。微纳机器人末端探针通过机械接触力的作用能够将组装单元从培养皿底部压起并固定到探针的杆部。通过重复拾取多个二维微结构单元并有序固定到探针杆部后,微结构从二维尺寸变为具有所需厚度的柱状三维结构。此时,各个二维单元之间虽然紧贴在一起但仍然为分离状态,仍需将毗邻的组装单元黏结在一起,即将组装结构固化为一个整体。如图 5.16(c)所示,通过紫外光源二次曝光,即可实现三维微结构单元的固化。其基本原理与第二章所使用的光交联反应一致。即在二维微结构单元片上加工完成后,仍有部分未反应的 PEGDA 液体黏附在微结构单元表面。组装完成后,通过二次曝光处理,这部分 PEGDA 仍可以发生交联反应,并将毗邻的二维组装单元相互黏结在一起构成完整的圆柱形三维微结构。二次曝光完成后,即可通过协同操作将类血管微结构从探针杆部释放并放入培养箱进行培养。类血管微结构被培养增殖以后将可应用于更复杂三维人工组织的体外构建。

基于微纳操作机器人协同控制的三维细胞结构组装方法是通过机器人末端探

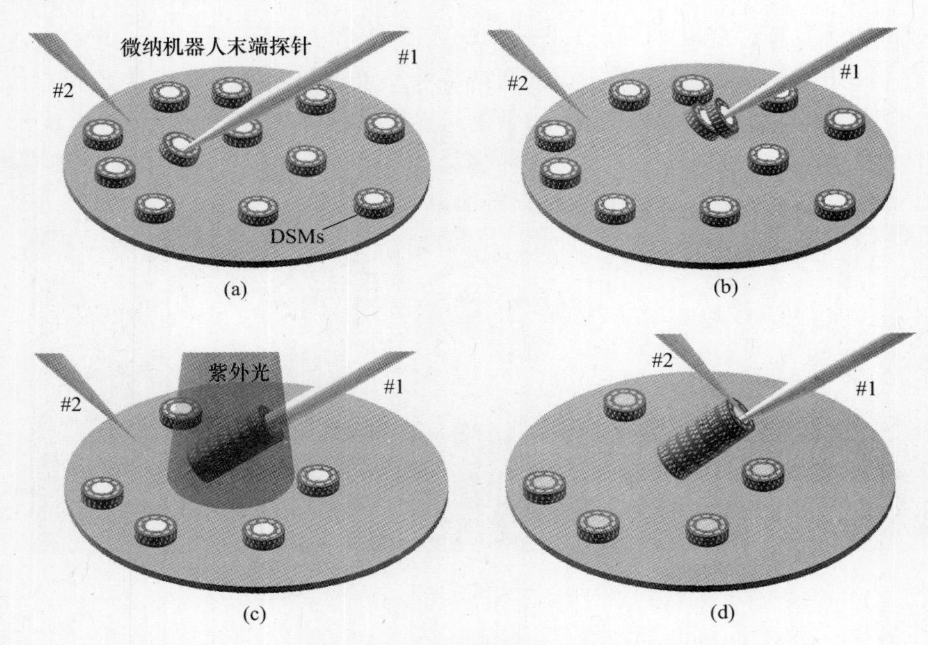

图 5.16 三维细胞结构组装基本概念图

(a)二维微结构单元拾取；(b)二维微结构重复堆叠；(c)三维微结构固化；(d)三维微结构释放。

针与二维组装单元的直接交互,以物理接触力的形式实现的。组装过程需要不同微操作器的配合以实现包括二维微结构单元拾取、拾取单元姿态调整、组装三维结构压缩、二次曝光姿态调整、组装三维结构释放等多种操作。然而,要完成组装过程,最重要也是最基本的操作是如何将二维细胞结构从培养皿底部拾取并固定到微操作器上。其中,二维细胞结构拾取操作是整个三维组装中的核心操作。为了能够有效完成微纳操作器对二维细胞结构的拾取操作,本书提出了一种基于单探针按压式微操作的拾取方法。该方法在二维单元的拾取过程中仅需要单个操作器进行单步操作即可完成。由于不需要多操作器协同配合,且操作步骤简单,能够有效提高拾取效率与成功率,为后续的组装操作提供了便利。

如图 5.17 所示,我们对研究中提出的单探针按压式微操作方法中末端探针与二维细胞结构交互过程进行了分析。其基本原理为:二维微结构单元在受到非均布外力按压作用时,由于力矩不平衡使其以某个接触点为支点发生翻转[14]。由于微结构单元为具有内腔的环形结构,在翻转过程中探针将穿入其腔内。当压力进一步增加时,微结构单元一侧收到探针与培养皿底部的双重挤压,在失去力稳定性以后会被挤压到探针的杆部。通过对不同的二维细胞结构重复该按压式操作,新的二维单元在旋转并被挤压到探针杆部的同时,会将已被拾取的单元推动到更高的部位。最后，在拾取所需数量的二维单元后，即可进行后续的操作。

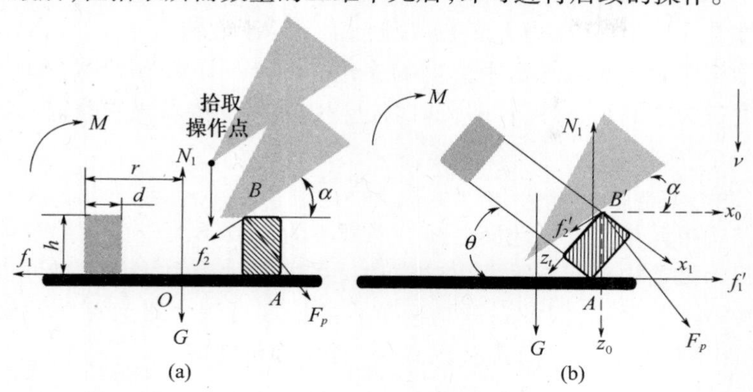

图 5.17 拾取操作力学分析

(a) $t=0$；(b) $t>0$。

如图 5.17(a) 所示，为了拾取二维微结构单元，微纳操作机器人末端探针以一定的高度到达位于二维微结构单元上方的拾取操作点，并以 20μm/s 的速度进行竖直匀速运动，实现与二维微结构单元内腔边缘的接触。由于拾取操作在缓冲溶液中完成，且操作目标的尺寸大于 10μm，可以忽略范德华力等受尺度效应影响的力的作用。因此，整个操作过程不考虑黏附力的影响。当 $t=0$ 时，微纳操作机器人末端探针与内腔边沿接触，并对接触点 B 进行按压。施加的压力 F_p 与探针边缘垂直。G 为二维微结构单元所受重力，N_1 为微结构单元所受的所有法向力。由于探针与内腔边沿接触并挤压，二维微结构的上下端将分别具有滑动趋势，即存在静摩擦力 f_1 与 f_2，其摩擦系数分别为 μ_1 与 μ_2。因此，在 $t=0$ 时二维微结构单元仍处于力平衡状态，其在水平与竖直方向的力平衡方程可表示为

$$\sum F_{x_0} = F_p\sin\alpha - f_2\cos\alpha - f_1 = 0 \tag{5-10}$$

$$\sum F_{y_0} = N_1 - G - F_p\cos\alpha - f_2\sin\alpha = 0 \tag{5-11}$$

为了能够使二维微结构单元在探针按压下发生翻转并被挤压到探针的杆部，该力学交互系统需要满足以下三个条件：①微纳操作机器人末端探针以某一角度与二维微结构内腔边沿接触后能够为微结构单元提供正力矩；②探针所提供的正力矩能够有效克服由微结构单元自身重力等作用而产生的负力矩；③在探针按压的过程中，微结构单元只产生定点旋转运动，而本身不发生平动。即微结构单元与培养皿底部不发生相对滑动，整个系统能够保持力平衡。针对条件一，当末端探针与二维微结构单元接触时，为了使其以 A 作为支点产生正力矩并发生旋转运动，微结构单元需要满足

$$\tan\alpha > d/h \tag{5-12}$$

即根据其几何尺寸，压力 F_p 的施加方向需要高于旋转支点 A。式中，α 为末端探针与微结构单元接触时与水平方向的夹角。d 和 h 分别为 DSM 圆环微结构的环厚与高度。为了满足条件三，即在拾取过程中始终保持系统的静定，交互系统需要满足

$$f_1 \leqslant f_{1\max} = \mu_1 N_1 \tag{5-13}$$

即微结构单元与培养皿地面之间的静摩擦力需要不大于最大静摩擦力，以保证拾取过程中微结构单元不发生相对滑动。在操作过程中，由于探针所提供的压力比重力大若干数量级，因此在微结构单元的拾取过程中重力可以被暂时忽略。因此，将式(5-10)与式(5-11)代入式(5-13)即可获得：

$$\tan\alpha \leqslant \frac{\mu_1 + \mu_2}{1 - \mu_1\mu_2} \tag{5-14}$$

在 $t=0$ 时，微结构单元所受的总力矩 $\sum M_{A_0}$ 可以表示为

$$\begin{aligned}\sum M_{A_0} &= M_{F_p} + M_{f_2} + M_{N_1} \\ &= F_p\sin\alpha \cdot h - F_p\cos\alpha \cdot d - f_2\sin\alpha \cdot d - f_2\cos\alpha \cdot h + (N_1 - G) \cdot R\end{aligned} \tag{5-15}$$

根据式(5-11)与式(5-15)，为了满足条件二，即末端探针所提供的正力矩足够使微结构单元发生翻转，则总力矩需要满足

$$\sum M_{A_0} = \left[F_p\left(\tan\alpha + \frac{1}{\tan\gamma}\right) + f_2\left(\frac{\tan\alpha}{\tan\gamma} - 1\right)\right] \cdot h\cos\alpha > 0 \tag{5-16}$$

其中

$$\tan\gamma = h/(r-d) \tag{5-17}$$

根据式(5-12)、式(5-14)及式(5-17)可以看出，为了满足完成微结构单元拾取操作的三个条件，DSM 二维微结构单元的几何尺寸(d,h)及末端探针与微结构内腔边沿的接触角度 α 为关键参数。通过对该三个参数的调节能够使交互系统同时满足上文所述的三个条件并完成对二维微结构单元的拾取操作。

如图 5.17(b)所示，当 $t>0$ 时，二维微结构单元开始旋转并被挤压到微纳操作机器人末端探针的杆部。其中 θ 为当前时刻微结构单元的旋转角度。与式(5-15)类似，当微结构单元发生旋转时，其所受的总力矩可以表示为

$$\sum M_{A_t} = F_p \cdot K\sin(\alpha + \theta + \beta) \tag{5-18}$$

$$K = \sqrt{(\mu_2^2 + 1)(h^2 + d^2)} \tag{5-19}$$

$$\beta = \arctan\frac{\mu_2 h + d}{\mu_2 d - h} \tag{5-20}$$

由于K与β均由二维微结构的几何尺寸决定，且显然$K>0$，所以当$t>0$时微结构开始发生旋转而使θ增大，总力矩将逐渐增大，即二维微结构将保持旋转直到另一侧与探针接触并被挤压到其杆部。

通过在微纳操作机器人末端探针按压式操作过程中$t=0$时刻及$t>0$后微结构的受力分析可以看出，在满足一定的条件时按压式操作可以实现对二维微结构单元的拾取操作，该条件即是经过特殊设定的按压角度及合适的二维微结构环厚与高度尺寸。

从理论上，通过力学分析我们已经证明在符合需求的前提条件下通过单操作器的按压式微操作可以实现对二维微结构单元的拾取。为了进一步验证该操作的可行性，我们通过仿真对按压式操作的整个过程进行了分析。为了分析整个拾取过程的动力学，我们对 DSM 圆环二维微结构的转动惯量与质量进行了计算，其计算公式为

$$J_{\mathrm{DSM}}=\frac{3}{2}mR^2-\frac{1}{2}mRd+\frac{1}{4}md^2+\frac{1}{3}mh^2 \tag{5-21}$$

$$m_{\mathrm{DSM}}=\pi hd\rho_{\mathrm{DSM}}(2R-d) \tag{5-22}$$

因此，拾取操作过程中的动力学方程可表示为

$$J_{\mathrm{donut}}\ddot{\theta}=F_pK\sin(\alpha+\theta+\beta) \tag{5-23}$$

其等效变换方程可表示为

$$\begin{cases}\dot{\theta}=\omega\\ \dot{\omega}=F_pK\sin(\alpha+\theta+\beta)/J_{\mathrm{donut}}\end{cases} \tag{5-24}$$

初始条件为

$$\begin{cases}\theta(t=0)=0\\ \dot{\theta}(t=0)=\omega(t=0)=0\end{cases} \tag{5-25}$$

为了验证按压式操作的有效性，我们为末端探针与二维微结构单元的交互过程建立了3D模型。模型中，末端探针的材料为实心玻璃，弹性模量为4.6GPa，泊松比为0.24，PEGDA的密度与水的密度接近，在25℃下为1.0×10^{-6}，对应的二维微结构单元的高度为40μm，内环直径为100μm，外环直径为200μm。末端探针的接触角度α如果过小，将无法满足前文所述的正力矩要求，而若接触角度过大则可能会造成按压过程中微结构单元的滑动。因此，我们选择$\alpha=30°$作为折中的选择，以保证同时满足以上条件。当末端探针以20μm/s的速度竖直运动对微结构单元进行按压时，通过仿真获得了如图5.18所示的时间与压力间的关系。图中，虚线代表不同时刻微结构单元受末端探针按压后旋转的角度，实线为对应时刻末端探针所施加的力大小。当$t<2.8$s时，微操作器从竖直方向以匀速趋近于微结

构单元,并在 $t=2.8s$ 时与微结构单元接触。由于惯性的存在,在接触瞬间压力将急剧上升并伴随着上下波动。压力的增大与波动持续约 0.1s。此后,微结构单元开始旋转并逐步被挤压到探针的杆部。此过程中,压力开始出现稳定的下降,直到拾取操作结束。由此可知,当满足特定的要求以后,基于单操作器按压式操作的二维微结构拾取方法是可行的。

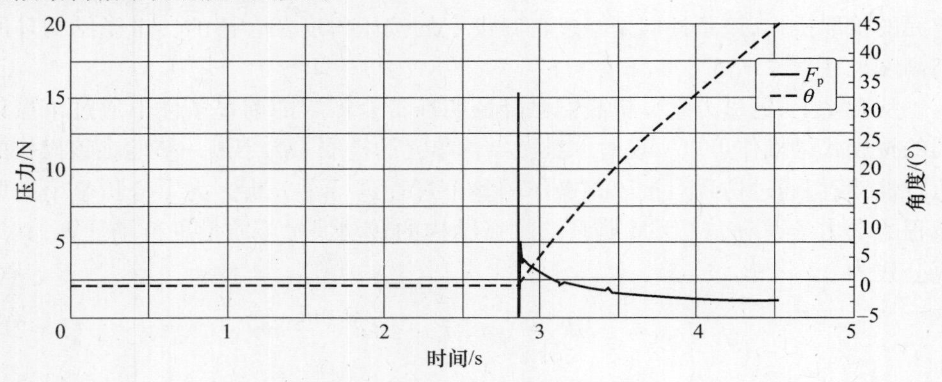

图 5.18 微操作器拾取操作仿真结果

5.2.3 多操作器协同组装策略设计

拾取操作是微纳操作机器人完成三维微结构组装的基本操作,通过单操作器即可完成。然而,通过拾取操作将二维微结构组装单元从培养皿底部固定到探针杆部以后,如何将积累在探针尖端的微结构单元移动到针杆的上端,以及如何调整微结构单元的姿态、单元间的黏结等仍需要通过操作器的协同操作实现。为此,本研究设计了基于不同数量机器人微操作的三维微结构组装方法,即传递式组装方法、非传递式组装方法与垂直按压组装方法。如图 5.19 所示,传递式组装方法由两个微纳操作机器人协同配合完成。其中主操作器完成对二维微结构单元的拾取操作。由于被拾取的二维组装单元位于探针尖端将阻碍后续对其他二维微结构单元的拾取,主操作器通过传递操作将微结构单元传递副操作器,并通过微结构单元的内腔将其推送到副操作器的上部。通过重复拾取与传递的操作即可将二维微结构单元均组装到副操作器上构成类血管三维微结构。

如图 5.20 所示,非传递式三维微结构组装方法与传递式相比,组装操作在主操作器上完成。主操作负责二维微结构单元的拾取操作,副操作器负责调整拾取后的二维单元的位置与姿态,并将其推送到主操作器的杆部上端。组装过程中二维微结构单元不发生传递,类血管三维微结构最后组装到主操作器上。

以上两种三维微结构组装方法均在两个操作器的配合中完成,由于显微视觉

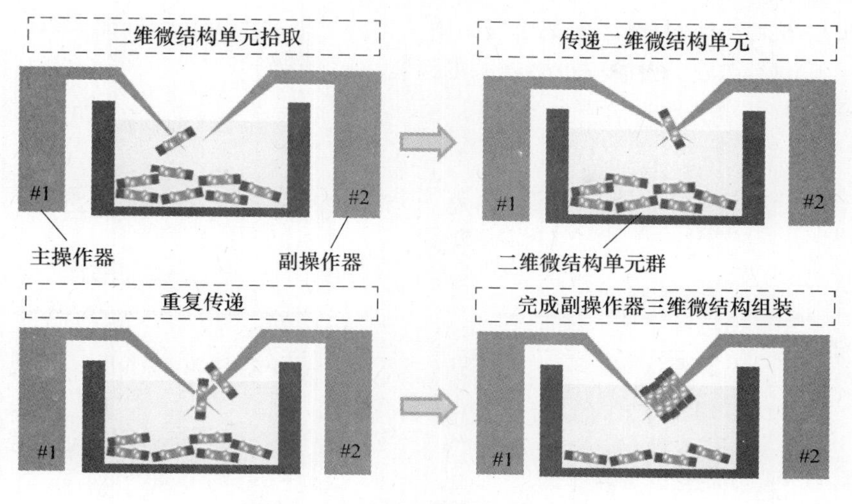

图5.19　传递式三维微结构组装方法

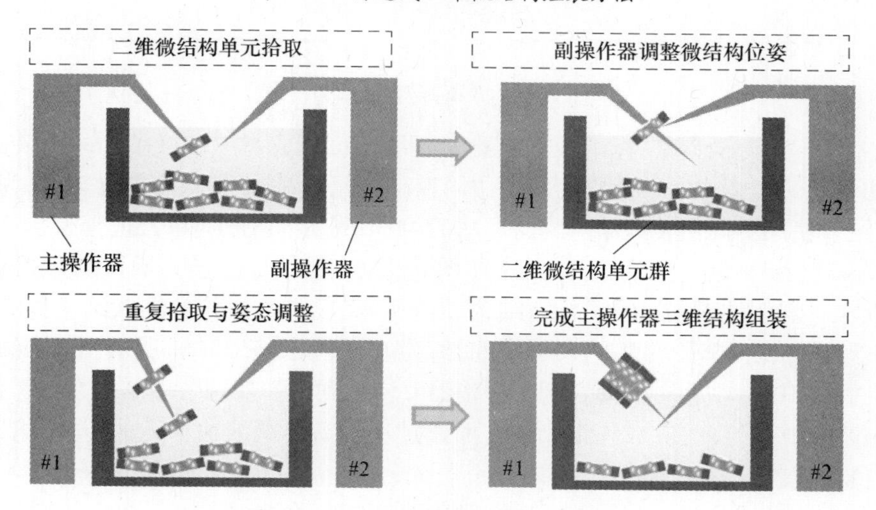

图5.20　非传递式三维微结构组装方法

仅能提供二维图像信息,协同过程需要频繁的双操作器对准操作,所以组装过程效率较低。为此,本研究提出了第三种基于单操作器重复操作的组装方法,即垂直按压组装方法。如图5.21所示,垂直按压组装与基本的拾取操作原理一致。通过主操作垂直下降对二维微结构单元按压操作,微结构单元即能自动旋转并倾靠到主操作器杆部。主操作器将穿入其内腔将其固定。主操作器的进一步下降将使其尖端发生形变,同时由于培养皿底部与被拾取的微结构单元间距离的缩小,微结构单元将被培养皿推送到更高的位置。通过重复垂直按压操作,新的微结构单元将会再次被培养皿推动，并将之前被拾取的微结构单元推动到更高的杆部。以此，即可通过单操作器完成类血管三维微结构的组装。

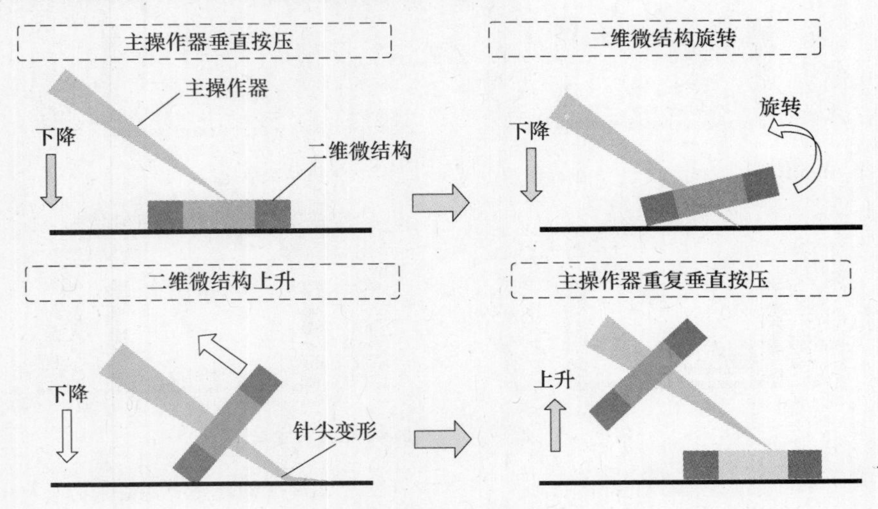

图 5.21　垂直按压组装方法

基于不同协同策略，微纳操作机器人系统均可完成对三维微结构的组装。然而，由于组装过程中需要操作器间的协同控制与配合，其组装效率差异较大，为此，我们通过使用不同组装策略对相同尺寸的 DSM 型二维微结构单元进行组装，分析评估不同组装策略对应的效率[15]。如图 5.22(a) 所示，传递式操作通过拾取操作、双操作器间的对准以及二维微结构的传递，完成了类血管三维微结构的组装。对每个二维微结构单元的组装操作耗时约为 15s。如图 5.22(b) 所示，非传递式操作通过将二维微结构单元固定到主操作器并使用副操作器调节微结构在主操作器上的位置与姿态即可完成三维组装。操作过程不需要微结构单元的传递，组装每个二维单元耗时约为 10s。

与前两种协同组装不同，垂直按压操作仅需要主操作器重复单一动作即可完成。如图 5.23 所示，垂直按压中主操作器在二维微结构单元上方重复下降按压与上升提取的操作即可实现对类血管三维微结构的组装。在下降按压中培养皿将挤压已被拾取的微结构单元并推动其到主操作器杆部的上端。由于不需要操作器间的协同，组装每一个微结构单元所需时间仅为 2s。

三维细胞结构的组装不仅需要实现二维微结构组装单元的集成固定，同时需要对组装单元的位姿进行微调，使整体三维结构达到预期的效果。因此，基于微纳操作机器人协同控制的组装方法需要提供具有高度灵活、适应性强、组装效率高的方法。传统的微操作器诸如微夹钳、灵巧棍系统、微移液管等均针对单一的操作任

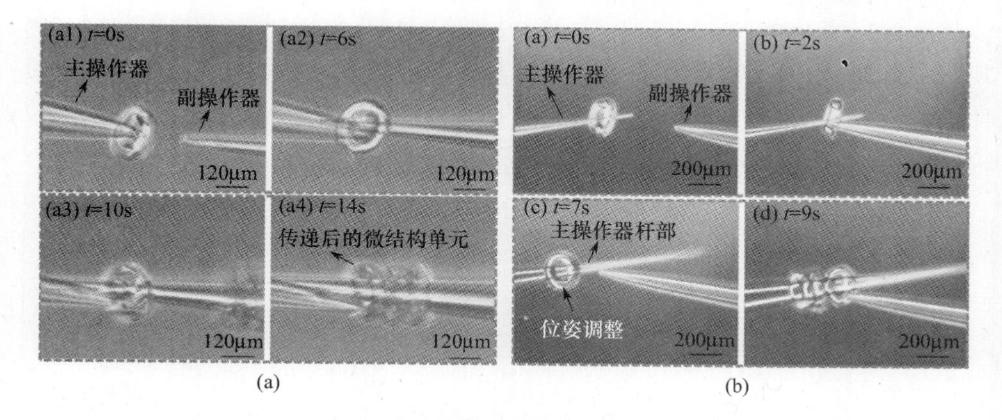

图5.22 协同组装方法效率评估实验

(a)传递式三维组装实验；(b)非传递式三维组装实验。

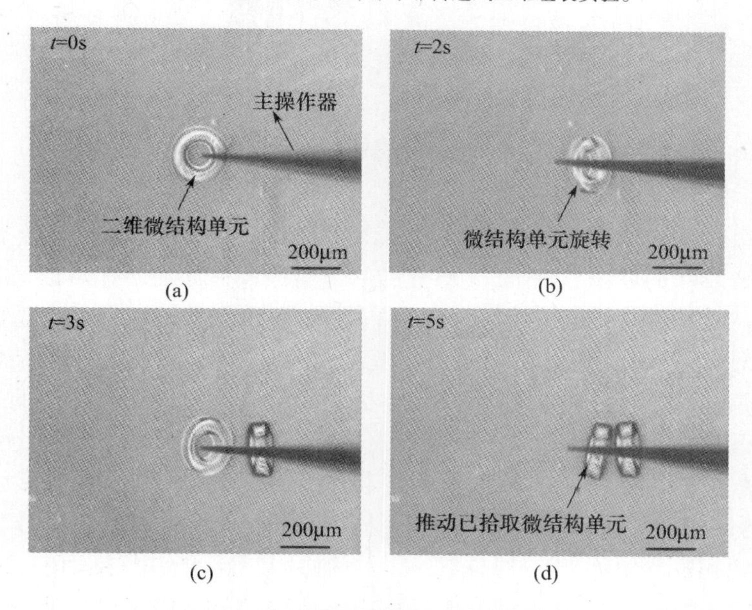

图5.23 垂直按压微血管结构三维组装实验

务，具有良好的表现。然而，针对三维细胞组装过程中的诸多复杂子任务，不同子任务需要提供不同的操作策略，使用单一的微操作器均无法有效完成。本书提出的微纳操作导轨机器人系统为具有多个子任务的三维组装提供了新的解决方案。

微纳操作导轨机器人系统通过将模块化的微纳操作机器人固定到圆形导轨，可以实现机器人群的对心运动。通过宏微混合驱动在有限的显微视野内分别调整各机器人末端探针的位姿，完成多机器人快速编组，实现与微夹钳、多灵巧棍等相同的机器人群协同操作，且针对三维细胞组装中不同的子任务均能具有良好的表现。如图 5.24 所示，针对类血管三维微结构组装，本书对微纳操作导轨机器人设计了四种基于三操作器的协同操作策略，即二维微结构单元拾取操作、拾取单元位姿调整、微血管三维结构压缩及微血管结构释放。

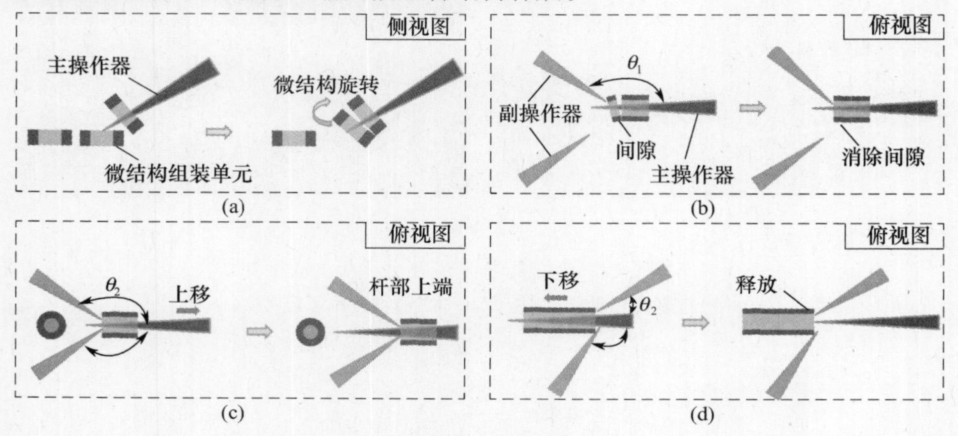

图 5.24　微纳操作机器人快速编组协同组装

(a)二维微结构单元拾取；(b)微结构位姿调整；
(c)微血管三维结构压缩；(d)微血管三维细胞结构释放。

如图 5.24 (a)所示，二维组装单元的基本拾取操作如前所述可以通过按压式操作完成。通过拾取一定数量的微结构单元后，各单元均以不同的姿态固定在主操作器杆部。为了使微结构单元位姿相互协调，副操作器将对个别微结构单元进行如图 5.24(b)所示的位姿调整，以调整结构间隙等因拾取误差产生的非理想位姿。由于组装的微结构均积累于主操作器前端，当组装单元积累到一定数量后前端将不再有足够的空间能够容纳新的组装单元。为此，副操作器通过如图 5.24 (c)所示的协同操作将已组装结构进行结构压缩并将其推送到主操作器杆部上端，为新组装单元留出空间。通过双操作器的协同配合，能够使推动中三维结构沿径向对称的两侧受力均匀，保证操作过程中不会因为失衡而使已组装的三维结构分裂。当所需数量的二维微结构单元被组装后，通过二次曝光将其黏结为整体，副操作器将通过如图 5.24(d)所示的协同配合，将微血管三维结构从主操作器释放。与三维微结构的压缩过程类似，为了保证受力均匀，双操作器在释放过程中将从主操作器两侧协同配合，以保证微血管内腔不会因为受力不均发生偏转而被主操作器从内腔将其破坏。综上所述，在三维结构组装的多机器人快速编组中，针对不同子任务微操作器间以不同位姿与协同角度进行配合。如图 5.25 所示，整个微血管三维结构的组装过程可以表示为基于协同策略选择的流程图。通过三维组装不同阶段子任务需求，选取对应的协同操作策略及多操作器协同位姿即可完成。

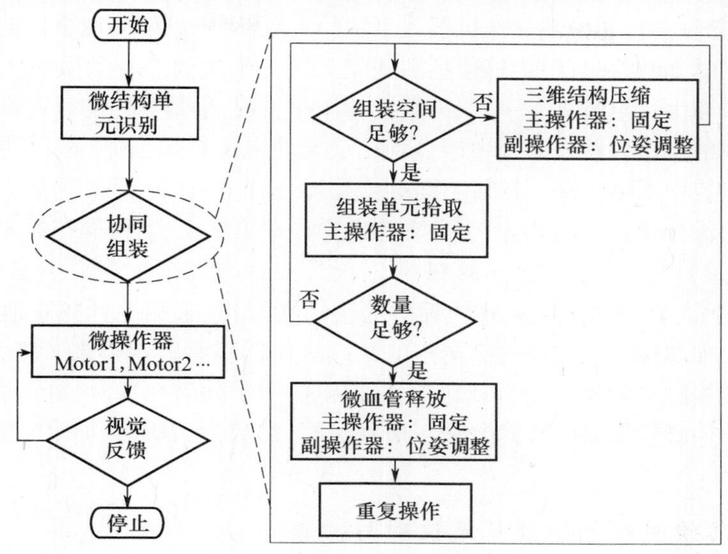

图 5.25　微操作导轨机器人协同组装流程图

5.3　面向多探针协同操作的显微视觉反馈

微纳操作机器人对三维细胞结构的组装是微纳尺度下的一种特殊生物操作。需要在限定的时间内完成对大量微结构单元的三维操作，使组装结果同时具有微结构特性与宏观尺寸，并仍保持细胞的生物活性。自动化操作作为机器人领域的研究热点，是提高机器人作业效率与稳定性的主要手段。通过与视觉、力觉等传感器结合，并实现环境感知与智能控制，机器人自动化操作在宏观领域已经得到了广泛的应用并逐步发展成熟。微纳尺度下机器人自动化操作同样能够有效提高微操作效率，特别是对工作强度与作业时间有严格限定的生物操作具有重要意义。

早在 20 世纪 90 年代，Kiruma 与 Dario 等人便分别针对生物细胞操作与生物组装研发了微纳操作机器人原型机[16,17]。此后，在遥操作技术与虚拟现实技术的快速推动下，微纳机器人生物操作的效率得到极大的提高[18]。然而，基于遥操作的生物操作仍然需要人为介入，人为因素成为闭环控制中不可消除的一部分。因此，其成功率与稳定性很大程度上取决于人的操作经验，在不同的操作人员之间存在广泛的区别，不利于使生物操作与生物组装具有一致性与可重复性的表现[19]。为此，基于显微视觉与力传感等反馈信息的自动化微纳操作机器人逐步出现并取代遥操作系统。初期的自动微操作机器人系统多以半自动化为主，通过反馈信息的介入能够对操作任务中的某一个或几个子任务进行非人为介入的自动操作。然而,由于任务复杂性与微纳操作机器人系统的局限性,仍难以实现全自动的微纳操作。为此,如何能够在有限传感信息中建立无人为干预的全自动微纳机器人系统使生物操作与生物组装具有一致、可重复的作业表现,仍是当前的研究难点。显微视觉作为微纳操作机器人系统中最直观也最易获取的反馈信息,在自动化生物操作与三维组装中不可或缺。针对不同的生物操作任务,研究者已开发了能够有效适应显微图像处理特点的算法,为自动化微操作中目标识别、微操作器末端定位与跟踪,特别是针对二维视觉下的三维位置信息反馈等,提供了丰富的解决方案[20,21]。然而,针对基于接触式物理力的生物微操作,末端探针频繁地与生物目标接触而出现图像遮挡。这为高精密的末端操作器实时跟踪带来了极大的不便,也成为阻碍接触式微操作全自动化的重要因素[22]。如何在低对比度的显微视觉环境中实现接触操作器的图像分割与精确追踪,已成为实现自动化生物微纳操作的关键。

5.3.1 二维微结构组装单元识别与过滤

基于视觉反馈的微纳操作机器人自动化组装的基本流程如图5.26所示。

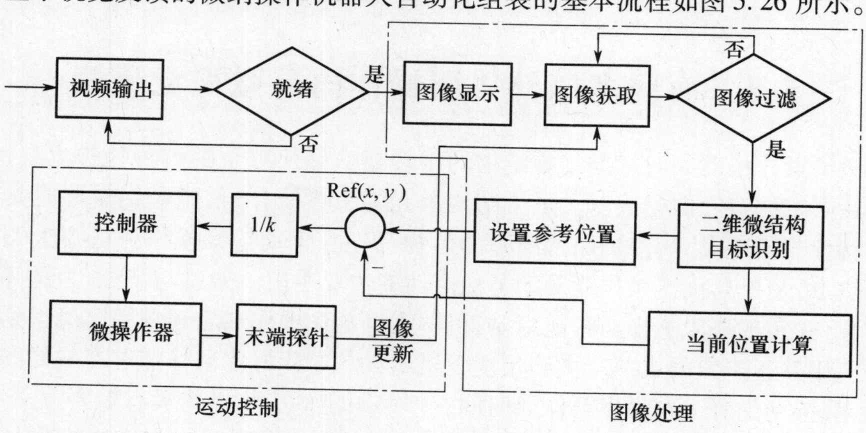

图5.26 基于视觉反馈的微操作机器人自动化组装的基本流程

微纳操作机器人通过视频输出口获得图像信息。显微图像通过预先设定的过滤准则后对二维微结构组装单元进行识别与定位,并选择最优的组装目标。当目标选定后,通过计算当前微操作器的末端探针位置设定目标参考位置。通过微纳操作机器人电机伺服控制,末端探针将趋近于目标,在此过程中图像会实时更新,并据此设定新的参考位置用于运动控制,直到整个运动过程完成。为了实现基于视觉反馈的自动化控制,需要在图像坐标与运动坐标之间进行实时的转换。为此,我们对微纳操作机器人系统建立了不同的坐标系以实现图像坐标系、机器人基座坐标系以及各运动关节坐标系间的信息转换与运动控制[23]。

如图5.27所示，我们为微纳操作机器人系统建立了三个坐标系以实现坐标系转换，并对各坐标系进行了定义（表5.3）。其中，{T}坐标系为机器人的基座坐标系，如前文所述，基座坐标系与各关节坐标系构成变换矩阵实现微纳操作机器人正逆运动学计算。{C}坐标系为相机坐标系，作为中间坐标系实现图像坐标到机器人坐标系的转换。{i}坐标系为图像坐标系，用于表征视觉图像中所有目标及微操作器末端探针的二维坐标。如图5.27(b)所示，当样品置于样品台并被光学倒置显微镜观测时，样品上一点P将被投影到像平面{i}并与{C}相机坐标系平面发生映射关系。P点投影到{i}上的对应点表示为${}^iP \in R^2$，其投影到{C}的对应点表示为${}^CP \in R^2$。则基于比例正交投影原理，其映射关系可以表示为

$$\begin{bmatrix} a_x & 0 \\ 0 & a_y \end{bmatrix}\begin{bmatrix} X_i \\ Y_i \end{bmatrix} = \begin{bmatrix} X_C \\ Y_C \end{bmatrix} \tag{5-26}$$

或改写为

$$a\,{}^iP = {}^CP \tag{5-27}$$

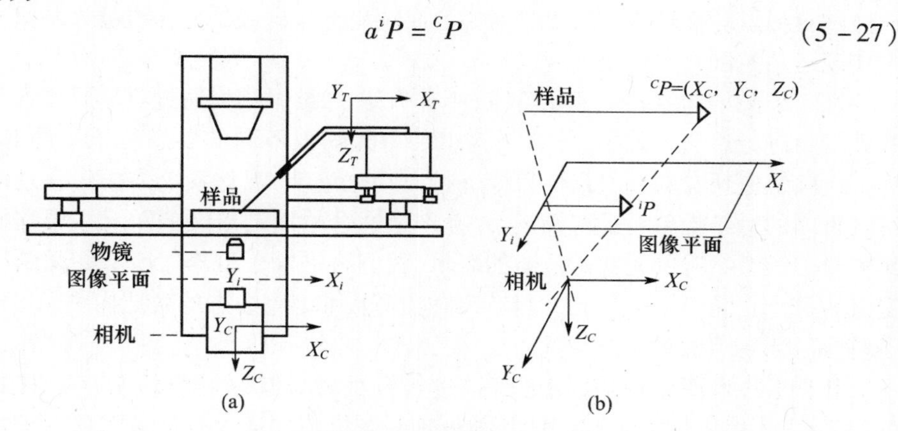

图5.27 微纳操作机器人系统坐标系配置

其中，a_x与a_y为从二维像平面到相机坐标系的缩放因子，可以通过人工标定获得。

表5.3 微纳操作机器人系统坐标系定义

代表符号	坐标系
{T}	微操作机器人基座坐标系：与机器人本体固连($X_T - Y_T - Z_T$)
{C}	相机坐标系：与相机固连($X_C - Y_C - Z_C$)
{i}	图像坐标系：与像平面固连($X_i - Y_i$)

P 点在$\{T\}$坐标系中可表示为${}^{T}P \in R^{2}$，$\{C\}$在$\{T\}$中的姿态可以由旋转矩阵${}^{T}\boldsymbol{R}_{C} \in R^{2\times 2}$表征，且$\{C\}$的坐标原点在$\{T\}$中可以表示为${}^{T}P_{\mathrm{CORG}} \in R^{2}$，因此，$\{C\}$与$\{T\}$之间的坐标系转换可表示为

$$
{}^{T}P = {}^{T}\boldsymbol{R}_{C}{}^{C}P + {}^{T}P_{\mathrm{CORG}} \tag{5-28}
$$

将式(5-27)代入式(5-28)即可获得

$$
{}^{T}P = {}^{T}\boldsymbol{R}_{C} \cdot a^{i}P + {}^{T}P_{\mathrm{CORG}} \tag{5-29}
$$

根据微纳操作机器人系统的坐标系定义，旋转矩阵${}^{T}\boldsymbol{R}_{C}$可表示为

$$
{}^{T}\boldsymbol{R}_{C} = \begin{bmatrix} 1 & 0 \\ 0 & 1 \end{bmatrix} \tag{5-30}
$$

由式(5-29)及式(5-30)可知，由图像坐标系到微纳操作机器人基座坐标系之间的坐标转换仅取决于相机坐标系原点${}^{T}P_{\mathrm{CORG}}$及人为标定的比例缩放系数 a。而${}^{T}P_{\mathrm{CORG}}$可以通过第 2 章中微纳操作机器人系统正逆运动学对已知点的计算而推出。通过坐标系转换方程，在视觉图像处理获取图像坐标系中的目标点以后，即可通过将目标点转换到与末端探针所在的相同坐标系即微纳操作机器人基座坐标系中实现运动控制与自动化[24]。

在三维微结构组装的开始阶段，所有 DSM 二维微结构通过收集后被置于显微镜载物台进行观测。其中，各微结构组装单元均以不同的姿态位于培养皿底部。为了能够快速地自动选取最优目标进行自动化组装，视觉系统需要建立过滤准则对视野内的微结构单元进行筛选，并确定最适合拾取与组装的单元。根据拾取操作中对二维微结构单元初始位姿的需求，我们将平躺于培养皿底部的微结构单元定义为符合组装要求的单元，而具有其他倾斜、堆叠等姿态的微结构单元均定义为不符合组装要求的单元而被过滤。

在获取显微图像以后，图像将被进行预处理以抑制其整体噪声。如图 5.28(a)所示，通过噪声抑制以后，图片被处理为灰度图并通过自适应阈值调整被转换为图 5.28(b)所示的二值化图片。在二值化图片中，视野内的所有二维微结构单元及微操作器末端探针轮廓均被识别并标记。由于在四倍物镜下，微操作器末端探针轮廓所占区域约为 1500~1800 像素。因此，通过设定面积准则即可将其从图像中过滤。由于符合条件的微结构单元与倾斜的微结构单元相比具有更大的轮廓区域，通过最小外接矩形法(MER)即可将不符合要求的微结构单元过滤。如图 5.28(c)所示，MER 通过计算将具有最小面积的轮廓均消除，最后剩下的轮廓即为符合要求的微结构单元。最后，如图 5.28(d)所示，视野中所有符合要求的二维微结构组装单元均被标号，通过计算与末端探针的距离将最靠近探针的微结构单元视为最优目标。

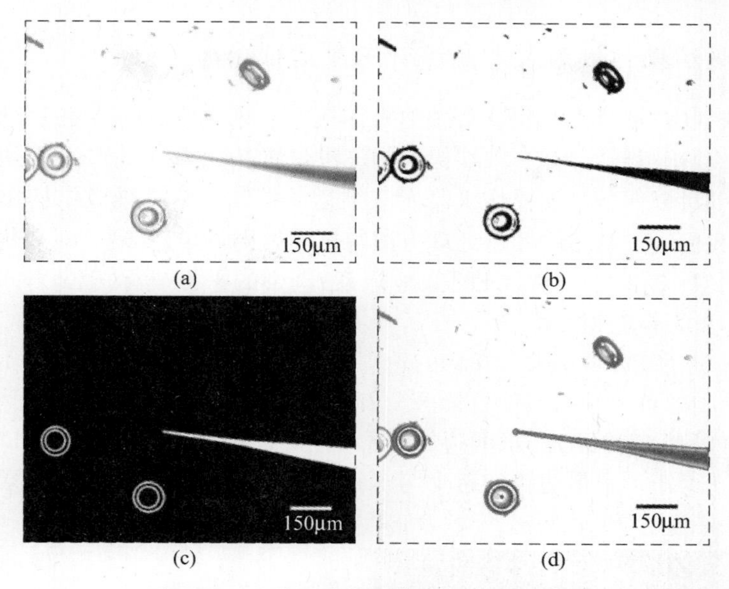

图5.28 二维微结构组装单元识别与过滤

由于视觉图像处理受培养液环境、光照强度与显微镜实时性能影响，在二维微结构单元的定位识别中存在误差。为了评估二维微结构识别与定位的算法稳定性与精度，我们对二维微结构单元的识别过程进行了如图5.29所示的分析。将培养皿置于光学显微镜下，在静置状态下使用视觉反馈系统对视野内的二维微结构单元进行图像预处理、识别、过滤优化及最优目标选取。完成以上步骤以后对最优目标在静置状态下进行约300s的持续定位，并记录二维图像坐标系中$X-Y$方向该最优目标的坐标。通过采集的数据结果可以发现，在系统受到干扰时定位坐标(x,y)会发生波动。其中，X方向的定位误差约为5μm，Y方向的定位误差约为2.5μm。对于尺寸在200μm左右的二维微结构组装单元，该误差小于2.5%，在微纳操作机器人三维微组装操作可接受范围内。

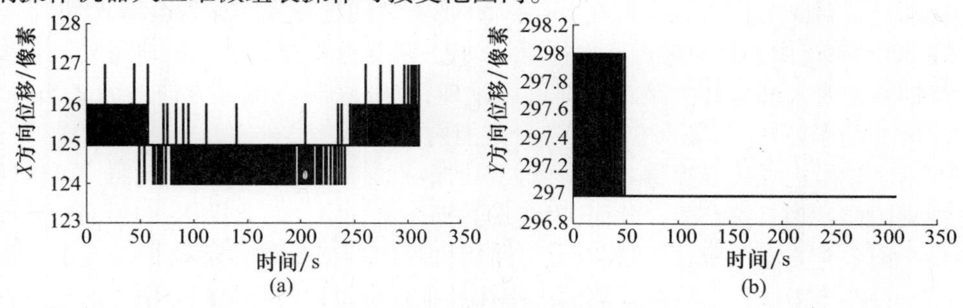

图5.29 二维微结构视觉定位误差

5.3.2 微纳操作机器人末端探针三维定位

在三维细胞微结构的组装中,微纳操作机器人末端探针需要在三维空间中移动以实现自动化组装。因此,末端探针的三维位置信息${}^{i}P(x_t,y_t,z_t)$必须通过视觉反馈系统获取,以保证微纳操作机器人三维运动控制。在二维微结构单元的识别与优化中,我们通过基本的图像处理方法与过滤准则设定,实现了对最优目标的选取。与此类似,末端探针在二维图像坐标系$\{i\}$中的平面坐标${}^{i}P(x_t,y_t)$通过视觉图像处理即可直接获得。

如图5.30所示,由于末端探针的轮廓区域在四倍镜下约为1500~1800像素。通过面积准则即可将其与其他目标区分开。为了获取探针尖端的平面坐标,视觉反馈系统将以图5.30(b)所示的边界矩形框为感兴趣区域,对探针轮口进行逐列扫描,直到获得矩形框最边缘的首个与探针相关的像素点为止。该像素点即被视为探针的尖端坐标${}^{i}P(x_t,y_t)$。

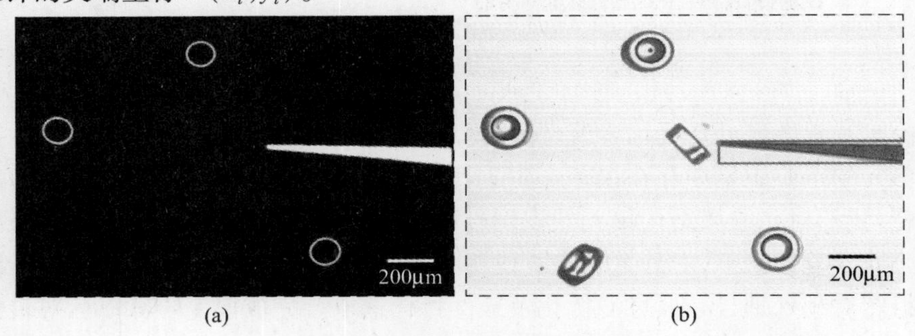

图5.30 微操作器末端探针二维定位

为了评估视觉算法对微操作末端探针的识别与定位精度。我们对运动中的探针进行了识别与跟踪,通过重复运动对$X-Y$两个方向的定位数据进行了分析评估。如图5.31所示,微纳操作机器人沿图像坐标系$X-Y$方向分别展开了重复性的运动。针对X方向末端探针在180~250像素之间进行多次往返运动,针对Y方向在200~390像素之间进行一次往返运动,去程与返程分五次分运动完成。有视觉反馈系统对末端探针的跟踪数据可以发现,其跟踪误差在X方向约为2.5μm,在Y方向的误差约为5μm,仍在可接受范围内。

由于显微视觉仅能提供二维图像,末端探针的二维平面坐标${}^{i}P(x_t,y_t)$可以通过视觉图像处理直接获得。然而,为实现微操作器三维自动化操作,必须同时获取沿像平面垂直方向的探针位置${}^{i}P(z_t)$,即相机径向的微操作器运动情况。本书提出了一种基于微操作器接触检测的末端探针垂直位置识别与跟踪方法。通过现有的视觉反馈系统对微操作器与培养皿底部接触运动的检测,确定微操作器在运动

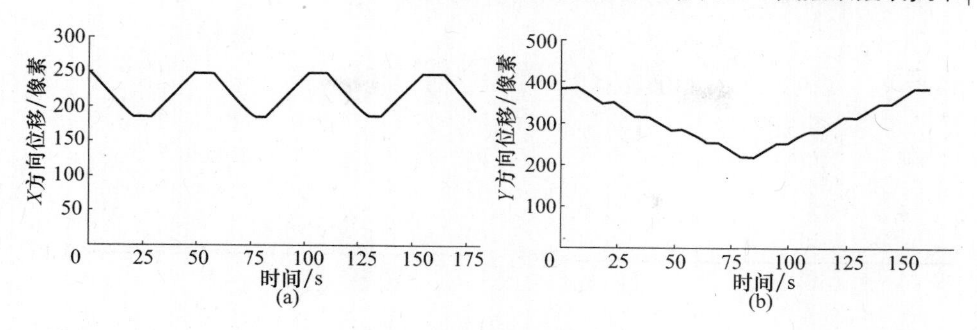

图 5.31　微操作器定位精度评估

初始化阶段的垂直方向初始位置$^{i}P(z_0)$。此后，微操作器在运动过程中垂直方向的相对位置$^{i}P(z_t)$即可通过初始位置及垂直方向电机位移量计算获得。因此，该方法的关键即为如何通过视觉反馈系统精确地识别微操作器与培养皿底部的接触，即本书所提出的接触检测方法。

微操作器接触检测的基本原理如图 5.32 所示，通过微操作器沿图像坐标系 Z 轴方向的运动并与培养皿基板接触发生末端探针的变形，即可通过视觉反馈系统检测实现识别。如图 5.32(a)所示，在初始阶段微操作器从原始位置以恒定的速度沿 Z 轴运动。在与基板接触之前，根据成像原理，沿垂直方向的运动$\overrightarrow{A_0A}$将转换为图像平面上探针尖端沿水平方向的缓慢平移。即通过单目视觉观测到的探针尖端运动将使沿 X 正方向的$\overrightarrow{D_0D}$。因此，在探针尖端与基板接触之前，根据相似三角形原理有

$$\Delta ABC \sim \Delta DBE \tag{5-31}$$

$$\frac{DE}{AC} = \frac{BE}{BC} \tag{5-32}$$

即

$$\frac{x}{a} = \frac{v}{u - z} \tag{5-33}$$

其中，z 与 x 分别表示探针尖端的位移及探针尖端图像在像平面的位移。将式(5-23)微分即可获得探针运动速度与其图像运动速度的关系：

$$\mathrm{d}x = \frac{av}{u^2}\mathrm{d}z \tag{5-34}$$

$$k_1 = \frac{av}{u^2} \tag{5-35}$$

其中，$\mathrm{d}z$ 即为探针尖端沿垂直方向的运动速度，$\mathrm{d}x$ 为探针尖端图像的运动速度。由式(5-34)可知，探针尖端的图像运动速度与探针本身的运动成正比，且其增长速度是实际运动的 k_1 倍。

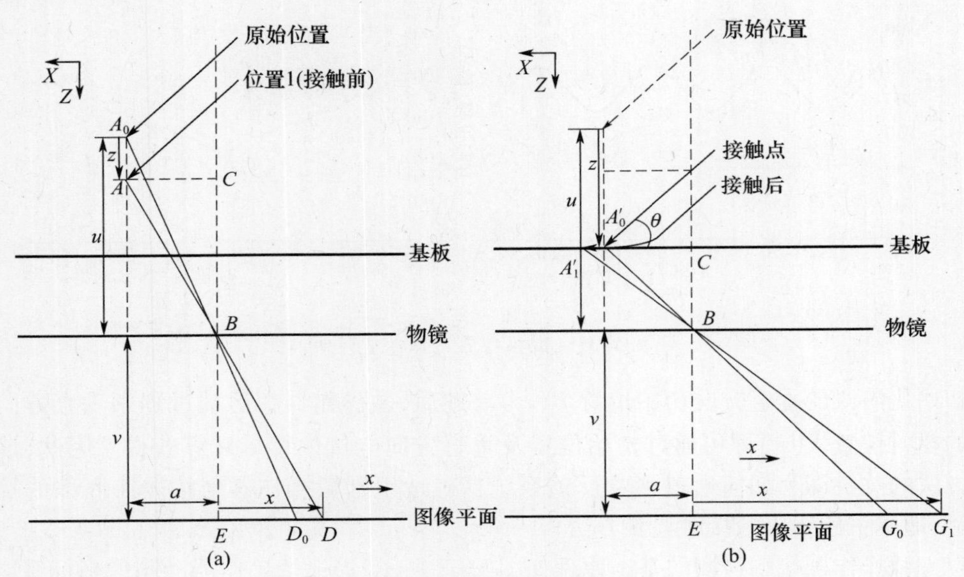

图 5.32　接触检测基本原理

如图 5.32(b)所示，当探针沿垂直方向运动一段时间以后，其尖端将以 θ 角度与基板在 A_0' 点接触。当探针继续保持匀速垂直运动时，探针尖端将发生形变，形变量为 $\overrightarrow{A_0'A_1'}$。同理，根据相似三角形原理有

$$\Delta A_1'BC \sim \Delta GBE \tag{5-36}$$

$$\frac{GE}{A_1'C} = \frac{BE}{BC} \tag{5-37}$$

则由几何尺寸有

$$x = \frac{v \cdot \left(a + z \cdot \tan\dfrac{\theta}{2}\right)}{u - z} \tag{5-38}$$

将式微分可得

$$\mathrm{d}x = \frac{v \cdot \tan\dfrac{\theta}{2} \cdot (u - z) + v \cdot \left(a + z \cdot \tan\dfrac{\theta}{2}\right)}{(u - z)^2}\mathrm{d}z \tag{5-39}$$

化简为

$$\mathrm{d}x = \frac{v \cdot \tan\dfrac{\theta}{2}}{u}\mathrm{d}z \tag{5-40}$$

$$k_2 = \frac{v \cdot \tan\dfrac{\theta}{2}}{u} \tag{5-41}$$

由式(5－40)可知,探针在与基板发生接触形变以后,其尖端图像在像平面的运动同样与探针尖端本身的运动成正比,且增长速度为 k_2。

综上所述,在探针垂直匀速运动的过程中,探针尖端图像运动总是正比于探针本身的运动。然而,由于在接触前探针尖端图像的增长速度为 k_1,而接触后受形变的影响其增长速度为 k_2,且 k_2 较大。因此,在物镜观测下的结果即末端探针图像首先沿像平面 x 方向匀速缓慢平移,经过一段时间后其运动发生突变,以较快的速度继续沿 x 正方向运动。发生剧烈变化的时刻即末端探针与基板发生接触的时刻。为了能够通过图像识别探针接触点,视觉反馈系统需要能够判断探针图像运动的突变点。

5.3.3 微操作器视觉跟踪

在微操作器对 DSM 二维微结构进行三维组装的过程中,微操作器尖端不可避免地会与 DSM 结构单元发生接触,同时微操作器在整个视野内平移的过程中部分轮廓也可能与背景中的 DSM 单元发生遮挡。由于微操作器与 DSM 单元图像强度相近,如何将受到干扰的微操作器轮廓重建并与周围环境分割仍然具有挑战。本研究中提出的基于特征点识别的曲线拟合方法基本概念为:将微操作器近似为一个三角形二维几何图形,在部分轮廓发生遮挡而无法检测时,只需要寻找到能够拟合该三角形的足够的特征点,即可通过曲线拟合将该三角形轮廓重建,并将其与周围的遮挡目标分割开。

如图 5.33 所示,在微操作器移动过程中,除目标微结构组装单元外的其他 DSM 微结构作为背景的部分与微操作器发生重叠。图 5.33(a)和图 5.33(b)中,当重叠发生时,微操作器部分轮廓信息将丢失。基于前述轮廓检测的方法继续对微操作器进行识别与跟踪时,视觉反馈系统会将遮挡单元视为微操作器的一部分,使整个图形发生畸变而无法获得理想的轮廓检测结果。为此,我们使用基本特征点对微操作器轮廓进行拟合并与遮挡的 DSM 微结构单元进行分割。以微操作器几何图形的三个端点作为曲线拟合的基本特征点,使用式(5－43)中的最小二乘法即可完成对三角形轮廓的拟合:

$$y = ax + b \tag{5-42}$$

$$\begin{cases} e = \sum (y_i - ax_i - b)^2 \\ \dfrac{\mathrm{d}e}{\mathrm{d}a} = 2\sum (y_i - ax_i - b) \cdot x_i \\ \dfrac{\mathrm{d}e}{\mathrm{d}b} = -2\sum (y_i - ax_i - b) \end{cases} \tag{5-43}$$

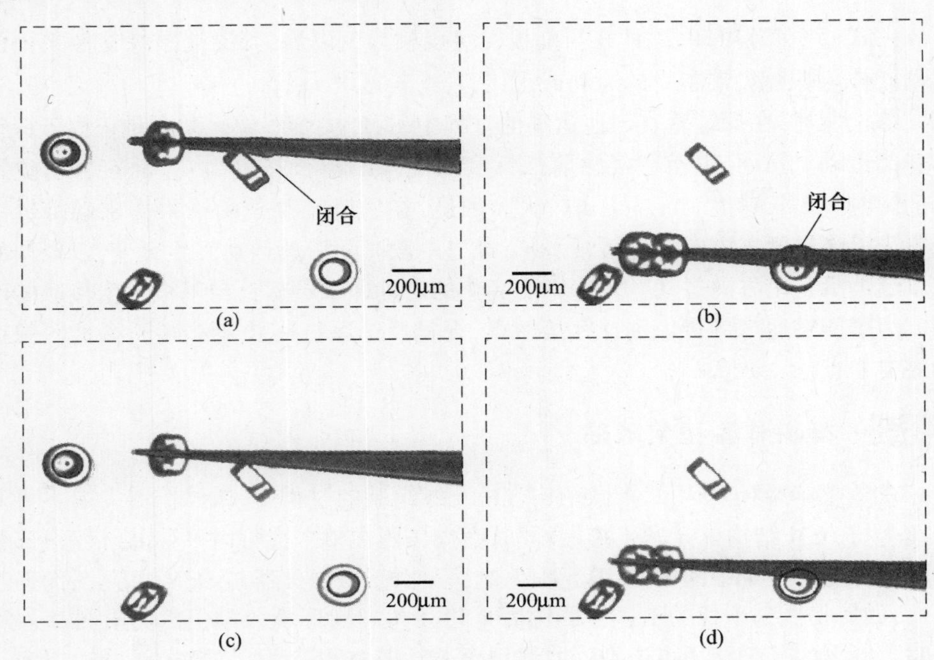

图 5.33　基于基本特征点曲线拟合的微操作器轮廓重建

如图 5.33(c)和图 5.33(d)所示,通过基本的曲线拟合即可将微操作器的轮廓重建。所谓基本特征点即使用微操作器二维图像固有的几何特征点进行拟合。由于本书将微操作器轮廓视为三角形,在三角形三个端点仍可被检测的情况下,使用端点作为基本特征点即可实现对微操作器的轮廓重建。通过轮廓重建,微操作器将不再受遮挡微结构的干扰,且由于图像遮挡丢失的部分轮廓信息也由曲线拟合而被补全。

基于基本特征点的曲线拟合需要保证微操作器几何图像的三个端点在图像遮挡时仍然可以检测,即在基本特征点丢失的情况下该方法将无法继续识别跟踪微操作器。因此,在微操作器的三维组装过程中最具挑战的情况是微操作器探针尖端在趋近于目标组装单元时。由于探针尖端逐渐靠近拾取操作点时,探针尖端将与目标微结构单元发生图像遮挡,此时基本特征点无法识别,仅通过剩余两个三角形端点无法完成三角形轮廓的重建。为此,需要寻找图像中其他的轮廓特征点作为替代,完成曲线拟合。针对圆环形二维微结构单元的组装操作,由于圆形轮廓与线性轮廓的微操作器存在较大差别,在图像遮挡区域总是存在图像轮廓的突变,即存在尖角。因此,本书提出了基于 Harris 角点检测(HCD)的方法对突变点进行识别,并以突变点作为轮廓新的特征点完成微操作器几何图形轮廓重建[25]。

HCD 能够有效地在图像发生遮挡时，在遮挡区域寻找出具有特点的角点，即轮廓发生突变的尖角。HCD 的基本原理是将发生图像遮挡的图像往任意方向移动，在角点区域图像强度总是发生较大的变化。因此，通过对视野内所有区域的图像强度进行分析，即可寻找出图像强度发生较大变化的区域，并将其视为角点区域以识别角点作为新的特征点。HCD 的基本概念可用如下公式表示：

$$E(x,y) = \sum_{x,y} W(x,y)[I(x+u,y+v) - I(x,y)]^2 \tag{5-44}$$

$$W = \frac{1}{2\pi\sigma^2} \cdot e^{-(x^2+y^2)/2\sigma^2} \tag{5-45}$$

如式(5-44)所示，HCD 通过将原始图像 $I(x,y)$ 平移 (u,v)，即可计算整副图像中每个像素点 (x,y) 的图像强度变化 $E(x,y)$。通过对 $E(x,y)$ 中各点图像强度变化的分析，即可找出图像强度变化最大的像素点，并将其视为发生图像遮挡时的角点[26]。W 为权重值，通过对 W 参数的调节可以有效增强图像平移过程中遮挡区域的图像强度变化，并消弱其他区域的图像强度变化，即可以有效抑制干扰。将 $I(x+u,y+v)$ 在 (x,y) 泰勒展开，可将式(5-44)化简为

$$\begin{aligned} E(x,y) &= \sum_{x,y} W(x,y)\left[I(x,y) + \frac{dI}{dx}\cdot x + \frac{dI}{dy}\cdot y - I(x,y)\right]^2 \\ &= \sum_{x,y} W(x,y)\left[\frac{dI}{dx}\cdot x + \frac{dI}{dy}\cdot y\right]^2 \\ &= Ax^2 + By^2 + 2Qxy \end{aligned} \tag{5-46}$$

式中：系数 A、B 与 C 分别为

$$A = \sum_{x,y} W(x,y)\left(\frac{dI}{dx}\right)^2 \tag{5-47}$$

$$B = \sum_{x,y} W(x,y)\left(\frac{dI}{dy}\right)^2 \tag{5-48}$$

$$Q = \sum_{x,y} W(x,y)\left(\frac{dI}{dx}\cdot\frac{dI}{dy}\right) \tag{5-49}$$

将式(5-46)改写为

$$E(x,y) = (x,y)\cdot H \cdot \begin{pmatrix} x \\ y \end{pmatrix} \tag{5-50}$$

式中：自相关矩阵 $\boldsymbol{H}$ 为

$$\boldsymbol{H} = \begin{bmatrix} A & Q \\ Q & B \end{bmatrix} \tag{5-51}$$

H 作为图像强度 $E(x,y)$ 的重要组成部分，同样能够反映图像在平移前后的变化情况。由于使用 $E(x,y)$ 不便于直接计算图像强度的变化，因此，HCD 通过对 **H** 的分析获取图像角点。HCD 对图像中每个像素点定义了角点响应：

$$S = \frac{\det(H)}{\mathrm{trace}(H)} \tag{5-52}$$

即角点响应为自相关矩阵 **H** 的秩与迹的比值。因此，通过对 S 进行分析，同样可以获得每个像素点的图像强度信息，以获得符合条件的角点。

HCD 对角点响应的评估分为两步。首先，需要通过计算获得自相关矩阵 **H**。由于 **H** 与权重 W 相关，而 W 由参数 σ 决定。所以，为了获取自相关矩阵，需要对参数 σ 进行标定。其次，获得 **H** 后需要对每个像素点的角点响应 S 进行评估。此时，需要提前对符合条件的 S 值进行定义，即需要通过标定设定 S 的阈值。如果某个像素点的角点响应在阈值范围内，则为符合条件的角点，可将其视为新的微操作器轮廓特征点，否则，将此像素点忽略。综上所述，基于 HCD 的特征点获取方法需要分别对 σ 与 S 阈值进行标定。

如图 5.34 所示，在基于 HCD 的特征点识别中我们仅对图像中微操作器所在区域进行图像强度分析。微操作器及与其遮挡的目标微结构单元所构成的轮廓可通过前面所述的轮廓检测方法识别。如图 5.34(a)所示，在对 σ 与 S 阈值进行标定之前，通过 HCD 检测到的角点很多，其中大部分是由于图像轮廓不规则所造成的不符合需求的角点。为了消除误差，获取符合要求的角点，我们分别对 σ 与 S 阈值进行标定。首先定义符合要求的角点为从图像最右端沿 X 轴负方向垂直扫描最先获取的两个与目标微结构单元真实轮廓真实相交处的两个交点。为此，首先对 σ 进行标定，目标为将交点降低到最少。通过标定，获得的最优值 $\sigma = 0.9$。将 σ 值固定后，再对 S 阈值进行标定。条件同样是通过设定最优的阈值范围，将三维组装过程中微操作器与二维微结构遮挡时的角点均降至两个。

如图 5.35 所示，通过设定不同的角点响应期望值，我们对通过 HCD 获得的角点量进行了数量统计。当角点响应期望值设定在 70000 左右时，角点量为约 49 个。当角点响应期望值设定在[80000,200000]时，角点量为 9 个。而当阈值设定在大于 228000 时，角点量将降至 1 个或 0 个。因此，根据约束条件，为了获得两个符合条件的角点量，最优角点响应阈值应该设定为[206000,227200]之间。此时的角点量为 2 个，即为微操作器尖端与目标微结构单元轮廓发生遮挡时的两个交点。通过对 σ 与 S 阈值的标定与最优参数的选取，我们有效将图像遮挡时的角点量降低，并获得了如图 5.34(b)所示的目标角点，作为新的微操作器轮廓特征点用于后续的曲线拟合。如图 5.34(c)和图 5.34(d)所示，标定获得的 σ 与 S 阈值在同一三维组装中仍然适用于其他操作过程中的微操作器遮挡情况。

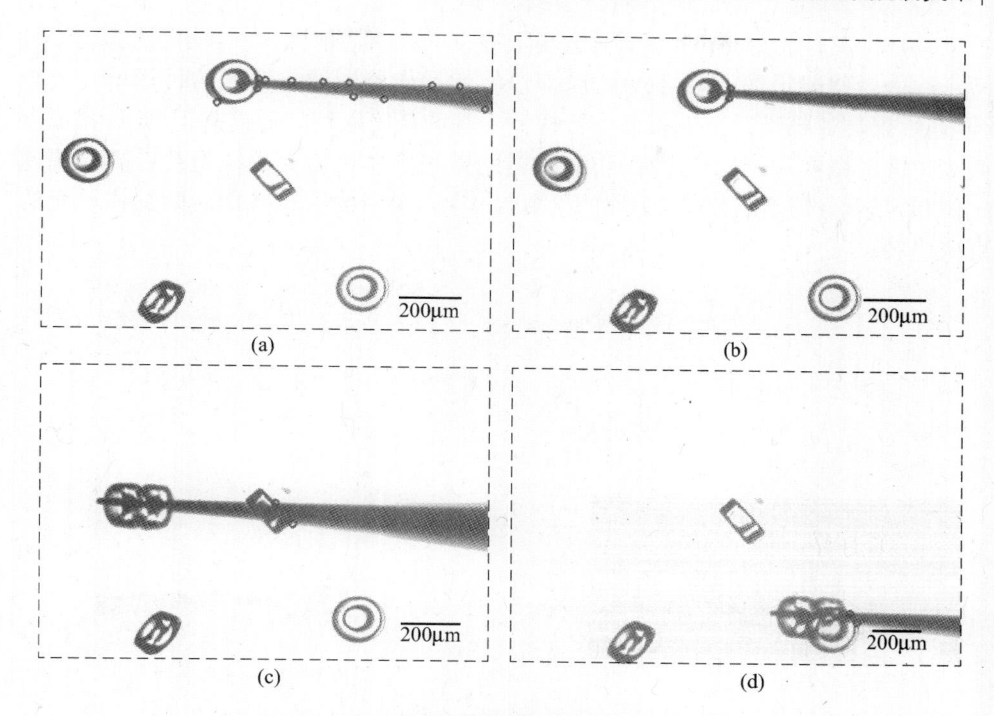

图 5.34 Harris 角点检测微操作器特征点识别

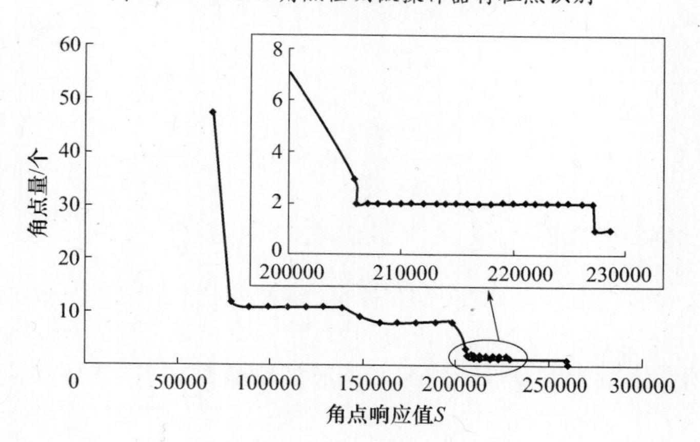

图 5.35 角点响应阈值标定

当通过 HCD 获取新的微操作器轮廓特征点后,与未被遮挡的基本特征点相结合,即可实现图像遮挡条件下对微操作器二维几何图形的重建。如图 5.36(a)所示,新特征点通过 HCD 获得,基本特征点通过轮廓检测获得。如图 5.36(b)和图 5.36(c)所示,在获得足够的轮廓特征点以后,视觉反馈系统会在轮廓特征点之间搜索并标记其他轮廓点。最后，通过基于特征点的曲线拟合，即可获得图 5.36(d)所示的微操作器轮廓重构图。由此，即可将微操作器图像与遮挡的目标单元进行分割，以保证遮挡情况下对微操作器探针尖端的精确跟踪。通过基于 HCD 特征点曲线拟合的微操作器探针跟踪，将能够辅助微纳操作机器人系统将探针尖端快速定位到目标微结构组装单元上端的拾取操作点，实现按压式操作对微结构单元的有效组装。

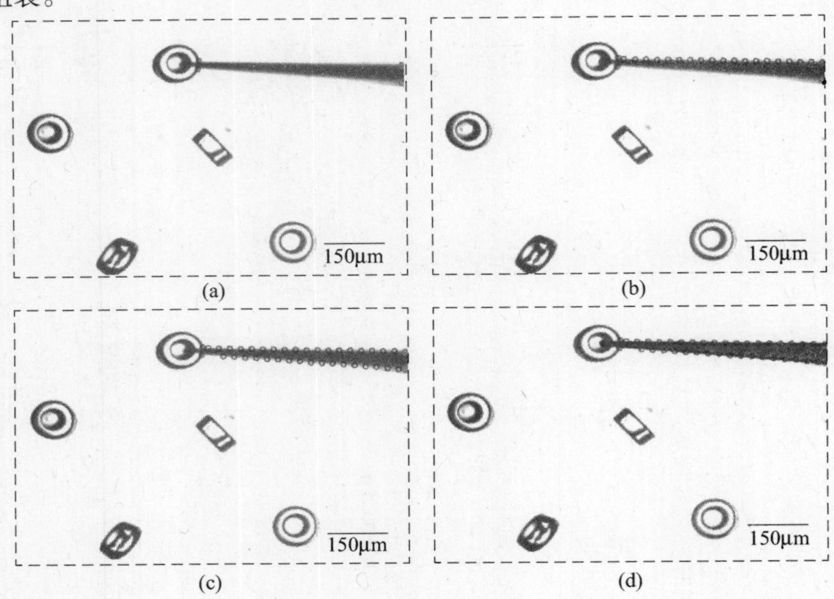

图 5.36　图像遮挡下微操作器轮廓重构

5.3.4　微纳操作机器人多操作器识别与跟踪

微纳操作导轨机器人通过多操作器的协同控制完成三维细胞结构的组装过程。因此，为了实现多操作器自动化协同操作，视觉反馈系统不仅需要获取单操作器末端探针的三维位置以及保证图像遮挡时的精确跟踪，还需要在协同过程中完成对多探针的识别、定位与跟踪。与宏观视觉相比，显微环境下的多目标跟踪具有其独特的挑战性。低对比度环境下，多探针之间在图像强度上没有明显的变化，且各操作器轮廓信息相近，不易对主操作器与副操作器区分与定位。另外，在协同操作过程中，各操作器的运动是非线性运动，运动随机，且系统噪声不服从高斯分布，简单的运动预测跟踪算法难以同时实现对运动中多探针的实时跟踪。

在复杂的三维细胞结构组装过程中，针对各子任务微操作器之间需要以不同的角度与不同的位姿进行协同配合，且配合过程与主操作器当前状态相关。因此，在多操作器的识别与跟踪中，需要获取的图像信息主要包括三个方面：首先，需要获取主操作器探针尖端的实时状态，即微操作器前端拾取的二维微结构单元数量与位姿，以确定三维组装进入某一特定子任务；其次，需要获取主操作器与副操作器探针尖端的三维位置信息，并作为视觉反馈实现电机的自动控制；最后，需要获取各副操作器末端探针的姿态，以确定协同操作中操作器之间的配合角度。为此，本书提出了基于粒子滤波运动预测跟踪的多操作器识别与跟踪方法。

粒子滤波算法是基于运动特性的目标跟踪方法，其基本概念是基于蒙特卡洛仿真的近似贝叶斯滤波，以离散随机采样点（粒子）来近似系统随机变量的概率密度函数，以样本均值代替积分运算，可以获得状态最小方差估计，对非高斯噪声下的多目标非线性运动的跟踪具有较大的优势。

微纳机器人多探针协同运动作为一个动态系统，在状态空间模型中，状态量用于描述各探针的位姿信息与轮廓，状态方程用于描述多探针状态的变化，观测方程即某一时刻的显微视觉图像，通过对探针状态进行观测可以预测未来的状态[27]。粒子滤波算法通过给定的前一状态值与当前观测值即可估计后验概率以获得新的状态。其基本公式为

$$p(x_k \mid z_{1:k-1}) = \int_{x_{k-1}} p(x_k \mid x_{k-1}, z_{1:k-1}) p(x_{k-1} \mid z_{1:k-1}) \mathrm{d}x_{k-1} \tag{5-53}$$

$$p(x_k \mid z_{1:k}) = \frac{p(z_k \mid x_k, z_{1:k-1}) p(x_k \mid z_{1:k-1})}{p(z_k \mid z_{1:k-1})} \tag{5-54}$$

式(5-53)为贝叶斯预测阶段，通过前一时刻给定的状态 x_{k-1} 及后验概率 $p(x_{k-1} \mid z_{1:k-1})$ 可推算出在无观测状态下的预测概率密度 $p(x_k \mid z_{1:k-1})$ 及预测的当前状态 x_k。式(5-54)为贝叶斯观测更新阶段，通过结合后验概率与当前观测值 z_k 对预测阶段的预测值进行更新，以获得当前状态。贝叶斯滤波通过假设当前状态 x_k 只与前一时刻状态 x_{k-1} 有关，且当前观测 z_k 只与当前状态 x_k 有关，就可将式(5-54)简化为递推形式：

$$\begin{aligned} p(x_k \mid z_{1:k}) &\approx p(z_k \mid x_k) p(x_k \mid z_{1:k-1}) \\ &= p(z_k \mid x_k) \int_{x_{k-1}} p(x_k \mid x_{k-1}) p(x_{k-1} \mid z_{1:k-1}) \mathrm{d}x_{k-1} \end{aligned} \tag{5-55}$$

在式(5-55)中，为获取当前状态 x_k，需要进行积分运算。然而，对于具有系统随机变量的不确定性数值计算，直接求解积分运算较为困难。为此，粒子滤波算法通过结合蒙特卡洛采样，寻找一个概率统计的相似体并用试验取样过程获得该相似体的近似解，以样本均值代替积分运算。因此，式(5-55)转化为概率统计运算：

$$p(x_k \mid z_{1:k-1}) = \sum_{i=1}^{N} w_k^i \delta(x_k - x_k^i) \tag{5-56}$$

$$w_k^i \propto w_{k-1}^i \frac{p(z_k \mid x_k^i) p(x_k^i \mid x_{k-1}^i)}{q(x_k^i \mid x_{k-1}^i, z_k)} \tag{5-57}$$

因此,通过寻找合适的样本权重 w_k^i 即可实现对目标当前状态值的计算。

如前面所述,通过蒙特卡洛仿真与近似贝叶斯滤波计算的粒子滤波算法能够有效实现多目标的识别与运动跟踪,其关键是如何为蒙特卡洛采样建立符合实际需求的重要性权值。基于水平集的目标轮廓跟踪算法是通过建立水平集模型的能量函数及粒子的运动信息对粒子赋予权值的方法。水平集模型与其他模型相比,在处理图像拓扑结构变化及求解高维情况下的轮廓跟踪方面具有较大的优势。在微纳操作导轨机器人协同操作过程中,多探针需要在三维环境内移动,其轮廓将发生拓扑学变化,使用水平集模型能够为粒子滤波提供符合需求的粒子权值。在基于粒子滤波与水平集模型的多操作器跟踪中,微操作器的状态以粒子的形式体现。在预测阶段使用矩形表示粒子,在更新阶段使用轮廓表示粒子,并将其视为状态变量 X。则三维协同操作中多探针的识别与跟踪算法的总流程为:以微操作器上一时刻的状态 X_{k-1}(即微操作器的位置及轮廓)建立目标模型,并将其视为输入,则微操作器当前时刻的新状态 X_k(即微操作器新的位置及轮廓)为输出值。在预测阶段,如前文所述,通过于蒙特卡洛仿真的近似贝叶斯滤波可以建立如下先验概率:

$$p(x_k \mid z_{1:k-1}) \approx \sum_{i=1}^{N} \frac{1}{N} \delta(p_k - \hat{p}_k^i) \tag{5-58}$$

在更新阶段,首先依据当前观测值 I_k,为每个样本执行 M 次曲线演化:

$$\hat{C}_k^i = \mathrm{evo}(\hat{s}_k^i, I_k) = \hat{s}_k^{i(M)} \tag{5-59}$$

然后计算每个样本在能量场中的能量值:

$$G_{p_i} = -\delta_{p_i} + \gamma \cos\theta_{p_i} \tag{5-60}$$

由此,即可为每个样本计算权重:

$$w_k^i = \frac{1}{\sqrt{2\pi}\sigma} \exp - \frac{d_i^2}{2\sigma^2} \tag{5-61}$$

$$d_i^2 = \alpha \cdot E_{\mathrm{image}}(\hat{C}_k^i, I_k) - \beta \cdot G_i \tag{5-62}$$

将样本权重带入式(5-56),即可获得后验概率分布:

$$p(x_k \mid z_{1:k}) = p(C_k \mid z_{1:k}) \approx \sum_{i=1}^{N} w_k^i \delta(C_k - \hat{C}_k^i) \tag{5-63}$$

由此即可通过前一时刻的状态值与当前观测获得微操作器在当前时刻的新状态值,即该时刻的目标位置及轮廓。然而,在后沿概率分布计算后,由于粒子分布的差异性较大，在抛弃次要粒子的过程中容易出现粒子匮乏的现象，为了避免这种情况的发生，在获得后验概率分布后将对其进行重采样，从而产生服从$p(C_k \mid z_{1:k})$分布的粒子集$\{C_k^i\}_{i=1}^N$，后验概率改写为

$$p(x_k \mid z_{1:k}) = p(C_k \mid z_{1:k}) \approx \sum_{i=1}^{N} \frac{1}{N}\delta(C_k - C_k^i) \tag{5-64}$$

根据式(5-64)，即可以当前时刻的状态值及 $k+1$ 时刻的观测值计算下一时刻微操作器的位置及轮廓。

根据粒子滤波与水平集模型，我们能够有效地对同一视野内具有相似轮廓与图像强度的多个微操作器末端探针进行轮廓识别与跟踪[28]。通过与前面所述的探针尖端三维位置实时检测与图像遮挡下的精确跟踪，视觉反馈系统将能够有效为微纳操作导轨机器人的运动控制提供所需的主操作器实时状态、多操作器三维位姿及副操作器协同角度等信息，以实现三维细胞结构组装中的自动协同操作。

如图 5.37 所示，视觉反馈系统对微观环境下三个操作器的末端位姿进行了识别。如图 5.37 (b)所示，通过粒子滤波能够轮廓发生拓扑变化的三角形微操作器进行实时定位与跟踪。如图 5.37 (c)所示，为了确定每个操作器的姿态，视觉反馈系统首先对探针轮廓进行识别。通过计算组成探针轮廓的两根直线的斜率，即可对微操作器的朝向及角度进行评估，即其方向为两直线斜率逐渐接近的方向，角

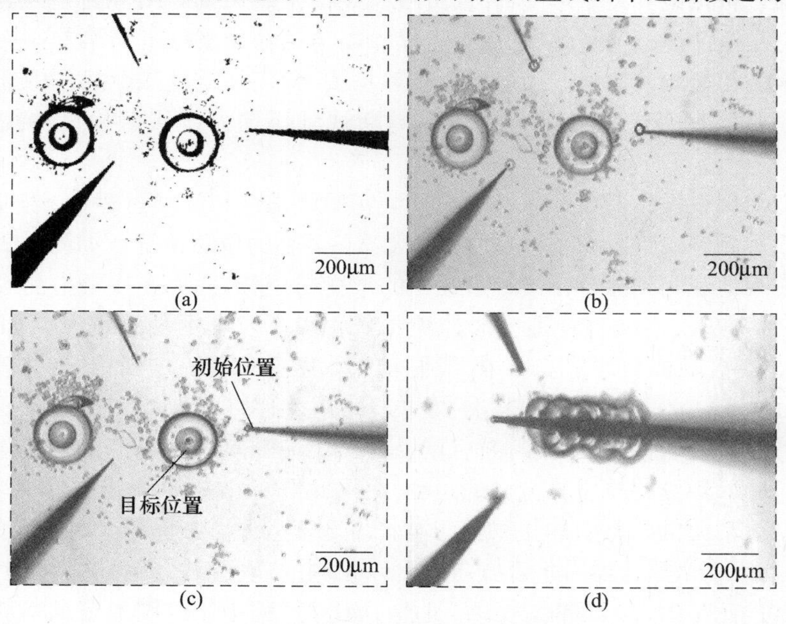

图 5.37 微纳机器人多操作器识别

度为两直线斜率对应角度之差。如图 5.37 (d)所示,通过对主操作器拾取二维微结构单元后的轮廓进行识别,可以评估主操作器前端剩余空间以及已组装的微结构单元数量,以转入不同的子任务,自动选取协同方式完成三维细胞结构组装。通过对视觉反馈系统的开发,我们对前面所述的协同操作策略实现了自动化,以视觉反馈信息辅助完成了微操操作导轨机器人对多探针的实时控制。

5.4 血管化人工微组织的自动化三维组装

视觉反馈系统通过显微二维视觉图像处理,能够实现对单探针尖端三维位置获取、多探针识别与跟踪,有效解决了低对比度、图像强度无明显变化且目标轮廓信息相似条件下的多目标运动跟踪问题。为了证明视觉反馈系统的实效性与稳定性,我们分别对视觉反馈系统基于接触检测的末端探针三维定位实效性以及遮挡情况下的探针跟踪精度进行了实验评估。

5.4.1 微纳操作导轨机器人视觉反馈系统评估

微纳操作机器人系统为了在不使用附加传感器的前提下,以接触检测方法获取二维图像信息并计算微操作器探针尖端的垂直位置。在实验中将微操作器尖端与培养皿基板接触并发生形变,并通过视觉反馈系统识别与图像处理以确定探针尖端刚好接触的时刻与位移,从而获得操作器尖端初始条件下与培养皿底部在垂直方向上的初始相对位置。为了验证接触检测,我们在重复接触操作中通过对接触点识别并与真实接触点进行比较以判断视觉反馈系统接触检测的精度与实效性[29]。

我们使用微操作器探针进行接触检测实验评估。在评估过程中,通过显微镜物镜可以观测到二维图像坐标系内探针沿 $X-Y$ 轴的位移情况。如图 5.38 所示,为了更直观地观测到探针在接触过程中的形变与位移,我们在接触检测实验中添加了侧向摄像头,能够直观地实时监测探针沿 $X-Z$ 轴的位移情况。如图 5.38 (a)所示,在接触检测评估实验中,我们首先将微操作器固定到相同的高度 H,然后以 20μm/s 匀速沿垂直方向将微操作器向培养皿底部趋近。如图 5.38(b)所示,在探针保持垂直运动一段时间后微操作器尖端与培养皿底部发生接触。如图 5.38(c)所示,继续保持垂直方向的运动,受探针形变的影响,微操作器尖端将沿 X 轴负方向运动而偏离原始的接触点。如图 5.38(d)所示,通过运动约定的时间 t 以后,机器人将微操作器沿垂直方向向上以相同的速度撤回,运动时间仍为 t。整个运动过程耗时 $2t$,运动路程为 $2H$,且整个运动过程中二维图像信息均被采集以分析由于显微镜成像原理与接触形变引起的微操作器探针尖端在图像坐标系中沿

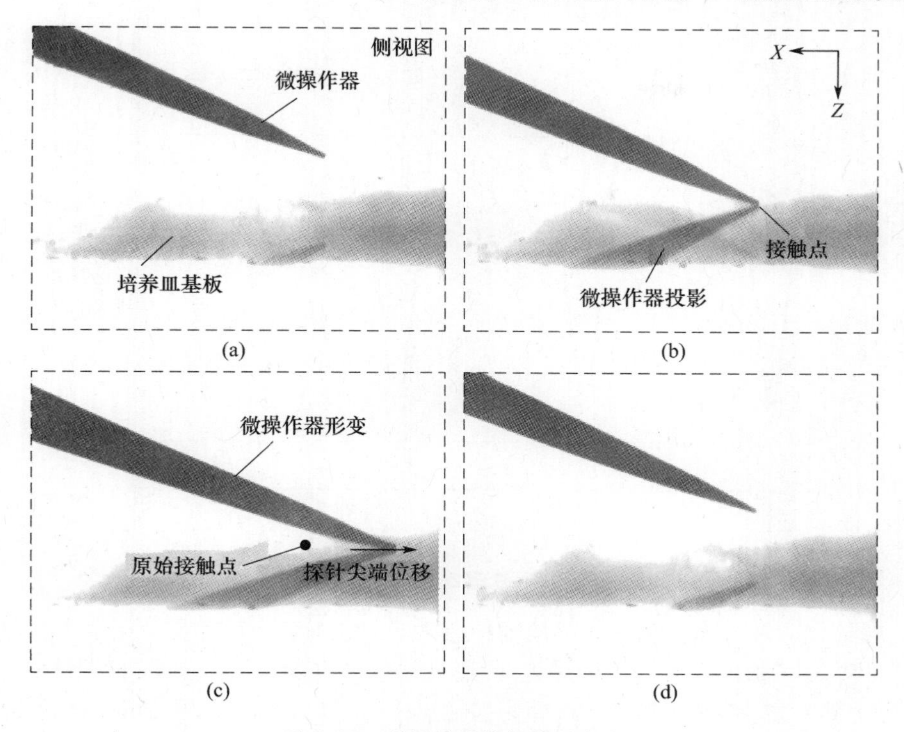

图 5.38 微操作器接触检测实验

X 轴方向的位移变化情况。在验证过程中,垂直起伏的运动被重复 100 次,以消除因系统误差对精度评估造成的影响。

图 5.39 所示为视觉反馈系统在接触检测实验中记录的 4 次接触操作过程中探针尖端图像沿 X 轴方向的位移变化情况(4 倍物镜观测下)。从图中可以看出,在微操作器被固定到 H 高度以后,探针尖端图像位于图像坐标系 X 方向 200 像素的地方。当接触检测开始后,探针将沿垂直方向向下运动,受显微镜成像原理影响,探针尖端图像将沿图像坐标系 X 轴负方向缓慢平滑的运动。当探针尖端图像运动到约 195 像素位置时,由于与培养皿底部接触发生形变,运动发生突变,探针尖端图像运动速度急剧增加。经过 t 运动时间后,探针尖端运动到 X 轴约 180 像素附近。此后,微纳操作机器人将探针以相同速度抬起,经过时间 t 以后探针尖端沿原路径返回初始位置,即图像坐标系 X 轴 200 像素附近。因此,接触检测过程中,正如理论分析指出的微操作器尖端图像运动由平滑转为急剧,运动速度在接触点出现转折。通过视觉反馈系统采集整个接触过程中探针尖端图像沿 X 轴的运动轨迹,并通过数据拟合找出接触点(即运动转折点)以及其对应的时刻,即可将微操作器沿垂直方向回退到初始位置,并记录下与培养皿在垂直方向上的初始相对位置。

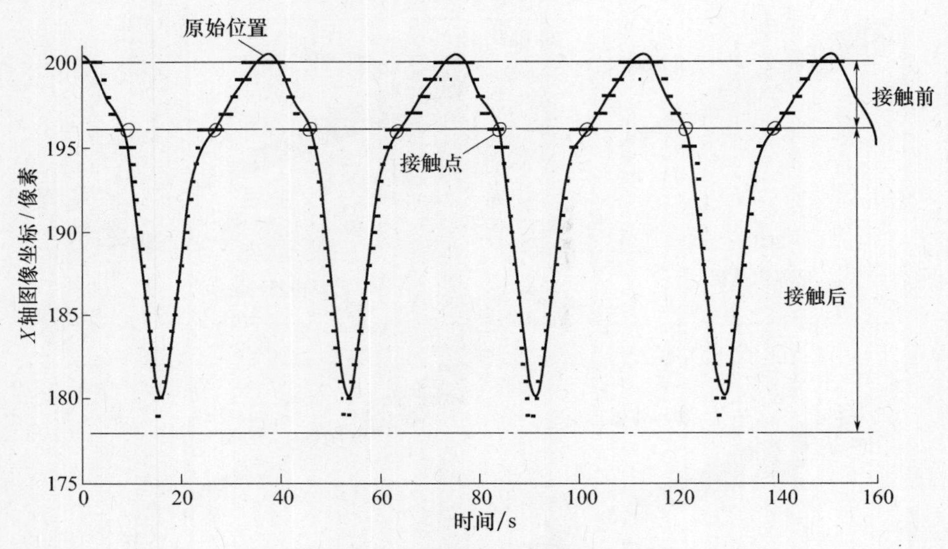

图 5.39 接触检测操作器针尖图像位移

视觉反馈系统为了能够寻找精确的接触点及对应时刻,需要对接触操作过程中探针尖端 X 轴位移数据进行采集,并通过线性拟合确定两条具有不同斜率的曲线,找出斜率发生改变的转折点,即为接触点[30]。图 5.40 展示了其中一次接触操作中视觉反馈系统对接触前与接触后的探针尖端图像沿 X 方向位移的数据统计结果以及根据数据进行的两次曲线拟合。图中,离散点为通过视觉反馈采集的探针尖端图像在图像坐标系中沿 X 轴方向的位移变化。通过对采集数据进行最小二乘法拟合,我们获得两条斜率有明显区别的直线 L_1 与 L_2。如式(5.65)与式

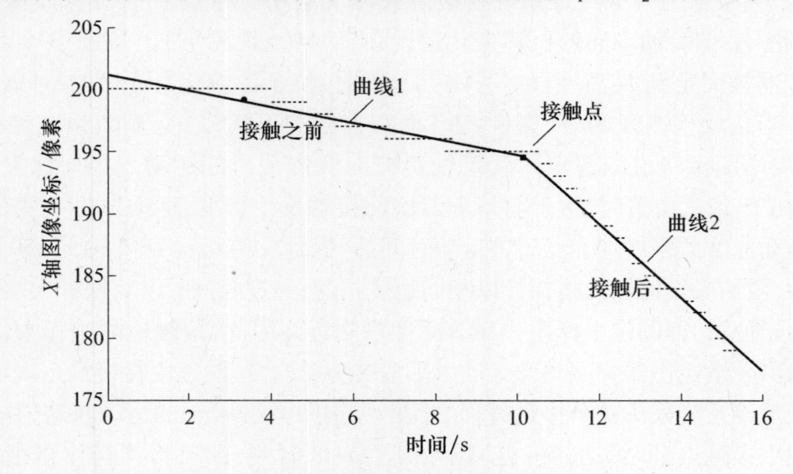

图 5.40 微操作器尖端图像位移曲线拟合

(5.66)所示,两条直线的斜率分别为 -0.657 和 -0.2997。

$$y_1 = -0.657x_1 + 201.2 \tag{5-65}$$

$$y_2 = -2.997x_2 + 225.1 \tag{5-66}$$

在完成两条直线的拟合后,通过分析直线斜率由 k_1 突变为 k_2 的点即为接触点。在本次接触操作中的接触点坐标为(10.2,195),即微操作器在 $t_1 = 10.2\text{s}$ 时与培养皿底部发生接触,接触时微操作器针尖图像位于图像坐标系 X 轴 195 像素处。由于整个接触操作使用时间为 $t = 16\text{s}$,将微操作器以原速度匀速撤回 $t_2 = t - t_1 = 5.8\text{s}$,就可将已变形的微操作器移动到刚与培养皿接触的位置,即垂直方向初始位置。由于微操作器电机驱动重复精度较高,在初始垂直方向已知的情况下,通过叠加相对运动距离即可获得当前垂直方向的位置信息。在 100 次接触检测的实验中,通过对其检测结果的精度评估,我们发现视觉反馈系统拟合获得的接触点对应的探针尖端图像位移误差约为 ±1 像素(2μm,4 倍镜)。对于垂直方向上高度在 60μm 左右的微结构组装单元,该误差仅为 3.3%,在可接受范围。

微操作器三维组装中,在末端探针不发生遮挡的情况下跟踪精度在基于轮廓检测的二维坐标获取中已经进行过评估,在实验中着重对遮挡图像中微操作器末端探针与目标微结构单元发生遮挡时的探针尖端检测进行评估,分析 HCD 在图像遮挡下的跟踪精度。为了评价基于 HCD 曲线拟合的末端探针跟踪精度,分别选取光照强度、显微镜物镜放大倍数作为评估时的变量[31-33]。如图 5.41 所示,当探针尖端与目标二维微结构单元靠近并发生遮挡时,在遮挡图像中 HCD 通过角点检测与曲线拟合对探针轮廓进行了重构,并将其与周围图像进行了分割。通过图像分割,视觉反馈系统获得了探针尖端的估计值。为了对检测误差进行评估,我们通过人工观察对探针尖端的参考点进行了设置。通过计算视觉估计值与参考值之间的欧几里得距离,即可对 HCD 曲线拟合算法的精度与实效性进行评估。在评估过程中,我们首先在不同观测条件下对欧几里得距离进行计算。通过获取欧几里得距

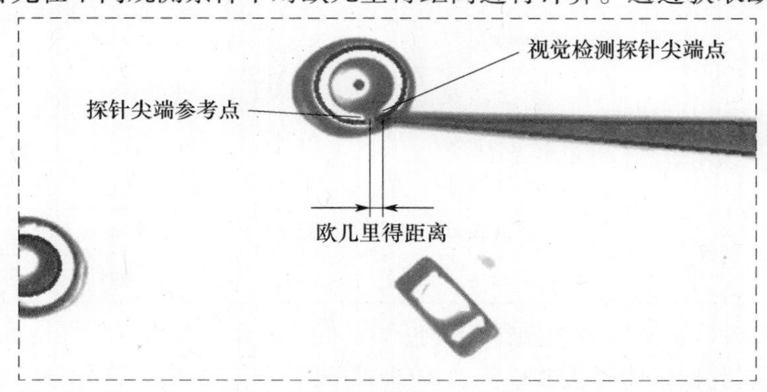

图 5.41 探针尖端欧几里得距离测量

离误差以及欧几里得距离误差的标准方差,即可了解各观测条件下 HCD 曲线拟合算法的表现情况。

如表 5.4 所列,我们对不同观测条件下的欧几里得距离误差及对应的标准方差进行了统计。观测变量分别为物镜放大倍数及光照强度。其中,物镜放大倍数分别为 4 倍、10 倍与 20 倍,光照强度根据显微镜本身性能在合理范围内被分为低、中、高三种观测强度[34]。在 9 种不同的观测条件下,我们分别进行了 50 次检测实验。在每次实验中,微操作器末端探针以相同的速度趋近目标组装单元,在发生图像遮挡时记录欧几里得距离,并同时计算欧几里得距离误差与对应的标准方差。通过数据统计可以看出,在光照强度较大时欧几里得距离误差较小,且视觉跟踪稳定性高。这是由于在光照强度较高时显微视觉图像能够提供较为精确的图像信息,特别是微操作器尖端发生图像遮挡出的信息,对提高 HCD 曲线拟合算法的计算结果精确性非常有效。同时,在放大倍数较大时所获得的欧几里得距离误差也较小,能够使视觉反馈系统估计的探针尖端位置与实际位置较为接近。这主要是由于在放大倍数较大时,显微视觉图像能够提供更为精确的轮廓信息,特别是探针尖端与目标微结构单元发生遮挡区域的轮廓信息,能够有效提高 HCD 对角点检测的精确性以及为曲线拟合提供更为真实的探针轮廓信息。然而,通过对跟踪误差数据的整体评估我们发现,无论在哪一种观测条件下所获得的欧几里得距离误差都在可接受的范围内,通过标准方差可以看出 HCD 算法稳定。在最优观测条件下,HCD 曲线拟合对探针尖端的跟踪误差仅为 4.1μm,与外径为约 400μm 的微结构组装单元相比,其误差为 1.02%,在可接受范围内。

表 5.4　微操作器跟踪误差评估

物镜放大倍数	误差评估/μm	光照强度		
		低	中	高
4 倍	欧几里得距离误差	7.445	5.383	4.786
	距离误差标准方差	1.238	1.195	1.134
10 倍	欧几里得距离误差	6.949	5.102	4.601
	距离误差标准方差	1.058	1.101	0.904
20 倍	欧几里得距离误差	5.992	4.838	4.163
	距离误差标准方差	0.977	0.799	0.719

通过接触检测实验对微操作器垂直位置跟踪的评估及微操作器图像遮挡针尖检测的评估,我们证明了接触检测及 HCD 曲线拟合算法的实效性与稳定性,即用于微纳操作机器人三维协同组装的视觉反馈子系统是有效的。

5.4.2 类血管三维细胞微结构协同组装

通过对环形二维细胞微结构组装单元加工、多操作器协同组装方法的研究以及面向协同操作的视觉反馈系统的开发，微纳操作导轨机器人已经能够通过对二维微结构自下而上型组装操作，实现对具有微结构特性及宏观尺寸，能够为复杂三维人工组织的营养输送与代谢交换提供必要通道的类血管三维细胞结构的组装。我们在实验中首先通过微纳操作导轨机器人对具有荧光粒子的环形二维微结构进行三维组装，获得可以进行荧光观测的三维类血管结构。通过共聚焦显微镜对类血管荧光三维结构的观测，对微纳操作机器人类血管结构三维组装方法进行评估。然后，以相同的方式对具有 NIH/3T3 小鼠血管细胞的环形微结构进行组装，以获得类血管细胞三维结构，并对三维结构内细胞活性进行评估，以验证类血管微结构的生物学意义。

为了验证微纳操作导轨机器人协同组装类血管微结构方法的实效性，首先对荧光类血管结构进行三维组装。荧光类血管三维微结构由含有荧光颗粒的圆环形二维微结构（DSM 微结构单元）组装单元组装而成。用于加工荧光 DSM 单元的溶液由 272μLPBS 溶液、120μL PEGDA 溶液以及 8μLPI 溶液组成。为了将荧光颗粒包裹在 DSM 微结构单元中，在混合溶液中加入 4μL 荧光粒子。通过第 2 章所述的基于微流道片上的加工方法，在 UV 灯对均匀分布有荧光粒子的混合溶液曝光后，荧光粒子将被包裹到固化的 DSM 单元中。用于三维微组装的 DSM 单元外径为 400μm，内径为 250μm，高度为 100μm，则其厚度为 75μm。由于 DSM 单元厚度远小于 200μm 的分子扩散界线，类血管三维微结构单元将能够用于复杂三维组装中的营养供给与代谢交换。

图 5.42 为主操作器对荧光 DSM 单元自动化拾取操作的基本流程图。通过接触检测与初始化操作，视觉反馈系统对主操作器进行路径规划。通过视觉反馈系统实时跟踪与信息反馈，主操作器分别对视野内的每一个荧光 DSM 单元进行按压式拾取操作，直到视野内没有可供组装的合格微结构单元时，载物台将移动一批新的 DSM 单元进入视野并重复微结构单元筛选与路径规划。当主操作区通过拾取操作组装足够数量的 DSM 单元后，通过与副操作器的协同配合将完成对组装单元的结构压缩。通过释放即可获得荧光类血管三维微结构。

如图 5.43 所示，通过微纳操作导轨机器人自动化协同组装，我们获得了类血管荧光三维结构。如图 5.43(a) 和图 5.43(b) 所示，主操作器在拾取足够数量的 DSM 单元后形成类血管结构，主操作器末端探针穿过类血管结构内腔。如图 5.43(c) 和图 5.43(d) 所示，通过主操作器与副操作器之间的协同配合，二次曝光后 DSM 单元相互黏结为整体并被释放到缓冲液中。所获得组装结果为由 10 层 DSM

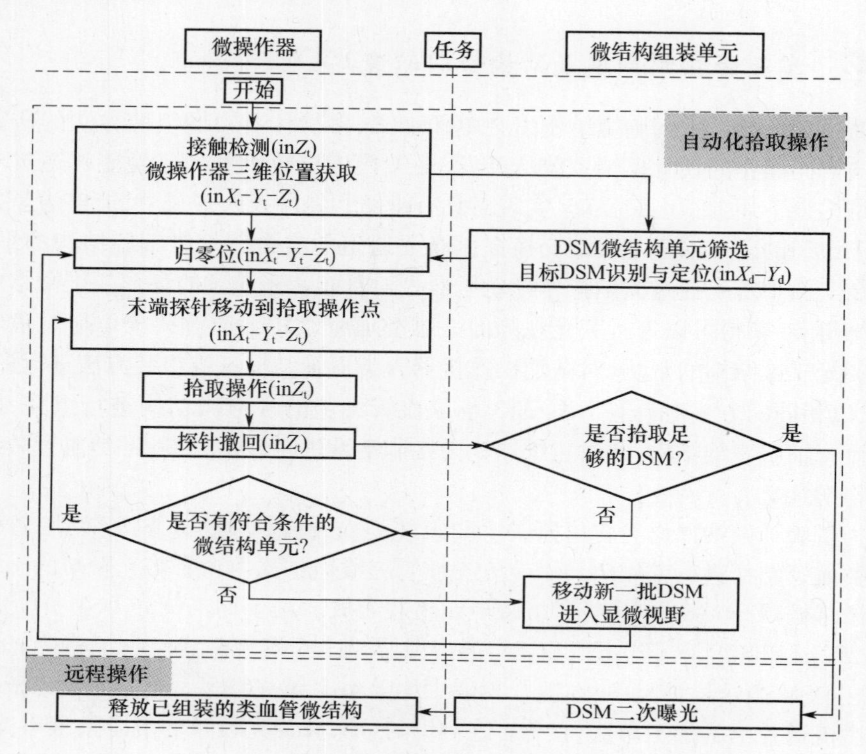

图 5.42　主操作器微结构组装单元自动拾取流程

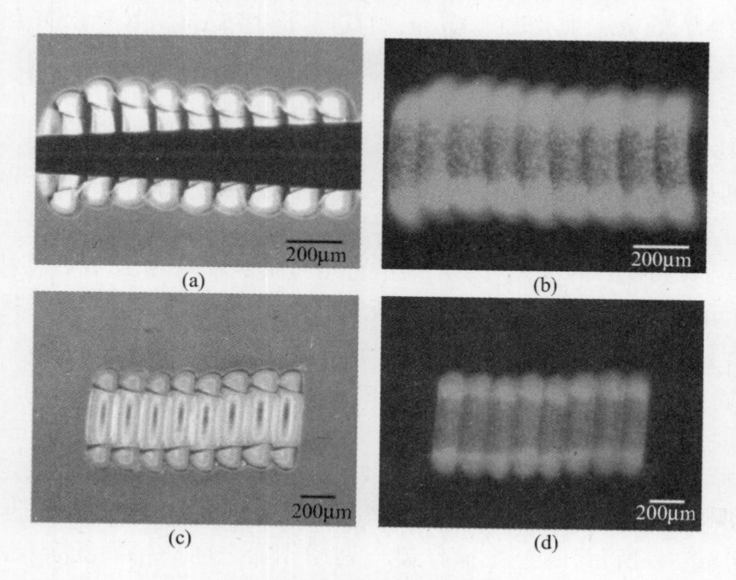

图 5.43　类血管荧光三维结构

组装单元堆叠而成的类血管三维结构。其管长约为900μm,流明直径为250μm。通过紫外光观测,可以看到中空的流明与两侧的管壁具有明显的区别,说明形成的类血管结构是可以用于微流体输送的理想三维微结构。

如图5.44所示,在获得类血管荧光三维结构以后我们使用共聚焦显微镜对其进行了观测。共聚焦显微镜以激光对观测样本的逐行扫描,当激光照射到荧光粒子表面时会激发出相应波段的光,从而形成扫描断层的图像,最后再通过图像的三维重建,即可获得观测样本真实的三维结构。由共聚焦三维图可以看出组装形成的三维微结构具有与微血管相似的外形与内部构造。从截面图可以看出,三维微结构内部具有流明,且管壁厚度远小于200μm的分子扩散界限,能够用于复杂三维结构中的微流体输送[35-37]。通过对类血管荧光三维微结构的组装及共聚焦显微镜下的三维观测,我们对基于微纳操作导轨机器人协同操作的三维组装方法进行了验证。组装结果能够有效保持微结构特性与宏观尺寸,该方法适合用于类血管微结构的自动化人工制造。

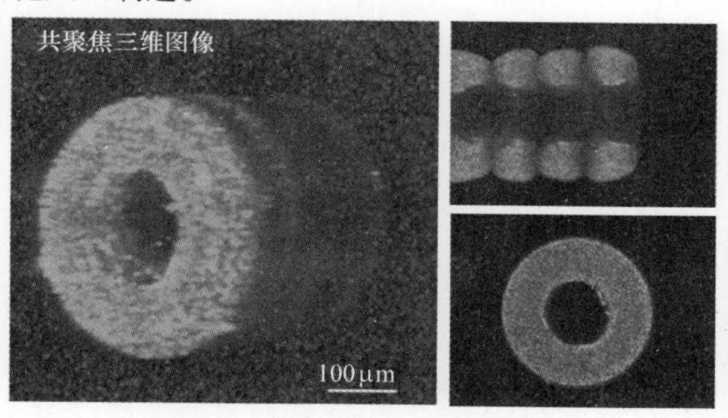

图5.44　类血管荧光三维微结构共聚焦观测

通过微纳操作导轨机器人对类血管荧光三维微结构的组装,我们验证了机器人自动化组装方法的实效性。为了制造具有生物学意义的类血管结构,我们对包裹细胞的DSM微结构单元进行组装操作。实验中用于片上加工DSM单元的混合溶液由预先培养的NIH/3T3细胞与PBS混合组成的272μL溶液($1.0\times10^{7}ml^{-1}$细胞密度)、124μLPEGDA与4μLPI组成。

如图5.45所示,通过片上加工可以获得具有不同尺寸的DSM微结构单元,且NIH/3T3细胞被均匀地包裹在DSM单元内部。在类血管细胞三维微结构的组装中我们选择400μm外径、270μm内径及120μm高度的DSM微结构作为基本组装单元。如图5.46所示,将DSM单元收集到培养皿后,微纳操作导轨机器人通过协同操作对其进行三维组装。在图5.46(a)和图5.46(b)中,微操作器初始化以后对视野内的DSM单元进行筛选、定位与路径规划,通过按压式拾取操作对DSM单元进行组装。主操作器通过重复拾取操作使 DSM 单元逐渐在其杆部积累。图 5.46(c)和图 5.46(d)中,主操作器对 DSM 单元完成拾取操作后,其位姿需要被进一步调整,此时靠近 DSM 单元的副操作器对其进行微调,以消除 DSM 单元之间的间隙,确保后续的二次曝光等操作顺利进行。

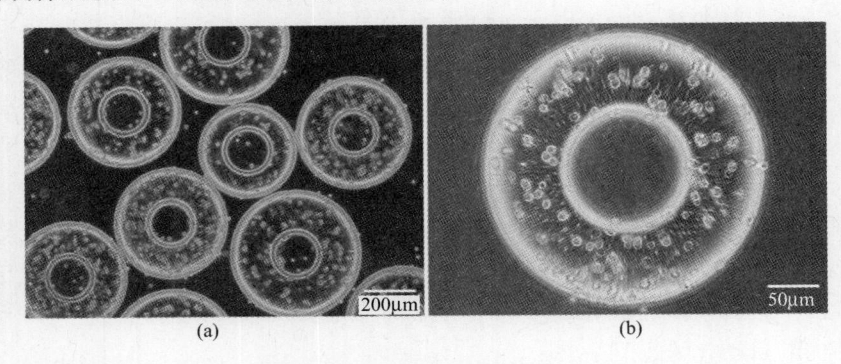

图 5.45　二维细胞微结构单元

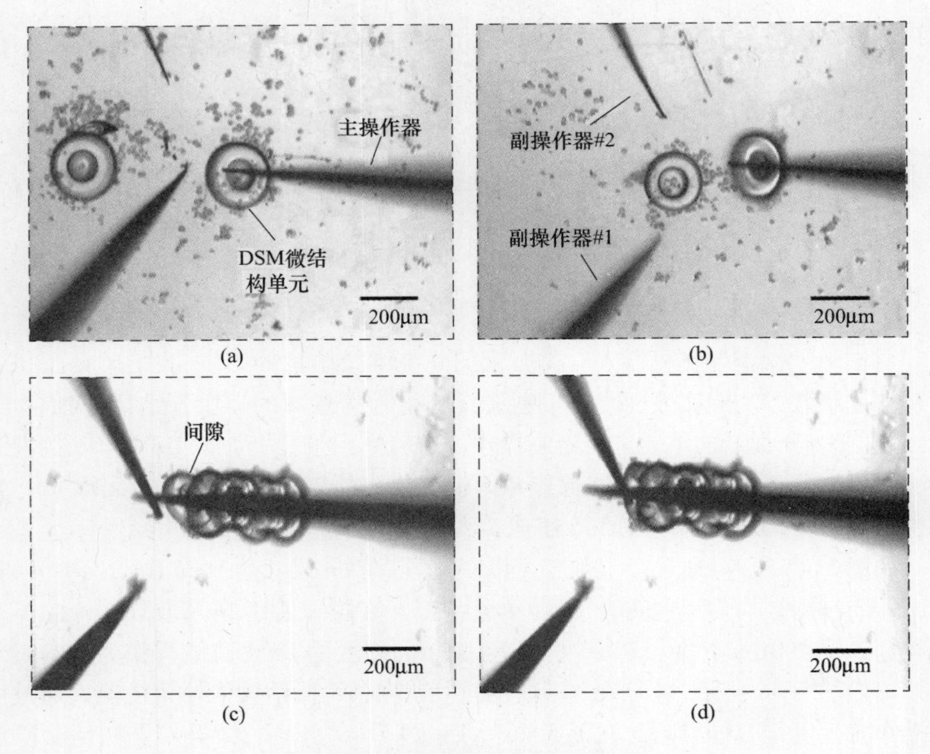

图 5.46　DSM 拾取操作与位姿调整

如图5.46所示,三维协同组装中,副操作器会与主操作器协同配合对组装后的三维结构进行整体调整。图5.46(a)和图5.46(b)中,在主操作器拾取一定数量的DSM单元以后,其尖端不再具有足够的空间能够继续容纳新的DSM单元。通过协同配合能够在不破坏三维结构整体构型的前提下将其移动到主操作器的上端,并为新的DSM在主操作器尖端预留新的空间。图5.46(c)和图5.46(d)中,当主操作器组装完足够数量的DSM单元后,通过UV灯二次曝光将使DSM单元发生二次交联,使毗邻的单元间连接成整体。在副操作器的协同配合下,类血管三维微结构由主操作器杆部释放,最后在新的培养液中进行进一步培养使其具有生物学意义,用于更为复杂的三维结构中的营养输送与代谢交换。

通过基于视觉反馈的微纳操作导轨机器人协同组装,我们获得了类血管细胞三维微结构。如图5.47(a)和图5.47(b)所示,由DSM二维微结构单元组成的类血管结构在释放前被主操作器贯穿内腔。通过荧光观测,可以清晰地看到三维微结构内部布满了NIH/3T3细胞,且细胞均匀分布。荧光图像中并未出现除细胞外的杂质,表明微纳操作导轨机器人三维组装对生物细胞的污染在可接受的范围内,未来其操作方法可以用于更复杂的三维人工组织制造。如图5.47(c)和图5.47

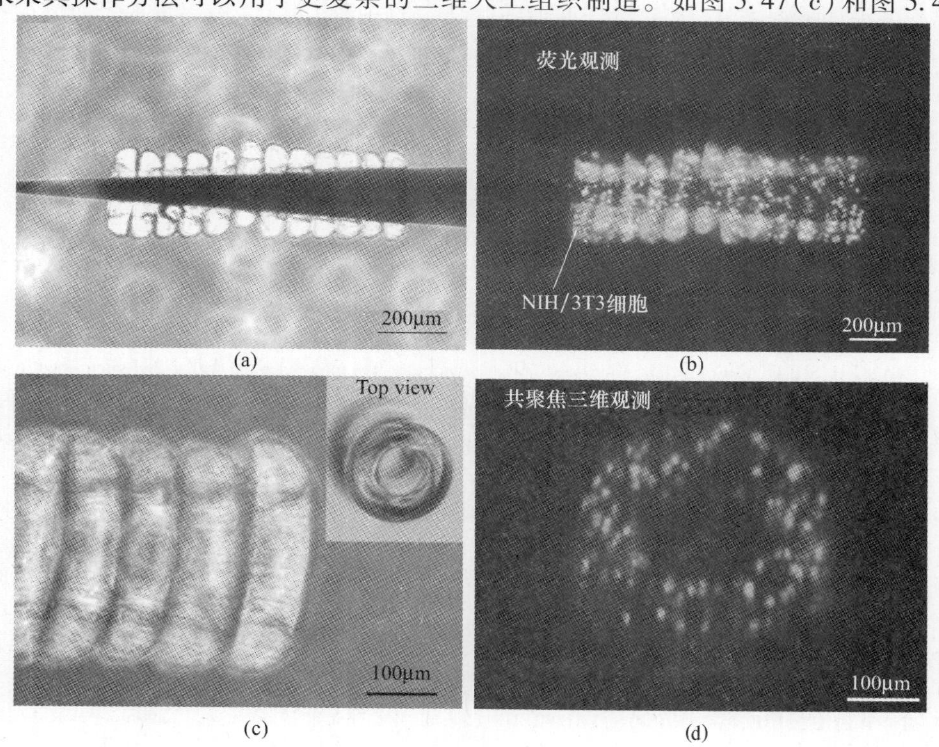

图5.47　类血管细胞三维微结构观测

(d)所示,通过副操作器协同操作,类血管微结构从主操作器上释放并置于新的培养液中。通过侧视图与俯视图均可看到类血管三维结构拥有规则的光通量,在共培养后 NIH/3T3 细胞继续增殖则可形成由细胞组成的具有内腔的微管结构,可用于复杂结构中营养的输送与代谢交换。在 DSM 微结构单元的组装中,微纳操作导轨机器人的拾取操作成功率达到 98%,组装速度约为 6DSM/min,即在 2min 内机器人系统即可将图中长为 1.4mm 的类血管三维结构组装完成。微纳操作导轨机器人所具有的高成功率与高效率使其能够在组装具有微结构特性与宏观尺寸的类血管结构时既保证组装过程中的操作精度,又能保证细胞不会长期暴露在不利于细胞生存的缓冲液中而凋亡,其生物学意义得到了保障[38]。

为了使人工组织具有生物学意义,组织工程体外构建的三维组织必须具备与人体组织与器官相似的内部精密微结构。本章节所展示的研究成果通过微纳操作机器人协同三维组装,已经实现了对微血管这一人工组织所必需的内循环枢纽的构建。然而,为了使人工组织成为真正意义上的功能化替代品,还需要包括神经组织、软骨组织等其他复合结构。因此,下一步工作将会是开发微纳操作机器人更为精密的协同操作方法,实现复合型细胞微结构的三维组装,并进一步提升协同微操作的自动化水平。

参考文献

[1] WANG H, CUI J, ZHENG Z, et al. Assembly of RGD-modified hydrogel micromodules into permeable three-dimensional hollow microtissues mimicking in vivo tissue structures[J]. Acs Applied Materials & Interfaces, 2017, 7: 41669 - 41679.

[2] WANG H, SHI Q, YUE T, et al. Micro-assembly of a vascular-like micro-channel with railed micro-robot team-coordinated manipulation[J]. International Journal of Advanced Robotic Systems, 2014.

[3] OHASHI K, YOKOYAMA T, YAMATO M, et al. Engineering functional two-andthree-dimensional liver systems in vivo using hepatic tissue sheets[J]. Nature Medicine, 2007, 13(7): 880 - 885.

[4] CHUNG B G, KANG L F, KHADEMHOSSEINI A. micro-and nanoscale technologies for tissue engineering and drug discovery applications[J]. Expert Opinion on Drug Discovery, 2007, 2: 1653 - 1668.

[5] SUURONEN E J, SHEARDOWN H, NEWMAN K D. Building in vitro models of organs[J]. International Review of Cytology, 2005, 244: 137 - 173.

[6] KHETANI S R, BHATIA S N. Engineering tissues for in vitro applications[J]. Current Opinion in Biotechnology, 2006, 17: 524 - 531.

[7] TSUTSUI H, YU E, MARQUINA S, VALAMEHR B, et al. Efficient dielectrophoretic patterning of embryonic stem cells in energy landscapes defined by hydrogel geometries[J]. Annals of Biomedical Engineering, 2010, 38: 3777 - 3788.

[8] TIXIER-MITA J, OSTROVIDOV S, CHIRAL M, et al. A silicon micro-system for parallel gene transfection into arrayed cells[C]. UTAS Symposium, 2004: 180 – 182.

[9] MARUYAMA H, ARAI F, FUKUDA T. Gel-tool sensor positioned by optical tweezers for local pH measurement in a microchip. Robotics and Automation[C]. 2007: 806 – 811.

[10] ITO M, NAKAJIMA M, MARUYAMA H, et al. On-chip fabrication and assembly of rotational microstructures [C]. IEEE/RSJ International Conference on Intelligent Robots and Systems, 2009: 1849 – 1854.

[11] LIU V A, BHATIA S N. Three-dimensional photopatterning of hydrogels containing living cells[J]. Biomedical Microdevices, 2002, 4: 257 – 266.

[12] NEIMANJ A S, RAMANR, CHANV, et al. Photopatterning of hydrogel scaffolds coupled to filter materials using stereolithography for perfused 3D culture of hepatocytes[J]. Biotechnology and Bioengineering, 2015, 112: 777 – 787.

[13] DENDUKURI D, PREGIBON D C, COLLINS J, et al. Continuous-flow lithography for high-throughput microparticle synthesis[J]. Nature Materials, 2006, 5: 365 – 369.

[14] WANG H, HUANG Q, SHI Q, et al. Automated assembly of vascular-like microtube with repetitive single-step contact manipulation[J]. Biomedical Engineering, 2015, 62: 2620 – 2628.

[15] WANG H, SHI Q, NAKAJIMA M, et al. Rail-guided multi-robot system for 3D cellular hydrogel assembly with coordinated nanomanipulation[J]. International Journal of Advanced Robotic Systems. 2014, 1.

[16] KIMURA Y, YANAGIMACHI R. Intracytoplasmic sperm injection in the mouse[J]. Biology of Reproduction, 1995, 52: 709 – 720.

[17] CARROZZA M, EISINBERG A, MENCIASSI A, et al. Towards a force-controlled microgripper for assembling biomedical microdevices[J]. Journal of Micromechanics and Microengineering, 2000, 10.

[18] XU Q, LI Y, XI N. Design, fabrication, and visual servo control of an XY parallel micromanipulator with piezo-actuation[J]. IEEE Transactions on Automation Science and Engineering, 2009, 6: 710 – 719.

[19] BANERJEE A G, GUPTA S K. Research in automated planning and control for micromanipulation[J]. IEEE Transactions on Automation Science and Engineering, 2013, 10: 485 – 495.

[20] ZHANG X P, LEUNG C, LU Z, et al. Controlled aspiration and positioning of biological cells in a micropipette [J]. IEEE Transactions on Biomedical Engineering, 2012, 59: 1032 – 1040.

[21] CHAN T F, VESE L A. Active contours without edges[J]. IEEE Transactions on Image Processing, 2001, 10: 266 – 277.

[22] SALAH M, MITICHE A. Model-Free, occlusion accommodating active contour tracking[J]. ISRN Artif. Intell., 2012, 2012: 15.

[23] WANG H, SHI Q, SUN T, et al. High-speed bioassembly of cellular microstructures with force characterization for repeating single-step contact manipulation[J]. IEEE Robotics and Automation Letters, 2016, 1: 1097 – 1102.

[24] HASHIMOTO K. A review on vision-based control of robot manipulators[J]. Advanced Robotics, 2003, 17: 969 – 991.

[25] TAO S, QIANG H, QING S, et al. Assembly of alginate microfibers to form a helical structure using micromanipulation with a magnetic field[J]. Journal of Micromechanics and Microengineering, 2016, 26: 105017.

[26] CHANT F, VESE S. Active contours without edges[J]. Image Processing, IEEE Transactions on, 2001, 10: 266 – 277.

[27] TSAID M,LINP C,LUC J. An independent component analysis-based filter design for defect detection in low-contrast surface images[J]. Pattern Recognition,2006,39:1679 - 1694.

[28] VASWANI N,RATHI Y,YEZZI A,et al. Deform PF-MT:particle filter with mode tracker for tracking non-affine contour deformations[J]. IEEE Transactions on Image Processing,2010,19:841 - 857.

[29] WANGW H,LIUX Y,SUN Y. Contact detection in microrobotic manipulation[J]. International Journal of Robotics Research,2007,26:821 - 828.

[30] AVCI E,OHARA K,CHANH-NGHIEM N,et al. High-speed automated manipulation of microobjects using a two-fingered microhand[J]. IEEE Transactions on Industrial Electronics,2015,62:1070 - 1079.

[31] LIU J,SIRAGAM V,GONG Z,et al. Robotic adherent cell injection for characterizing cell-cell communication [J]. Ieee Transactions on Biomedical Engineering,2015,62:119 - 125,Jan 2015.

[32] YE X,ZHANG Y,RU C,et al. Automated pick-place of silicon nanowires[J]. Automation Science and Engineering,2013,65:1 - 8.

[33] LIU J,GONG Z,TANG K,et al. Locating end-effector tips in robotic micromanipulation[J]. Robotics,2013,6: 1 - 6.

[34] RUC H,ZHANG Y,SUN Y,et al. Automated four-point probe measurement of nanowires inside a scanning electron microscope[J]. IEEE Transactions on Nanotechnology,2011,10: 674 - 681.

[35] McguiganA P,SEFTONM V. Vascularized organoid engineered by modular assembly enables blood perfusion [J]. Proceedings of the National Academy of Sciences,2006,103:11461 - 11466.

[36] JAMESM D,DUNN C Y,WAN-YIN CHAN. Analysis of cell growth in three-dimensional scaffolds[J]. Tissue Engineering,2006,12.

[37] TRANQUILLOR T. The tissue-engineered small-diameter artery[J]. Annals of the New York Academy of Sciences,2002,961:251 - 254.

[38] Du Y A,GHODOUSI M,QI H,et al. Sequential assembly of cell-laden hydrogel constructs to engineer vascular-like microchannels[J]. Biotechnology and Bioengineering,2011,108: 1693 - 1703.

第6章 基于光致电沉积的人工微组织组装技术

6.1 介 绍

在组织工程领域,多细胞三维组织在新药试验中具有广阔的应用前景,也可作为器官或组织再生的活性支架[1,2]。虽然自20世纪50年代以来,许多类型的细胞从活组织中分离出来并进行组织工程培养,但这些细胞培养通常是在二维条件下进行的[3,4]。在自然界中,大部分组织都是由重复的功能性多细胞微组织单元整合而成,如肾小管、肌纤维、肝小叶等,这就需要一个三维立体的框架,它不仅要提供完整结构,还要指导形成组织边界,隔离特定的微环境。在传统的组织构建策略中,自上而下的方法通常使用带有机械刺激,生物因素的细胞涂层和可生物降解的支架来指导细胞或组织的生长[5]。尽管支架制备和生长因子的研究取得了进展,但自上而下的方法很难模拟生理微结构特征来指导组织的形态发生。因此,提出了自下而上的方法,设计具有特定结构特征的三维组织作为微模块,它可以组装成更大的组织,在微尺度上实现多细胞的空间分布、通信、连接和相互作用[6]。

为了重现人体细胞的形态和微环境,许多研究都集中在自下向上构建仿生模块化微结构的方法上[7]。目前,细胞包裹或涂层的微纤维、细胞薄膜、细胞集合体和微胶囊是模块化组织工程中最常见的结构。但这些微组织单元大多过于单一、结构简单,无法构建较为复杂的微环境和仿生微结构。在这些模块化组织结构中,微胶囊技术被广泛应用于胰腺、骨骼和肝小叶中,以开发仿生体外器官模型[8]。海藻酸盐多聚赖氨酸(PLL)是目前应用最广泛的生物胶囊材料,它通过在海藻酸盐凝胶表面结合PLL提供免疫保护和稳定的膜。然而,由于海藻酸水凝胶机械强度和弹性的缺乏,传统的微型胶囊加工技术很难控制海藻酸凝胶的形状,这就限制了成形后微组织的血管化,而且不能构成更大的空间几何图形[9]。为了实现组织的形态发生和功能化,应采用形状可变的制作方法,形成具有任意形状的定制化的海藻酸盐 - PLL微胶囊。已经有研究使用微流体、电泳和电沉积技术来制造具有预定形状的海藻酸盐微结构。然而,这些方法大多是依靠预先设计好的微流道或微电极来制造明确的结构,在制造过程中不能改变形状[10,11]。因此,实时的形状变化制造技术对于模拟复杂的组织形态具有重要意义。

在模块化组织工程中，一旦创建了模块化的微组织，它们就需要被组装成具有特定微结构的更大的仿生组织。为了实现微组织的空间构造，研究人员开发了许多技术，如堆叠[12]、生物打印[13]和磁场导向组装[14]。此外，这些组装技术是并行运行的，因此速度更快，成本更低[15]。双光子光刻作为一种先进的制备水凝胶的方法具有精确的三维结构，并已应用于组织工程和药物输送[16]。基于生物打印的微滴技术擅长制造复杂的3D显微结构（如3D肾脏），以及将细胞封装的水凝胶溶液沉积到接收基板上用于各种应用。但是，这些显微结构在打印过程中是固定的，不能重新配置[17]。一旦液滴喷射到错误的位置，在制造过程中是不可逆的。而且与生物打印相关的其他挑战目前仍然需要得到解决，例如细胞的高剪切应力和喷嘴堵塞。为了克服这些挑战，引导组装方法已经被开发出来，包括磁性组装、微流体、声学和分子识别[18]。主要目的是创造复杂的三维组织结构，并应用于组织再生和药物测试。由于具有稳定性好、易于操作等优点，使细胞封装在微凝胶的磁性组装已经在三维组织工程中得到了应用。磁操作前，细胞被嵌入含有磁性纳米粒子的微结构中，磁场作用于这些纳米粒子[19]。随后，应用磁场可以移动和组装微观结构。还有一些研究人员则专注于利用微型机器人制造含有磁性纳米颗粒的微模块，以操纵其他生物模块。尽管如此，磁性纳米颗粒的细胞毒性可能会影响组织结构的长期培养[20]。虽然这些技术可以有序地将微组织模块组装成空间几何形状，但大多数的组装策略都引入了合成材料来连接和固定3D组织，而引入的人工物质对细胞有害，无法以自然的方式再生组织。在人体内，细胞间的所有连接都是由各种细胞及其分泌物提供的。因此，一种细胞自结合方法旨在通过细胞分泌的细胞外基质（ECM）将排列整齐的微结构结合在一起，从而再现仿生微结构和细胞相互作用。

本章提出了一种基于光诱导电沉积（PIED）技术的实时可编程海藻酸盐微胶囊的制备方法，实现了一种利用细胞自结合技术进行三维组织模块化组装（图6.1）。可编程藻酸盐凝胶制备系统由铟锡氧化物（ITO）玻璃和光导酞菁氧钛（TiOPc）层组成，该层可以通过随时改变光照形状实时改变微结构的形状。此外，微组织由多类型细胞组成，模仿人体内环境。将肝细胞植入8齿齿轮内模拟肝小叶，采用数值模拟方法对海藻酸盐微胶囊的形状进行修饰。长时间培养后，用PLL和纤连蛋白（FN）修饰载细胞显微结构，附着成纤维细胞。通过测定白蛋白和尿素的分泌量，研究成纤维细胞与肝细胞的相互作用。在微流体的驱动下，采用双机械手系统和微流体对成纤维细胞包覆的模块化微组织进行组装和排列。通过培养成纤维细胞和分泌细胞外基质将微组织自结合在一起。成纤维细胞还有助于血管形成，构建营养和氧气供应系统，并模拟自然的生理系统。因此，我们探索了仿生微结构中肝细胞与成纤维细胞的共培养,增强肝细胞的生物功能,使三维组织结构与天然肝小叶相似。在未来,这些模块化组织制造和组装技术可以应用于许多其他重复性的组织建设。

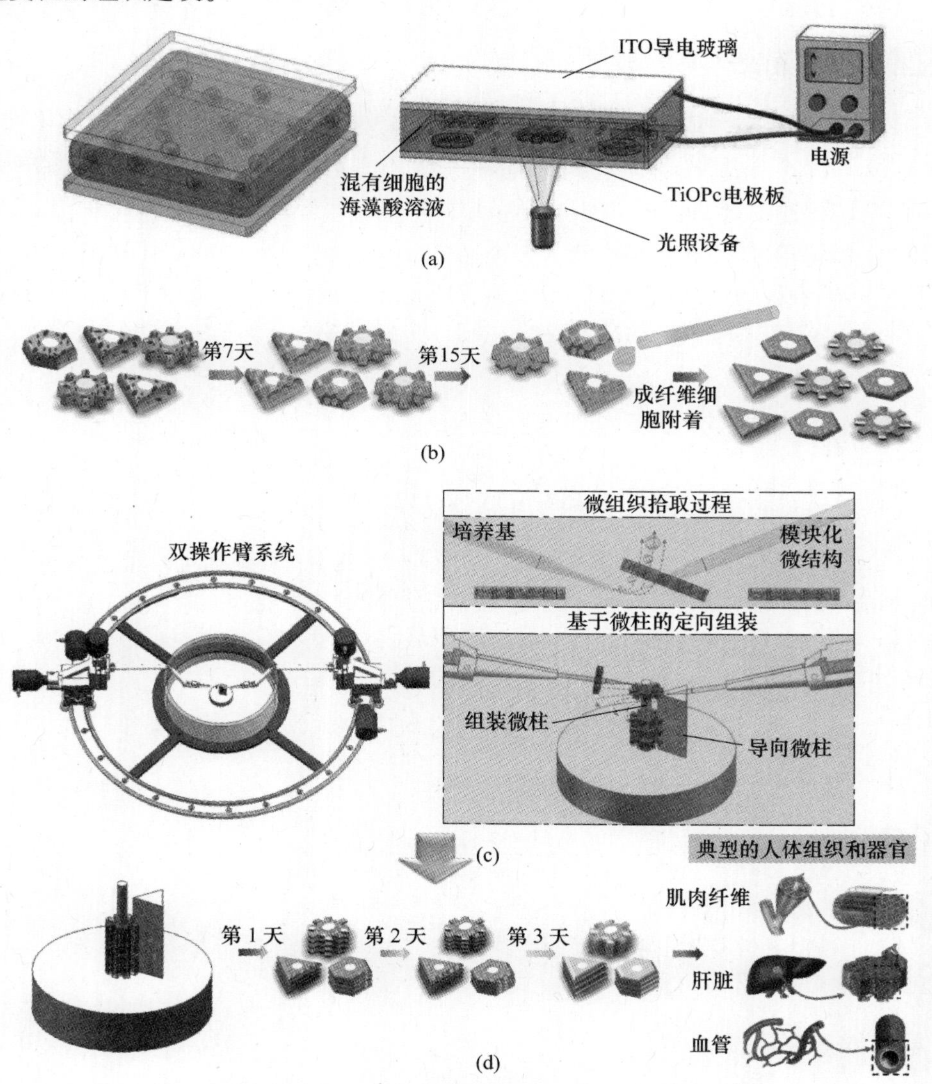

图6.1 利用细胞自结合技术进行三维组织模块化组装
(a)采用光电沉积法制备的含有细胞的微胶囊;
(b)长时间培养嵌有细胞微胶囊和成纤维细胞附着过程;
(c)由双机械手系统和微柱组成的基于微流体的微组织操作过程;
(d)微组织自黏合形成三维多细胞微组织。

6.2 细胞化微胶囊设计与制造

6.2.1 海藻酸水凝胶材料

海藻酸的化学组成十分简单(图 6.2),由 β-D-甘露糖醛酸(简称 M 单元)与 α-L-古罗糖醛酸(简称 G 单元)1,4-糖苷键连接[21]。由于在连接过程中会出现以下三种状况,即单一的 MMM 或 GGG 以及 MGGGMM 的 MG 混合并交替[22]。而 G 单元与 M 单元在分子中不同的比率决定了其分子的结构,不同的结构连同其所表现的不同构象又决定了海藻酸的生物学特性,由此显现出海藻酸在

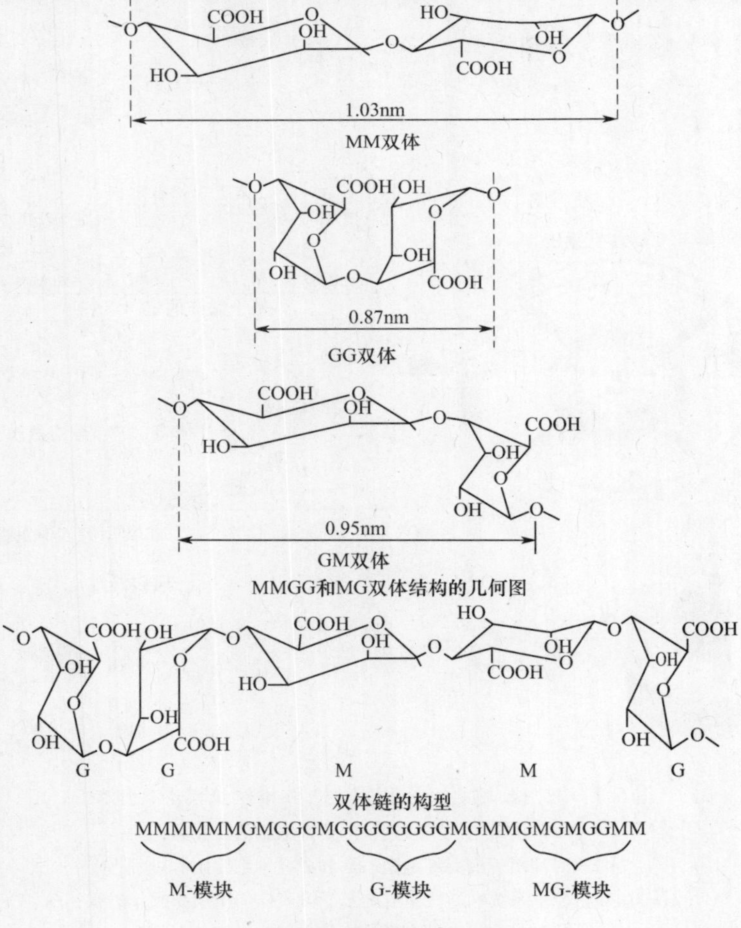

1.03nm

MM双体

0.87nm

GG双体

0.95nm

GM双体

MMGG和MG双体结构的几何图

G G M M G

双体链的构型

MMMMMMGMGGGMGGGGGGGMGMMGMGMGGMM

M-模块 G-模块 MG-模块

图 6.2 模块链序列

表现型式和功能性上的多样性[23]。

目前应用最广泛的微胶囊化方法仍是海藻酸 - 聚氨基酸法[24]。利用该技术，在海藻酸盐微球的表面构建了一种由聚氨基酸组成的免疫保护和稳定的膜系统。这已经在均相和非均相海藻酸盐凝胶上完成了。该系统的优点是通用性强，可以方便地调整渗透率，例如对异基因组织和异种组织的要求不同[25]。最常用的聚氨基酸有聚 D 型 - 赖氨酸（PDL）、聚乙二醇（PEG）、聚鸟氨酸（PLO）和聚赖氨酸（PLL），以及聚乙二醇和 PLL 的去壳共聚物[26]。它们具有不同的属性，这使它们或多或少适合于某些应用程序。一些研究人员更喜欢 PLO 涂层，因为它可以减少肿胀，增加海藻酸微胶囊的机械强度，从而限制高分子量分子的扩散[27]。另一些人更喜欢聚乙二醇聚合物，以防止潜在的蛋白质吸附在胶囊表面[28]。然而，在经过 30 年的研究之后，关于哪种聚合物最适合构建免疫保护膜仍存在争议。应该指出的是，正如胶囊的核心材料的选择一样有许多选择，但是只有一种聚合物得到了充分的研究，可以安全应用，如下所述。在选择足够多的聚氨基酸来降低微胶囊的渗透性的研究中缺少的一个理论基础是分子如何与海藻酸盐结合的机理，这是非常重要的。多年来，PLL 一直不受研究者的青睐。原因是一些报道描述了对 PLL 膜的强烈炎症反应[29]。当对这些报告进行严格审查时，必须得出以下结论，即研究人员没有考虑到足够的聚赖氨酸结合的要求[30]。未结合的聚赖氨酸具有细胞毒性，会引起免疫反应。为了使聚赖氨酸与膜结合，在钙溶液中形成凝胶后，必须用低钙高钠的缓冲液清洗微球。这一步骤需要从微结构表面提取钙，然后钠就会取代钙[31]。钠对海藻酸盐的亲和力低于聚赖氨酸[32]。随后加入的赖氨酸以高度协同的方式与结构中海藻酸盐分子结合，与表面的 GM 分子形成一个坚固的膜[33]。这需要 PLL 与海藻酸盐结合在由海藻酸组成的网络结构里（图 6.3）。傅里叶变换红外光谱（FT - IR）可以很容易地跟踪这一过程，傅里叶变换红外光谱已经成为了解聚氨基酸在胶囊表面相互作用不可或缺的工具[34]。交联程度不仅决定了膜的力学稳定性和渗透性，也决定了膜的生物相容性。当 PLL 没有被强制进入成形后的结构时，就会导致强烈的炎症反应[35]。

海藻酸盐从空气液滴发生器滴入 $CaCl_2$ 溶液中，形成“卵”形的非均匀微胶囊。海藻酸盐聚合物与钙离子在 GG 和 MG 基团之间交联形成凝胶[36]。相对于其他使用的氨基酸分子，研究人员仅对 PLL 与海藻酸盐表面结合进行了一定研究，而其他的氨基酸分子，如 PLO，还没有被广泛使用[37]。目前还不清楚海藻酸盐 - 聚氨基酸化合物和其他聚合物是如何结合的，以及它们在何种化学结构下才能提供生物相容性。因此，不可能为这些聚氨基酸推荐一种海藻酸盐，这是最近在海藻酸盐和 PLL 结合中显示的[38]。在一项对一系列海藻酸 - 多聚乳糖胶囊的体内研究中，观察到对一种海藻酸 - 聚赖氨酸膜的强烈炎症反应。这是由于 PLL 与

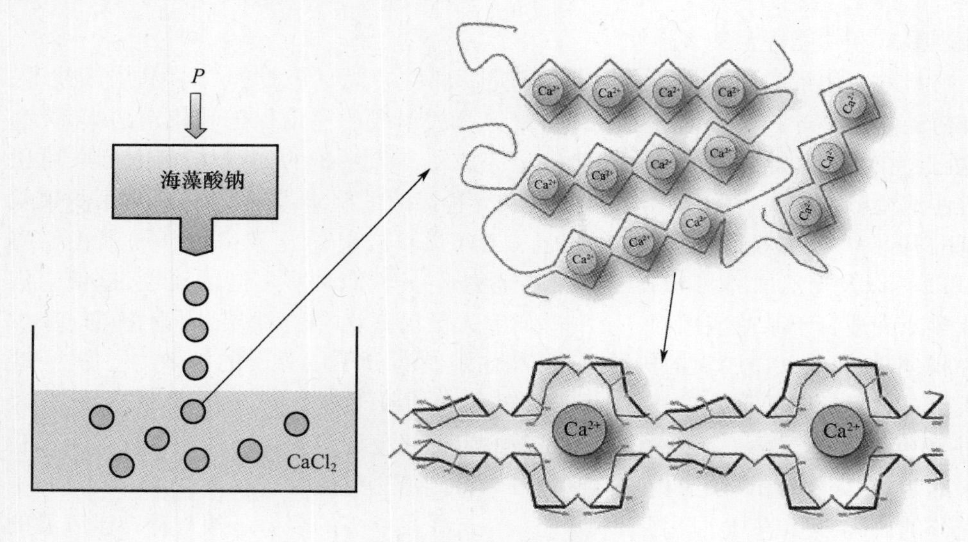

图 6.3 海藻酸凝胶的过程

海藻酸盐分离,海藻酸盐中的甘露糖醛酸(M)-古罗糖醛酸(G)基团不足以和PLL持久结合[39]。尽管必须面对各种挑战,但海藻酸-多聚赖氨酸凝胶的原理已在多种体内和体外实验的组合中得到证明,甚至已进入临床阶段[40]。

6.2.2 海藻酸-聚赖氨酸微胶囊的制备

虽然我们对海藻酸钠凝胶电沉积过程的机理和动力学的研究还不够充分,但其基本原理仍然可以推动我们向前发展,即钙离子与海藻酸钠的反应驱动凝胶化。电流密度决定了 H^+ 在电解池中阳极的生成速率,随即 H^+ 与悬浮 $CaCO_3$ 粒子发生离子反应生成 Ca^{2+},Ca^{2+} 则会和周围的海藻酸根反应生成海藻酸钙水凝胶[41]。因此,较高的电流密度或较长的沉积时间导致更厚和更大体积的水凝胶生成。如前所述,凝胶的形成是由于氢离子的释放并置换了 Ca^{2+} 在电场作用下的扩散和电泳迁移[42]。这里是凝胶形状和随时间的体积变化率类似于 H^+ 的迁移速率。水凝胶的厚度和体积与时间在开始时呈线性关系,表明电子按照恒定转化率通过阳极到置换 Ca^{2+} 的凝胶化过程并没有阻力作用于这一过程[43]。然而之后沉积的水凝胶相较于开始需要加以更高的电流和更长的沉积时间,这意味着更少的电子能够通过阳极并置换出用于凝胶的 Ca^{2+}[44]。我们认为有三个造成这一现象的原因。第一,在溶液中氢离子从阳极表面产生和悬浮 $CaCO_3$ 反应生成 Ca^{2+} 及其释放是电化学反应中扩散条件控制反应的结果。为了产生更大的水凝胶,更多的 Ca^{2+} 需要被提供用于交联。第二,H^+ 与 $CaCO_3$ 颗粒离子反应并吸附在阳极表面附近。水

凝胶中 Ca^{2+} 的快速局部释放诱导高水平的海藻酸交联[45]。这样一来更少的 Ca^{2+} 使海藻酸盐在胶层表面交联形成一层新的水凝胶。这种效果也导致在接近阳极表面会形成更紧密的网格结构和非均匀的交联密度。第三,大部分海藻酸的羧基在 pH 为 7 的海藻酸电解质中带负电荷。当 Ca^{2+} 与海藻酸上的古罗糖基团上的羧基相互作用形成离子键时,其余羧基上的聚合物链也可以消耗 H^+,减缓 Ca^{2+} 的释放随即削弱的水凝胶的增长[46]。

因此,Ca^{2+} 的扩散和生成决定了凝胶的生长模型,这说明电荷量和时间决定了凝胶过程的厚度和生长。因为电子的电流密度决定了通量电解水的动机,时间决定了不同的分子和离子的扩散 H^+、Ca^{2+} 和 Alg - COO^- 电荷量之间的关系(Q)和厚度的海藻酸水凝胶(h)可以表示为

$$V = \frac{m}{\rho} \tag{6-1}$$

$$m = C_1 Q \tag{6-2}$$

$$V = S \cdot h \tag{6-3}$$

式中:V、m、ρ、S 分别为体积、质量、密度和照明面积海藻酸凝胶;C_1 为质量与电荷关系的常数系数。

$$Q = \int I \mathrm{d}t = \int JS \mathrm{d}t = JSt \tag{6-4}$$

式中:I、t、J 分别为电流、光诱导电沉积的时间和施加电流的电流密度。根据式(6-1)~式(6-4),凝胶密度、电流密度、时间、厚度之间的关系可以表示为

$$h = \frac{C_1 Jt}{\rho} \tag{6-5}$$

很明显,较高的电流密度或较长的搅拌时间会导致较厚的水凝胶。海藻酸盐的厚度随时间的变化呈非线性关系,生长速率呈递减趋势。这种现象可以用凝胶过程中的动态非均匀凝胶密度来解释。根据电解反应原理,阳极表面总是会产生 H^+,导致 Ca^{2+} 的高密度区域。除此之外,这些 Ca^{2+} 必须与附近的 Alg - COO^- 反应,它会形成一个非均匀交联密度。因此,我们表示了电流密度、时间和密度之间的指数关系:

$$\rho = 1 - C_2 \mathrm{e}^{-C_3 Jt} \tag{6-6}$$

式中:C_2 和 C_3 为常系数,表示电流密度、时间和密度之间的关系。将式(6-5)和式(6-6)结合,电流密度、时间、厚度的关系可表示为

$$h = \frac{C_1 Jt}{1 - C_2 \mathrm{e}^{-C_3 Jt}} \tag{6-7}$$

为计算式(6-7)中的参数,将实验数据带入方程,拟合出待定系数的值,结果

如下：

$$C_1 = 0.241 \quad C_2 = 0.924 \quad C_3 = 9.19 \times 10^{-4}$$

引入参数后，胶凝模型最终方程为

$$h = \frac{0.241 Jt}{1 - 0.924 e^{-9.19 \times 10^{-4} Jt}} \tag{6-8}$$

为验证非线性回归方程的准确性，建立拟合曲线并计算确定系数（$R^2 = 0.9779$），表明该非线性回归方程具有可靠的预测值。

通过控制钙离子的释放，形成不同的海藻酸盐凝胶结构，包括微粒子、微珠、纤维和基质。近年来，随着电极表面局部电信号的电化学生成，阳离子多糖的电诱导凝胶化成为研究热点[47]。这种电沉积方法很有吸引力，因为它允许原位、可伸缩和局域化的成胶在时空上由电极和加载的电信号控制。然而，在这两种情况下，在电沉积过程中，带正电荷的胺基（壳聚糖）和带负电荷的羧酸酯基（藻酸盐）的中和会产生 pH 值偏离中性的情况，从而诱导大分子链交联和凝胶形成[48]。对于海藻酸盐水凝胶中含有细胞、蛋白质、核酸和其他 pH 敏感的生物材料的生物制造，在保持电沉积能力的同时保持温和的 pH 是必须的。最近，一种基于电沉积的新型可控 3D 水凝胶构建方法被报道了出来，用 2D 电极构建 3D 水凝胶以克服传统 2D 微胶囊构造的缺陷。它在很大程度上提高了凝胶生成的灵活性，因为它摆脱了 3D 模具，凝胶变得高度可控[49]。然而，在这种方法中，仍然需要电极图案的预制，这表明它不能完全克服 3D 模具的问题，即一旦制成，电极就不能修改。另一种基于纸质的凝胶电沉积模具被创造了出来，这种技术可以在商业化纸张的基础上形成 3D 凝胶。这个过程比之前的过程简单且便宜[50]。然而，在实验过程中仍然很难改变纸型。紫外光诱导电沉积法可以完全摆脱传统模具的模式，从而为凝胶的形成提供更高的灵活性和可控性。然而，紫外线对生物细胞的潜在辐照损伤一直是科学家关注的问题[51]。因此，一种基于可见光诱导电沉积的可控三维藻酸盐水凝胶模式被提出了。

可编程海藻酸盐水凝胶制备方法是基于海藻酸凝胶的 PIED 技术，该方法的机理见图 6.4(a)。在正常状态，沉积溶液填充在两个电极之间的空间，它是由两个 1mm 高的绝缘间隔物提供的（图 6.4(b)）。然后，为电极系统提供 $4A/m^2$ 的恒定电流和光照，时间为 40～60s。在这个过程中，水的电解产生了氢离子和氧气（$H_2O \rightarrow O_2 + 2H^+ + 4e^-$）。在电解反应中，阳极表面产生 H^+ 离子，导致 pH 值迅速下降，使反应进入沉积过程。在电沉积步骤中，H^+ 与碳酸钙粒子反应并产生 Ca^{2+} 和二氧化碳（$2H^+ + CaCO_3 \rightarrow Ca^{2+} + H_2O + CO_2$）。同时，$Ca^{2+}$ 离子与海藻酸钠反应形成 Ca - alginate 水凝胶（$Ca^2 + 2Alg - COO^- \rightarrow Alginate - COO^- — Ca^{2+} — ^-OOC - Alginate$）。电沉积后，在 TiOPc 板上留下海藻酸盐水凝胶微结构。用去离子水洗涤,收集 TiOPc 板表面的三维水凝胶结构。在此基础上,利用海藻酸钙凝胶与多聚赖氨酸反应制备海藻酸钙凝胶合多聚赖氨酸(alginate - PLL)半透膜,它就成为了微组织单元的框架。同时,用柠檬酸钠对钙藻酸盐水凝胶的微观结构进行清洗,使其内核溶解形成了中空的 alginate - PLL 胶囊。为了表明微胶囊的不同形状,将直径为 1μm 的红色荧光微球混入海藻酸盐沉积溶液中,可以在荧光显微镜下观察到微胶囊的不同形状及其边界,如图 6.4(d)所示。

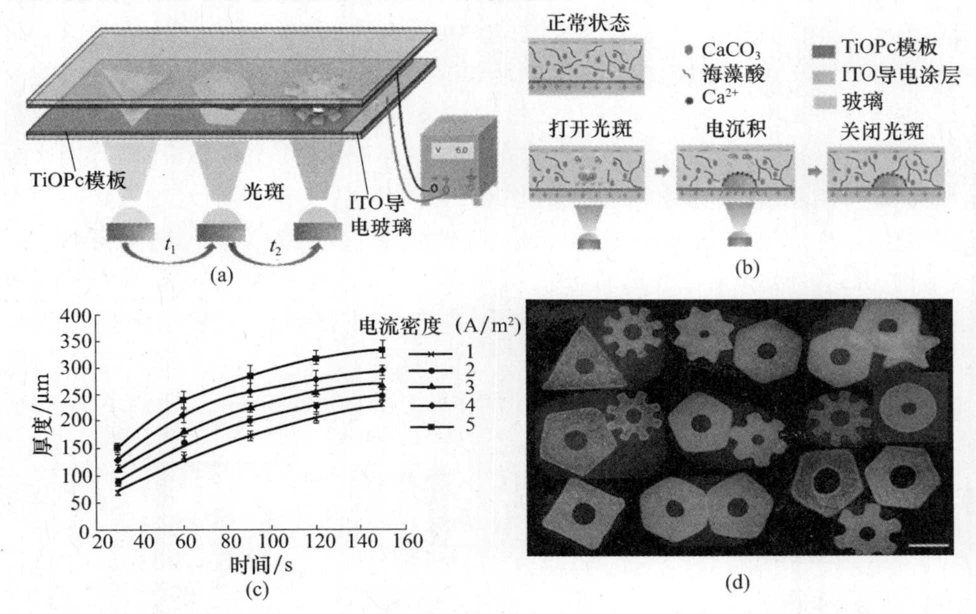

图 6.4　不同形状凝胶体系的制备工艺及不同阶段的制备原理

在 PIED 系统的正常状态下没有光照,只对 ITO 玻璃施加电压。当在 TiOPc 板上施加光照后,被照亮的 TiOPc 区域开始导电,导致海藻酸盐溶液中的水还原为 O_2 和 H^+。在电沉积阶段,H^+ 与 $CaCO_3$ 反应生成 CO_2 和 Ca^{2+},电子通过 TiOPc 层和 ITO 玻璃传递,Ca^{2+} 与海藻酸钠反应形成海藻酸钙水凝胶。海藻酸钙水凝胶留在 TiOPc 板上后去除光照。时间(30 ~ 150s)与沉积藻酸盐水凝胶的厚度有关,其电流密度在 1 ~ 5A/m^2 之间变化。

6.2.3　海藻酸 - 聚赖氨酸微胶囊结构和形状的优化

在制备海藻酸 - 多聚赖氨酸凝胶的过程中,电流是推动电化学反应向前发展的驱动力,使电流成为微胶囊形成的决定因素之一。在我们的光诱导电沉积系统中,电场的形状取决于光的形状。因此,光斑的设计对海藻酸微胶囊的形状控制具有重要意义。在图6.5中，利用COMSOL Multiphysics软件构建了电流密度数值模拟来修改海藻酸盐微胶囊的形状。此外，红色荧光微球(直径1μm)有助于标记可用于现场荧光显微镜分析的微结构的制备。在图6.5(a)中，分别用正六边形光斑测试TiOPc层表面、中心截面和远距表面90μm的俯视图上电流密度(CD)的分布。很明显，CD越高，电势线越分散，水凝胶结构就越容易成形在这样的位置上。将实验结果图6.5(b)与计划结果(白色虚线)进行对比，凝胶微观结构形态有明显变形。基于仿真模型，实验结果总是与90μm高平面$3A/m^2$时CD值的仿真结构轮廓相匹配。由于微胶囊的高度约为180μm，电场又是发散的，凝胶生长的变形更多取决于离电极90μm高的仿真模型结果，而离电极90μm刚好在凝胶生长的中间高度。通过CD值的分布分析，对六边形进行修改(图6.5(c))，通过修改后的光斑型用于沉积，修改后的结果(图6.5(d))形状更清晰，角度比未修改的六边形微结构更尖锐。为了构建仿生结构，我们需要一个更复杂的结构来模拟自然微结构，并进一步验证该仿真模型的可靠性。8齿齿轮通常用于模仿放射状微组织，和六边形相比齿轮结构的修改更加困难，因为锯齿部分的电场是凸起的，容易与相邻齿产生相互作用(图6.5(e))，实际结果((图6.5(f)设计结果用白色虚线表示)表示牙齿之间的间隔是容易被阻塞。参照图6.5(g)，修改后的实验结

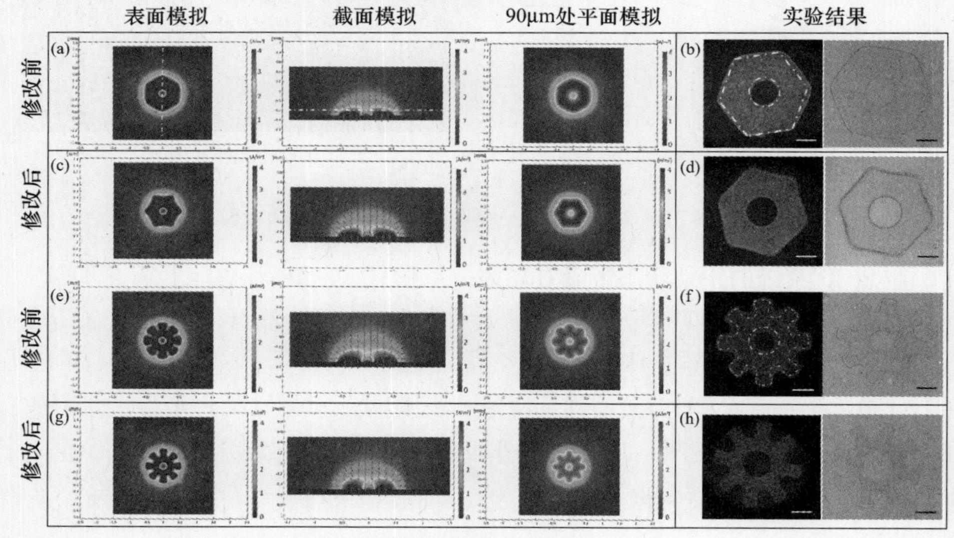

图6.5　各种实验结果

(a)未修改前的六边形光斑仿真沉积结果；(b)未修改前光斑的实验结果；
(c)利用仿真结果进行光斑改型后的仿真沉积结果；(d)改型后的六边形实验结果；
(e)未修改前的齿轮光斑仿真结果；(f)未修改前的齿轮光斑实验结果；
(g)利用仿真结果进行光斑改型后的齿轮仿真沉积结果；(h)改型后的齿轮实验结果。

果(图6.5(h))给出了一个带有清晰锯齿的微齿轮。

6.2.4 海藻酸-聚赖氨酸微胶囊的肝细胞嵌入式生长

在各种器官中,肝脏具有多种生物合成功能和复杂的微结构,由多角形肝小叶和丰富的血管网络组成。这些特征使肝脏成为最适合自下向上构建的器官之一[52]。模块化组织可以形成肝小叶样的微组织,再按比例放大,实现肝的合成功能。天然肝小叶主要由中央静脉和径向肝细胞组成。齿轮结构模拟肝小叶的径向结构,具有优越的生物学意义[53]。齿轮上有一个中心孔,模拟中心静脉进行传质和血管化。

为了生产模块化组织,首先采用之前所述的光电沉积方法制备了嵌有细胞的APA微胶囊。在整个制备过程中唯一的区别是将HepG2肝细胞混合到沉淀溶液中。如图6.6所示,在经过长时间培养后,细胞充满APA微胶囊。图6.6(a)显示了改性微结构的活/死测试中的荧光图像。培养1天后未见明显死亡细胞,培养15天后可见细胞快速增殖后微胶囊被细胞填充的过程,并由imageJ软件对整个过程进行分析。很明显看到细胞填充过程的速率在前3天还相对较慢,然后在5~15天的时候速率快速上升,在这个过程中细胞的存活率有一个快速的增长,即52%~94%,在前3天,这是一种定量细胞增殖的基础。在5~15天的时间里,细胞存活率保持在90%以上,这也是这段时间内细胞填充率高且稳定的原因。与改进后的微结构相比,未改进的结构由于封装的细胞较多,在前5天填充率较高。由于未经修饰的微结构赋予了细胞更厚更大的内部生存空间,在这种空间中HepG2细胞倾向于以密集的方式聚集生长,而不是均匀地填充这些微结构。这就是未改性的组织在5天后填充率相对较低的原因。此外,在最初的9天内,细胞的存活率在改良前后的微结构中基本相同。如图6.6(d)所示,培养11天后出现问题,在未改进过的微结构的中心环状部分(白色虚线之间的区域)出现越来越多的死亡细胞,导致细胞存活率从96%下降到89%。从图6.6中可以看到,红色荧光是模糊的甚至很难看到,因为大部分的死亡细胞处于微观结构的中心,发射光被外部的活细胞遮蔽,并不能到达死细胞处并发出荧光。这种现象是由于经过长时间的培养,微结构内的细胞群密度增大,传质不良导致。因此,未改性微结构的环状部分较改性微结构更宽、更厚,所以在环状部分中心极易发生坏死,是传质最糟糕的部位。这种现象在此前的研究中也有广泛的共识,坏死极易发生在结构直径大于150μm的部分。

HepG2细胞在第1、3、5、7、9、11、13、15天分别增殖并充满了修饰过的微孔。细胞存活率检测采用活/死染色法。细胞播种率为5×107细胞/mL。虚线标出了齿轮的微孔(刻度条250μm)。不同微孔的填充面积代表在第1、3、5、7、9、11、13、

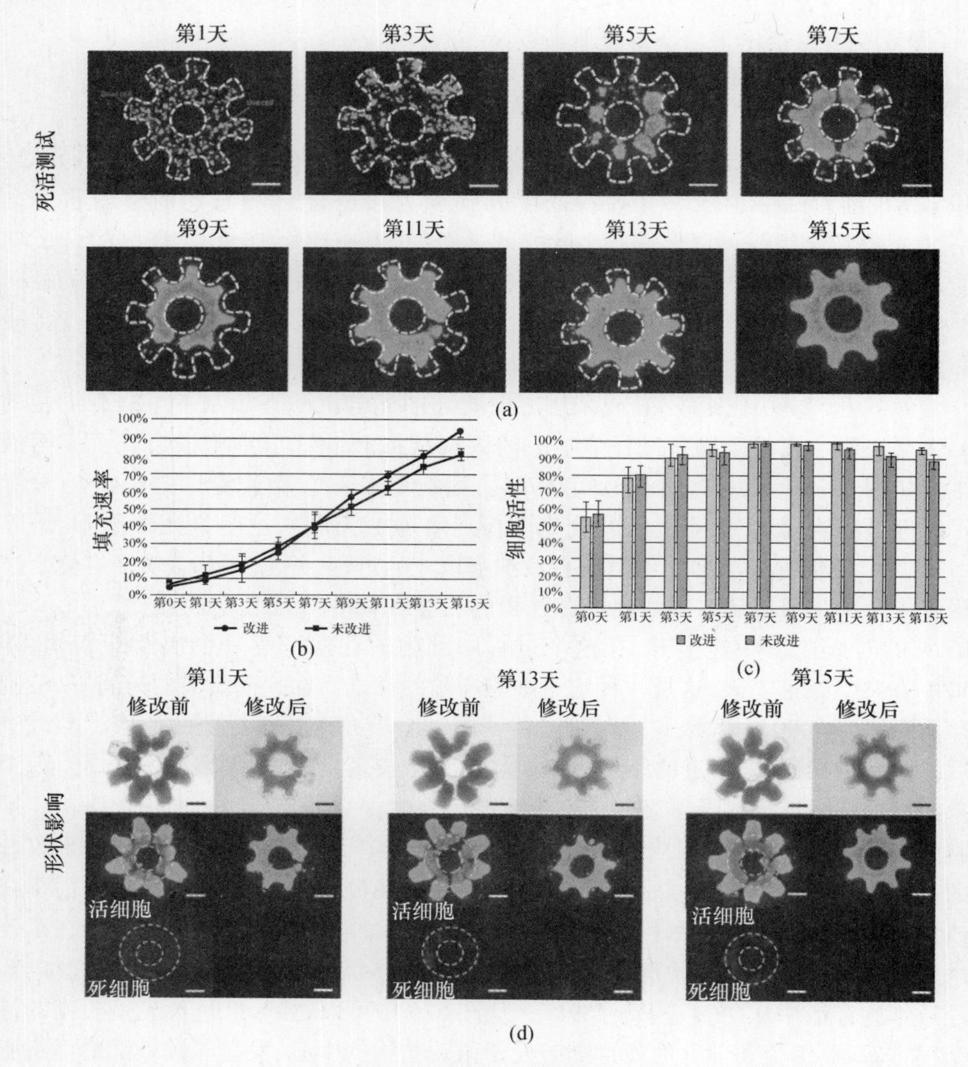

图 6.6 荧光图像显示

15 和第 0 天(加工完成后)测得的整个微孔的单元荧光面积。在第 1、3、5、7、9、11、13、15 天通过活/死试验对不同微孔细胞的存活率进行了评估,在制造后(第 0 天),用 imageJ 分析每张图像中的红色(死细胞)和绿色(活细胞)荧光区域。每组细胞活力代表整个荧光区域的绿色区域。光学图像分别显示在第 11、13、15 天,HepG2 细胞在修饰和未修饰的微球中增殖和充盈的情况。荧光图像显示活细胞(绿色)和死细胞(红色)分别在第 11、13、15 天被活细胞/死细胞染色。虚线勾勒出大多数死亡细胞的面积(刻度栏 300μm)。

6.3 表面处理及共培养

为了模拟自然的三维微结构，对微结构表面进行了修饰，将 NIH/3T3 成纤维细胞涂层作为生物胶涂于微结构表面从而进行进一步组装。这种以细胞黏附力为基础的组装方法提供了一种更自然的方式来模仿天然人体组织，它的特点是损伤小，细胞间相互作用丰富。所有的微模块都是通过 PIED 成形的，并进行了形状修饰。经过 15 天的培养后，细胞充分充满微结构并使其具有了相对足够的机械强度来进行对齐和装配过程。荧光观察时，封装的肝细胞用 CFDA－SE（绿色）染色，成纤维细胞用 Dil（红色）染色。在表面修饰过程中，选择充满细胞的微结构，并采用 PLL 和纤连蛋白（FN）对其进行处理。因为 PLL 很容易与藻酸盐表面的甘露糖醛酸和古罗糖醛酸（MG）基团结合形成一个坚固的膜，所以 0.05% 的 PLL 被用于表面处理和作为 FN 结合的媒介。为了优化建立的 PLL 涂层，我们通过在 PLL 上结合纤连蛋白为细胞提供附着位点来增强细胞附着和增殖。除此之外，我们还采用不同比例的 PLL 和 FN 对成纤维细胞形态进行优化：①无处理；②0.05% w/v PLL；③0.05% w/v PLL＋0.02% w/v FN；④0.05% w/v PLL＋0.05% w/v FN。在所有实验中细胞接种率为 1.0×10^7 细胞/mL。

PLL 在成纤维细胞附着过程中起着重要的作用，比较组 2 和组 1 可以明显看出，如果使用 PLL，成纤维细胞很容易黏附在微模块上，因为带负电荷的细胞膜很容易与带正电荷的 PLL 膜形成非特异性静电相互作用。由于未包裹成纤维细胞 HepG2 细胞很容易在这个时间长出微结构，形成很多细胞团，从而导致中心细胞坏死并破坏微结构形状。在未应用 FN 的情况下（图 6.7（a）），成纤维细胞种子经过 2 天的培养后，由于成纤维细胞不能均匀的覆盖整个微结构所以 HepG2 通常会形成结构外细胞团，从而限制 HepG2 细胞的生物功能。在组 3 和组 4 中，细胞增殖和附着率明显高于组 2，且无细胞团块，表明不仅建立了成纤维细胞－成纤维细胞的相互作用，也建立了肝细胞－成纤维细胞的相互作用。图 6.7（b1）所示，双组分修饰表面的成纤维细胞与丝状伪足支抗一起扩散，改变了成纤维细胞的形状和大小。这一现象在图 6.7（b2）中更加明显，大多数成纤维细胞趋向于扩散，与修饰的表面有更多的接触区域，使得细胞变薄，细胞核可见。随着 ECM 的分泌和细胞的增殖，成纤维细胞以空间排列扩散，形成三维细胞网络。小齿轮的大部分区域被 ECM 和成纤维细胞网络覆盖，甚至在齿间隙也被覆盖，细胞和细胞基质的微观结构变得更加复杂，此时没有清晰的单个成纤维细胞可以被看见，如图 6.7（b3）所示。

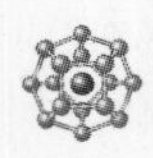

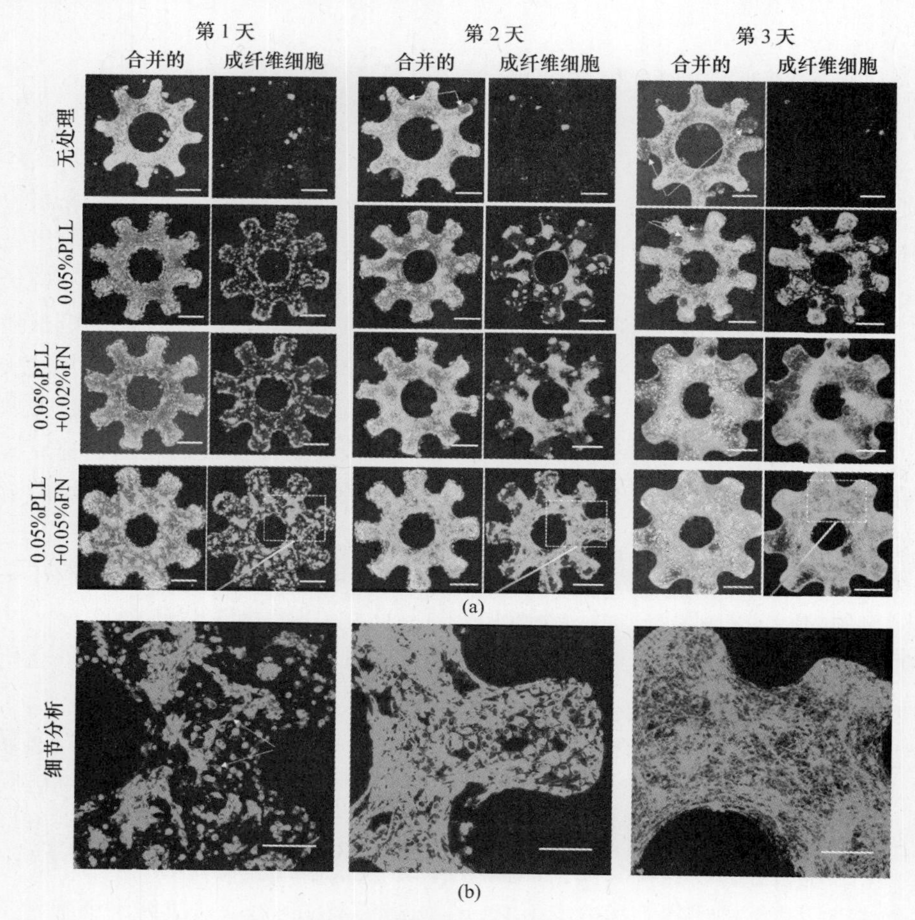

图 6.7 PLL 在成纤维细胞附着过程中的重要作用

(a)共聚焦显微镜扫描荧光图像显示位于核心肝细胞和位于表面成纤维细胞处理不同比率的组件（无处理,0.05% w/v PLL,0.05% w/v PLL+0.02% w/v FN 和 0.05% w/v PLL+0.05% w/v FN）在合并后的图像和成纤维细胞图像；

(b)第 1、2、3 天 0.05% w/vPLL 和 0.05% w/v FN 处理后微结构表面的详细表征。

（标尺：100μm）

经过酶联免疫法测试了 HepG2 细胞的白蛋白和尿素的分泌情况（图 6.8）,在单个整体的测试中经 FN 处理过的微组织在白蛋白和尿素均在接种成纤维细胞后的第 3 天大幅高于未经 FN 处理过的微组织。而当我们用单细胞的分泌量进行对比时这种差异进一步显著起来,在第三天时经过 FN 处理的两组白蛋白分泌量是无处理的近 3 倍,尿素分泌量是无处理的近 4 倍。单是只有 PLL 处理的微组织在单细胞的白蛋白分泌量也是无处理的近 2 倍,尿素分泌量是无处理的近 3 倍。结

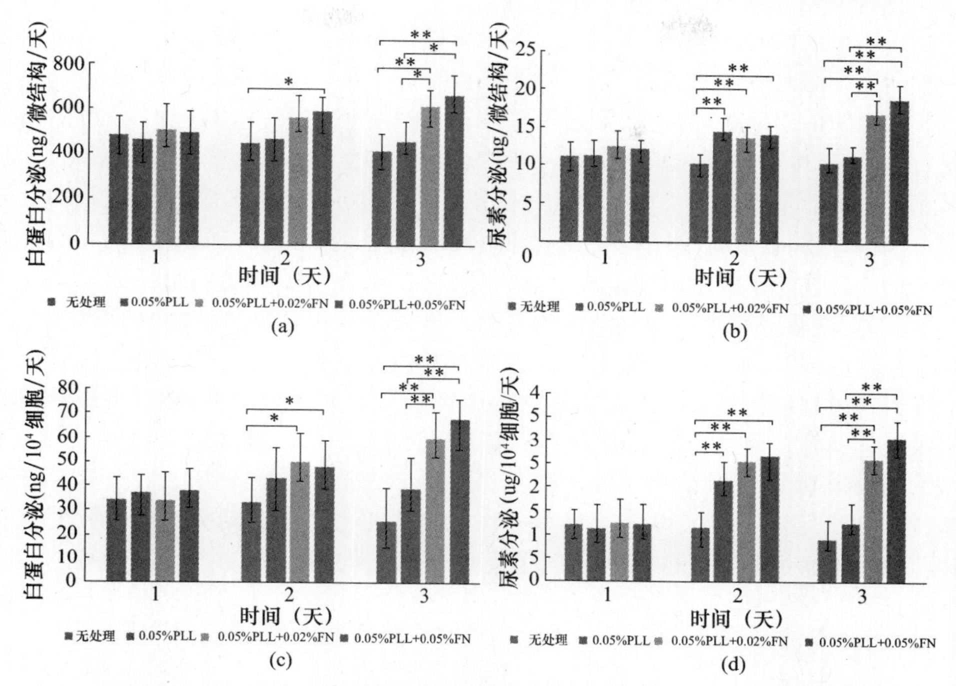

图 6.8　经过不同表面处理后微组织的白蛋白和尿素分泌情况(无处理,0.05% w/v PLL,0.05% w/v PLL + 0.02% w/v FN 和 0.05% w/v PLL + 0.05% w/v FN)

(a)单个微组织的白蛋白分泌情况；(b)单个微组织的尿素分泌情况；

(c)单位细胞的白蛋白分泌情况；(d)单位细胞的尿素分泌情况。

(显著性分析后 P 值 <0.05 为 *,P 值 <0.01 为 **)

果显示了成纤维细胞在肝细胞的分泌功能中起到了非常大的作用。而且在无处理的微组织中白蛋白和尿素的分泌都是逐步下降的,而在有辅助的成纤维细胞的作用下,两者的分泌都是持续上升的。其中单 PLL 处理的微结构则经历了先上升后下降的过程。这则可能主要由于:①成纤维细胞量低无法影响整体 HepG2 细胞的活性;②未完全键合的 PLL 有一定细胞毒性会对成纤维细胞和 HepG2 细胞造成不利的影响,从而影响细胞之间的连接和相互作用;③FN 分子上有适于细胞相互连接和作用的位点区域,细胞在 FN 的作用下能以一个更好的方式延展和生长,从而刺激了细胞的代谢与蛋白的分泌。

6.4　微组织的组装和自黏合

经过表面改性和成纤维细胞附着等工艺,通过微柱导向装配和基于 ECM 分泌的自黏合将含有细胞的微胶囊组装成三维微组织。模拟人体组织的基本要素不仅

包括人体组织的物理特征，还包括人体组织的生物成分。其中将成纤维细胞作为一种间质细胞与肝细胞进行结合，用于改善生物功能，补充生物成分的多样性。

微组织的组装分为两步，即射流拾取和微柱导向对准，如图 6.9(a)所示。首先，在培养皿中采集填充满的细胞微结构，放置在光学显微镜平台上。完成后，双操作臂系统能基于视觉反馈系统进行微组织的自动拾取。该摄像机通过移动目标平台和机械手，获取微观结构的位置和距离信息，引导机械手向微结构的中心孔方向运动。在选定了特定的微结构之后，将微操作器的尖端移动到组织的中心孔部分。同时，微管也移到了微观结构的一侧。机械手向下移动直到触碰到培养皿的底部。然后，用注射泵将微管中的培养基喷射向选定的微观结构。由流体所产生的推力将微观结构推入操作臂上的末端微针上。提起微结构后、微量吸液管转移向微针移动防止微结构因重力下滑。接下来，两个微操作器向微柱移动见图 6.9(b)，并倾斜微针使微结构缓慢滑落至微柱上，微量吸液管向齿轮结构喷射培养基，这样能利用流体力产生一个转矩和一个向下的力向下推动微型组件并发生旋转。微结构通过导引微柱后，导引微柱阻止了微结构的旋转，并沿导引微柱的底部下降，整个过程类似于齿轮的齿合。通过重复这些步骤，在微柱上装配了足够的微

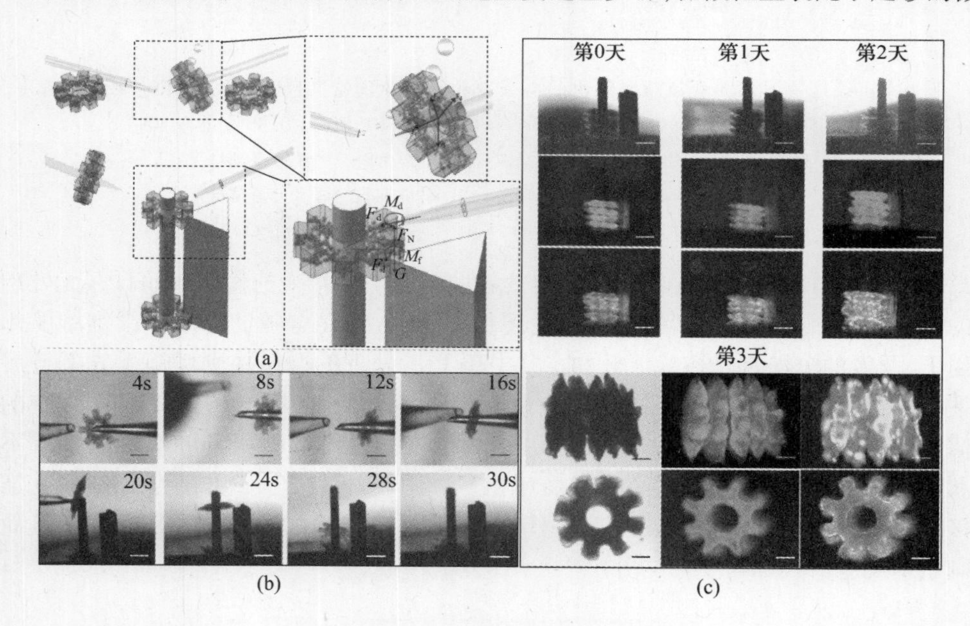

图 6.9 微组织的组装

(a)说明了微柱拾取和微柱导向装配的原理；(b)微柱拾取和微柱导向装配的实时过程(标尺:500μm)；(c)细胞自黏合过程在第 1、2、3 和 0 天(装配完成后)进行表征。标尺:250μm(第 3 天),500μm(第 0 天,第 1 天,第 2 天)

结构后，在 ECM 的分泌下，包覆成纤维细胞的微结构节黏附在相邻的微结构上，组成大尺度的仿生组织，如图 6.9 所示。

6.5 总　　结

该光诱导电沉积系统可实时生成 400 ~ 2000μm 大小范围内各种形状的海藻酸盐微结构。这种技术为我们提供了一种比传统电沉积更灵活的方法来制造任何细胞密度高的微单元，它可以作为构建块来实现更大的组织或器官的几何形状。通过数字仿真，建立了海藻酸盐凝胶化模型（水凝胶厚度与电流密度和时间的关系），与实验结果吻合较好。与以往的凝胶化模型相比，该指数凝胶化模型格式更简单，精度更高，应用范围更广。这种凝胶模型也为我们的尺寸设计和形状修改提供了证明。对于藻酸盐微结构形状的精细修改，我们建立了一种形状模拟方法来精确修改微结构的形状，这具有重要的生物学意义，后面会继续讨论细节。据我们所知，这是第一次将电场模拟应用于预测 PIED 过程的结果。因此，这些技术和理论为利用可见光进行精确光刻提供了一种新方法，这在组织工程和药物研究中具有很大潜力。

在各种器官中，肝脏具有多种生物合成功能和复杂的微结构，由多角形肝小叶和丰富的血管网络组成。这些特征使肝脏成为最适合自底向上入路的器官之一[54]。模块化组织可以形成肝小叶样的微组织，再按比例放大，实现肝的合成功能。天然肝小叶主要由中央静脉和径向肝细胞组成[55]。根据前人的研究报道，齿轮状结构由于中心坏死，具有比微球更好的生物功能。有一个共识，如果结构直径大于 150μm 即会发生坏死[56]。这是由于微孔中的细胞簇密度增大，长时间培养后的传质不良所导致。在我们的实验中，在未修改的 8 齿齿轮微球的环部中心也发生了坏死。因此，我们重新设计了 8 齿小齿轮，并通过第 6.3 节中的形状模拟，防止结构的任何部分大于 150μm。与未改良的微球相比，改良微球在培养 15 天后无坏死，且在培养 11 天后白蛋白和尿素分泌方面具有较好的生物功能。

在表面修饰中，由于带负电荷的细胞膜很容易与带正电荷的 PLL 膜形成非特异性静电相互作用，如果使用 PLL，纤维母细胞很容易黏附在微孔上。然后应用 FN 提高细胞的生物相容性，使细胞扩散、增殖和相互作用。成纤维细胞作为一种支持细胞类型，可以增强肝细胞的分泌功能[57]。成纤维细胞层还具有阻止细胞过度生长和维持微结构的机械功能，而微结构是维持细胞长期功能所必需的[58]。然而，相对于聚乙二醇（PEG）、聚乙烯醇（PVA）和 GELMA 等传统的水凝胶支架，形成微球的 APA 微胶囊和胞核具有更低的机械强度和脆性。因此，需要一种更安全的操作和装配方法来控制这种细胞聚集而不造成任何损害[59]。微流体和微柱可以很好地控制这种不接触的软组织，防止机械损伤[60]。这是首次将成纤维细胞ECM分泌物作为生物凝胶将载满微结节的细胞自结合在一起，提供了一种固定微单元和建立空间几何形状的新方法。

参考文献

[1] LANGER R, VACANTI J P. Tissue engineering[J]. Science, 2000, 260(5110): 920 - 926.

[2] HILLSLEY M V, FRANGOS J A. Review: Bone tissue engineering: the role of interstitial fluid flow[J]. Biotechnology & Bioengineering, 1994, 43(7): 573 - 81.

[3] MARTIN P. Wound healing: aiming for perfect skin regeneration[J]. Science, 1997, 276(5309): 75 - 81.

[4] BELLO Y M, FALABELLA A F, EAGLSTEIN W H. Tissue-engineered skin[J]. American Journal of Clinical Dermatology, 2001, 2(5): 305 - 313.

[5] ZIMMERMANN W H, MELNYCHENKO I, WASMEIER G, et al. Engineered heart tissue grafts improve systolic and diastolic function in infarcted rat hearts[J]. Nature Medicine, 2006, 12(4): 452 - 458.

[6] CAPLAN A I, ELYADERANI M, MOCHIZUKI Y, et al. Principles of cartilage repair and regeneration[J]. Clin Orthop Relat Res, 1997, 342(342): 254 - 269.

[7] LI Y, CHEN P, WANG Y, et al. Rapid assembly of heterogeneous 3D cell microenvironments in a microgel array [J]. Advanced Materials, 2016, 28(18): 3543 - 3548.

[8] KAEHR B, SHEAR J B. Multiphoton fabrication of chemically responsive protein hydrogels for microactuation [J]. Proceedings of the National Academy of Sciences of the United States of America, 2008, 105(26): 8850 - 8854.

[9] XING J, LIU J, ZHANG T, et al. A water soluble initiator prepared through host-guest chemical interaction for microfabrication of 3D hydrogels via two-photon polymerization[J]. Journal of Materials Chemistry B, 2014, 2 (27): 4318 - 4323.

[10] XING J, LIU L, SONG X, et al. 3D hydrogels with high resolution fabricated by two-photon polymerization with sensitive water soluble initiators[J]. Journal of Materials Chemistry B, 2015, 3(43): 8486 - 8491.

[11] XING J F, ZHENG M L, DUAN X M. Two-photon polymerization microfabrication of hydrogels: an advanced 3D printing technology for tissue engineering and drug delivery[J]. Chemical Society Reviews, 2015, 44(15): 5031 - 5039.

[12] XU T, ZHAO W, ZHU J M, et al. Complex heterogeneous tissue constructs containing multiple cell types prepared by inkjet printing technology[J]. Biomaterials, 2013, 34(1): 130 - 139.

[13] SULLIVAN D C, MIRMALEK-SANI S H, DEEGAN D B, et al. Decellularization methods of porcine kidneys for whole organ engineering using a high-throughput system[J]. Biomaterials, 2012, 33(31): 7756 - 7764.

[14] XU F, WU C A, RENGARAJAN V, et al. Three-dimensional magnetic assembly of microscale hydrogels[J]. Advanced Materials, 2011, 23(37): 4254 - 4260.

[15] ERB R M, SON H S, SAMANTA B, et al. Magnetic assembly of colloidal superstructures with multipole symmetry[J]. Nature, 2009, 2(26): 51 - 53.

[16] TASOGLU S, DILLER E, GUVEN S, et al. Untethered micro-robotic coding of three-dimensional material com-

position[J]. Nature Communications,2014,5(1):3124.

[17] VANHERBERGHEN B,MANNEBERG O,CHRISTAKOU A,et al. Ultrasound-controlled cell aggregation in a multi-well chip[J]. Lab on A Chip,2010,10(20):2727 - 2732.

[18] SHI J,AHMED D,MAO X,et al. Acoustic tweezers: patterning cells and microparticles using standing surface acoustic waves (SSAW)[J]. Lab on A Chip,2009,9(20):2890 - 2895.

[19] DENDUKURI D,DOYLE P S. The synthesis and assembly of polymeric microparticles using microfluidics[J]. Advanced Materials,2010,21(41):4071 - 4086.

[20] LUO R C,CHEN C H. Structured microgels through microfluidic assembly and their biomedical applications [J]. Soft,2012,1(1):1 - 23.

[21] 顾其胜,朱彬. 海藻酸盐基生物医用材料[J]. 中国组织工程研究,2007,11(26):5194 - 5198.

[22] RAHMATI N F,TEHRANI M M,DANESHVAR K,et al. Influence of selected gums and pregelatinized corn starch on reduced fat mayonnaise: modeling of properties by central composite design[J]. Food Biophysics, 2015,10(1):39 - 50.

[23] KAWAI T,AKIRA S. The role of pattern-recognition receptors in innate immunity: update on Toll-like receptors[J]. Nature Immunology,2010,11(5):373.

[24] FRANZ S,RAMMELT S,SCHARNWEBER D,et al. Immune responses to implants-A review of the implications for the design of immunomodulatory biomaterials[J]. Biomaterials,2011,32(28):6692 - 6709.

[25] CALAFIORE R,BASTA G. Clinical application of microencapsulated islets: actual prospectives on progress and challenges[J]. Advanced Drug Delivery Reviews,2014,67 - 68(1):84 - 92.

[26] PONCE S,ORIVE G,HERNÁNDEZ R,et al. Chemistry and the biological response against immunoisolating alginate polycation capsules of different composition[J]. Biomaterials ,2006,27,4831 - 4839.

[27] SPASOJEVIC M,BHUJBAL S,PAREDES G,et al. Considerations in binding diblock copolymers on hydrophilic alginate beads for providing an immunoprotective membrane[J]. Journal of Biomedical Materials Research Part A,2014,102(6):1887 - 1896.

[28] STRAND B L,RYAN T L,IN'T V P,et al. Poly-L-lysine induces fibrosis on alginate microcapsules via the induction of cytokines[J]. Cell Transplantation,2001,10(3):263 - 275.

[29] GORKA ORIVE,SUSAN K,TAM,JOSÉ LUIS PEDRAZ,et al. Biocompatibility of alginate-poly-lysine microcapsules for cell therapy[J]. Biomaterials,2006,27(20):3691 - 3700.

[30] JUSTE S,LESSARD M,HENLEY N,et al. Effect of poly- L-lysine coating on macrophage activation by alginate-based microcapsules: Assessment using a new in vitro, method[J]. Journal of Biomedical Materials Research Part A,2010,72A(4).

[31] HOOGMOED C G V,BUSSCHER H J,VOS P D. Fourier transform infrared spectroscopy studies of alginate-PLL capsules with varying compositions[J]. Journal of Biomedical Materials Research Part A,2003,67A(1): 172.

[32] DE V P,SPASOJEVIC M,DE HAAN B J,et al. The association between in vivo physicochemical changes and inflammatory responses against alginate based microcapsules[J]. Biomaterials,2012,33(22):5552 - 5559.

[33] HAAN B J,FAAS M M,HAMEL A F,et al. Experimental approaches for transplantation of islets in the absence of immune suppression. in Trends in Diabetes Research,2006,131 - 162.

[34] CALAFIORE R. Alginate microcapsules for pancreatic islet cell graft immunoprotection: struggle and progress towards the final cure for type 1 diabetes mellitus[J]. Expert Opin Biol Ther,2003,3(2):201 - 205.

[35] CALAFIORE R, BASTA G, LUCA G, et al. Microencapsulated pancreatic islet allografts into nonimmunosuppressed patients with type 1 diabetes: first two cases[J]. Diabetes Care, 2006, 29(1): 137 - 138.

[36] SUSAN K. TAM, JULIE DUSSEAULT, STEFANIA POLIZU, et al. Physicochemical model of alginate-poly-lysine microcapsules defined at the micrometric/nanometric scale using ATR-FTIR, XPS, and ToF-SIMS[J]. Biomaterials, 2005, 26(34): 6950 - 6961.

[37] 陈代杰,罗敏玉.生物高分子(第6卷)[M].北京:化学工业出版社,2004:194 - 217.

[38] DONATI I, HOLTAN S, MÃ, RCH Y A, et al. New hypothesis on the role of alternating sequences in calcium-alginate gels[J]. Biomacromolecules, 2005, 6(2): 1031 - 1040.

[39] SAKAI S, ONO T, IJIMA H, et al. In vitro and in vivo evaluation of alginate/sol-gel synthesized aminopropyl-silicate/alginate membrane for bioartificial pancreas[J]. Biomaterials, 2002, 23(21): 4177 - 4183.

[40] LUCA G, NASTRUZZI C, CALVITTI M, et al. Accelerated functional maturation of isolated neonatal porcine cell clusters: in vitro and in vivo results in NOD mice[J]. Cell Transplantation, 2005, 14(5): 249 - 261.

[41] GRIFFITHS P R. The Handbook of infrared and raman characteristic frequencies of organic molecules[M]. Academic Press, 1991.

[42] IVLEVA N P, WAGNER M, HORN H, et al. In situ surface-enhanced raman scattering analysis of biofilm[J]. Analytical Chemistry, 2008, 80(22): 8538.

[43] HIMMELSBACH D S, AKIN D E. Near-infrared fourier-transform raman spectroscopy of flax (Linum usitatissimum L.) stems[J]. Journal of Agricultural & Food Chemistry, 1998, 46(3): 991 - 998.

[44] SCHENZEL K, FISCHER S. NIR FT raman spectroscopy-a rapid analytical tool for detecting the transformation of cellulose polymorphs[J]. Cellulose, 2001, 8(1): 49 - 57.

[45] CAMPOS-VALLETTE M M, CHANDÍA N P, CLAVIJO E, et al. Characterization of sodium alginate and its block fractions by surface-enhanced raman spectroscopy[J]. Journal of Raman Spectroscopy, 2010, 41(7): 758 - 763.

[46] PIELESZ A, BAK M K. Raman spectroscopy and WAXS method as a tool for analysing ion-exchange properties of alginate hydrogels[J]. International Journal of Biological Macromolecules, 2008, 43(5): 438 - 443.

[47] BETZ J F, CHENG Y, TSAO C Y, et al. Optically clear alginate hydrogels for spatially controlled cell entrapment and culture at microfluidic electrode surfaces[J]. Lab on A Chip, 2013, 13(10): 1854 - 1858.

[48] BETZ J F, CHENG Y, TSAO C Y, et al. Optically clear alginate hydrogels for spatially controlled cell entrapment and culture at microfluidic electrode surfaces[J]. Lab on A Chip, 2013, 13(10): 1854 - 1858.

[49] OZAWA F, INO K, ARAI T, et al. Alginate gel microwell arrays using electrodeposition for three-dimensional cell culture. [J]. Lab on A Chip, 2013, 13(15): 3128 - 3135.

[50] WAN W, DAI G, ZHANG L, et al. Paper-based electrodeposition chip for 3D alginate hydrogel formation[J]. Micromachines, 2015, 6(10).

[51] JAVVAJI V, BARADWAJ A G, PAYNE G F, et al. Light-activated ionic gelation of common biopolymers[J]. Langmuir the Acs Journal of Surfaces & Colloids, 2011, 27(20): 12591 - 6.

[52] CHENG Y, LUO X, BETZ J, et al. Mechanism of anodic electrodeposition of calcium alginate[J]. Soft Matter, 2011, 7(12): 5677 - 5684.

[53] CHENG Y, LUO X, BETZ J, BUCKHOUT-WHITE S, et al. In situquantitative visualization and characterization of chitosanelectrodeposition with paired sidewall electrodes[J]. Soft Matter, 2011, 6(2): 63177 - 63183.

[54] CHIOU P Y, OHTA A T, WU M C. Massively parallel manipulation of single cells and microparticles using op-

tical images[J]. Nature,2005,436(7049):370 – 2.

[55] HUANG S H,HSUEH H J,JIANG Y L. Light-addressable electrodeposition of cell-encapsulated alginate hydrogels for a cellular microarray using a digital micromirror device[J]. Biomicrofluidics,2011,5(3):342.

[56] LIU N,LIANG W,LIU L,et al. Extracellular-controlled breast cancer cell formation and growth using non-UV patterned hydrogels via optically-induced electrokinetics[J]. Lab on A Chip,2014,14(7):1367 – 1376.

[57] CANAPLE L,REHOR A,HUNKELER D. Improving cell encapsulation through size control[J]. Journal of Biomaterials Science Polymer Edition,2002,13(7):783 – 796.

[58] JALAN R,SEN S,WILLIAMS R. Prospects for extracorporeal liver support[J]. Gut,2004,53(6):890 – 898.

[59] LIN R Z,CHU W C,CHIANG C C,et al. Magnetic reconstruction of three-dimensional tissues from multicellular spheroids[J]. Tissue Eng Part C Methods,2008,14(3):197 – 205.

[60] BROWN M A,WALLACE C S,ANGELOS M,et al. Characterization of umbilical cord blood-derived late outgrowth endothelial progenitor cells exposed to laminar shear stress[J]. Tissue Eng Part A,2009,15(11): 3575 – 3587.

第7章 基于流体动力学交互的人工微组织组装与功能评估

体外构建人体器官组织的三维模型,并在结构和功能上保留真实组织的特性,有望作为活体替代模型用于生物和临床医学研究[1,2]。特别是人工肝脏组织的体外构建,对药理学和病理学研究具有重要意义[3]。众所周知,肝脏是人体内以代谢功能为主的内脏器官,对于来自体内和体外的许多非营养物质如药物、毒素以及体内的某些代谢产物)具有生物转化功能,能够通过新陈代谢将它们分解并排出体外,因此我们常将其誉为“解毒器官”。然而肝病也是一种高发病。在我国,目前有各类肝病患者逾1亿例,其中病情凶险的末期肝病患者约800万例,病死率高达80%以上。虽然肝移植可以有效治疗末期肝病,但一直受困于供体短缺、费用昂贵等因素。另一方面,新型药物的开发一直以来依赖动物模型做药物试验,从而导致了较高的失败率。而药物肝毒性测试是新型药物的开发的重要参考指标。因此,近年来国内外积极研发基于人工肝组织的生物人工肝模型,以期用于药物筛选和再生医疗领域[4,5]。

常见的人工肝组织构建模式(图7.1)主要有聚球培养、凝胶包埋培养、基于微流道的片上肝细胞培养[6]以及去细胞肝脏支架等[7]。国外已有采用肝细胞形成细胞球,或采用水凝胶包埋形成微结构成功实现了肝细胞的体外培养[8,9]。为了提高肝细胞在体外的活性和功能,也有人采用肝细胞和内皮细胞或成纤维细胞等非实质细胞共培养的模式进行体外的肝组织培养[10]。但目前这些培养模式存在共性缺陷,即只是实现了肝细胞在二维或简单三维环境下生长,并没有从仿生学角度出发,考虑真实肝组织的复杂外形结构及代谢必需的内部血管网络,而这种缺失使得肝细胞在体外丧失细胞极性,从而导致细胞活力无法与在体肝细胞相比较,并使肝细胞生物合成及解毒功能下降,进而导致目前人工肝组织模型对药物测试效果的不稳定,无法开展大规模的临床应用[11,12]。

对于肝脏来说,肝小叶作为肝组织结构和功能的基本单位,结构上呈六角棱柱体,直径约1mm,厚度约2mm,中心贯穿一条中央静脉,如图7.2所示。肝细胞以中央静脉为中轴呈放射状排列,形成肝小叶的复杂立体结构[13]。因此,按照“自下而上”的人工组织构建方法,在体外构建肝组织的仿生结构,需要首先通过微加工

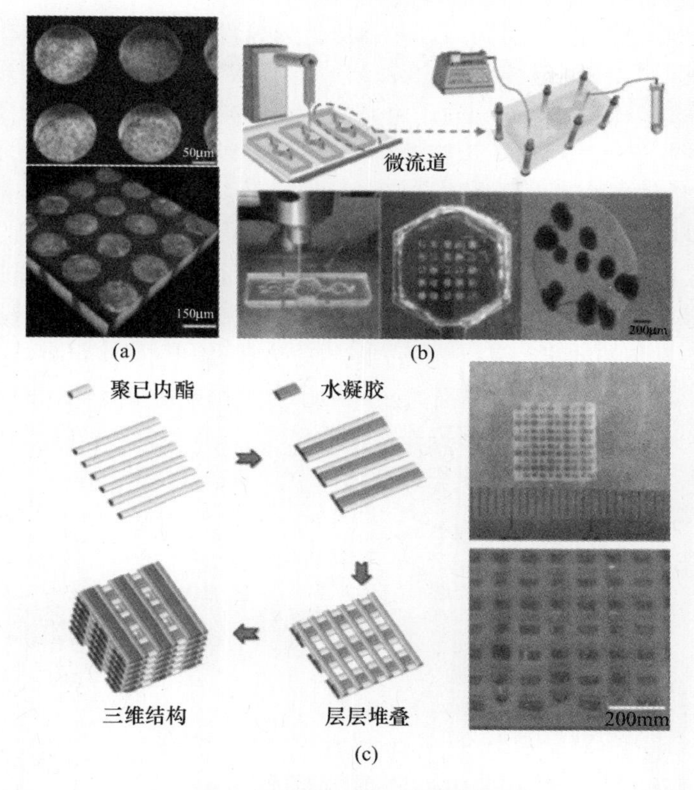

图7.1 常见的人工肝组织构建模式
(a)凝胶包埋肝细胞;(b)基于微流道的肝模型;(c)生物打印构建三维生物支架。

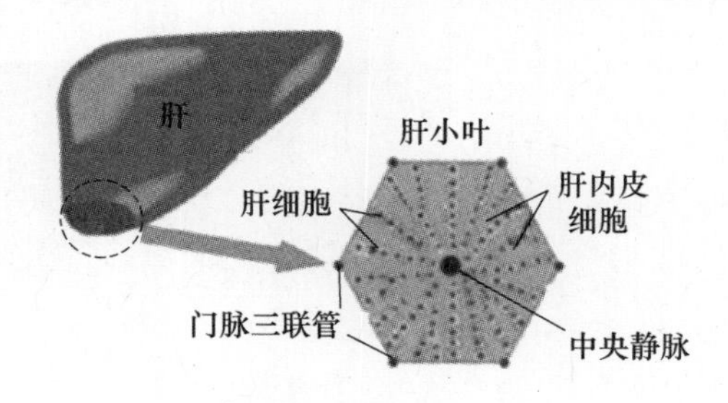

图7.2 肝与肝小叶

技术将肝细胞构造成模拟肝小叶结构的薄片微单元,然后将这些微组装单元以真实组织相同的规律进行重复性轴向组装,以形成具有真实组织轮廓的人工肝组织。

目前对薄片状物体有效的操作方法可以分为非接触式操作和接触式操作两大类。非接触式力操作(如介电泳、磁场力和光场力等)因其可以实现微尺度精确控制,被越来越多地应用于人工微组织构建。国内中科院沈阳自动化研究所的刘连庆教授团队对基于介电泳的操作有深入研究。他们利用介电泳开创性地实现了片状细胞微单元的“拼图”组装(图7.3(a))[14],但该组装仅限于平面拼装,无法进行空间三维构建。此外,介电泳的作用力弱,操作对象尺寸有限。基于磁场力的组装方法是将磁性纳米粒子混入细胞聚合微单元中,以外部磁力引导微单元进行移动、拼装。磁性纳米粒子生物性能良好,还可直接用于细胞的悬浮培养[15]。国内清华大学杜亚楠教授课题组利用磁控系统成功对细胞化凝胶单元进行了非接触式三维定向组装(图7.3(b))[16]。这种基于磁场引导微单元分层组装的方式,为三维微组织构建提供了新的思路。但磁场控制精度、灵活度都不高,无法实现肝组织相对复杂的空间组装要求。基于光场力的操作方法是利用高度汇聚的激光形成光阱,捕获微米尺度的目标[17]。然而大多数的场力依赖于复杂且庞大的外部电路和设备,却只能提供二维力,并且对操作对象的尺寸、形状等有严格的限制,因此很难用于组装具有复杂形状的三维组织。

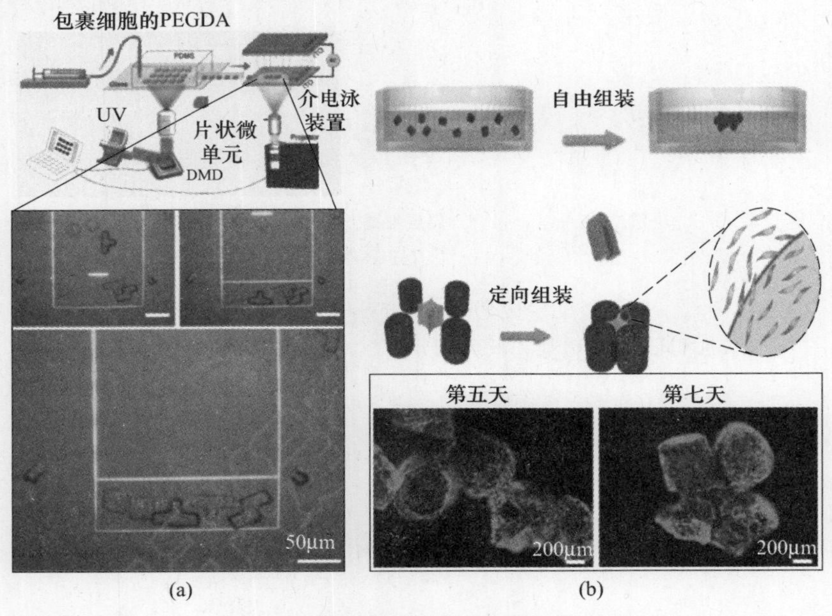

图7.3 非接触式三维组装操作方法
(a)介电泳操作;(b)磁力定向操作。

基于微型机械臂的接触式微机械操作,能够灵活地在三维开放空间对细胞群或包裹细胞的微单元进行精确的拾取、组装[18-21]。但对于调整和排列处理具有特殊形状的微单元的姿态位置,微机械操作不能批量进行,只能一个一个判断其姿态位置再设计操作路径。且不说微纳尺度的操作过程复杂且耗时,微观粒子的相互作用也会干扰微调整。为减少组装过程中的微观黏附力的干扰和保持细胞活性,微单元的组装过程必须要在培养液环境中完成，而末端执行器的移动对液体产生的紊流扰动会影响微单元组装结构的稳定。进一步，仿生肝组织要形成一定细胞规模，必须对微单元进行规模化高效组装，虽然目前宏/微结合的驱动模式为这一高效组装提供了支持，但仍缺乏针对肝组织构建的宏/微运动控制策略。所以，虽然微装配机器人为肝组织仿生构建提供了有效的执行装置，但仍缺乏针对微单元的有效操作方法和微/宏混合的组装控制策略。日本名古屋大学最新的研究通过微移液管对仿肝小叶微单元进行“自下而上”的空间组装[22]，但组装结果明显不理想。所以，寻求新的驱动机理和组装模式，成为完成仿生肝组织组装的突破口。

基于液体环境的流体力组装操作也在组织工程领域有所应用，主要搭载微流控芯片对微单元进行流道内的组装。日本名古屋大学的岳涛博士设计了一种独特的微流道，通过控制流体将圆环状的微单元在流道内逐个轴向排列起来形成微圆管[23]，如图7.4所示。然而这种方法只适用于外形轮廓为圆形的微单元。对于有棱角结构的微单元，轴向排列后的每个微单元姿态不尽相同，这种操作无法校准这些微单元的姿态以形成具有规则外形轮廓的整体。

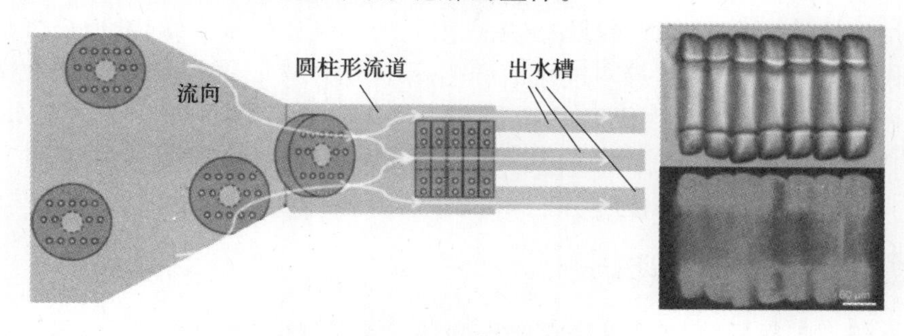

图7.4 基于微流道的仿血管结构三维组装

综合考虑微机械操作和流体操作的优势，以及三维组装具有复杂外形的微单元的需求，一种基于流体动力学交互的体外人工组织的三维构建方法被提出，用于制作仿肝小叶结构和功能的人工三维微组织。采用这种方法制作人工三维肝小叶组织，主要分为以下三个步骤：

（1）采用生物兼容性水凝胶，包裹肝细胞和成纤维细胞，制作仿肝小叶形状的二维薄片微单元；

（2）利用微机械操作系统，结合微流体力的作用，将仿肝小叶形状的二维薄片微单元轴向集合、组装成三维柱状结构；

（3）基于亲-疏水的流体动力学交互原理，对收集的仿肝小叶微单元进行统一、同步的姿态校准，并通过紫外曝光交联，将它们固定在一起成为具有规则轮廓外形及中央仿血管通道的微型仿肝小叶三维组织。

下面我们依次详细介绍基于流体动力学交互的人工微型仿肝小叶组织的三维构建过程，并对该仿肝小叶微组织的体外细胞活性和肝功能进行评估。

7.1 薄片状仿肝小叶微单元结构制作

控制细胞和微环境的相互作用对于生成模拟体内组织的结构，以及引导细胞分化和形成组织是非常重要的。因此从工程角度来说，支架或者组织模板应该具有内部空隙网络和明确外部结构，作为细胞增殖和形成组织的支撑结构。快速成形技术作为快速的固体自由成形的制造技术，在先进组织工程支架的制造中起着重要的作用[24-26]。光固化技术是快速成形技术的一种，在制作微纳尺度的模块中具有其他技术无法比拟的高精度和高分辨率的优势。

光固化工艺要求使用光敏性的液体配方，能够在光照作用下固化。而通过将细胞封装在预制结构中，细胞密度比散布在支架表面更高。此外，细胞的分布可能会得到更好的控制[27-29]。光固化工艺可以用于微接触打印、微流控制版等技术方法中。微接触打印可以直接打印出包裹细胞的二维或三维微结构，但该方法的精度受硬件系统限制，并且打印过程不可逆，不灵活[30-32]。微流控制版是在微流道芯片内制作封装细胞的薄片状微结构，微结构的形状由曝光光束的形状决定[33,34]。因此，采用微流控光刻技术制作模拟肝小叶形状的微单元，并将肝细胞封装其中，作为构建三维仿肝小叶微组织的微模块，是非常适合的。

7.1.1 微流道芯片设计

在组织工程领域，光固化工艺制作微纳级的凝胶包裹细胞微单元，需要在微观尺度下能够实现对凝胶形状的精准操控，并要求操作环境的密闭性以保证细胞不被细菌感染。微流道芯片正具备这样的条件。根据包裹细胞的凝胶微单元的需求，可以设计不同的微流道来制作包裹细胞的微纤维状、薄片状或块状的微单元。微流道的加工制作方法有很多，目前常见的也较为成熟的是以硅材料为基底，采用半导体加工工艺的光刻以及刻蚀技术将微尺度图形转移到基底上，从而制作微流道芯片。对于制作薄片仿肝小叶微单元的微流道芯片，仅需要一个厚度适当的微流道空间，以及一个输入口与一个输出口，如图 7.5 所示。

制作薄片状仿肝小叶微单元所使用的微流道芯片加工方法如图 7.6 所示。第一步是制作基底模：①将 SU－8 光刻胶通过匀胶机均匀地旋涂于硅片表面，形成与所需微流道高度相同的厚度；②通过紫外光透过掩膜版对硅片进行曝光处理，光刻胶的特殊区域，即掩膜版上与设计的微流道相同的区域将被照射。SU－8 是一种反胶，因此只有微流道区域被曝光并固化，其他区域被掩膜版的非透明区域保

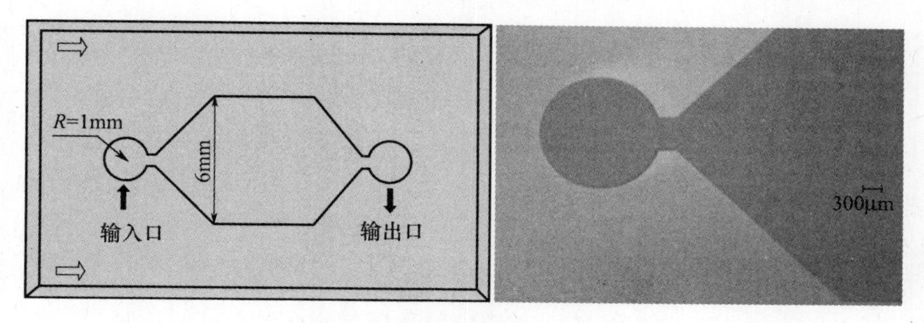

图7.5　面向二维细胞化微模块加工的微流道设计

护;③曝光后的硅片被放置于显影液中,未被曝光的部分将被清除;④硅片上由光刻胶构成的剩余部分即为可供后续复制成微流道芯片的原模。微流道的高度将由该原模的厚度决定。

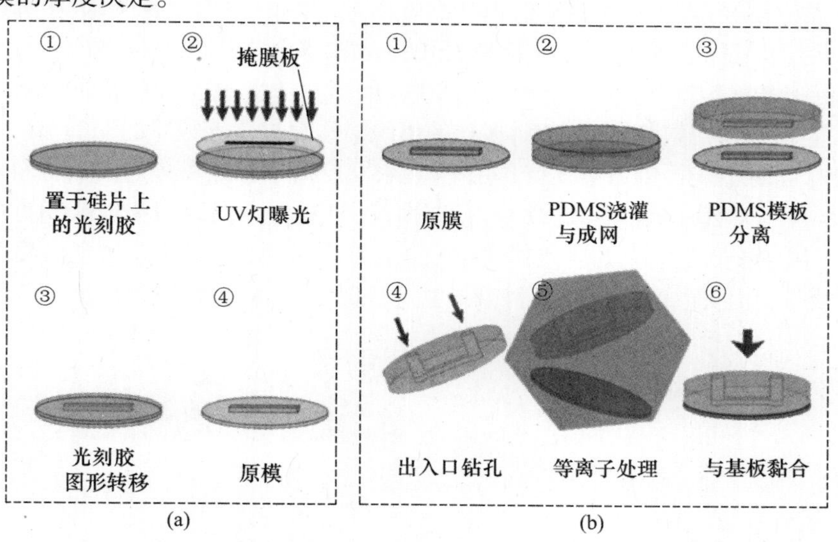

图7.6　微流道芯片加工方法

(a)微流道基底模制作;(b)微流道芯片浇铸。

第二步是浇铸微流道芯片。聚二甲基硅氧烷(PDMS)是一种常见的有机材料,由于具有价格低廉、加工简单、透光性好等特点成为微流道芯片中最常用的材料。采用PDMS制作微流道芯片的加工过程如下:①PDMS与硬化剂以10:1比例混合并搅拌均匀,静置排出因搅拌产生的气泡;②将排气后的PDMS浇灌到之前制作的硅基底原模上并放入烤箱加热固化,当PDMS固化以后,微流道形状就由原模复制到PDMS中;③为了实现微流道中液体的流通,成型的PDMS微流道需要在预设的输入输出位置刺穿扎孔。在PDMS微流道制作完成后,还需要将其与载玻片贴合才算是完整的微流道芯片。为了避免有机玻璃片的亲水性导致流道中的水凝胶微模块黏附于玻璃片上，玻璃片需要旋涂 PDMS 以改变表面疏水特性，同时也实现了 PDMS 与载玻片的可逆黏合。通过 PDMS 与 PDMS 玻璃片结合，微流道被封闭成完整的芯片。通过对输入口液体的控制，我们能够实现对微流道中凝胶与微结构的精确操作。

7.1.2 水凝胶选择

在体内，一种名为细胞外基质(ECM)的物质对细胞的存活不可或缺。它为细胞提供力学支持和生理信号以支持细胞增殖和调节细胞行为。在组织工程和再生医学中，人们用生物材料代替 ECM 制作人工支架进行体外的细胞组织化培养[35-37]。基于 ECM 的生物材料多种多样，其中水凝胶类物质由于具有良好的吸水性、黏弹性、与人体组织相近的力学性能以及良好的生物兼容性，近年来广泛地应用于组织工程领域[38-41]。水凝胶是由分散在水介质中的聚合物链通过各种机制交联形成的[42,43]，包括物理和化学交联，如图 7.7 所示。水凝胶作为组织工程支架，能够起到细胞载体的作用，多孔的组织结构允许营养物质的交换与代谢产物的排出，同时也能提供力学支持作用[44]。水凝胶按来源主要分为天然材料和人工合成材料。天然材料如明胶、胶原、壳聚糖等，具有与人体组织相同或相近的化学成分。例如胶原是哺乳动物组织 ECM 的主要蛋白质，占哺乳动物蛋白质总量的 25%[45,46]。但天然的水凝胶材料由于非共价键交联，机械稳定性较差。人工合成

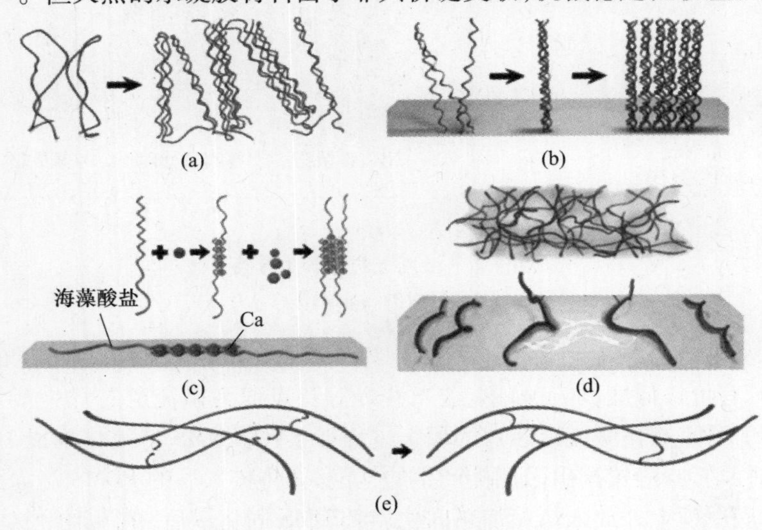

图 7.7 水凝胶的交联反应

(a)物理交联，热诱导交联；(b)自组装；(c)离子交联；(d)物理交联，静电作用；(e)化学交联。

材料包括聚氧化乙烯(PEO)、聚乙二醇(PEG)及其衍生物等,具有生物兼容性,通过化学交联可以形成机械性能稳定的结构[47,48]。其中,聚乙二醇二丙烯酸酯(PEGDA)是用丙烯酸酯取代PEG末端的羟基形成的,在光引发剂(PI)作用下能够交联成具有亲水性、生物兼容性以及结构可控等优点的多空隙的三维聚合物网络,是近年来生物化学、制药等研究领域的热点,在组织工程支架及药物载体等生物医学领域具有一定的应用前景[49,50]。

PEGDA的分子量(Mw)影响着PEGDA的细胞兼容性。以常用的几种PEGDA分子量700、3400、5000Da为例,分子量越高,细胞兼容性越好,即细胞在PEGDA水凝胶中的存活率越高。但分子量越高的PEGDA,固化成形后的力学稳定性越差,不利于三维结构的制作。另一方面,PEGDA对细胞的黏附性较差[51]。细胞虽可以与PEGDA共存,却无法贴附在PEGDA表面生长。这是由于PEGDA分子链末端缺乏吸附蛋白的分子。但通过在PEGDA末端修饰RGD等多肽链,可以有效提高PEGDA对细胞的黏附性,同时又不影响PEGDA本身的力学特性[52]。韩国Vincent Chan等人对此已进行了验证[53]。他们采用老鼠成纤维细胞NIH/3T3,以普通的和RGD修饰过的分子量700、3400、5000Da的PEGDA为载体,进行细胞培养实验,发现细胞在RGD修饰过的PEGDA中表现出更高的存活率。而且PEGDA分子量越高,细胞兼容性越好,即细胞在PEGDA水凝胶中的存活率越高(图7.8)。但分子量越高的PEGDA,固化成形后的机械稳定性越差,不利于三维结构的制作。从图7.8中可以看出,分子量为3400Da的PEGDA水凝胶在细胞长期培养中对维持细胞的活性具有明显的优势。因此,为了实现多细胞共培养的仿肝小叶微组织,并使其在体外长期培养中维持较高的细胞活性和功能,我们采用分子量3400Da的RGD-PEGDA水凝胶。

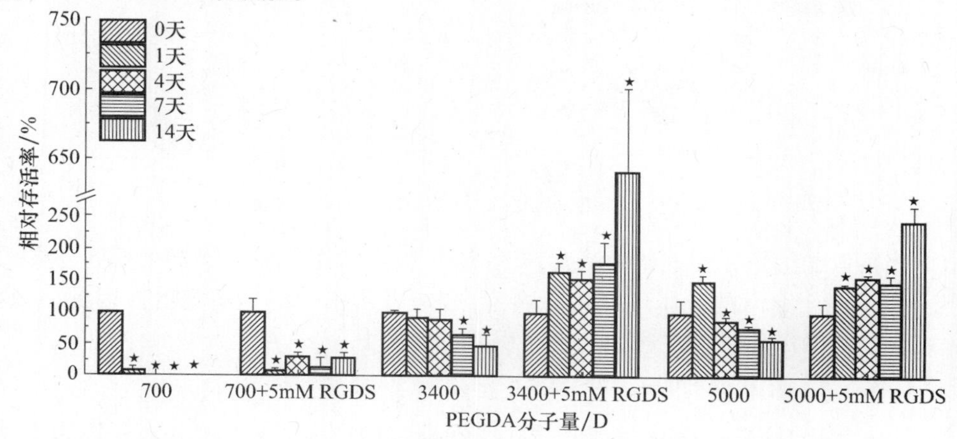

图7.8 PEGDA分子量对成纤维细胞NIH/3T3活性的影响

7.2 基于表面张力驱动的微机器人三维组装

利用微操作机器人系统,灵活控制其双操作臂在显微观测下的三轴平移坐标和切入姿态角,通过逐个拾取微圆环等结构的可编程化串行操作,可以实现对微组装单元的三维拾取。然而,由于整个过程处于水溶液环境中,被微操作臂拾取的各个微单元在流体作用下通常姿态各异,排列不会像我们希望的那样整齐。传统的做法是基于辅助操作探针的逐个调整,但耗时较大,且在有微小流动的液体中无法保证精确度。为了解决这一问题,我们采用了一种基于表面张力驱动的自校准。当足够数量的微单元被拾取完毕后,我们将其移出水溶液。由于微量液体残留,短时间内水凝胶不会失水变形。此时,我们将其置于矿物油环境中,在表面张力主导的微观力作用下,整组水凝胶趋向于能量最低的状态,宏观表现为表面积最小的状态,而该状态通常对应我们希望校准的位置(图 7.9)。然而,由于黏滞阻力的存在,基于亲疏水相互作用的对准精度仍然需要优化。另外,对于某些特定形状的微单元,在该自发校准过程当中,表面积和能量的变化存在局部极小值,会导致微单元的校准过程陷入我们不希望出现的势阱当中。因此,我们需要针对这一问题进行建模分析,通过仿真和实验优化来规避局部极小值的影响,从而使水凝胶运动至正确的能量最小值。

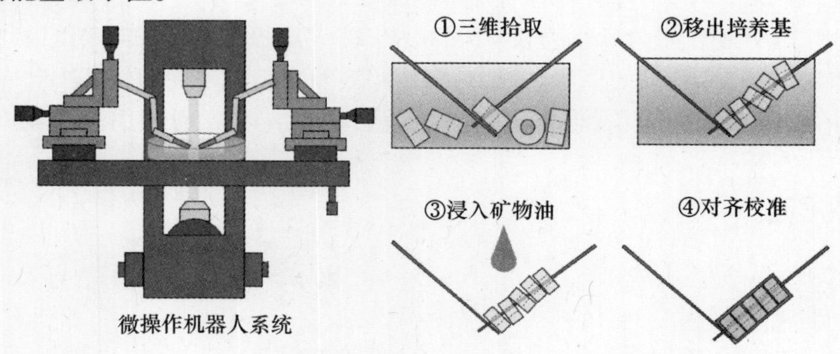

图 7.9　微操作机器人三维组装薄片状微单元

当拾取的微单元浸入矿物油时,亲-疏水相互作用使微单元的表面自由能最小[54,55]。由于此时的液体环境相对稳定,这一表面张力也是恒定的。因此,可得出表面功与微单元暴露在油中的表面积的关系如下:

$$\delta W = \gamma \mathrm{d}A_{\mathrm{s}} \tag{7-1}$$

由于表面功等于总的表面自由能(吉布斯自由能)的减小量 ΔG,所以吉布斯自由能的减小量与表面积的减小量成正比,即

$$\Delta G = \gamma \Delta A_{\mathrm{s}} \tag{7-2}$$

因此,基于表面能变化的自校准过程可由表面积的变化来定量分析。通过计算当前的表面积即可知道当前的能量状态。为了减小自由能,表面张力作为驱动力会同步调整每个微单元的位置和方向。因此,表面自由能可表示为相对位置和姿态的关系式,自由能的减小量可表示为

$$\Delta G = f(x, y, z, \alpha, \beta, \theta) \tag{7-3}$$

式中:x、y、z、α、β、θ 均为相对坐标。受表面张力,每个微单元均会产生平移和自旋转运动,以实现能量最小化。研究发现,由于微单元在移动过程中能量梯度明显增大,所以自旋转运动发生于平移运动之前。在该过程中表面张力作为驱动力的宏观表现为恢复力和恢复力矩:

$$\boldsymbol{F} = \frac{\partial G}{\partial x}\boldsymbol{I} + \frac{\partial G}{\partial y}\boldsymbol{J} \tag{7-4}$$

$$\boldsymbol{M} = \frac{\partial G}{\partial \theta}\boldsymbol{k} \tag{7-5}$$

在实际校准过程中,恢复力和恢复力力矩要克服微观黏滞阻力,从而使微结构运动至能量最低点。由于力与油中的微单元表面积成正比,我们简化了问题,通过分析不同形状微单元在亲-疏水相互作用过程中表面积的变化来探讨仿肝小叶微单元的形状设计和优化。图 7.10(a)所示为不同内圆孔半径的微单元模型设计。我们以圆环状微单元为例,仿真分析了不同开孔比(内圆半径 r/外圆半径 R)下,暴露于油中的微单元表面积减小率。随着开孔比增大,不重合面积越来越小直到消失。需要注意的是,面积减小的过程中,在到达对齐位置前可能出现局部极小值。这意味着恢复力在到达我们所期望的对准位置前可能会消失,微单元卡住不再运动。因此,我们需要优化微单元的形状,避免局部极小值。

为了确定最佳对准微单元的设计原则,我们以图 7.10(a)中圆环、方形、六边形、五角形四种微单元为例,对暴露面积的变化进行理论计算。图 7.11(a)和图 7.11(b)分别展示了圆环形和方形的微单元在平移对齐时暴露表面积的变化。显然,暴露表面积的减小率(曲线斜率)与开孔比成正比。因此,大的开孔有利于产生更大的恢复力来克服黏滞阻力,实现更准确的平移对齐。然而,图 7.11(a)中开孔比 0.4 ~ 0.8 的曲线和图 7.11(b)中开孔比 0.4 ~ 1.0 的曲线,均在对齐之前出现了暴露表面积的局部最小值。因此,最佳开孔比应在 0.45 左右,以避免出现局部最小值。图 7.11(c)和图 7.11(d)展示了六边形(凸多边形)和五角形(凹多边形)的微单元在旋转对准中的表露表面积变化规律。暴露面积的减小率与多边形的边数成反比。而且相比于凸多边形,凹多边形的面积减小率更大,因此更容易

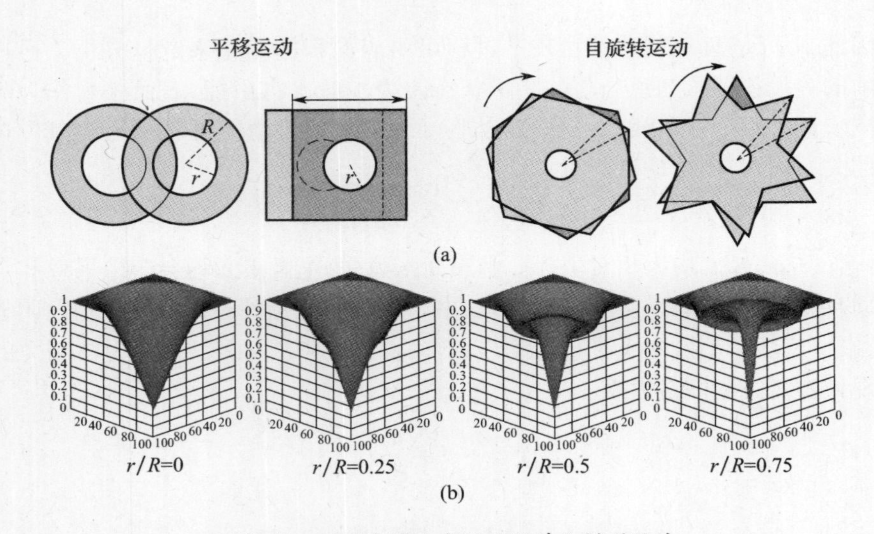

图 7.10 不同内圆孔半径的微单元模型设计

(a)不同内圆孔尺寸的微单元;(b)不同内外圆半径比的圆环状微单元,暴露于油中的表面积减小率。

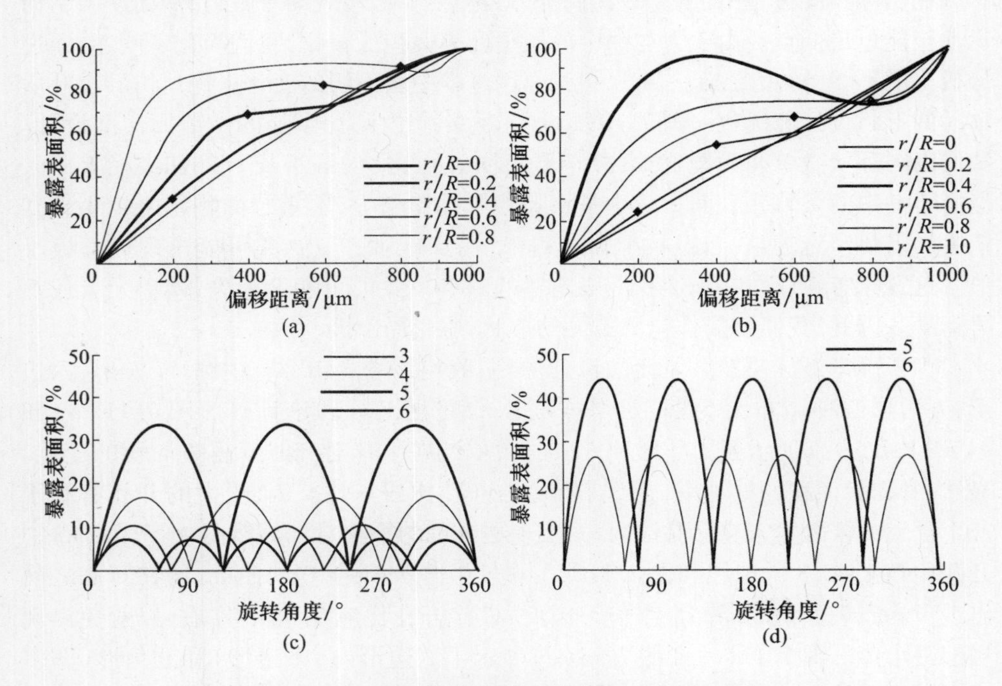

图 7.11 不同形状在表面张力作用下的暴露面积变化

(a)圆环形;(b)方形;(c)六边形;(d)五角形微单元。

实现旋转对准。

基于这一原则，我们可以设计模拟人体组织特定形状的微单元组装成三维微组织。例如，以六边形微单元来模拟肝小叶进行人工肝组织构造。通过亲－疏水相互作用，所有的六边形微单元均可以统一对准形成整齐的柱状三维结构，模拟肝小叶的三维构造。

7.3 细胞化二维仿肝小叶微单元制作加工

二维细胞组装单元加工系统主要由倒置荧光光学显微镜、微流道芯片及紫外曝光系统组成，如图7.12(a)所示。微流道芯片搭载在显微镜载物台上实现 $X-Y$ 方向的移动控制。紫外曝光系统采用汞灯为紫外(UV)曝光提供光源，通过调节能量值可以调节曝光强度。在汞灯上加装电动光闸可以控制曝光的时间。设计带有需求图形的掩膜板遮挡在汞灯前，可以形成带有微单元图形的紫外光束。为了模拟肝小叶近似六边形的外形轮廓，这里设计了六边形的掩膜图案。紫外光穿过电动光闸的控制，以特定的能量和时长透过掩膜板的图案区域进入显微镜光路，通过镜组反射即可到达物镜。通过物镜将由紫外光构成的掩膜板图形聚集缩小投射到微流道芯片，即可实现微流道芯片中光交联树脂的交联反应，形成微组装所需的二维六边形微单元。由于光交联反应与紫外光提供的能量成正比，可以通过直接控制汞灯能量值或控制光闸曝光时间来调节照射于微流道芯片上的时间。

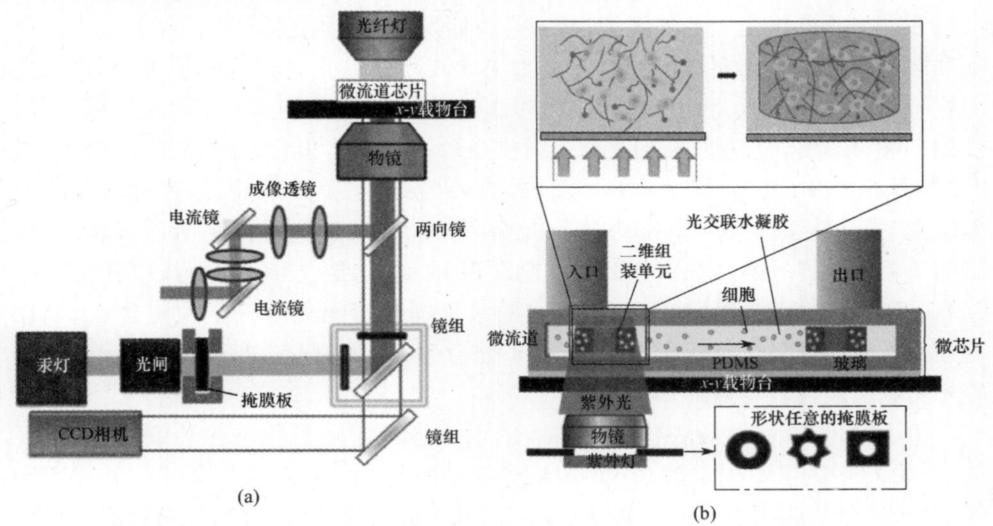

图7.12　仿肝小叶的二维细胞化微单元加工

(a)基于光固化原理的加工系统；(b)微流道中光交联反应。

制作六边形微单元所需的水凝胶预聚物溶液成分为 PEGDA(RGD 修饰)、PI 和细胞培养基。肝细胞 HepG2 和成纤维细胞 NIH/3T3 混合配置成细胞密度为 1.0×10^7 个每毫升的细胞悬浮液。将等量的水凝胶溶液与细胞悬浮液混合,充分打散以使细胞均匀地悬浮在最终溶液中后,将最终溶液注入微流道中。溶液充满微流道后,细胞也均匀地分布于流道中。通过预先设定好的曝光程序,只需紫外曝光 3s,流道中的溶液就可以固化出一个六边形结构的微单元,同时曝光区域的细胞也被固化在该结构中,如图 7.12(b)所示。通过 *X* 或 *Y* 方向移动显微镜载物台改变显微镜物镜对应的流道区域,就可以曝光出新的细胞化六边形微单元。因为制作一个微模块的时间很短,因此可以在一个微流道内批量制作大量的微单元,不会对细胞活性造成太大影响。

为了收集六边形微单元进行后续三维组装,在制作完成所需的六边形微单元数量后,需要将微流道拆开,将其中的微单元模块用细胞培养液冲洗至培养皿中,并立刻放入培养箱培养,以尽快恢复细胞的活性并促进细胞在六边形微单元中增殖。

7.4 多细胞化六边形微单元的体外共培养

7.4.1 PEGDA 光固化对细胞活性的影响

在探讨不同光引发剂的细胞毒性时,我们发现,光引发剂的毒性随着浓度的增加和曝光时间的增加而增加。PI 浓度太小导致紫外曝光时间的增长,会导致极高的细胞死亡率。因此,我们调整了 I2959 的浓度和曝光时间,进一步分析对细胞活性的影响,以获得最佳的体外微组织制作条件。配置含五种不同浓度的 PI(0%、0.2%、0.5%、0.8% 和 1%(w/v))的 PEGDA - 细胞水凝胶溶液,以四种不同的紫外曝光时间(5s、20s、40s 和 60s)进行光交联实验。然后进行细胞活性测试,获得如图 7.13(a)所示的结果。0.8% 以下的 PI 浓度,均能使细胞保持较高的活性。0.2% PI 对细胞毒性最小,但实际上 5s 的紫外曝光时间无法完全固化含 0.2% PI 的预聚物形成结构。因此,选择 0.5% PI 配合 5s 紫外曝光时间进行 PEGDA 水凝胶光交联实验比较合适。

由于 PEGDA 水凝胶在预聚物溶液的浓度会极大地影响被封装细胞的活性,因此,我们评估了不同浓度的 PEGDA 对细胞的影响。我们配置了 PEGDA(RGD 修饰)浓度分别为 15%、25% 和 35%(w/v)的水凝胶预聚液,与同样的细胞悬浮液混合,制作细胞化六边形微单元结构,并将这些结构置于培养箱中进行了长期培养。用显微镜监测三种 PEGDA 浓度的微单元在培养 3 天、7 天以及 11 天时细胞

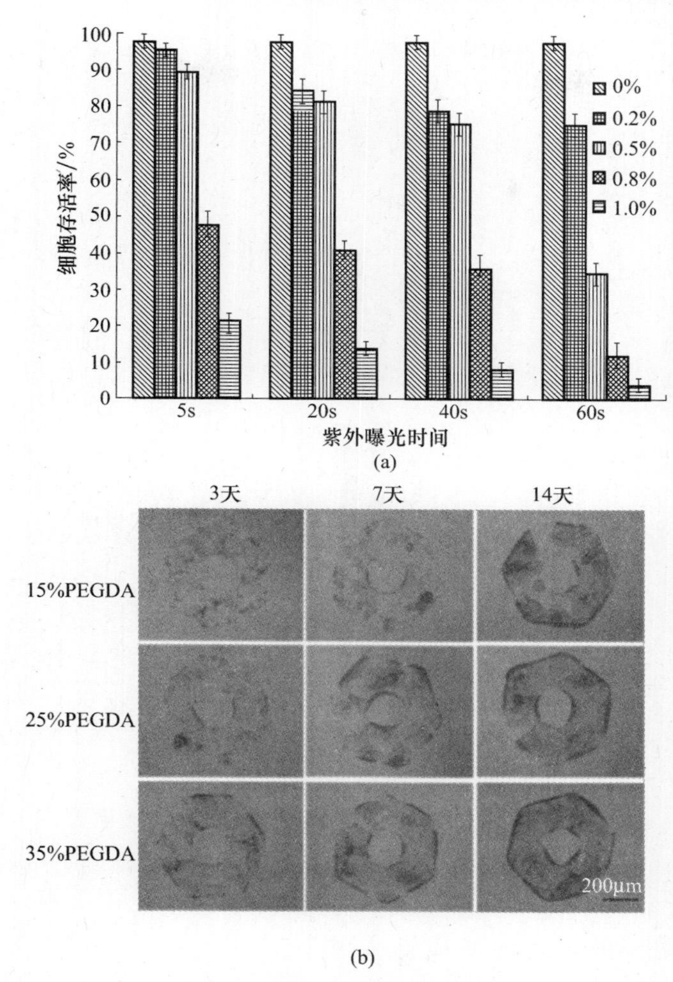

图 7.13　细胞活性的测试结果

(a)紫外曝光时间对 PEGDA 中细胞活性的影响；(b)PEGDA 浓度对细胞延展性的影响。

的生长情况，如图 7.13(b)所示。可以看出，三组中细胞的生长状况都良好，在长期培养中逐渐在微单元中延展，并填充微单元结构。其中，在 35% PEGDA 浓度的微单元中，细胞的延展速度最快，延展性最好，并在 11 天时已经填充满整个六边形结构(图 7.14(a))。

然而，35% 微单元中细胞的存活率并不是最高的。从图 7.14(b)中可以看到，虽然经 RGD 修饰后的 PEGDA 水凝胶使细胞存活率大大提高，但 PEGDA 浓度增加，会降低细胞的存活率。综合上面对细胞生长速度的评估，我们最终选定PEGDA浓度为 25% 的水凝胶预聚物溶液来制作仿肝小叶的细胞化六边形微单元。

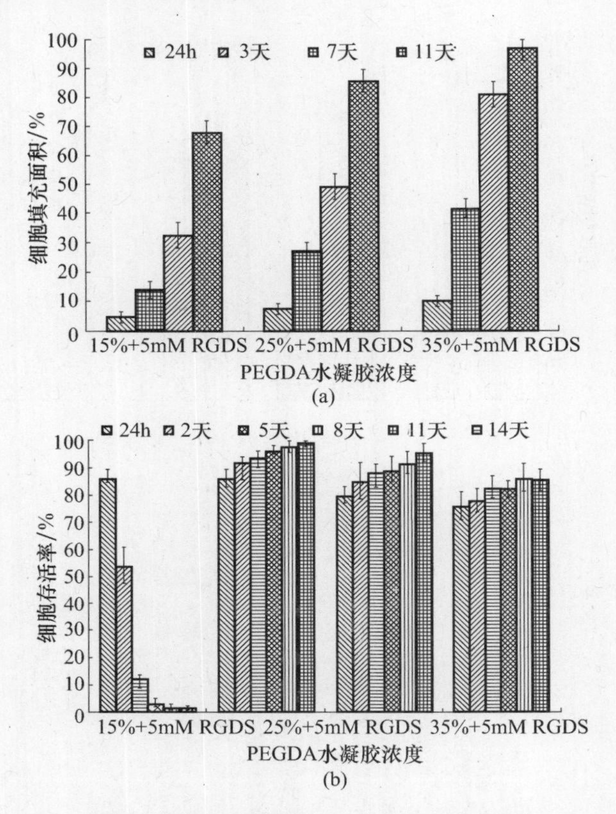

图 7.14　PEGDA 水凝胶浓度对细胞的影响

(a)PEGDA 水凝胶浓度对细胞延展性的影响；(b)PEGDA 水凝胶浓度对细胞活性的影响。

7.4.2　六边形微单元的多细胞共培养

我们以 25% PEGDA(RGD 修饰)浓度的水凝胶预聚液混合肝细胞 HepG2 和成纤维细胞 NIH/3T3,采用光固化快速成形技术制作了封装多细胞的薄片状六边形微单元,作为组装仿肝小叶三维微组织的基础构件。将这些微单元置于细胞培养基中,放入恒温 37℃,5% CO_2 的细胞培养箱中进行长达 14 天的体外培养,并观测细胞在微单元中的生长情况。图 7.15 给出了培养 0、1、3、5、7、9、11、14 天后的六边形微单元中细胞死活图,其中绿色为活细胞,红色为死细胞。可以看出,在微单元刚刚制作完成时,封装的细胞中死细胞比例较高。但随着培养时间的延长,死细胞比例越来越小。从第 3 天起直到第 14 天微单元中的细胞均维持极高的细胞存活率。从死活染色图中我们也可以看到 14 天的长期共培养中细胞在六边形微单元中的生长趋势。两种细胞在最初封装入微单元中呈较为均匀的零散分布,随着培养逐渐在微单元中均衡地增殖,并沿着六边形的轮廓延展,在第14天的时候填充满整个微单元,形成饱满的多细胞化六边形结构。

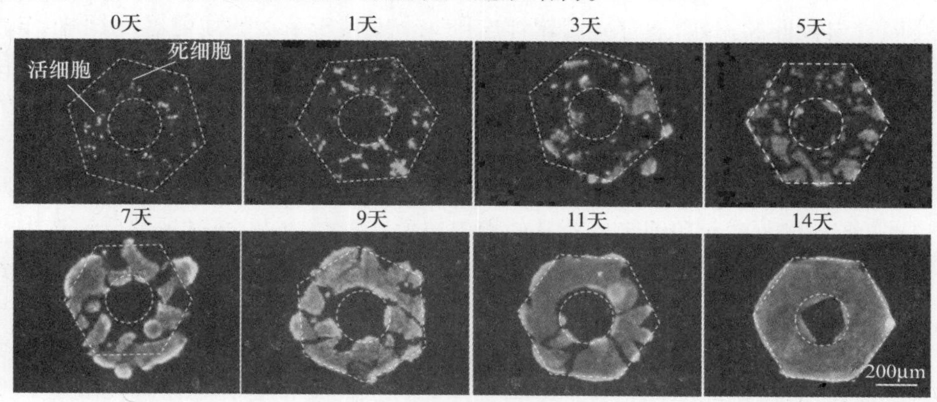

图7.15 细胞化二维六边形微单元的体外长期培养

7.5 细胞化六边形微单元的三维组装

7.5.1 三维拾取操作

细胞化六边形微单元由基于流体力的微型机器人操作系统顺序组装成三维结构(图7.16)。该微型机器人操作系统由圆形导轨子系统、双机械臂操作子系统和视觉反馈子系统三部分组装。所有系统均集成于倒置荧光光学显微镜。其中,圆形导轨子系统固定于显微镜载物台上,上置两个可移动基座,由步进电动机(model NAS12,New Focus Inc.)驱动。基座被约束于圆形导轨上,通过电动机驱动可以实现对心旋转运动。双机械臂分别固定于两个基座上,主机械臂末端搭载一个玻璃

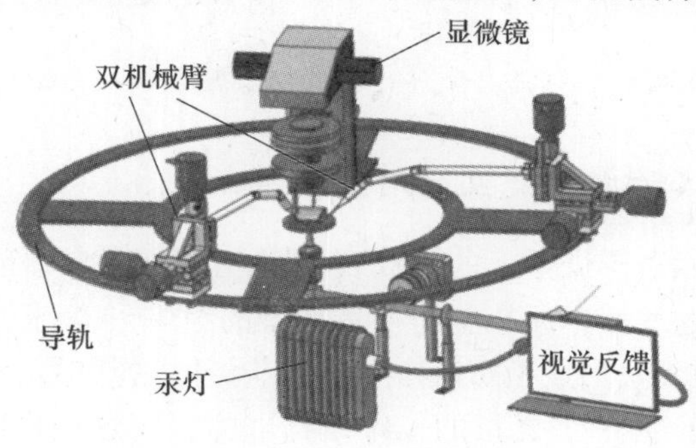

图7.16 微型机器人操作系统

棒,副机械臂末端搭载一个玻璃管。玻璃棒和玻璃管的一端均由拉针仪(PC-10,NARISHIGE Inc.)热处理和微加工,形成直径约10μm的尖端,便于操作微单元。在玻璃管未拉伸的一端,通过硅胶软管连接一个安装于泵上的注射器,用于操作时注入气体产生流体力。视觉反馈子系统由CCD数码相机(DP21,Olympus Inc.)及图像采集和处理软件组成,用于实时采集显微图像,并通过处理分析实现对目标的跟踪和定位。

六边形微单元的三维组装拾取过程如图7.17(a)所示。在拾取六边形微单元时,首先将装有微单元和细胞培养基的培养皿放在导轨中央,通过视觉反馈选中一个微单元,将主操作臂移动到微单元中空的圆心中,尽量使主操作臂尖端贴近培养皿底部以锁定微单元。然后将副操作臂移动到微单元外侧底部。之后,注射泵通过副操作臂向培养皿中注射微气泡,在培养液中产生局部微流(图7.17(b))。受微流的流体力,微单元原地旋转并沿着主操作臂被向上推起。这样就完成了一个微单元的拾取,操作过程简单,用时3s且非接触操作避免了对微单元结构的损伤。重复这种非接触的微机器人操作,可以拾取任意数量的微单元组成三维结构。通过控制拾取微单元的数量,就可以很容易地调整装配的三维结构的尺寸。

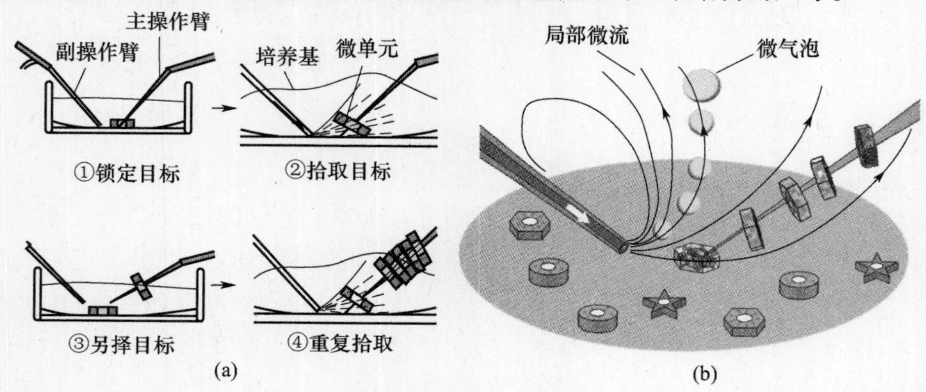

图7.17 微单元的拾取
(a)六边形微单元的拾取过程;(b)局部微流实现微单元的非接触式拾取。

7.5.2 基于流体动力学交互的对齐组装

在完成细胞化六边形微单元的拾取后,微单元以零散的、任意的姿态轴向串于主操作臂上。虽然这些微单元在空间上呈三维的组装形态,但它们之间没有任何连接,散乱的姿态也无法形成模拟肝小叶的结构,从主操作臂上释放后仍是“一盘散沙”,因而不能被视为一个真正的三维结构。为了将这些六边形微单元以整齐的姿态组合连接在一起,需要进行空间整合操作。

一般来说,在液体环境中调整每一个微结构的特定姿态是一个烦琐且耗时的过程。这里,为了提高姿态校准效率,我们利用 PEGDA 与矿物油之间的亲 - 疏水相互作用产生的表面张力,来调整微单元的姿态和位置,实现快速、精确的批量化姿态校准。

收集于主操作臂上的每个微单元都需要进行绕操作臂的旋转和径向移动以排列整齐,形成规则的三维轮廓。通过主操作臂和副操作臂的配合,我们将收集的六边形微单元从细胞培养液中取出,浸入矿物油中。由于 PEGDA 是亲水性的,矿物油是疏水性的,在水 - 油两相的交互中产生了疏水效应。疏水效应的本质是物质的疏水基团彼此靠近聚集以避开水的过程,这种效应会使疏水基相互靠拢,同时使亲水物相互集中从而更大程度地结构化。因此浸于矿物油中的微单元会自动地趋于集中以使其在矿物油中暴露的面积最小化。这种自动调节包括绕主操作臂旋转角度使各微单元的六边形外形轮廓和中心圆孔轮廓均相互对齐,以及沿主操作臂轴向压缩微单元紧密贴合在一起。在亲 - 疏水相互作用下,所有的六边形微单元都自动对准成统一的姿态贴合在一起,形成规则的外部轮廓,同时也使中心圆孔对齐形成贯通的内腔,如图 7.18(a)所示。值得一提的是,自动校准操作在微单元被浸入到矿物油中时瞬时完成,这样的高效率保证了微单元中细胞的活性。

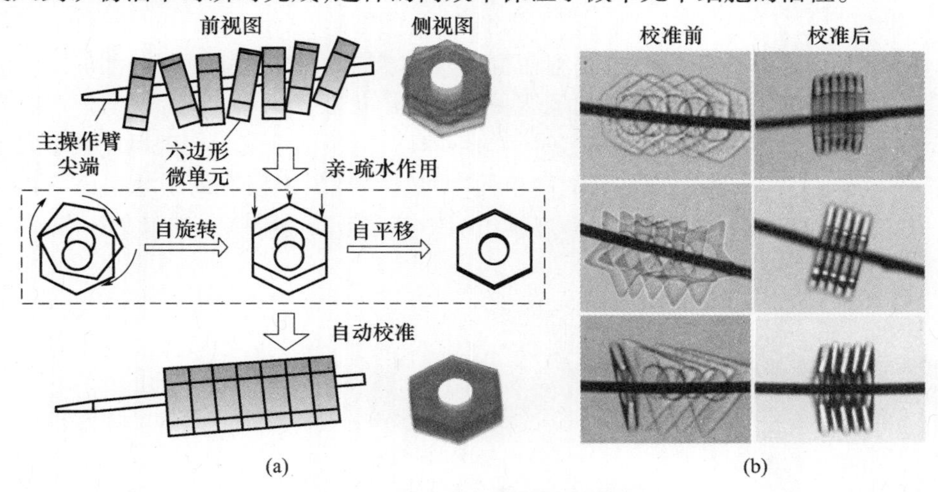

图 7.18 不同形状的微单元姿态校准

(a)亲 - 疏水相互作用校准微单元姿态;(b)任意轮廓的薄片状微单元的对齐组装。

自动对准后的微单元虽紧密贴合在一起,但并无有效的连接。为了将它们绑定在一起形成一个整体,我们在自动姿态校准前先将微单元浸入不含细胞的 PEG-DA 水凝胶预聚液中,使其表面包裹一层预聚液,再放入矿物油中进行姿态校准。将校准后的微单元进行大约 5s 的紫外曝光,紫外曝光会触发包裹在微单元表面的预聚液进行光交联反应,从而将紧密贴合的微单元连接在一起,形成一个整体结构。经过绑定后的三维微结构,封装肝细胞和成纤维细胞,同时具有六边形外轮廓和中央内腔,模拟了肝小叶近六边形状的三维结构。

基于流体动力学交互的三维组装操作不仅能组装六边形微单元,也可以组装其他具有任意轮廓的薄片微单元。图 7.18(b)给出了六边形、五角星以及三角形微单元采用此方法进行三维组装和自动姿态校准后的结果图。可以看到这些微单元均可以被组装成具有规则形状的三维结构,并在脱离操作臂后仍保持完整的形状和结构。

7.6 仿肝小叶三维微组织的体外培养

7.6.1 仿肝小叶三维微组织的细胞活性评估

我们将组装好的仿肝小叶三维结构同样置于细胞培养箱中进行了长期的培养,以评估细胞在三维结构中的活性和功能,以及该组装方法的可行性。

图 7.19(a)所示为培养 7 天后的仿肝小叶三维微组织中细胞的增殖、延展图。可以看到,该三维组织表面已经覆盖满细胞,说明细胞在该三维结构中进行了大量贴壁增殖。局部放大图显示了细胞在组成三维结构的薄片状微单元之间的贴壁延展。组成三维结构的层与层之间虽然一开始是依赖于 PEGDA 水凝胶预聚液的光固化才连接在一起,但在经过一定时间的培养后,封装的细胞会突破薄片微单元层之间的分隔,延展或迁移至相邻的微单元中。这一现象不仅有助于增强该三维微组织的稳定性,更说明了仿肝小叶三维组织中存在活跃的细胞 - 细胞交互作用。

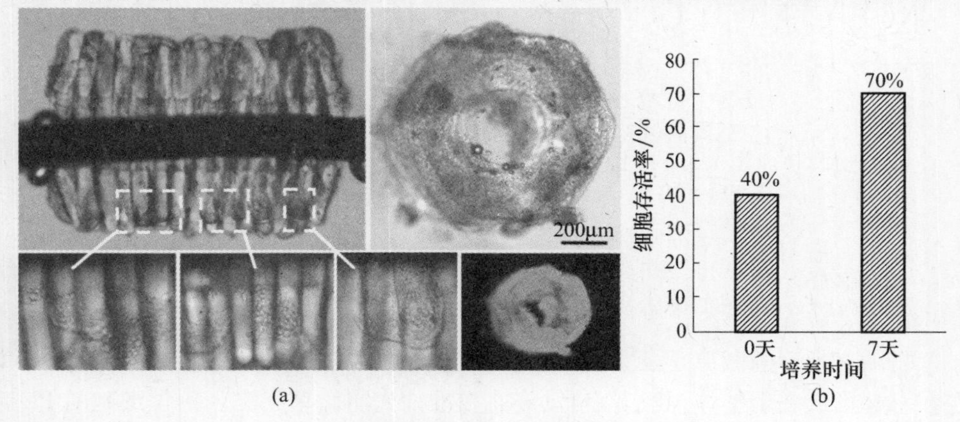

图 7.19　仿肝小叶三维微组织的体外长期培养

(a)培养 7 天后微组织中细胞的增殖、延展情况;(b)微组织细胞存活率检测。

图7.19(b)给出了仿肝小叶三维微组织培养前和培养7天后细胞的存活率。可以看出,六边形微单元在进行三维组装操作后,其封装的细胞会受到影响,造成一定比例的死细胞。但经过7天的培养,活细胞数量迅速增长,死细胞的比例大大下降。说明此三维微环境适合细胞的体外培养。

7.6.2 仿肝小叶三维微组织的肝功能评估

虽然我们构建的仿肝小叶三维微组织在长期共培养中展现出很高的细胞存活率,但这对于模拟人体真实肝组织是远远不够的。能够实现肝的特定代谢功能,如蛋白分泌、尿素合成等,才是人工仿肝小叶三维组织最必需、最重要的功能。

HepG2 细胞属于人肝癌细胞,其所含的生物转化代谢酶与人正常肝实质细胞具有同源性。虽然 HepG2 是一种肿瘤细胞,但它的分化程度较高,并且保留了较完整的生物转化代谢酶。人类原代肝实质细胞经分离后,只能经历有限的几次分裂,且内含代谢酶活性很快失去活性。而 HepG2 传代过程中代谢酶活性稳定,因此常用作建立体外培养的仿肝组织模型。

由于真实肝组织中包含肝实质细胞和非实质细胞,而有研究证实不同类型细胞的体外共培养有助于细胞体外存活和功能表达[56-58]。因此我们采用 HepG2 和 NIH/3T3 共培养的模式,制作封装两种细胞的仿肝小叶三维微组织,实现多种类型细胞的体外交互作用。为了评估 HepG2 在仿肝小叶三维微组织中的肝功能,以及验证共培养模式对 HepG2 肝功能的促进作用,我们分别制作了仅封装 HepG2 的仿肝小叶三维微组织和封装有 HepG2 和 NIH/3T3 的仿肝小叶三维微组织,将两组微组织分别放入细胞培养箱进行为期7天的培养,并对两组微组织在培养过程中分泌的白蛋白和合成的尿素进行了检测。下面详细介绍样本采集和检测过程。

对于两组长期培养的仿肝小叶三维微组织,每天采集一次培养基,并更新培养基。每次采集的培养基需离心,再取上清液进行保存,以防固体影响后期检测的颜色比色偏差。由于样本收集周期过长(7天),在这期间前期采集的培养基样本中的待测蛋白在保存中可能会被水解,而超低温冷冻保存可以有效预防蛋白水解。因此离心后的培养基样本放入-80℃超低温冰箱冷冻保存。在采集完所有样本后,将所有样本一起解冻,分别检测样本中白蛋白和尿素的含量。

白蛋白的检测采用酶联免疫吸附测定法。该方法具有快速、敏感、简便、易于标准化等优点,因此是一种广泛应用于生物和医学领域的微量测定技术。其基本原理是:样本中的抗原或抗体与吸附在固相载体表面的酶标记抗体或抗原发生特异性结合。滴加酶底物溶液后,底物可在酶作用下使其所含的供氢体由无色还原型变成有色氧化型。根据颜色深浅即可判断样本中有无对应的抗原或抗体以及定量分析。尿素检测采用尿素酶偶联酶法直接检测。原理是:利用尿素酶催化样本中的尿素产生氨和二氧化碳，氨在谷氨酸脱氢酶的作用下与 α－酮戊二酸及还原型辅酶 I(NADH)产生反应，生成谷氨酸和 NAD^+。NADH 在 340nm 波长有吸收峰，其吸光度下降的比例与待测样本中尿素的含量成正比。目前市场上有多种针对人白蛋白和尿素的检测试剂盒，里面包含实验所需的试剂和孔板。

按照白蛋白酶联免疫反应试剂盒或尿素偶联酶反应的操作要求或对样本进行处理，得到样本中白蛋白和尿素的含量如图 7.20 所示。图 7.20(a) 为只封装 HepG2 的仿肝小叶三维单培养微组织和封装 HepG2 和 NIH/3T3 的仿肝小叶三维共培养微组织在 7 天培养中分别分泌的白蛋白。可以看到，白蛋白量随着培养天数的增多逐渐增加，这是因为封装在微组织中的细胞在培养过程中大量增殖。在此期间，共培养微组织的白蛋白分泌量始终高于单培养微组织。图 7.20(b) 为单培养微组织和共培养微组织在 7 天培养中每天合成的尿素量。可以看出，两组合成的尿素量变化趋势一致，最初三天呈明显增长，之后保持相对稳定的合成量。不过同样的，单培养微组织的尿素合成量始终明显低于共培养微组织的尿素合成量。这样的测试结果说明在体外培养条件下，相比于 HepG2 单一种类细胞的培养，HepG2 与 NIH/3T3 共培养能有效提高 HepG2 体外分泌白蛋白和合成尿素的功能。因此也证明，HepG2 和 NIH/3T3 体外共培养的仿肝小叶三维微组织具有分泌白蛋白和合成尿素的肝功能，且比单培养 HepG2 的仿肝小叶三维微组织在肝功能表达方面更具优势。

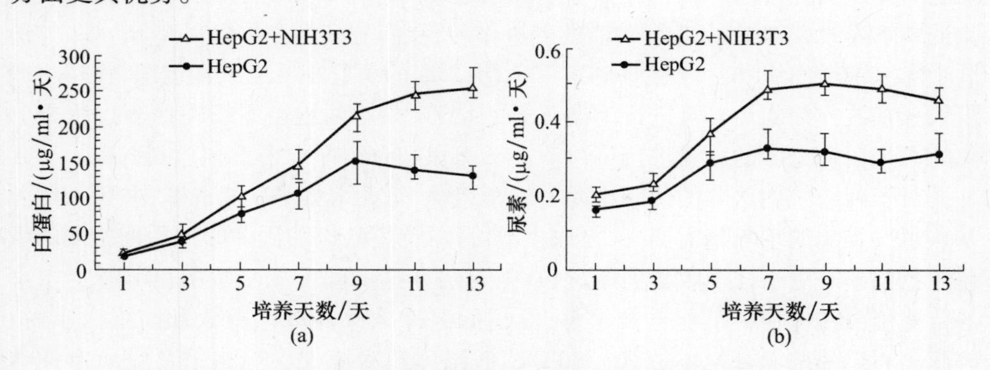

图 7.20 仅封装 HepG2 细胞与封装 HepG2 和 NIH/3T3 细胞的仿肝小叶三维微组织的肝功能测试对比

(a)白蛋白分泌测试；(b)尿素合成测试。

采用基于流体动力学交互的微机械操作方法，我们将以 PEGDA 水凝胶为支撑材料制作的多细胞化六边形微单元，组装成具有肝小叶结构的人工三维微组织，实现了仿肝小叶人工三维共培养微组织的体外构建。基于流体动力学交互的微机械操作方法，避免了传统机械操作对细胞化微单元的接触伤害，能够以简单、快速、高效的非接触式操作三维组装微单元。而亲－疏水交互作用可以对微单元姿态进行快速、批量化校准,从而使三维微组织具有模拟肝小叶形状的外形轮廓和中心管腔。仿肝小叶的人工三维微组织封装 HepG2 和 NIH/3T3 细胞,在体外的长期共培养中能够维持较高的细胞活性和肝功能。这一结果证明了基于流体动力学交互的微机械操作方法对于构建体外仿肝小叶人工三维组织的可行性。未来,我们期望优化此方法以构建更加复杂的仿肝小叶三维微组织,使其能真正应用于药物筛选和再生医疗等领域的研究!

参 考 文 献

[1] VACANTI C A. The history of tissue engineering[J]. Journal of Cellular and Molecular Medicine,2006,10:569－576.

[2] 胡江,陶祖莱. 组织工程研究进展[J]. 生物医学工程学杂志,2000,17(1):763－766.

[3] ORTEGA-PRIETO A M,SKELTON J K,WAI S N,et al. 3D microfluidic liver cultures as a physiological preclinical tool for hepatitis B virus infection[J]. Nature Communications,2018,9:682.

[4] 高义萌,孙露露,惠利健. 生物人工肝研究进展[J]. 生命科学,2016,28:915－920.

[5] TAKEBE T,SEKINE K,ENOMURA M,et al. Vascularized and functional human liver from an iPSC-derived organ bud transplant[J]. Nature,2013,499:481－484.

[6] BANAEIYAN A A,THEOBALD J,PAUKŠTYTE J,et al. Design and fabrication of a scalable liver-lobule-on-a-chip microphysiological platform. Biofabrication,2017,9:015014.

[7] STRAIN A J,NEUBERGER J M. A bioartificial liver-State of the art[J]. Science,2002,295:1005－1009.

[8] LV G,ZHAO L,ZHANG A,et al. Bioartificial liver system based on choanoid fluidized bed bioreactor improve the survival time of fulminant hepatic failure pigs[J],Biotechnology and Bioengineering,2011,108:2229－2236.

[9] BHISE N S,MANOHARAN V,MASSA S,et al. A liver-on-a-chip platform with bioprinted hepatic spheroids[J]. Biofabrication,2016,8:014101.

[10] GALLEGOPEREZ D,HIGUITACASTRO N,SHARMA S,et al. High throughput assembly of spatially controlled 3D cell clusters on a micro/nanoplatform[J]. Lab on a Chip,2010,10:775－782.

[11] TAKEBE T,SEKINE K,ENOMURA M,et al. Vascularized and functional human liver from an iPSC-derived organ bud transplant[J]. Nature,2013,499:481－484.

[12] SHI X L,GAO Y,YAN Y,et al. Improved survival of porcine acute liver failure by a bioartificial liver device implanted with induced human functional hepatocytes[J]. Cell Research,2016,26:206－216.

[13] GODOY P,HEWITT N J,ALBRECHT U,et al. Recent advances in 2D and 3D in vitro systems using primary hepatocytes,alternative hepatocyte sources and non-parenchymal liver cells and their use in investigating mechanisms of hepatotoxicity,cell signaling and ADME[J]. Archives of Toxicology,2013,87:1315－1530.

[14] YANG W G,YU H B,LI G X,et al. High-throughput fabrication and modular assembly of 3D heterogeneous microscale tissues[J]. Small,2016,13:1602769.

[15] SOUZA G R, MOLINA J R, RAPHAEL R M, et al. Three-dimensional tissue culture based on magnetic cell levitation[J]. Nature Nanotechnology, 2010, 5:291 – 296.

[16] LIU W, Li Y, FENG S, et al. Magnetically controllable 3D microtissues based on magnetic microcryogels[J]. Lab on a Chip, 2014, 14:2614.

[17] SINCLAIR G, JORDAN P, COURTIAL J, et al. Assembly of 3-dimensional structures using programmable holographic optical tweezers[J]. Optics Express, 2004, 12:5475 – 5480.

[18] LIXIN D, ARAI F, FUKUDA T. Destructive constructions of nanostructures with carbon nanotubes through nanoroboticmanipulation[J]. IEEE/ASME Transactions on Mechatronics, 2004, 9: 350 – 357.

[19] 邹志青,赵建龙. 纳米技术和生物传感器[J]. 传感器世界,2004,12: 6 – 11.

[20] NAKAJIMA M, ARAI F, FUKUDA T. In situ measurement of Young's modulus of carbon nanotubes inside a TEM through a hybrid nanorobotic manipulation system[J]. IEEE Transactions on Nanotechnology, 2006, 5: 243 – 248.

[21] 缪煜清,刘仲明. 纳米技术在生物传感器中的应用[J]. 传感器技术,2002,21(11):61 – 64.

[22] LIU Z, TAKEUCHI M, NAKAJIMA M, et al. Three-dimensional hepatic lobule-like tissue constructs using cell-microcapsule technology[J]. Acta Biomaterialia, 2017, 50:178 – 187.

[23] YUE T, NAKAJIMA M, TAKEUCHI M, et al. On-chip self-assembly of cell embedded microstructures to vascular-like microtubes[J]. Lab on a Chip, 2014, 14:1151 – 1161.

[24] WANG X, XU H, YAN Y, et al. Rapid prototyping of three-dimensional cell/gelatin/fibrinogen constructs for medical regeneration[J]. Journal of Bioactive and Compatible Polymers, 2007, 22: 363 – 377.

[25] TSANG V L, BHATIA S N. Fabrication of three-dimensional tissues, Tissue Engineering II[M]. Springer Berlin Heidelberg, 2005:189 – 205.

[26] PELTOLA S M, MELCHELS F P, GRIJPMA D W, et al. A review of rapid prototyping techniques for tissue engineering purposes[J]. Annals of Medicine, 2008, 40: 268 – 280.

[27] CULVER J C, HOFFMANN J C, POCHé R A, et al. Three-dimensional biomimetic patterning in hydrogels to guide cellular organization[J]. Advanced Materials, 2012, 24: 2344 – 2348.

[28] ANNABI N, TSANG K, MITHIEUX S M, et al. Highly elastic micropatterned hydrogel for engineering functional cardiac tissue[J]. Advanced Functional Materials, 2013, 23: 4949.

[29] LIU T V, CHEN A A, CHO L M, et al. Fabrication of 3D hepatic tissues by additive photopatterning of cellular hydrogels[J]. Faseb Journal Official Publication of the Federation of American Societies for Experimental Biology, 2007, 21: 790 – 801.

[30] XU T, JIN J, GREGORY C, et al. Inkjet printing of viable mammalian cells[J]. Biomaterials, 2005, 26:93 – 99.

[31] NOROTTE C, MARGA F, NIKLASON L, et al. Scaffold-free vascular tissue engineering using bioprinting[J]. Biomaterials, 2009, 30: 5910 – 5917.

[32] BOLAND T, XU T, DAMON B, et al. Application of inkjet printing to tissue engineering[J]. Biotechnology Journal, 2010, 1: 910 – 917.

[33] BURDICK J A, KHADEMHOSSEINI A, LANGER R. Fabrication of gradient hydrogels using a microfluidics/photopolymerization process[J]. Langmuir, 2004, 20:5153 – 56.

[34] BUCHANAN C F, VOIGT E E, SZOT C S, et al. Three-dimensional microfluidic collagen hydrogels for investigating flow-mediated tumor-endothelial signaling and vascular organization[J]. Tissue Engineering Part C

Methods,2014,20: 64.
[35] HOLLISTER S J. Porous scaffold design for tissue engineering[J]. Nature Materials,2005,4: 518.
[36] CHOI N W,CABODI M,HELD B,et al. Microfluidic scaffolds for tissue engineering[J]. Nature Materials, 2007,6: 908 - 915.
[37] KHETANI S R,BHATIA S N. Microscale culture of human liver cells for drug development[J]. Nature Biotechnology,2008,26: 120.
[38] GEEVER L M,MíNGUEZ C M,DEVINE D M,et al. The synthesis,swelling behaviour and rheological properties of chemically crosslinked thermosensitive copolymers based on N-isopropylacrylamide[J]. Journal of Materials Science,2007,42: 4136 - 4148.
[39] HUANG X,ZHANG Y,DONAHUE H J,et al. Porous thermoresponsive-co-biodegradable hydrogels as tissue-engineering scaffolds for 3-dimensional in vitro culture of chondrocytes[J]. Tissue Engineering Part A,2007, 13: 2645 - 2652.
[40] SLAUGHTER B V,KHURSHID S S,FISHER O Z,et al. Hydrogels in regenerative medicine[J]. Advanced Materials,2010,21: 3307 - 3329.
[41] DRURY J L,MOONEY D J. Hydrogels for tissue engineering: scaffold design variables and applications[J]. Biomaterials,2003,24: 4337 - 4351.
[42] HOFFMAN A S. Hydrogels for biomedical applications[J]. Advanced Drug Delivery Reviews,2012,64: 18 - 23.
[43] SELIKTAR D. Designing cell-compatible hydrogels for biomedical applications[J]. Science,2012,336: 1124 - 1128.
[44] SWEENEY H L. Matrix elasticity directs stem cell lineage specification[J]. Cell,2006,126: 677.
[45] O'LEARY L E R,FALLAS J A,Bakota E L,et al. Multi-hierarchical self-assembly of a collagen mimetic peptide from triple helix to nanofibre and hydrogel[J]. Nature Chemistry,2011,3: 821.
[46] PIEZ K A,MILLER A. The structure of collagen fibrils[J]. Journal of Supramolecular Structure,1974, 2:121.
[47] PARK J S,WOO D G,SUN B K,et al. In vitro and in vivo test of PEG/PCL-based hydrogel scaffold for cell delivery application[J]. Journal of Controlled Release,2007,124: 51 - 59.
[48] UNDERHILL G H,CHEN A A,ALBRECHT D R,et al. Assessment of hepatocellular function within PEG hydrogels[J]. Biomaterials,2007,28: 256 - 270.
[49] NEMIR S,HAYENGA H N,WEST J L. PEGDA hydrogels with patterned elasticity: Novel tools for the study of cell response to substrate rigidity[J]. Biotechnology & Bioengineering,2010,105: 636 - 644.
[50] DURST C A,CUCHIARA M P,MANSFIELD E G,et al. Flexural characterization of cell encapsulated PEGDA hydrogels with applications for tissue engineered heart valves[J]. Acta Biomaterialia,2011,7: 2467 - 2476.
[51] MILLER J S,SHEN C J,LEGANT W R,et al. Bioactive hydrogels made from step-growth derived PEG-peptide macromers[J]. Biomaterials,2010,31: 3736 - 3743.
[52] MOON J J,SAIK J E,POCHE R A,et al. Biomimetic hydrogels with pro-angiogenic properties[J]. Biomaterials,2010,31: 3840 - 3847.
[53] CHAN V,ZORLUTUNA P,JEONG J H,et al. Three-dimensional photopatterning of hydrogels using stereolithography for long-term cell encapsulation[J]. Lab on a Chip,2010,10: 2062 - 2070.
[54] RASCHKE T M,TSAI J,LEVITT M. Quantification of the hydrophobic interaction by simulations of the aggre-

gation of small hydrophobic solutes in water[J]. Proceedings of the National Academy of Sciences of the United States of America,2001,98: 5965 - 5969.

[55] BREEN T L,TIEN J,HADZIC T,et al. Design and self-assembly of open[J]. Regular,3D Mesostructures, Science, 1999,284: 948 - 951.

[56] HEISENBERG C P,SOLNICAKREZEL L. Back and forth between cell fate specification and movement during vertebrate gastrulation[J]. Current Opinion in Genetics & Development,2008,18: 311 - 316.

[57] OHNO M,MOTOJIMA K,OKANO T,et al. Maturation of the extracellular matrix and cell adhesion molecules in layered co-cultures of HepG2 and endothelial cells[J]. Journal of Biochemistry,2009,145: 591 - 597.

[58] SLACK J M. Conrad hal waddington: the last renaissance biologist? [J]. Nature Reviews Genetics,2002,3: 889.

第8章　海藻酸钙水凝胶微纤维片上加工与应用

8.1　概　述

器官移植对于患有器官衰竭或损伤的患者来说是一种有效且唯一的治疗方法,然而,因为人体器官的来源非常有限,导致很多患者在等待可移植器官的过程中死亡[1]。为了解决这样的问题,组织工程方法正尝试创造人工组织,作为人体器官的功能性替代物。在体内组织中,多细胞在空间上具有特定的分布排列,因此,复制这类细胞排列对在体外实现组织再生具有至关重要的意义[2]。含有细胞的生物材料支架可以模仿细胞外基质实现这种空间上细胞排列,还可以进一步引导细胞扩散、增殖和分化,形成具有特定形状的人工组织。然而,传统生物材料支架缺乏控制单个细胞行为和产生大规模血管化组织的能力[3]。微加工技术正将用于组织再生的生物材料支架的尺寸减小为微/纳米尺度。一方面,这些微/纳米支架可以用特定的形貌和多细胞共培养的模式控制细胞行为；另一方面,它们可以用做细胞载体,通过“自下而上”的精确空间定位方法构建血管化的人工组织[4]。

目前,通过“自下而上”组装聚乙二醇(PEG)微块,微滴和微/纳纤维等微纳生物支架,已经合成了具有可控形态和孔隙度的宏观支架[5-7]。在这些微纳支架中,微/纳纤维支架因可以同时为细胞提供物理、化学和生物信号以调节细胞行为的特性而受到了广泛的关注[8,9]。静电纺丝和微流体纺丝是加工微/纳纤维的两种主要方法。静电纺丝通过固化带电聚合物射流产生纳米纤维,制备的纳米纤维可以收集在一起形成具有纳米级纤维直径、高孔隙率和稳定机械性能的网状结构。这些网状结构已经被应用于软骨、肌肉和血管等人工组织的体外构建中[10]。与制备纳米纤维过程中所需的高直流电压相比,基于微通道形成的微流体纺丝系统可以提供更温和的纺丝条件,并且可以赋予微纤维一些独特的能力,包括细胞封装能力,外形与组成控制能力,并且可以实现对单个微纤维的操作[11]。此外,海藻酸盐作为主要的流体纺丝材料,具有快速简单地形成具有相对稳定的机械性能和生物相容性的凝胶的优点[12]。因此,基于微流体纺丝形成的海藻酸盐微纤维是一种很有前途的微支架,在组织工程中具有很大的应用潜力。

8.2 基于微流控芯片的微流体纺丝方法

相对于流体重力和惯性,流体黏度和表面张力更影响微通道中的流体流动行为,如果雷诺数 Re 很小,流体在简单的微通道中将产生层流效应[13]。不同的溶液形成彼此接触的多层流,溶液中的离子可以在不同的层流之间快速交换。通常,微流体纺丝方法是基于海藻酸盐流体和氯化钙流体之间钙离子交换形成的凝胶反应[14]。三种具有不同形态和功能的藻酸钙微纤维(以下简称微纤维)可以通过三种不同的微层流系统合成。

8.2.1 平行层流

平行层流可以在具有均匀厚度的矩形聚二甲基硅氧烷(PDMS)微通道中产生。微通道采用标准的软光刻法和复制成形技术制造,其通道高度取决于 SU-8 的涂层厚度[15]。典型的微流体装置由三个入口和一个长的凝胶微通道组成,如图 8.1(a)所示。通过注射泵从中间入口注入海藻酸盐溶液,然后从两个侧入口注入氯化钙溶液,从两侧注入的氯化钙溶液将挤压中间注入的海藻酸盐溶液,在凝胶微通道中形成夹层层流。在层流中,钙离子在微通道的水平方向上快速扩散,海藻酸盐流体逐渐转变为海藻酸钙水凝胶微纤维。微纤维的横截面形状呈圆角矩形状,

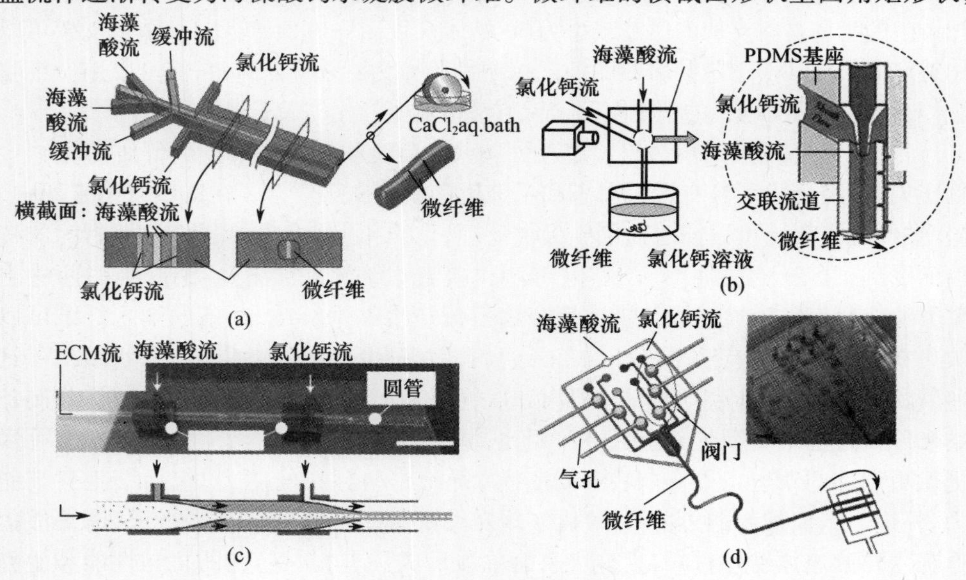

图 8.1 微流体纺丝系统

(a)平行层流;(b);同轴层流;(c)多同轴微流体装置;(d)涉及阀门的纺纱方法。

可以通过改变所注入溶液的流速来改变横截面积[16]。此外,可以在氯化钙溶液中加入增稠剂(如葡聚糖)以平衡溶液的黏度,这可以促进了流速改变对横截面积改变的影响。此外,可以在海藻酸盐流和氯化钙流之间注入增稠剂流形成缓冲液流[17]。一方面,缓冲液流缓和快速交联的反应,防止凝胶不规则形成阻塞微通道,另一方面,加速缓冲液流动可以终止纺丝过程,从凝胶微通道中有效夹断纺成的微纤维[18]。进一步,通过同时注入具有不同组分或各种浓度的海藻酸盐溶液,可以在凝胶微通道中形成平行的多藻酸盐流层流系统[19]。但是,过多的入口可能会浪费设备空间,同时需要配套多个昂贵的注射泵。为了降低成本,可在入射口的加工多层分配通道系统,将不同的注入溶液分成多流,然后在凝胶通道中重新组合[20]。由于重组的海藻酸盐层流具有交款的横截面积,在凝胶通道中难以实现用于充分交联,因此,需要将重组流直接注入含有氯化钙溶液的培养皿中。在这种情况下,纺丝微纤维的横截面积主要取决于凝胶微通道出口的尺寸而不是溶液的流速。

8.2.2 同轴层流

同轴层流的形成需要具有同轴几何形状的微流体装置[21]。同轴微流体装置通常由内锥形玻璃毛细管和外圆柱形或方形管组成,如图 8.1(b)所示。精确对准和固定技术是将内毛细管的锥形部分同轴嵌套在外管中的关键,从内毛细管注入海藻酸盐溶液,然后用从外管注入的氯化钙溶液包覆以形成同轴层流。具有圆形或扁平横截面形状的水凝胶微纤维可以分别通过注入口为圆柱形和方形的结构加工形成[22,23]。相对于平行层流中离子的水平扩散,同轴层流中的凝胶化方向在藻酸盐流动的横截面中是均匀的。此外,通过添加嵌套毛细管的数量可以形成多层同轴层流[24]。最近,一种可以生成核-壳水凝胶微纤维的多同轴微流体发生装置得到了广泛的关注,如图 8.1(c)所示[25]。通过这种方法,微纤维可以合成包括透明质酸的层流、生物细胞、ECM 蛋白、丝素蛋白和线性阵列油微滴在内的各种内核结构,并通过海藻酸钙水凝胶层作为外保护壳包覆内核[26-30]。尽管这种核-壳海藻酸钙纤维也可以在平行的层流中形成,但核心部分的封装是不稳定的[31]。此外,同轴流动可以使得被纺织成行的微纤维受到由周围流体运动引起的不平衡流体摩擦,进而形成螺旋型的微纤维[32,33]。

除玻璃毛细管外,PDMS 微流体装置也可用于产生同轴流动系统。阶梯状微通道是这种 PDMS 装置的典型特征,其可以通过加工具有不同高度的两个连续 SU-8模具来构造。通过对准和黏合两个阶梯状微通道,可以制造具有不同横截面积的同轴微通道。从较小的微通道注入的海藻酸溶液可以喷射到较大的微通道中,同时将氯化钙流注入较大的微通道中即可形成同轴流,进而纺织具有扁平横截面的微纤维。此外,通过采用薄 PDMS 膜偏转的方法可以制造圆柱形 PDMS 通道,进而制造横截面为圆形的微纤维[34]。得益于 PDMS 材料加工的简易性和稳定的物理性质,可以通过构建复杂的微通道结构以使得微纤维具有一些独特的微结构特性。通过在 PDMS 入口内表面上雕刻凹槽图案,可以在扁平状的微纤维表面雕刻整齐的微凹槽[35]。此外,多层堆叠的 PDMS 结构能够使得微通道在 Z 方向形成层流,通过这种方法,可以形成具有复杂横截面形状的微纤维[36]。

8.2.3 与阀门相关的纺织方法

尽管上述层流系统能够大量产生具有各种组成的海藻酸钙微纤维,但这些组分在微纤维中的分布是由海藻酸溶液的预先注入位置决定的。为了实现微纤维内部组成成分的即时可调,阀门控制系统被引入到微通道系统中[37]。具体来讲,把一张抛物线形状的 PDMS 膜安装在入口微通道上,通过在对 PDMS 膜施加连气压或抽成真空,可以使得膜通过变形或恢复原状的方法控制流体注射的“开关”切换。通过在每个入口通道上安装阀门并独立控制它,可以纺织带有编码成分的微纤维,如图 8.1(d)所示。此外,此种阀门还可以控制液滴周期性地或均匀地分布在核 - 壳微纤维中[38]。

8.3 海藻酸钙水凝胶微纤维作为细胞培养的支架

在微通道中的层流可以提供温和的水环境将细胞包封到具有高生物兼容性的海藻酸钙微纤维中,另外,因为海藻酸钙水凝胶提供与组织中的细胞外基质类似的结构,包封的细胞可以长时间保持其活性。细胞的包封和固有的生物相容性使得微流体纺丝海藻酸钙水凝胶微纤维能够作为微支架广泛应用于组织工程中。

8.3.1 三维细胞培养

海藻酸钙水凝胶的交联反应从分子层面上分析是钙离子与海藻酸链中的古洛糖醛酸盐块产生“蛋盒”形状的连接[12]。水凝胶中大量的连接点类似于三维网络,可以稳定地固定包裹在其中的细胞。而且结构中大孔隙率有助于营养和细胞分泌的分子和废物的交换。然而,由于哺乳动物细胞缺乏黏附位点,纯海藻酸钙微纤维通常用作简单的机械支持壳,仅具有细胞固定和体内免疫保护的功能[21]。利用前文提到的同轴流,Onoe 和 Jun 等人将 ECM 蛋白和胰岛细胞的混合物作为核心流包裹在微纤维中[25,39],一方面,ECM 蛋白可以提供合适的微环境以促进胰岛细胞的生长,另一方面,其海藻酸钙水凝胶外壳不仅允许胰岛细胞分泌的胰岛素从纤维中扩散到周围组织中,而且还使细胞免于免疫攻击。此外,包裹在这种 ECM 蛋白核心中的脂肪细胞还可以成功分化成平滑肌细胞,引起微纤维的卷曲，如图8.2(a)所示[40,41]。

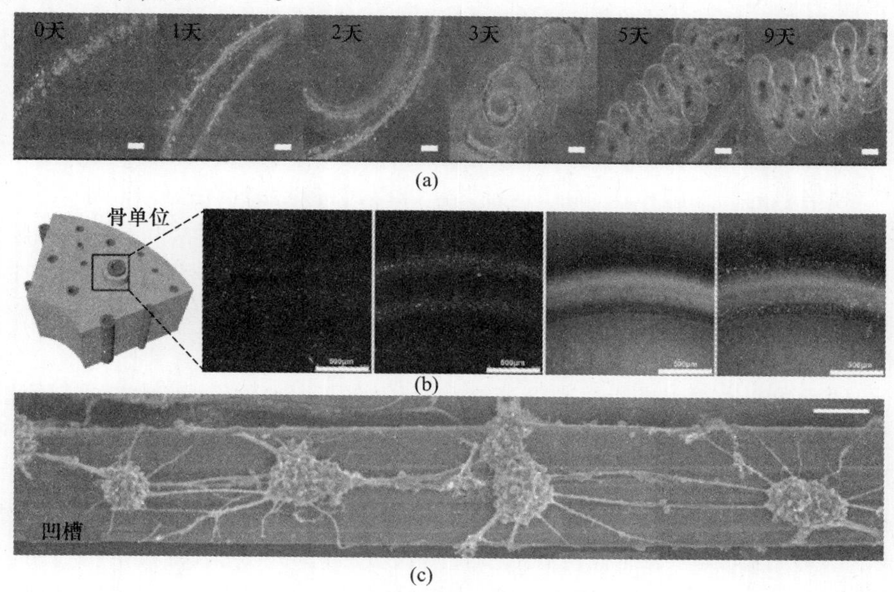

图8.2　包裹细胞的海藻酸钙水凝胶微纤维

(a)含有平滑肌细胞的微纤维的螺旋状自组装，比例尺表示100μm；(b)仿生骨结构的微纤维；(c)带有凹槽的微纤维，用于神经细胞的培养，比例尺表示50μm。

为了促进贴壁型细胞与微纤维的相互作用，多种生物聚合物已与海藻酸结合形成复合水凝胶微纤维[12]。通过直接混合水溶性壳聚糖溶液和海藻酸盐溶液，Lee等人基于微流控离子诱导的交联反应合成“壳聚糖－海藻酸盐”微纤维，这种微纤维中包裹的肝癌细胞(HepG2)细胞比纯海藻酸钙水凝胶中包裹的细胞更具活力[41]。此外，精氨酰基天冬氨酸(RGD)的加入有利于海藻酸钙水凝胶具有更高的生物相容性。利用离子和光引发交联组合反应，一种包含有人脐带血管内皮细胞(HUVEC)和人类成骨细胞样细胞(MG63)的“RGD－海藻酸”的中空微纤维已经被制备，通过对两种细胞进行三维培养，用于仿生人体骨骼细胞结构。然而，离子的引入和离子交联可能会降低水凝胶微纤维的机械性能[42]，作为替代方案，通过掺入含有RGD的甲基丙烯酸化明胶(GelMA)来调节藻酸盐水凝。Zuo等人使用玻璃微毛细管将这种复合材料转移到水凝胶微纤维中，结合了高机械模量和高生物相容性[43]。

8.3.2　仿生微结构

鉴于层流系统在微通道中的空间定位能力，通过构建多层流系统可在微纤维内部构建层次化多细胞结构,这种结构可以模仿自然微组织的分层结构,如肝小叶、微血管和动物骨骼。因为肝细胞可能在没有饲养细胞支持的情况下失去其表型,和饲养细胞的共培养微环境对体外肝细胞功能的维持具有重要意义[44]。利用扁平的 PDMS 微通道中产生的三个层流,Yamada 等人已经制造夹心状的微纤维,其中心的肝细胞被来自两侧的 3T3 细胞紧密包裹[19]。与纯海藻酸钙水凝胶微纤维中单独培养的肝细胞相比,由于这种共培养模式,包括白蛋白分泌和尿素合成在内的肝细胞功能得到明显的增强。另外,海藻酸钙水凝胶裂解酶可以无细胞损伤地酶促消化被包裹肝细胞结构周围的水凝胶,从而可以进一步获得模拟体内肝细胞结构的微组织。此外,他们还制作了具有多夹层结构的微纤维,这有利于相对大规模地形成类肝功能人工组织[20]。

圆柱形微通道可以产生具有圆形横截面的多层同轴层流。当中心的层流不参与周围包裹细胞的海藻酸流凝胶化反应时,可形成空心微纤维,这种空心结构可以模拟体内管状微组织[23]。通过组装这种中空状微纤维,Gao 等人制造了具有内置微通道的宏观 3D 水凝胶块,因为管状结构促进了营养物质的交流,使得封装结构内部的 L929 小鼠成纤维细胞相对于没有内置微通道的宏观水凝胶结构显示出更高的细胞活力[45]。为了进一步促进生物活性,Jia 等人采用包括明胶甲基丙烯酰(GelMA)、藻酸盐和 4 - 臂聚(乙二醇) - 四丙烯酸酯(PEGTA)的混合流,通过连续的离子和光交联形成中空微纤维,得到的微纤维允许血管细胞在微纤维内壁中增殖,这对于构建功能性人工微血管结构至关重要[46]。此外,Xu 等人将大鼠血液注入具有螺旋结构的中空微纤维中以实现其灌注性[47]。另外,Wei 等人将骨细胞和人脐带静脉内皮细胞(HUVEC)分别包裹在中空状微纤维的内层和外层,用来模拟人体骨的结构,这种类骨质微纤维可以增强成骨和血管细胞的功能性表达,如图 8.2(b)所示[42]。

8.3.3 细胞向导

为了构建诸如神经束和肌肉纤维的线性组织,微支架应该具有细胞引导功能,窄长的机械形态使微纤维成为实现这一功能的理想支架[49]。Yamada 等人通过形成具有和不具有藻酸丙二醇酯(PGA)的平行海藻酸层流来制造固 - 软 - 固体扁平微纤维[16]。在该种微纤维中,由于两个侧面固体区域和周围多聚赖氨酸层的物理限制,可以引导封装在中央软区域中的 PC12 神经细胞伸长并沿微纤维方向产生神经网络。此外,他们还设计了一种垂直微喷嘴阵列结构来纺织圆柱形微纤维,在该微纤维中有八个柔软区域均匀地位于微纤维周边[48]。这种复杂的结构可以使得 PC12 神经细胞线性集落形成的比例高于扁平状微纤维中的比例。

不同于在纤维内部包裹神经细胞,选择在微纤维的表面上培养神经细胞,可以使得培养过程中具有更高的细胞密度，更有效的细胞连接和良好的观察视野。Kang等人制造了带凹槽的扁平微纤维，以引导神经元细胞的神经突在微纤维表面形成网络，如图8.2(c)所示[35]。从该图中可以清楚地观察到不同神经元细胞之间连接的神经突束的形态。相反，对于没有凹槽的微纤维，在培养过程中大多数神经元细胞聚集在纤维的边缘上，难以区分不同细胞之间的连接。

8.4 “豆荚状”微纤维加工与磁力评估系统设计

8.4.1 加工微流控平台设计

“豆荚状”微纤维片上加工与其磁力评估实验所用的PDMS微流道芯片基于软光刻法制作。在加工前，微流道芯片需进行一次等离子体曝光(能量70J，时间300s)，这次曝光使得疏水性的PDMS基底转化为亲水性。这种亲水特性为海藻酸溶液对矿物油的夹断操作提供了适宜的流道表面特性。为加工“豆荚状”微纤维的微流控平台的原理图与实物图。该PDMS微流道芯片由4个连续的流道结构组成：①流体聚焦节点(形成磁性矿物油微滴)；②微滴注入流道(形成微油滴队列)；③流体汇聚流道(形成多溶液层流)，这其中包裹第二流体聚集节点和第三流体聚集节点；④交联通道(交联反应形成包裹微油滴阵列的微纤维)。整个芯片微流道的高度为150μm。进一步，1.8% w/v海藻酸钠溶液、10% w/v多糖缓冲溶液、10% w/v多糖缓冲溶液混合0.5M氯化钙溶液分别作为样本、缓冲和保护溶液被注射泵注射进入微流道，其在微流道表面的注射孔位置如图8.3(a)所示。微流道芯片的喷口被放置在0.1M的氯化钙溶液中。因为加工的微纤维结构与豆荚的结构非常相似，所以把这种磁性微纤维命名为“豆荚状”微纤维。这种微纤维结构可由三个参数来进行表述，即微纤维的宽度W_m，微液滴的直径D_m以及微液滴之间的间距L_m，微纤维的宽度与厚度比为1.1。整个微流体纺织系统如图8.3(b)所示。

8.4.2 基于微流道的微油滴磁力测试方法

微流道中基于非接触式磁力操纵磁性微油滴的方法被用于评估外磁场作用下微油滴上形成磁力的大小[49]。如图8.4(a)所示，微流控芯片被沿着长交联流道边缘进行切割，同时，由5个圆形永磁铁(直径4mm，厚度2mm，磁场强度$B=150mT$)组成永磁铁阵列被垂直地放置在被切割的长交联流道边缘。在芯片内部，磁性微油滴在第一流体聚焦节点被连续地生成，随后，形成磁性微油滴队列。当该队列沿着交联流道前进并经过外磁场作用区域时，在外磁场的作用下，微油滴

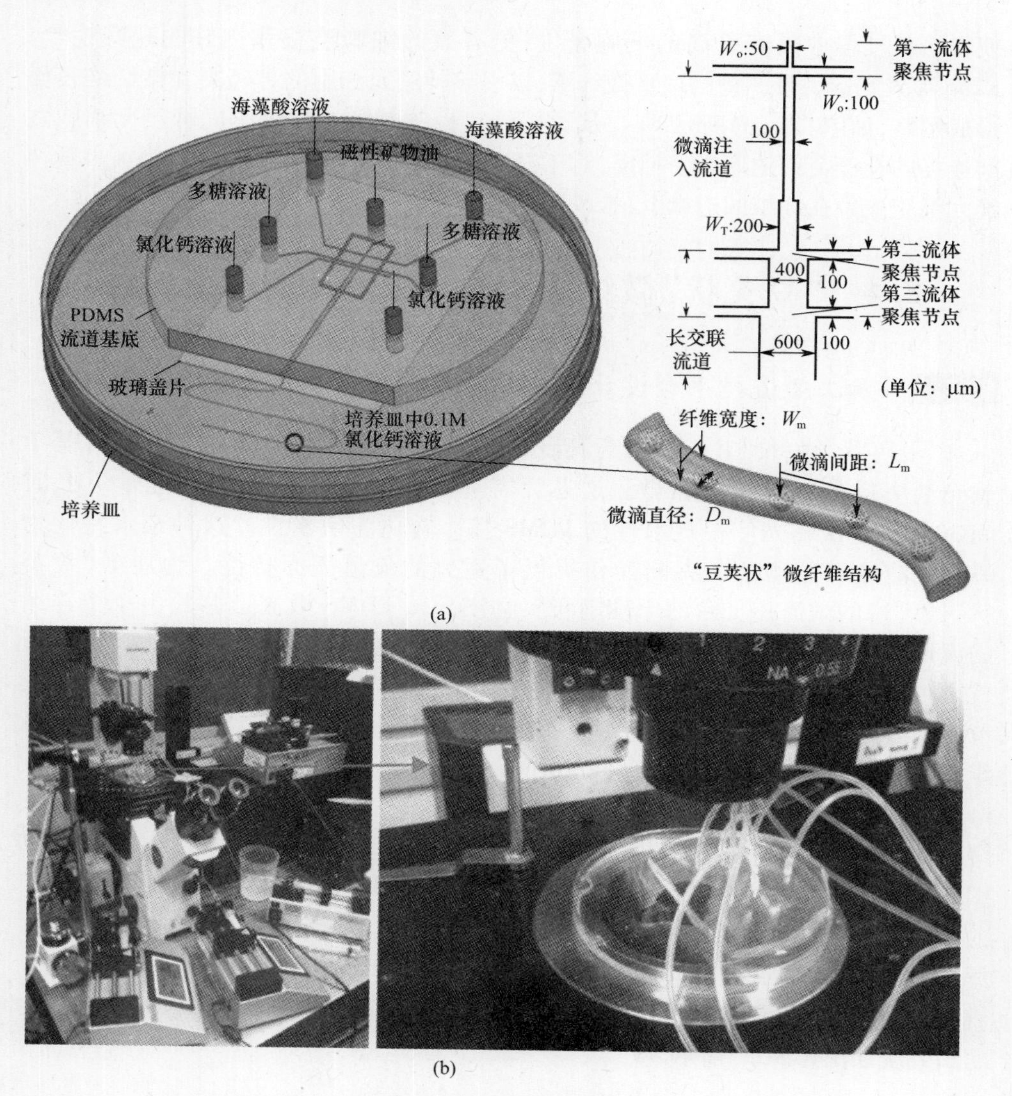

(a)

(b)

图 8.3 “豆荚状”微纤维微流控加工平台
(a)原理图；(b)实物图。

从中心轴线向永磁铁一侧偏移，如图 8.4(b)所示。在偏移过程中，沿 Y 轴方向由微油滴与海藻酸溶液相对移动引起的黏性拉力 F_{drag} 阻碍磁力 F_{mag} 对微油滴的牵引偏离作用。F_{drag} 可以通过斯托克定律进行计算：

$$F_{drag} = 3\pi\mu_a D_m V_y \tag{8-1}$$

式中：$\mu_a = 134\text{mPa}\cdot\text{s}$ 为 1.8% w/v 海藻酸溶液的［动力］黏度；D_m 为微油滴的直

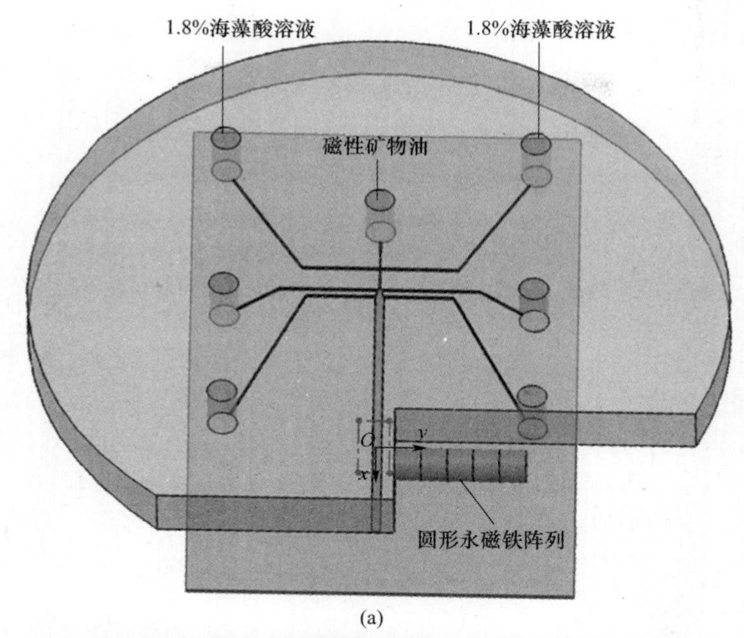

(a)

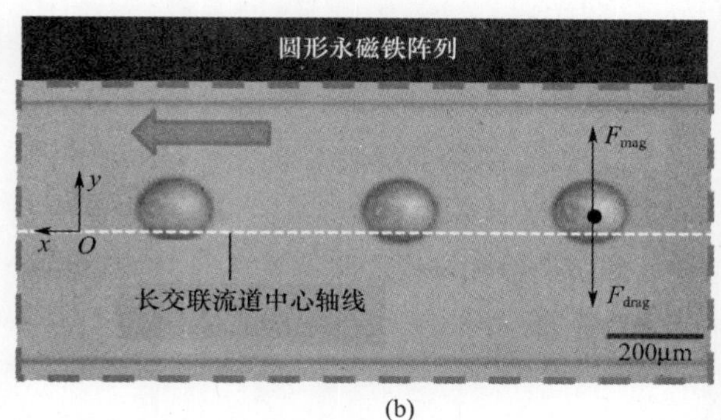

(b)

图 8.4　微油滴磁力流道测试方法

(a)测试平台；(b)微滴队列在外磁场作用下偏离。

径；V_y 为微油滴偏离过程中 y 方向的速度分量。在微观环境下，这一偏离过程中磁性微油滴的惯性作用可以被忽略，则 $F_{drag}=F_{mag}$。进而通过式(8-1)，就可以计算得到作用在磁性微油滴上磁力的大小。

8.4.3　片上加工“豆荚状”微纤维的微流体操作

通过微流道对流体界面进行控制，“豆荚状”微纤维可以通过以下三步进行加工：首先，微油滴在第一个十字形流道口被海藻酸流连续生成，并跟随海藻酸流流动形成微油滴阵列，随后，包裹微油滴阵列的海藻酸流和缓冲溶液流、氯化钙流形成形层流系统，接着，氯化钙流中 Ca^{2+} 在层流中快速交换，引发海藻酸层流的交联反应，使其从流体状逐渐转变为水凝胶，同时，磁性矿物油微滴被均匀地固定在微纤维中。

如图 8.5(a)所示，海藻酸溶液和磁性矿物油溶液之间的乳化作用在第一个流体聚焦节点被实现。由于 PDMS 基底经过等离子体的轰击，其亲水性的表面使得与海藻酸溶液产生了更大的黏性，从而将与微流道黏性较弱的矿物油夹断，连续形成磁性微油滴。当微油滴注入流道中后，这些连续形成的体积均匀的微油滴可以在流体力作用下被自发地形成一条间距均匀的队列。微滴注入流道的下半段宽度从 100μm 扩展到了 200μm，这导致微油滴队列在经过此段流道时，队列中彼此油滴之间的间距被缩短。这种缩短使得这个队列获得一个理想的可被显微镜观察的队列间距。当包裹微油滴的海藻酸微流到达第二个流体聚焦节点时，多糖溶液缓冲溶液从两侧进入将海藻酸微流夹在中心，接着在第三个流体聚焦节点，最外层的氯化钙溶液从多糖缓冲溶液的两侧注入。自此，一个包含四种溶液、两种微流体界面模式(圆形微滴、条形层流)的微流体系统被形成。在图 8.5(b)中，不同流体之间的界限可以被清晰地观察到。

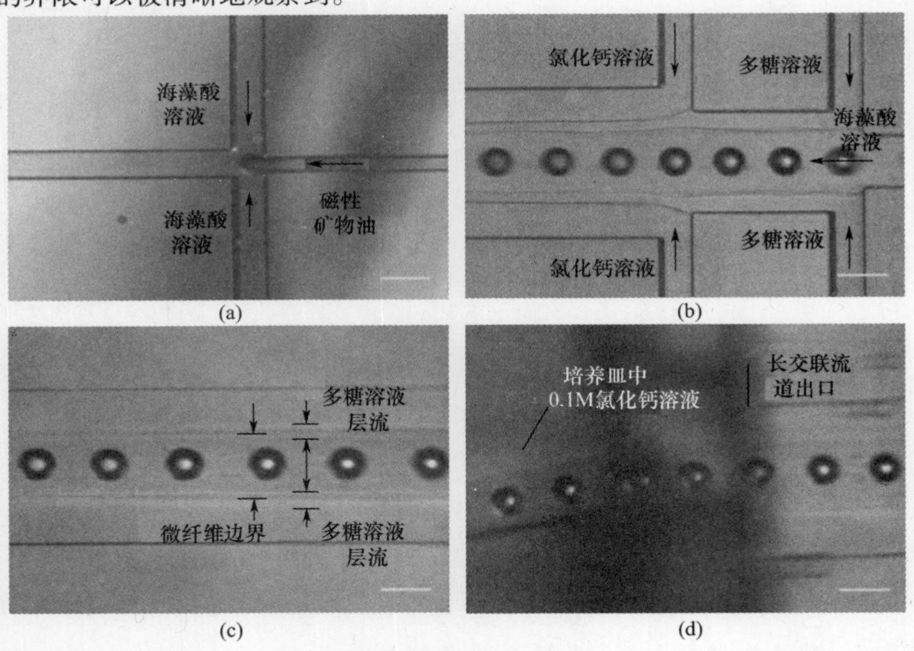

图 8.5　基于微流操作的“豆荚状”微纤维加工过程(图中标尺都为 200μm)

(a)微液滴生成；(b)流体汇聚形成层流；

(c)交联反应形成微纤维；(d)微纤维从流道出口喷出。

在长交联流道中,多糖缓冲溶液微流和氯化钙微流的界线在距第三个流体聚焦节点大约3mm处消失,处于正中心的海藻酸微流也逐渐被交联固化。此处界线消失的距离相比于低海藻酸溶液浓度消失的距离稍长,这是因为海藻酸溶液的浓度需要更久的粒子交换时间。如同水平粒子交换系统,海藻酸微流的交联层是从微流的两边开始,然后逐渐拓展到包裹在中心的微油滴队列并使微油滴固定。这个固定微油滴的交联过程必须尽可能地迅速,否则微油滴队列很难保持整齐均匀的排列。我们选取的0.5M的氯化钙溶液可以保证最快的交联速度。海藻酸流在距离第三个流体聚焦节点大约1.5cm处完成固化,因为微纤维的横截面是一个四角有弧度的矩形形状,所以微纤维的边界超出了海藻酸流的流体宽度,出现在多糖溶液流中,如图8.5(c)所示。最终,"豆荚状"微纤维可以从微流道中喷出,如图8.5(d)所示。

图8.6(a)和图8.6(b)中在微纤维弯曲部分也可以观察到这种矩形横截面形态。长交联流道的长度决定了海藻酸微流体被交联的时间,所以,如果流道长度太短,不完全的交联反应无法有效固定微油滴,但是,如果流道的长度太长,氯化钙溶液微流体又无法提供足够的动力将微纤维送出长交联流道,这很容易造成交联流

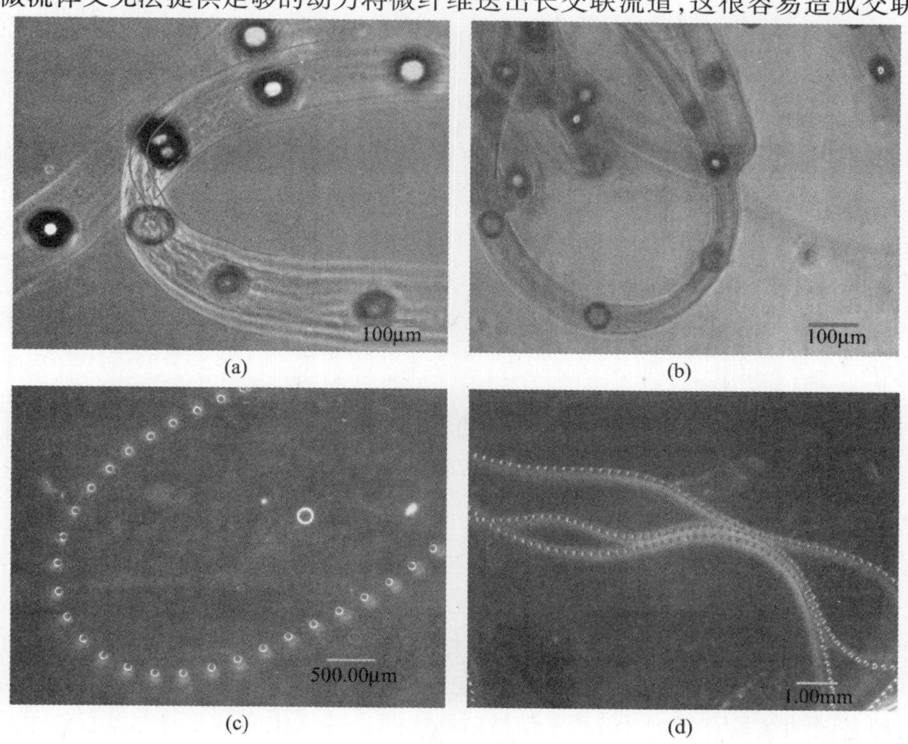

图8.6 不同长度的"豆荚状"磁性微纤维

(a),(b)微纤维横截面图;(c),(d)不同长度的"豆荚状"微纤维。

道的堵塞。所以经过反复的实验,交联流道的长度被最终选在了 2.2cm,这个长度能够保证微液体被牢固地包裹固定,同时又不会引起流道的堵塞。再者,因为交联流道的出口被浸入溶液中,微纤维可以被长时间顺畅地喷出,这也同时保证了加工过程的顺畅。不同长度的“豆荚状”微纤维可以被保存在氯化钙溶液中,如图 8.6(c)和图 8.6(d)所示。

8.5 基于微流体流速的“豆荚状”微纤维成形控制方程建立

8.5.1 各溶液流速对微纤维结构影响分析

通过改变各个注入溶液的流速,微纤维的宽度 W_m、微油滴的直径 D_m 以及微油滴之间的间距 L_m 都可以相应地发生改变。三种不同的氯化钙溶液流速:Q_c 被采用,它们分别为 $Q_c = 1300$,1500 和 1700μL/h。每一种 Q_c,对应一组海藻酸溶液流速:Q_a,它们分别为 $Q_a = 400$,500,600,700,800 和 900μL/h。再者,对于每一组 Q_c 和 Q_a 的组合,同时也对应了一组磁性矿物油溶液流速:Q_o,它们分别为 $Q_o = 40$,50,60,70 和 80μL/h。本小节,将通过这些流速的变化,来分析注入溶液流速对微纤维结构 W_m、D_m 和 L_m 的影响。多糖缓冲溶液的流速被保持在 500μL/h,在这种流速下,微纤维可以保持一个均匀的边界。微纤维的结构可以通过光学显微镜进行观察,其观察位置在距离交联流道喷口向内大约 0.5mm 的位置,在这个位置微纤维已经基本固化成形,同时也不会受到出口位置流体扰动的影响,便于观察。本章中微油滴的成形方法是基于滴出策略[50],在这种策略下,每一个微油滴在成形后都会跟随一个卫星微油滴,但由于其体积极小,这里忽略它的影响。

图 8.7 显示了一系列代表性的微纤维结构,在图中,不同的流速组合对应不同的 W_m、D_m 和 L_m 可以被观察到。本节首先来研究流速对 W_m 的影响。如果 Q_c 保持不变,W_m 可以通过减少 Q_a 而被减少,再者,如果 Q_a 保持常数,通过增加 Q_c,W_m 也可以被减少。然而,Q_o 对 W_m 的影响几乎可以忽略。图 8.8(a) 描述了在三种 Q_c 下,Q_a 与 W_m 之间的对应关系。因为 Q_o 对 W_m 的影响被忽略,所以图 8.8(a) 描述的对应关系中 W_m 是在每一种 Q_c 与 Q_a 组合下,取不同 Q_o 所对应 W_m 的一个平均值。接着,研究流速对 D_m 和 L_m 的影响。增加 Q_o,可以缩短微油滴之间的距离 L_m,但是微油滴的直径 D_m 仍几乎保持常数。可以使 D_m 减小或增大的有效手段是相应地增大或减小 Q_a。如果保持 Q_a 为常数,则通过增加 Q_c 可以加大 L_m,但是对 D_m 依然没有明显的影响。图 8.8(b) 描述了 D_m 与 Q_a 之间的对应关系,同样,因为

Q_c 和 Q_o 对 D_m 的影响都不明显，所以，这里的 D_m 为在固定 Q_a 下，不同的 Q_c 与 Q_o 组合下对应 D_m 的一个平均值。流速 Q_a、Q_c、Q_o 都可以改变 L_m，但是前两个流速对 L_m 的改变效率不如改变 Q_o 的作用明显，如图 8.7 所示。

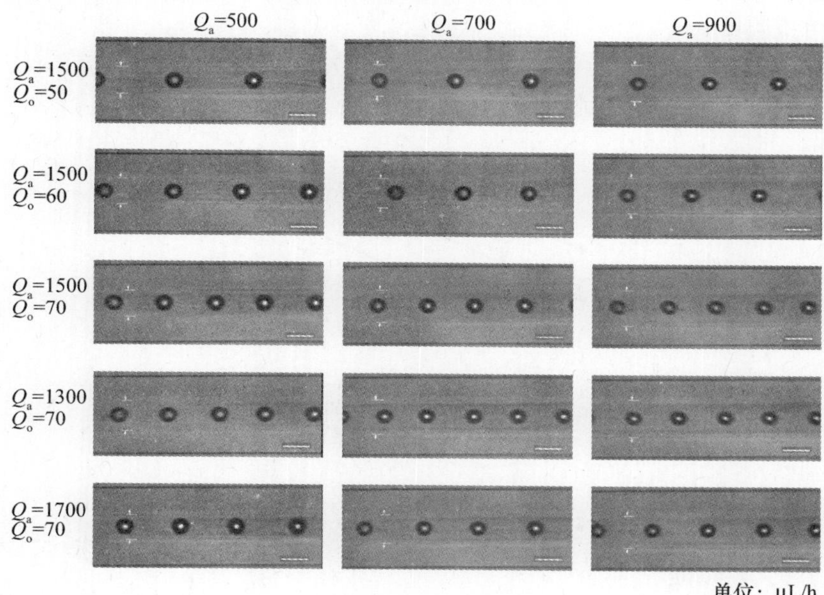

图 8.7 不同流体组合下对应的微纤维代表性结构

进一步解释上述流体现象产生的原因，在一个固定的 Q_a 下，D_m 不受 Q_o 改变的影响可以几乎保持常数，这是因为 Q_o 所引起的流阻抗变化对海藻酸微流的影响非常小，所以这种影响不足以使微油滴的直径发生可以测量的变化。相反，由海藻酸微流高黏性力和对矿物油微流强力的延展作用，Q_a 的改变可使得 D_m 发生剧烈的变化。再者，虽然增加的 Q_o 不足以改变微油滴的直径，但是却能有效的减少微油滴间距 L_m，因为 Q_o 的增加加速了微滴的生成频率。Q_o 可以导致 L_m 成数量级的改变，因此可以作为一种有效调节微纤维中磁粒子浓度的方法。对于固定的 Q_a 和 Q_o，增加的氯化钙流流速 Q_c 可以减少海藻酸流在长交联流道中的宽度，这同时也减少了微油滴在海藻酸流中流动的流体阻抗，因此，当第一个微油滴进入交联流道，由于流阻抗的减少促使微油滴开始加速流动，而相邻的微油滴仍在流体汇聚流道中并保持原始速度，从而导致了 L_m 的增加。相反地，如果通过减少 Q_c 使得海藻酸流宽度加大，微油滴在其中传输时流体阻抗将增大，速度被减慢，从而导致了 L_m 的减少，与之相似的流体行为可以在以前的研究中被验证[51]。另外，在总的 Q_a 不变的情况下，海藻酸流在长交联流道中的层流流速会随着其流体宽度的减少而增加。层流流速的增加可以在很大程度上补偿 Q_c。增加对 Q_a 和 Q_o 流过第一个流体聚焦节点的总流量的影响,这样使得海藻酸流和矿物油流体在长交联流道中的总流阻抗保持稳定,进而不会引起 D_m 的改变,这就解释了不同的 Q_c 对 D_m 几乎没有影响的原因。

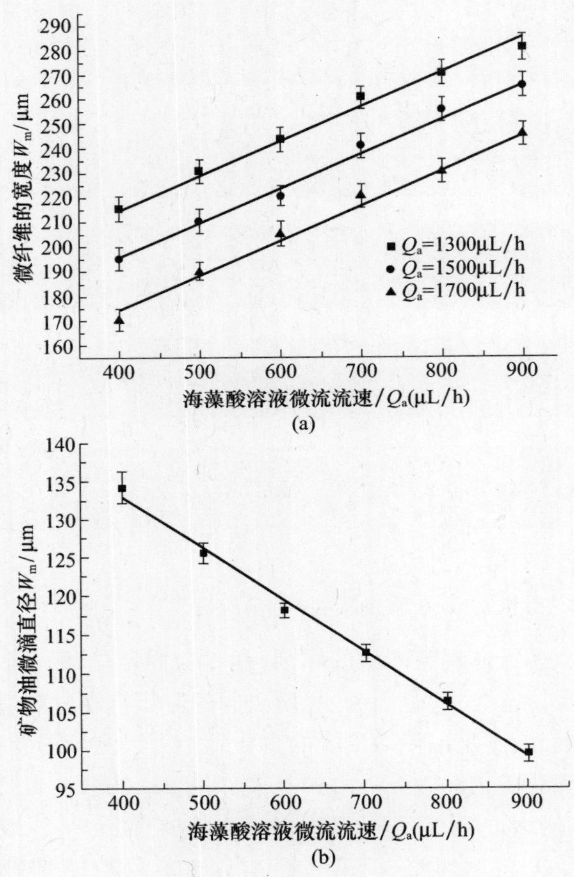

图 8.8　流速对微纤维结构的影响
(a)海藻酸溶液微流流速与微纤维宽度对应变化关系;
(b)海藻酸溶液微流流速与矿物油微滴直径的对应变化关系。

8.5.2　数据拟合及成形控制方程建立

"豆荚"状微纤维可以在一定 Q_a、Q_c 和 Q_o 范围内保持微纤维边界和微油滴分布的均匀,这为量化微纤维结构提供了基础。在建模之前,首先确定上述速度的边界范围。当 $Q_a < 400\mu L/h$ 时,微纤维的边界出现了项链状的起伏,这种现象

的出现是因为微纤维的宽度太窄，以至于微油滴对包裹它的海藻酸水凝胶层产生了一种支撑影响[52]。这种情况下，纤维的宽度很难被准确的量化。相反，当 $Q_a > 900\mu L/h$ 时，微纤维的宽度又会因为太宽而容易导致流道堵塞。进一步，当 $400\mu L/h < Q_a < 900\mu L/h$ 时，如果 $Q_c < 1300\mu L/h$，氯化钙流作为保护溶液的作用将消失，成形的微纤维很容易碰触流道壁导致流道堵塞，相反，过大的 Q_c 将减少海藻酸流在长交联流道中的交联时间，导致交联的不充分，从而使微油滴从微纤维中脱落。另外，当 $Q_o > 80\mu L/h$ 时，将导致过快的微油滴生成频率，微油滴之间无法形成有效的间隔，导致微油滴队列混乱，无法量化，而当 $Q_o < 40\mu L/h$ 时，微油滴之间又会因为间隔太大而超出光学显微镜的观察视野。所以，将 Q_a、Q_c 和 Q_o 的范围设定在 $Q_a = 400 - 900\mu L/h$，$Q_c = 1300 - 1700\mu L/h$，$Q_o = 40 - 80\mu L/h$，在此范围内，具有均匀边界和微油滴分布的微纤维可以被稳定地加工。

如图8.8(a)所示，在上述的流体范围内，对于每一个固定的 Q_c、W_m 和 Q_a 近似成线性比例关系，这种现象也可以在其他研究者关于微纤维合成的数据中得到验证[53]。再者，对于固定的 Q_a，W_m 也近似线性反比于 Q_c，因此，使用一个二元线性回归方程来拟合表述这种关系：

$$\frac{W_m}{W_T} = \alpha_w Re_a - \gamma_w Re_c + c_w = \frac{\alpha_w \rho_a Q_a}{2\mu_a h} - \frac{\gamma_w \rho_c Q_c}{2\mu_c h} + c_w \tag{8-2}$$

式中：Re_a 和 Re_c 是海藻酸流和氯化钙溶液的雷诺系数；W_T(200μm)是微油滴注入流道中处于下游位置的宽度；ρ_a($1.018 \times 10^3 kg/m^3$)和 ρ_c($1.111 \times 10^3 kg/m^3$)分别为海藻酸和氯化钙溶液密度；μ_a(134mPas)和 μ_c(24mPa·s)分别为海藻酸和氯化钙溶液运动黏度，$\alpha_w = 99.43$，$r_w = 11.67$；$c_w = 1.45$ 分别为式(8-2)的拟合系数，这些系数值主要依赖于微流道的流道尺寸[54]。

图8.8(b)也展现了 D_m 与 Q_a 的线性比例关系，在上述的流速范围内，使用线性方程对这种关系进行表述：

$$\frac{D_m}{W_o} = \beta_D Ca_a + c_D = \frac{\beta_D \mu_a Q_a}{2\sigma_{ao} W_a h} + c_D \tag{8-3}$$

式中：Ca_a 为海藻酸溶液的毛细数；W_o(50μm)和 W_a(100μm)分别为磁性矿物油与海藻酸溶液的注入流道宽度；σ_{ao}(5.7mN/m)为海藻酸溶液与矿物油之间的界面张力；$\beta_D = 6.13$ 和 $c_D = 3.2$ 为拟合系数，这些系数值主要依赖于十字形微流道的尺寸[55]。D_m 与一定范围内的 Q_a 的线性比例关系也可以在其他研究者的前期研究工作中被证实[56]。使用五组随机的 Q_a 和 Q_c 组合来验证上述公式的准确性，表8.1给出了预测值与实验值的对比。

表 8.1 微纤维结构预测值与实验值的比较

<table>
<tr><th rowspan="2">流速/(μL/h)</th><th rowspan="2">预测的 D_m/μm</th><th colspan="2">实验得出的 D_m/μm</th><th rowspan="2">预测的 W_m/μm</th><th colspan="2">实验得出的 W_m/μm</th><th rowspan="2">预测的 Q_o/(μL/h)</th><th colspan="2">实验得出的 L_m/μm</th></tr>
<tr><th>平均值</th><th>RSD</th><th>平均值</th><th>RSD</th><th>平均值</th><th>RSD</th></tr>
<tr><td rowspan="3">$Q_a=630$
$Q_c=1550$</td><td rowspan="3">117.45</td><td rowspan="3">117.32</td><td rowspan="3">0.13</td><td rowspan="3">222.54</td><td rowspan="3">225.65</td><td rowspan="3">2.34</td><td>67</td><td>308.23</td><td>8.34</td></tr>
<tr><td>56</td><td>382.23</td><td>13.56</td></tr>
<tr><td>44</td><td>450.56</td><td>11.23</td></tr>
<tr><td rowspan="3">$Q_a=650$
$Q_c=1450$</td><td rowspan="3">112.13</td><td rowspan="3">112.45</td><td rowspan="3">0.09</td><td rowspan="3">235.54</td><td rowspan="3">232.65</td><td rowspan="3">1.21</td><td>64</td><td>301.34</td><td>9.12</td></tr>
<tr><td>54</td><td>391.21</td><td>9.32</td></tr>
<tr><td>40</td><td>473.75</td><td>14.21</td></tr>
<tr><td rowspan="3">$Q_a=740$
$Q_c=1600$</td><td rowspan="3">108.13</td><td rowspan="3">107.45</td><td rowspan="3">0.04</td><td rowspan="3">251.543</td><td rowspan="3">253.23</td><td rowspan="3">3.23</td><td>73</td><td>312.79</td><td>13.54</td></tr>
<tr><td>63</td><td>376.35</td><td>10.54</td></tr>
<tr><td>54</td><td>471.23</td><td>12.74</td></tr>
<tr><td rowspan="3">$Q_a=760$
$Q_c=1400$</td><td rowspan="3">108.62</td><td rowspan="3">108.60</td><td rowspan="3">0.26</td><td rowspan="3">256.74</td><td rowspan="3">254.34</td><td rowspan="3">2.15</td><td>59</td><td>309.29</td><td>8.45</td></tr>
<tr><td>49</td><td>367.13</td><td>10.45</td></tr>
<tr><td>42</td><td>459.54</td><td>12.76</td></tr>
<tr><td rowspan="3">$Q_a=820$
$Q_c=1650$</td><td rowspan="3">104.57</td><td rowspan="3">103.94</td><td rowspan="3">0.31</td><td rowspan="3">239.854</td><td rowspan="3">240.23</td><td rowspan="3">3.45</td><td>76</td><td>304.23</td><td>9.35</td></tr>
<tr><td>64</td><td>375.87</td><td>10.74</td></tr>
<tr><td>56</td><td>465.23</td><td>12.31</td></tr>
</table>

微油滴的生成频率，以及微油滴在微流道中的传输阻抗共同作用于微油滴间距 L_m[57,58]，而二者皆被 Q_a、Q_c 和 Q_o 所影响。然而，通过大量的实验，我们发现 Q_a、Q_c、Q_o 与 L_m 之间非常难以通过一个线性比例关系来描述。所以在对微纤维结构设计时，首先需要通过预先设计的 W_m 和 D_m 确定 Q_a 和 Q_c，从而固定微油滴在微流道内传输时所受的流体阻抗条件，进而在通过调节 Q_o，即微油滴生成频率，获得被设计的 L_m。理论上，对于固定的 Q_a 和 Q_c，通过精确调节 Q_o，任意的 L_m 可以被得到。图 8.9 显示了对应上述五个验证性 Q_a 和 Q_c 组合，L_m 与 Q_o 的变化关系，这种变化关系可以通过拟合公式来描述：

$$\frac{L_m}{D_m}=\alpha_L\left(\frac{Q_a}{Q_o}\right)^{(1+\gamma_L)} \tag{8-4}$$

式中：α_L 和 r_L 为拟合参数，它们的值主要依赖于海藻酸溶液的毛细力 Ca_a 以及海藻酸微流的流体宽度，而且这两个参数组合随着流速组合的变化而变化。进一步，讨论这个拟合公式的合理性。

由上述关于微油滴直径的分析可知，对于固定的 Q_a，在一定范围内 Q_o 对微滴

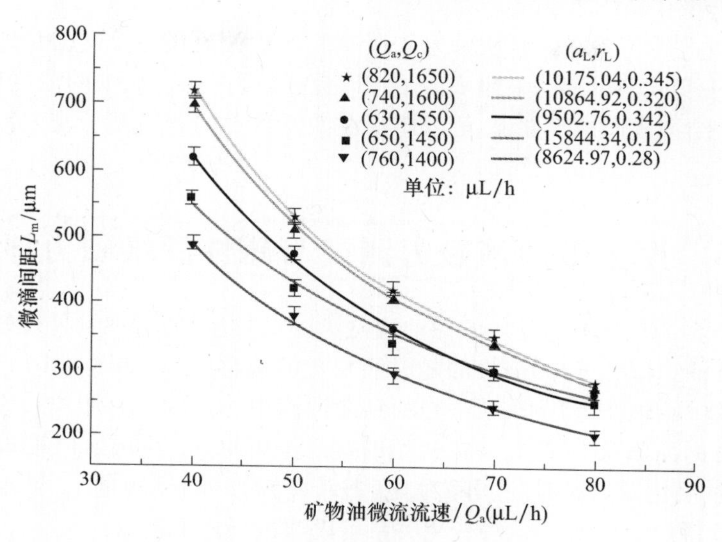

图 8.9　在不同海藻酸与氯化钙流流速组合下矿物油微流流速与微油滴间距之间的对应关系

的直径 D_m 并不产生可以被观察的影响，因此近似地将 D_m 看作常数。对于在第一个流体聚焦节点产生的微滴队列，如果在流道中没有大量质量传递以及显著的压缩性的影响下，L_m 与 Q_o 的变化关系可以被公认地按照下式进行描述[57,59]：

$$\frac{L_m}{D_m}=c_L\frac{Q_a}{Q_o} \tag{8-5}$$

式中，c_L 为常数。在本节的实验中，长交联流道中的海藻酸流的流体宽度总是大于在第一个流体聚焦节点处的海藻酸流宽度。这种被拓宽的宽度同时增加了微油滴在传输过程中的流体阻抗，所以当微油滴进入长交联流道时，L_m 减小。再者，对于上述五组验证性流速中的任意一个组合，Q_o 的增加意味着增大了海藻酸流流速与微油滴在海藻酸流中传输速度之间的差距，这又在一定程度上增加了微油滴传输阻抗，加速了 L_m 的减小。这种 L_m 因为流阻抗的增大而减小的现象可以从其他研究者的实验数据中得到验证[57]。基于上述分析，式(8-5)的右边项可以进一步乘以

$$C_w=c_1(Q_a/Q_o)^{\gamma_L},c_1Q_a^{\gamma_L}<Q_o^{\gamma_L},\gamma_L>0,c_1>0 \tag{8-6}$$

因为在长交联流道中流阻抗增加的作用，$c_1Q_a^{r_L}$ 的值应小于 $Q_o^{r_L}$。增加的 Q_o 对 L_m 的减小的加速作用使得拟合参数 $r_L>0$。c_L 对于每一个流速组合固定，但是随着不同的流速组合而改变。对于每一个流速组合，根据其相应的拟合公式，计算对于实验前任意设定的三组 $L_m=300,380,460\mu m$ 所需的 Q_o，表 8.1 描述了计算理论

值,以及在此理论值下通过再次片上加工实验所观测到的 L_m,可以看到实验得出的 L_m 近似于实验前设定的三组 L_m。由于磁性粒子在矿物油中的浓度确定,所以这种精确的结构成形控制方程,可以使得在微纤维中的磁性粒子密度得到精确的控制。

8.6 片上微油滴磁力测试与磁性纤维磁力评估

采用第 8.4.2 节中所描述的微油滴磁力测试方法,通过视觉处理软件可以得到一系列微油滴($D_{md}=135\mu m$)的随时间变化的偏移图片,如图 8.10 所示。以长交联流道的中心轴作为基准,从中心轴到微油滴中心点的垂直距离被设定为微油滴在 Y 轴方向的偏移距离 y_d。在初始时间 $t_d=0$ 时,y_d 的初始值被设定在大约 30μm。微油滴位置记录时间间隔为 0.099s(三帧)。通过测量 y_d 与 t_d 的变化关系,可以得到图 8.11(a)。这种变化关系可以通过下式来表示:

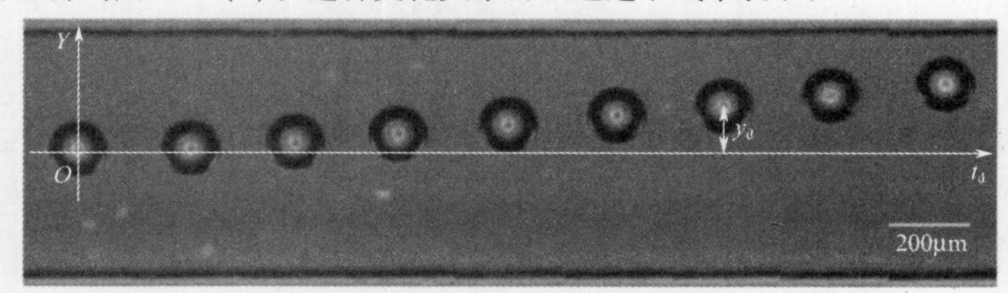

图 8.10　微油滴在长交联流道中的磁力偏移

$$y_d(t_d)=\alpha_y e^{\sigma_y t_d}+c_y \tag{8-7}$$

式中:$a_y=24.025$,$\sigma_y=-0.663$,$c_y=3.261$ 为拟合参数。通过对式(8-7)进行求导,可以得到微油滴在沿 Y 方向偏移的速度:

$$V_y(t_d)=\frac{dy}{dt}=\alpha_y\sigma_y e^{\sigma_y t_d} \tag{8-8}$$

作用在微油滴上磁力的大小 F_{magd} 可以通过将式(8-8)代入式(8-1)中求得:

$$F_{magd}=F_{drag}=3\pi D_{md}\alpha_y\sigma_y e^{\sigma_y t_d} \tag{8-9}$$

通过这个方法,进行了 20 组实验,最后,通过平均值和标准方差的形成得出了在长交联流道 Y 轴方向上,微油滴偏移距离与其所受磁力之间的关系,如图 8.11(b)所示。

考虑到实际组装过程中所需要的操作空间有限,操作对象距离引导磁场的距离都很近,所以这里假设在磁场引导下纳米磁粒子都处于磁饱和状态,从而进一步

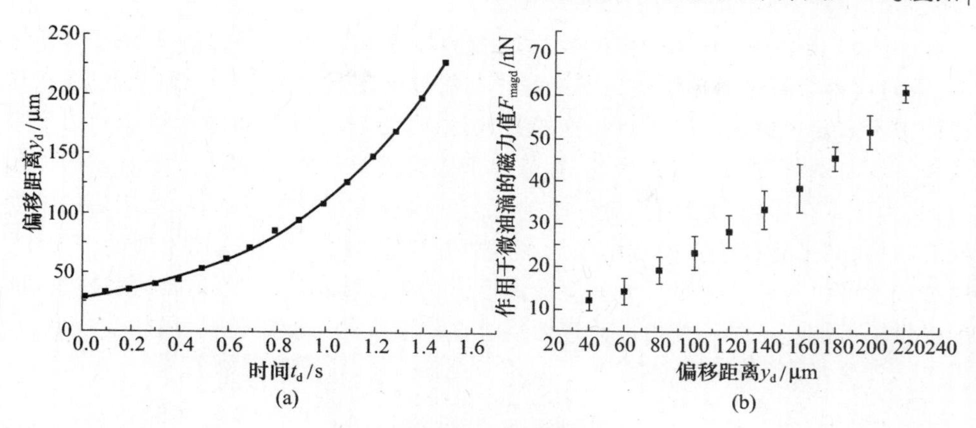

图 8.11 微油滴磁力评估

(a)微滴偏移距离与时间的关系曲线；(b)作用于微滴的磁力大小与偏移距离的关系曲线。

可以直接通过下式计算作用在微油滴上磁力的值：

$$F_{magd} = \frac{N\Delta\chi V_P}{\mu_0}B(\nabla B) = \frac{2\Delta\chi C\pi D_m^3 B(\nabla B)}{3\rho\mu_0} \tag{8-10}$$

式中：N 为磁性纳米颗粒在微滴中的数量；μ_0 为真空磁导率；$\Delta\chi$为磁力纳米颗粒和矿物油之间的相对磁化率；V_p 为磁性纳米颗粒的体积；B 和 ∇B 分别为外磁场强度与梯度；C 和 ρ 分别为磁性纳米粒子在矿物油中的浓度和密度。对于同一型号的矿物油和海藻酸溶液，$\Delta\chi$、C、ρ、μ_0 都是确定的。根据式(8-10)，拥有不同直径的微油滴在外磁场中任意一处所受磁力的大小 F_{mag}可通过下式直接求得，无须再使用流道偏离测试方法。

$$\frac{F_{mag}}{F_{magd}} = \frac{D_m^3 B\nabla B}{D_{md}^3 B_d \nabla B_d} \tag{8-11}$$

式中：B_d 和 ∇B_d 分别为在图 8.11 测试曲线上任意一偏移位置的磁场强度和磁场梯度，可以通过仿真或实际测试进行估算；同样，外磁场任意位置的磁场强度 B 和梯度 ∇B 也可以被仿真计算或实际测量；D_{md}和 D_m 可以直接通过光学显微镜测量；F_{magd}即偏移位置上对应的磁力大小。进一步，通过计算包裹在纤维中的微滴数量 N_d，作用在整个微纤维上的磁力可以被大致地估计。N_d 也可以被快速地估计：

$$N_d = \frac{V_{fiber}t_n}{L_m} \tag{8-12}$$

式中：V_{fiber}为微纤维在流道中的移动速度，这个速度可以也可以通过上述计算微油滴沿 Y 轴偏移速度的方法计算；t_n 为微纤维的在流道内的纺织时间。但是，如何准确控制这个纺织时间还需要更多的研究。

如图 8.12 所示，这种包裹磁性微油滴的海藻酸纤维可以有效地被永磁铁吸引，同时这种微纤维实现了磁性纳米粒子与海藻酸水凝胶的完全分离，所以在操作过程中不需要考虑磁性粒子对细胞的影响，这样可以通过增加磁性粒子的浓度来增大磁场对微纤维的作用。另外，本节加工的磁性纤维可以估计磁场对其的作用力，这为计算在磁场的吸引下微纤维的沉淀速度提供了可能。而且，利用可控的微纤维结构，纳米磁粒子在微纤维中的密度可被精确调节，在外磁场不变的情况下，这种调节可以有效改变微纤维的沉淀速度。这为沉淀速度与微纤维喷射速度的匹配提供了可能。这种匹配可以改进微纤维在溶液中的沉淀定位精度，较少扰动。

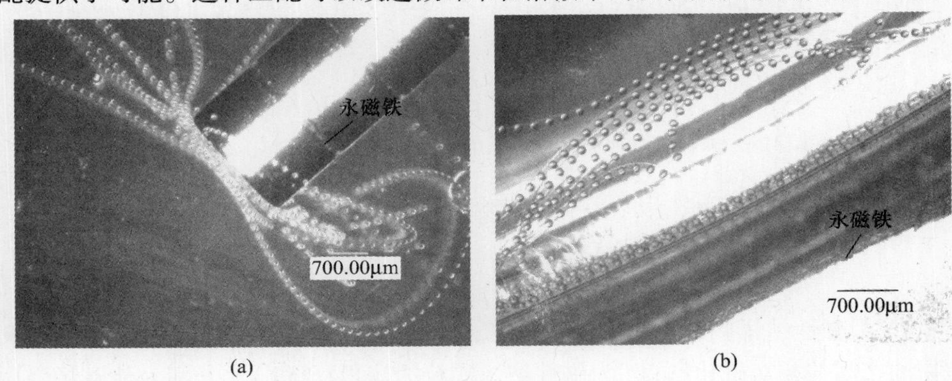

图 8.12　永磁铁磁力组装“豆荚状”磁性微纤维
(a)接触式；(b)非接触式。

这种微纤维除了为三维细胞组装提供一种磁粒子与细胞分离的微组装单元，同时，由于其可控的微结构与可被评估的磁力强度，通过精确控制磁粒子浓度和计算微纤维对磁场的响应时间，可以实现在目标区域的选择性收集。这种技术在其他研究者的工作中得到了一定的应用[60]。通过用 PLGA - DMC 脂替换矿物油，可以在微纤维中包裹两种不同疗效的药物。同时，通过选择性收集技术，一个新颖的微型药物投送机器人可能在未来被实现。

参 考 文 献

[1] LANGER R, VACANTI J P. Tissue engineering[J]. Science, 1993, 260(5110): 920 - 926.

[2] MIRONOV V, VISCONTI R P, KASYANOV V, et al. Organ printing: tissue spheroids as building blocks[J]. Biomaterials, 2009, 30(12): 2164 - 2174.

[3] VACANTI C A. The history of tissue engineering[J]. Cell. Mol. Med, 2006, 10: 569 - 576.

[4] NICHOL J W, KHADEMHOSSEINI A. Modular tissue engineering: engineering biological tissues from the bot-

tom up[J]. Soft Matter,2009,5(7): 1312 - 1319.

[5] XU F,WU C,A M,et al. Three-dimensional magnetic assembly of microscale hydrogels[J]. Advanced Materials,2011,23(37):4254 - 4260.

[6] PARK D Y,MUN C H,KANG E,et al. One-stop microfiber spinning and fabrication of a fibrous cell-encapsulated scaffold on a single microfluidic platform[J]. Biofabrication,2014,6(2):024108.

[7] MATSUNAGA Y T,MORIMOTO Y,TAKEUCHI S. Molding cell beads for rapid construction of macroscopic 3D tissue architecture[J]. Advanced Materials,2011,23(12):H1.

[8] NAIN A S,PHILLIPPI J A,SITTI M,et al. Control of cell behavior by aligned micro/nanofibrous biomaterial scaffolds fabricated by spinneret-based tunable engineered parameters (STEP) technique[J]. Small,2010,4(8):1153 - 1159.

[9] BERRY SM,WARREN SP,HILGART DA,et al. Endothelial cell scaffolds generated by 3D direct writing of biodegradable polymer microfibers[J]. Biomaterials,2011,32(7):1872 - 1879.

[10] CHENG J,JUN Y,QIN J,et al. Electrospinning versus microfluidic spinning of functional fibers for biomedical applications[J]. Biomaterials,2017,114:121.

[11] MCNAMARA M C,SHARIFI F,WREDE A H,et al. Microfibers as physiologically relevant platforms for creation of 3D cell cultures[J]. Macromolecular Bioscience,2017,1700279.

[12] MOONEY K Y. Alginate: properties and biomedical applications[J]. Progress in polymer science,2012,37(1):106 - 126.

[13] ATENCIA J,BEEBE D J. Controlled microfluidic interfaces[J]. Nature,2005,437(7059):648 - 55.

[14] KNIGHT J B,VISHWANATH A. Hydrodynamic focusing on a silicon chip: mixing nanoliters in microseconds[J]. Physical Review Letter,1998,80(17):3863 - 3866.

[15] NG J M K,GITLIN I,STROOCK A D,et al. Components for integrated poly(dimethylsiloxane) microfluidic systems[J]. Electrophoresis,2015,23(20):3461 - 3473.

[16] YAMADA M,SUGAYA S,NAGANUMA Y,et al. Microfluidic synthesis of chemically and physically anisotropic hydrogel microfibers for guided cell growth and networking[J]. Soft Matter,2012,8(11):3122 - 3130.

[17] LIN Y S,HUANG K S,YANG C H,et al. Microfluidic synthesis of microfibers for magnetic-responsive controlled drug release and cell culture[J]. Plos One,2012,7(3):e33184.

[18] SUN T,HUANG Q,SHI Q,et al. Magnetic assembly of microfluidic spun alginate microfibers for fabricating three-dimensional cell-laden hydrogel constructs[J]. Microfluidics & Nanofluidics,2015,19(5):1169 - 1180.

[19] YAMADA M,UTOH R,OHASHI K,et al. Controlled formation of heterotypic hepatic micro-organoids in anisotropic hydrogel microfibers for long-term preservation of liver-specific functions[J]. Biomaterials,2012,33(33):8304 - 8315.

[20] KOBAYASHI A,YAMAKOSHI K,YAJIMA Y,et al. Preparation of stripe-patterned heterogeneous hydrogel sheets using microfluidic devices for high-density coculture of hepatocytes and fibroblasts[J]. Journal of Bioscience & Bioengineering,2013,116(6):761 - 767.

[21] SHIN S J,PARK J Y,LEE J Y,et al. "On the fly" continuous generation of alginate fibers using a microfluidic device[J]. Langmuir,2007,23(17):9104 - 9108.

[22] YU Y,WEI W,WANG Y,et al. Simple spinning of heterogeneous hollow microfibers on chip[J]. Advanced Materials,2016,28(31):6649 - 6655.

[23] LEE K H, SHIN S J, PARK Y, et al. Synthesis of cell-laden alginate hollow fibers using microfluidic chips and microvascularized tissue-engineering applications[J]. Small, 2010, 5(11): 1264 - 1268.

[24] CHENG Y, ZHENG F, LU J, et al. Bioinspired multicompartmental microfibers from microfluidics[J]. Advanced Materials, 2014, 26(30): 5184 - 5190.

[25] CHAURASIA A S, SAJJADI S. Flexible asymmetric encapsulation for dehydration-responsive hybrid microfibers[J]. Small, 2016, 12(30): 4146 - 4155.

[26] MENG Z J, WANG W, XIE R, et al. Microfluidic generation of hollow ca-alginate microfibers[J]. Lab on A Chip, 2016, 16(14): 2673.

[27] ONOE H, OKITSU T, ITOU A, et al. Metre-long cell-laden microfibres exhibit tissue morphologies and functions[J]. Nature Materials, 2013, 12(6): 584.

[28] ZHU Y, WANG L, YIN F, et al. A hollow fiber system for simple generation of human brain organoids[J]. Integrative Biology, 2017, 9(9): 774 - 781.

[29] CHENG J, PARK D, JUN Y, et al. Biomimetic spinning of silk fibers and in situ cell encapsulation[J]. Lab on a Chip, 2016, 16(14): 2654 - 2661.

[30] HE X H, WEI W, LIU Y M, et al. Microfluidic fabrication of bio-inspired microfibers with controllable magnetic spindle-knots for 3D assembly and water collection[J]. Acs Applied Materials & Interfaces, 2015, 7(31): 17471 - 17481.

[31] SUN T, HU C Z, NAKAJIMA M, et al. On-chip fabrication and magnetic force estimation of peapod-like hybrid microfibers using a microfluidic device[J]. Microfluidis &Nanofluidics, 2015, 18, 1177 - 1187.

[32] YU Y, FU F, SHANG L, et al. Bioinspired helical microfibers from microfluidics[J]. Advanced Materials, 2017, 29(18): 1605765.

[33] TOTTORI S, TAKEUCHI S. Formation of liquid rope coils in a coaxial microfluidic device[J]. Rsc Advances, 2015, 5(42): 33691 - 33695.

[34] KANG E, SHIN S J, LEE K H, et al. Novel PDMS cylindrical channels that generate coaxial flow, and application to fabrication of microfibers and particles[J]. Lab on a Chip, 2010, 10(14): 1856 - 1861.

[35] KANG E, CHOI Y Y, CHAE S K, et al. Microfluidic spinning of flat alginate fibers with grooves for cell-aligning scaffolds[J]. Advanced Materials, 2012, 24(31): 4271 - 4277.

[36] YOON D H, KOBAYASHI K, TANAKA D, et al. Simple microfluidic formation of highly heterogeneous microfibers using a combination of sheath units[J]. Lab on a Chip, 2017, 17: 1481 - 1486.

[37] YU Y, WEN H, MA J, et al. Flexible fabrication of biomimetic bamboo-like hybrid microfibers[J]. Advanced Materials, 2014, 26(16): 2494 - 2499.

[38] KANG E, JEONG G S, CHOI Y Y, et al. Digitally tunable physicochemical coding of material composition and topography in continuous microfibers[J]. Nature Materials, 2011, 10(11): 877.

[39] JUN Y, KIM M J, HWANG Y H, et al. Microfluidics-generated pancreatic islet microfibers for enhanced immunoprotection[J]. Biomaterials, 2013, 34(33): 8122 - 8130.

[40] HSIAO AY, OKITSU T, ONOE H, et al. Smooth muscle-like tissue constructs with circumferentially oriented cells formed by the cell fiber technology[J]. Plos One, 2015, 10(3): e0119010.

[41] LEE B R, LEE K H, KANG E, et al. Microfluidic wet spinning of chitosan-alginate microfibers and encapsulation of HepG2 cells in fibers[J]. Biomicrofluidics, 2011, 5(2): 302.

[42] WEI D, SUN J, BOLDERSON J, et al. Continuous fabrication and assembly of spatial cell-laden fibers for a tis-

sue-like construct via a photolithographic-based microfluidic chip[J]. Acs Applied Materials & Interfaces, 2017,9(17):14606 - 14617.

[43] ZUO Y,HE X,YANG Y,et al. Microfluidic-based generation of functional microfibers for biomimetic complex tissue construction[J]. Acta Biomaterialia,2016,38:153 - 162.

[44] DUNN J C,TOMPKINS R G,YARMUSH M L,Hepatocytes in collagen sandwich: evidence for transcriptional and translational regulation[J]. Cell Biol,1992,116,1043 - 1053.

[45] GAO Q,HE Y,FU J Z,et al. Coaxial nozzle-assisted 3D bioprinting with built-in microchannels for nutrients delivery[J]. Biomaterials,2015,61:203 - 215.

[46] JIA W,GUNGOROZKERIM PS,YU SZ,et al. Direct 3D bioprinting of perfusable vascular constructs using a blend bioink[J]. Biomaterials,2016,106:58 - 68.

[47] XU P,XIE R,LIU Y,et al. Bioinspired microfibers with embedded perfusable helical channels[J]. Advanced Materials,2017,29(34).

[48] KITAGAWA Y,NAGANUMA Y,YAJIMA Y,et al. Patterned hydrogel microfibers prepared using multilayered microfluidic devices for guiding network formation of neural cells[J]. Biofabrication,2014,6(3):035011.

[49] ZHANG K,LIANG Q L,MA S,et al. On-chip manipulation of continuous picoliter-volume superparamagnetic droplets using a magnetic force[J]. Lab on a Chip,2009,V9(20):2992 - 2999.

[50] FU T T,WU Y N,MA Y G,et al. Droplet formation and breakup dynamics in microfluidic flow-focusing device: from dripping to jetting[J]. Chemical Engineering Science,2012,84(52):207 - 217.

[51] JOSE B M,CUBAUD T. Droplet arrangement and coalescence in diverging/converging microchannels[J]. Microfluidics &Nanofluidics,2012,V12(5):687 - 696.

[52] YU Y,WEN H,MA J Y,et al. Flexible fabrication of biomimetic bamboo-like hybrid microfiebrs[J]. Advanced Materials,2014,V26(16):2494 - 2499.

[53] SHIN S J,PARK J Y,LEE J Y,et al. "On the fly" continuous generation of alginate fibers using a microfluidic device[J]. Langmuir,2007,V 23(17):9104 - 9108.

[54] LEE G B,CHANG C C,HUANG S B,et al. The hydrodynamic focusing effect inside rectangular microchannels [J]. Journal of Micromechanics and Microenginnering,2006,V16(5):1024 - 1032.

[55] LIU H H,ZHANG Y H. Droplet formation in microfluidic cross-junctions[J]. Physics of Fluids,2011,23 (3):987 - 999.

[56] MILLER E,ROTEA M,ROTHSTEIN J P. Microfluidic device incorporating closed loop feedback control for uniform and tunable production of micro-droplets[J]. Lab on Chip,2010,V10(5):1293 - 1301.

[57] JOSE B M,CUBAUD T. Droplet arrangement and coalescence in diverging/converging microchannels[J]. Microfluidics and Nanofluidics,2012,V12(5):687 - 696.

[58] THORSEN T,ROBERTS R W,ARNOLD FH,et al. Dynamic pattern formation in a vesicle-generating microfluidic device[J]. Physical Review letter,V86(7):4163 - 4166.

[59] SUN R P,CUBAND T. Dissolution of carbon dioxide bubbles and microfluidic multiphase flows[J]. Lab on a chip,2011,11(7):2924 - 2928.

[60] SUH S K,CHAPIN S C,HATTON T A,et al. Synthesis of magnetic hydrogel microparticels for bioassays and tweezer manipulation in microwells[J]. Microfluidic &Nanofluidic,2012,V13(4):665 - 674.

第9章　基于磁引导的人工微组织组装技术

9.1　基于磁引导的微组织组装的发展现状

由于非接触式、作用力强、对操作目标损伤小等优点，基于磁力控制的操作已经被广泛应用在细胞科学中，包括细胞筛选[1,2]、细胞特性测试[3,4]、细胞组装[5-7]等。磁力操作的原理是通过永磁铁或是电磁，控制一个可以对磁场产生响应的磁性物质，并且进一步将这种磁性物质作为末端执行器完成各种针对细胞的操作任务。如图9.1(a)所示，一种表层生长镍(Ni)的微机械臂通过MEMS工艺加工而成。由于镍层的存在，机械臂可以作为一种磁性材料被外部磁力驱动，而且由于其外形微小，故可以被放置在微流道中。外部磁铁通过机械臂可以实现准确的位置控制，从而完成微机械臂尖端在流道内的准确定位。如图9.1(b)所示，通过一对微机械臂的协同控制，可以操作细胞完成复杂的二维组装。同时，基于压电陶瓷产生的高频流道振动，可以显著地改善微机械臂与流道表面的摩擦，从而使微机械臂更好地响应外部磁铁对其的控制[6]。

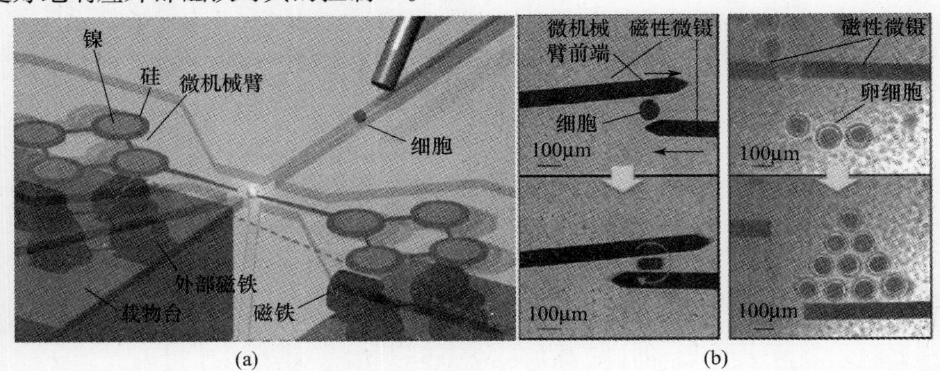

图9.1　基于磁控模式的微机械臂协同操控系统

(a)原理图；(b)细胞组装。

除了通过在表面生长镍层的方法，在聚合物中包裹铁粉微粒的方式，也被用于具有磁性的末端执行器的制作。聚合物可以通过MEMS工艺中的光刻技术相对容易地加工成各种功能性的形状，从而完成不同的操作任务。如图9.2(a)所示，一种箭头形状的磁性 PDMS 末端执行器被放置在锥形流道中(图 9.2(b)),通过将磁粉磁化后,箭头状末端执行器可以被流道两端的电磁尖端控制,这样通过控制两电磁尖端通电顺序,箭头可以在流道内进行左右偏移,从而完成对微粒流动方向的控制[8]。再者,通过将磁粉与 SU-8 光刻胶混合,可以利用软光刻法合成如图 9.2(c)的方形的磁性微执行器,这种微执行器在磁场的作用下能发生规则的移动,如图 9.2(d)所示。由于这种机器人输出作用力强,且尺寸与细胞相当,这种磁性执行器可以在将来被进一步作为微操作机器人完成对细胞的组装[9]。

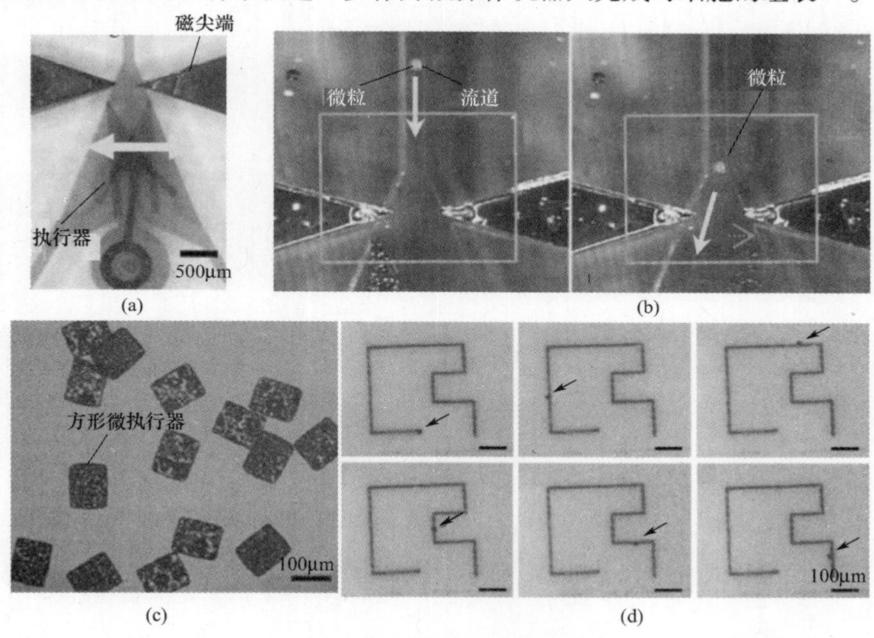

(a) (b) (c) (d)

图 9.2　包裹磁粉的微执行器

拥有各种形状的聚合物本身并没有任何控制与驱动能力,而磁粉微粒可以使包裹它的聚合物被磁场准确地控制,从而这些聚合物又可以去控制、驱动其他物体。这种形式与通过细胞二维封装结构来控制细胞的模式相近,如果封装结构也可以拥有被磁力控制的特性,那么,二维封装结构就可以进一步控制细胞在磁场作用下完成三维组装。这一构想,目前已经通过具有超顺磁性的 Fe_3O_4 纳米磁性颗粒得以实现。纳米磁性具有纳观尺度的结构[10,11],这远远小于细胞的尺寸,因此,其对细胞的影响较小。目前,磁性纳米颗粒已经用于单细胞的操作[12]、细胞质特性的测量[13],以及三维细胞的培养[14,15]等方面。同时,磁性纳米颗粒也可以被封装进入二维细胞微结构中,由于磁性颗粒的超顺磁性和强力的界面黏附力,它们可以使微结构在磁场作用下产生快速位置移动,从而为在磁场作用下完成三维细胞的组装提供了可能。

目前,已经有两项研究成果表明,细胞可以和磁性粒子一起被封装在 PEGDA 光交联生物材料内,形成二维磁性方形细胞微结构,该结构可以在磁场的控制下完成对细胞的三维组装。如图 9.3(a)所示,由 PEGDA 封装成的磁性方形细胞结构可以在磁棒的吸引下快速地聚集在磁棒球形顶端,形成球形三维结构。不同的磁性粒子浓度,可以形成不同直径的三维球状组装结构。经过一定的处理,还可以得到穹顶状和弓形三维细胞组装结构[16]。同时,包裹不同种类的细胞也可以实现分层累积,如图 9.3(b)所示。磁力组装除了这种快速、大量地组装效果以外,还可以通过一个磁力线圈系统对磁性方形细胞微结构进行单独精密操作[17],如图 9.3(c)所示。通过这种精密操作,方形结构可以规则有序地完成组装,并且可以保持较高的细胞存活率,如图 9.3(d)所示。

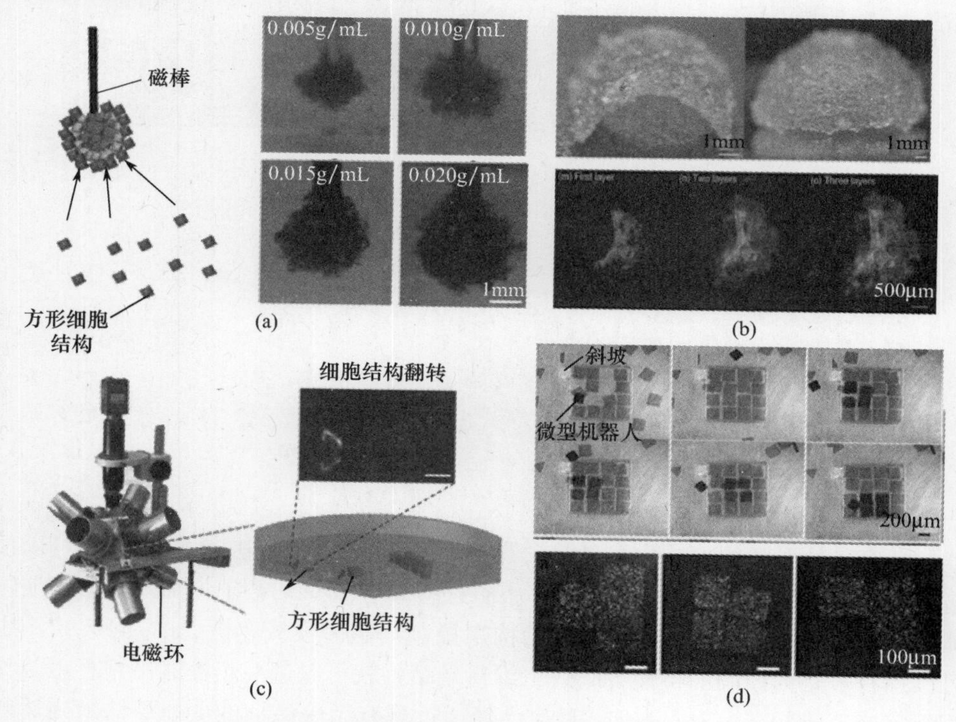

图 9.3　基于磁性二维细胞结构的三维磁力组装

除了永磁铁和磁力线圈对二维细胞微结构的操控外,一种尖端电磁镊也具有巨大的潜力用于此类操控[18]。如图 9.4(a)所示,尖端电磁镊由一个简单的通电螺线管和一个前端为尖端的高磁导率软铁芯组成[18]。铁芯尖端被加工成微米级甚至亚微米级的尺寸。在通电螺线管内生成的磁力线被软铁芯引导至前端,并且在尖端发生汇聚，大量被汇聚的磁力线从尖端分散，形成较强的磁场梯度，从而可以在磁性操作目标上产生较大的作用力[19]，如图9.4(b)所示。而且通过尖端尺寸的改变，可以使电磁镊同时或单个控制不同的磁性物体。当尖端较大时，由于磁力线分散的区域较大，可以将较为均匀的力作用于多个目标；当尖端较小时，由于尖端强力的汇聚作用，可以使电磁镊完成从多个目标中捕获单个目标的精细操作[10]，如图9.4(c)所示。目前，通过与微米级磁性小球共同作用，尖端电磁镊已经成为一种重要的工具被用于分析单个细胞的机械强度[11]以及对单生物分子特性测试[12]等研究。

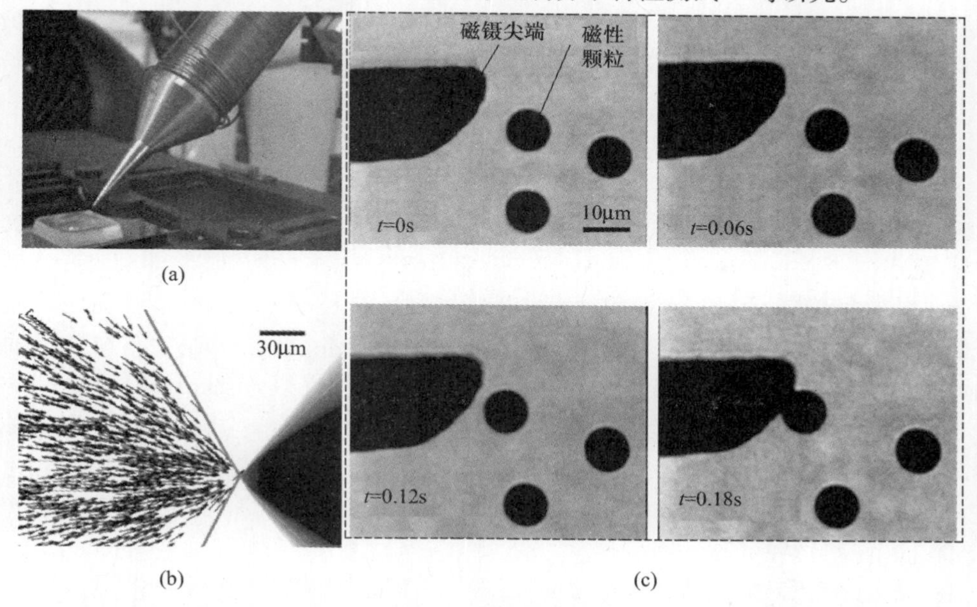

图9.4　尖端电磁镊

(a)尖端电磁镊实物图；(b)尖端磁力线分布；(c)磁镊尖端选择性捕获磁性颗粒。

磁力引导的模式和包括永磁铁、电磁线圈、尖端电磁镊等一系列磁控设备，为微小二维细胞结构的三维组装提供了一种组装快速、操作精确、作用力集中的新方法。

9.2　基于尖端电磁镊引导的缠绕式细胞三维微组装方法

9.2.1　概述

基于微流控技术加工的二维磁性微纤维状细胞微结构，必须进一步通过三维组装，才能将被封装的细胞三维化来模仿复杂的人体组织结构。所以，我们需要进一步研究能使这种二维纤维状微结构三维化的操作方法。目前,对于这种微结构最常用的三维组装方法主要有两种,一种是基于传统编织技术的网状三维结构构造,这种网状三维细胞结构相比于传统基于培养皿培养的二维细胞层是一种巨大的改进,因为三维的环境更接近于人体细胞的生存环境,但这种平面结构却无法模仿人体组织复杂的三维空间形貌[13]。另一种最常用的方法是基于圆柱模型的缠绕组装,通过这种方法可以使组装后的纤维状细胞微结构模拟人体血管的管状外形结构,而且通过对封装不同细胞种类的微结构进行分层缠绕,还可以较为精确地模仿血管壁分层细胞结构[14]。然而,目前对纤维状微结构的缠绕都是在宏观尺度下完成的,形成毫米级的管状结构,还没有一个能实现微观缠绕的方法。而与此现状相对的是,人体大多数血管都是微观的。

传统对纤维状细胞微结构进行缠绕的方法都是基于一套滚轴辅助系统[14-16]。该系统将一根圆杆固定在一个旋转电机上,通过控制旋转速度和轴向移动速度,微结构可以有序地盘绕在圆杆的表面。在完成组装后,组装结构可以从圆杆表面取下,从而形成空心管状结构。然而,对于直径小于500μm的微管状结构组装,由于受到用于支撑组装结构的微圆杆的加工工艺限制,其长度和结构强度都无法跟在滚轴系统中所使用的圆杆相比[17,18],因此导致这种缠绕操作很难通过传统的滚轴系统完成。图9.5显示了我们所使用的微圆柱和一个直径为700μm的金属杆的尺度比较。以该金属杆作为滚轴对微结构进行精确的组装已经非常困难。所以必须开发一套新的系统,来完成在微观环境下对纤维状细胞微结构的缠绕操作。为了表述方便及形象描述,本节以下部分使用"微纤维"来代替"二维磁性微纤维状细胞微结构"。

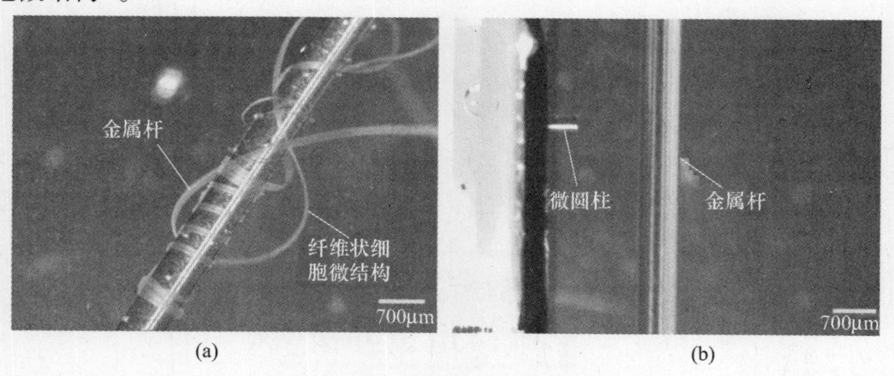

图9.5 金属杆与微圆柱比较

(a)滚轴缠绕结果;(b)微圆柱与金属杆尺寸比较。

微操作机器人系统在微观操作方面具有巨大的优势,通过安装特制的末端执行器,微操作目标可以在有限的尺度范围内被准确、稳定地操作,其操作动作包括对微目标的移动、翻滚、夹取、释放等[19]。另外,机器人系统允许操作过程在溶液环境中进行,这大大减少了微观力对操作过程的影响,如范德华力、静电力对微体积物体所产生的吸引作用等。本章中,设计了一套基于磁力引导方法进行缠绕组装的微操作系统,其构造流程如图 9.6 所示。首先按照传统的微流体纺织方法加工微纤维,随后在正置显微镜的辅助下,通过一套由两个微纳操作机器人组成的操作系统,分别驱动尖端电磁镊和微移液管,通过二者的协同操作,在 PBS 缓冲溶液中将微纤维缠绕到一个直径为 200μm,长度为 400μm 的微圆柱上。一个摄像头被安装在操作系统的侧向,为缠绕操作提供深度信息。通过对电磁镊尖端进行优化,以及对其移动轨迹进行规划,微操作系统可以连续地将微纤维缠绕在微圆柱上,再通过二次交联反应,最终缠绕在微圆柱上的微纤维可以被释放形成一个微米级的细胞螺旋状三维结构。同时,微纤维的水凝胶外壳可以为被包裹在其内部的细胞提供保护,这样可以避免电磁镊对细胞造成损伤。

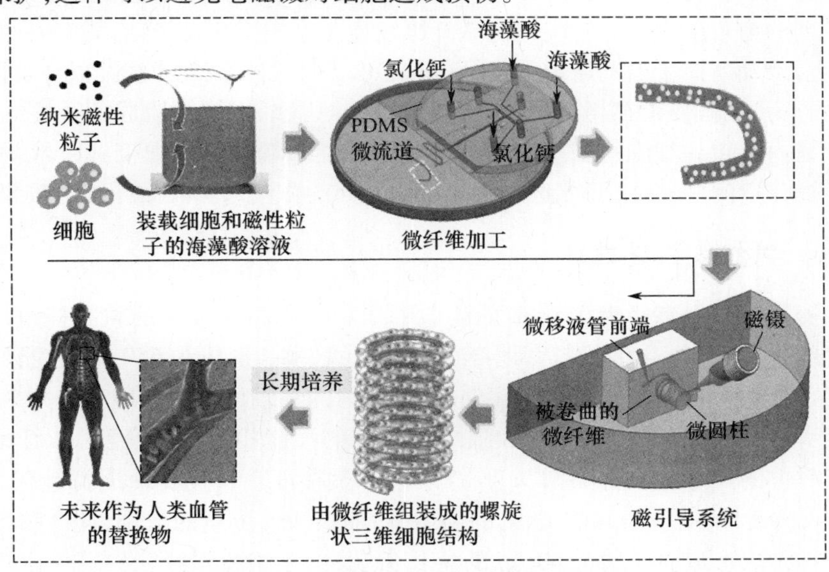

图 9.6　二维微纤维的三维螺旋状组装流程图

9.2.2　尖端电磁镊引导微操作的必要性分析

使用微操作机器人实现缠绕微操作,应该满足如下过程:首先,微纤维的一侧需要提前固定,之后,末端执行器在另一侧对微纤维进行驱动引导。为了实现微纤维在缠绕过程中的精确定位,微纤维必须始终保持拉直的状态,否则其弯曲的结构很容易就超越了微圆柱的轴向长度。由于操作空间与操作器电机行程的影响,在末端执行器和被固定位置之间被拉直的微纤维的长度远远小于可以将微圆柱全部缠绕所需的微纤维长度。所以,用于缠绕微纤维的末端执行器应该有一种专属的功能,即在缠绕的过程中,末端执行器可以通过某种方式持续地延长被末端执行器控制点与固定点之间的微纤维长度,以保证缠绕的顺利进行,另外,在空气环境中,微纤维可以通过和长圆杆之间的黏性力来保持其被缠绕的结构,而在 PBS 溶液环境中,黏性力减弱,被缠绕的微纤维无法通过与微圆柱之间的黏性力来保持被缠绕的结构,因此在操作过程中,微纤维需要始终通过被拉紧来保持自身被缠绕的结构。所以,在延长被拉直微纤维长度的同时,又不可以释放微纤维,因为这样会造成已经被缠绕的微纤维结构失稳松散。

在以前工作中,有研究者通过使用微移液管产生的毛细力来控制无磁性粒子的微纤维完成编织操作[20]。微移液管将微纤维吸入其空心内管中。然而,由于这种吸引毛细力过于强大,导致微纤维虽然能被拉紧,但无法在微移液管内部产生滑动。相比于机械力,如毛细力、压力等,由电磁镊施加的电磁力相对较弱,一方面,这种较弱的力可以允许磁镊尖端与微纤维表面产生一个相对滑动,另一方面,通过这个相对滑动所产生的动摩擦力,微纤维又可以同时被保持拉紧状态。而且由于作用力较为微弱,使得在相对摩擦滑动时,不会对微纤维结构造成危害性的变形,从而保证内部包裹细胞的安全。而且尖端电磁镊末端可以被加工到微米级,便于在微小操作空间中移动,因此选用尖端磁镊引导的方法来完成微纤维的微缠绕。

9.2.3 微组装系统设计

电磁镊主要由直径为 0.5mm 的漆包铜线和一根高磁导率的软钢杆组成。将长度大约为 2m 的漆包铜线紧密地绕在软钢杆的一端,形成约 650 匝螺线管,通过机械加工将软刚杆的另一端做削尖处理,处理后的尖端可以近似地看作一个圆弧,其半径大约为 110μm,这个尺度大致与微纤维的尺度相当,以便于对微纤维的控制。其具体的尺寸和实物如图 9.7(a)所示。微移液管首先要使用拉针仪(PC－10Puller,Narishige,Japan),在 60℃ 的温度下,通过 45g 配重的作用,使微移液管从中部被拉伸成形成直径约为 60μm 的狭长尖端,微小的微移液管尖端易于进行弹性形变。制作过程与最终结果如图 9.7(b),(c)所示。

圆柱形的 SU－8 微圆柱为微纤维的缠绕提供了结构支撑。具体流程如下:①先将 SU－8(3050)通过涂胶机以初始 500r/min 的速率旋转 10s,紧接着以 1000r/min 的速率旋转 30s,均匀地将 SU－8 胶液涂覆在硅片表面。在烘焙 60min 之后,以同样的方法和速率再旋转两次,这样,一个厚度约为 400μm 的SU－8层就被覆盖在硅片表面。②进一步,一块 Gr 掩膜版通过光刻技术形成直径为 200μm 的空心圆孔。掩膜版放置在 SU－8 层的表面,通过一个紫外曝光机进行曝光操作。随后,一个经过与紫外线反应的圆形区域便可在 SU－8 层上形成。③将经过

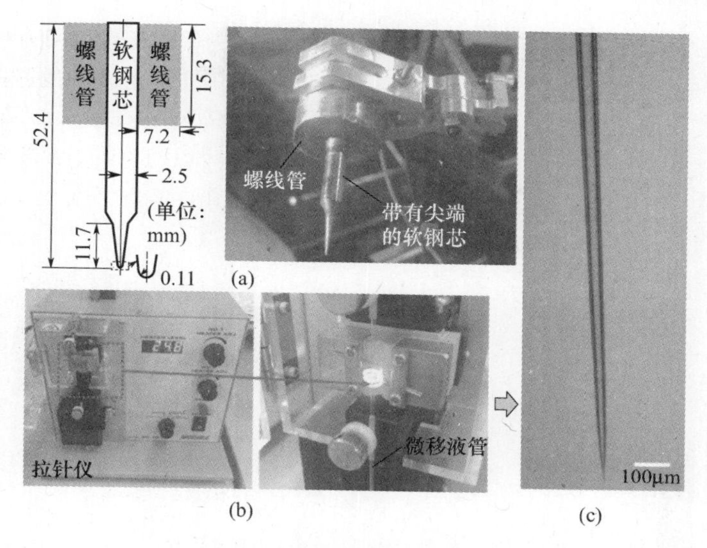

图9.7 末端执行器的制作
(a)尖端电磁镊；(b)微移液管拉伸过程；(c)带有狭长尖端的微移液管。

曝光的SU－8层放置在SU－8显影液中，经过60min的显影，拿出硅片，用酒精和纯水洗净表面的残留物质，继而可以在硅片表面形成微圆柱阵列。制作示意过程如图9.8所示。

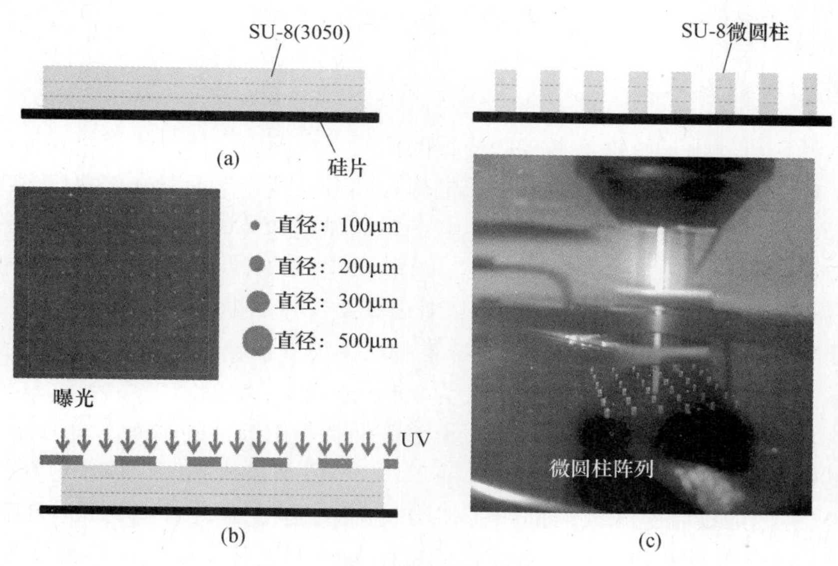

图9.8 SU－8微圆柱加工过程
(a)三层涂胶；(b)掩膜版绘制图形图案；(c)显影。

为了得到一个理想的操作视野,需要将加工好的微圆柱的轴向方向与正置显微镜的光轴垂直。为了达到这个效果,首先,需要将在硅片上表面的微圆柱阵列进行分割,使其形成多个小正方形,每一个正方形硅片碎片上有一个微圆柱。接着,将这个碎片黏附在一个长方形聚亚安酯块的侧面,再将这块聚亚安酯块粘贴在一个方形培养皿的下表面,这样,就得到了一个微圆柱组装平台。图 9.9 显示了单个 SU-8 微圆柱以及组装平台的示意图。

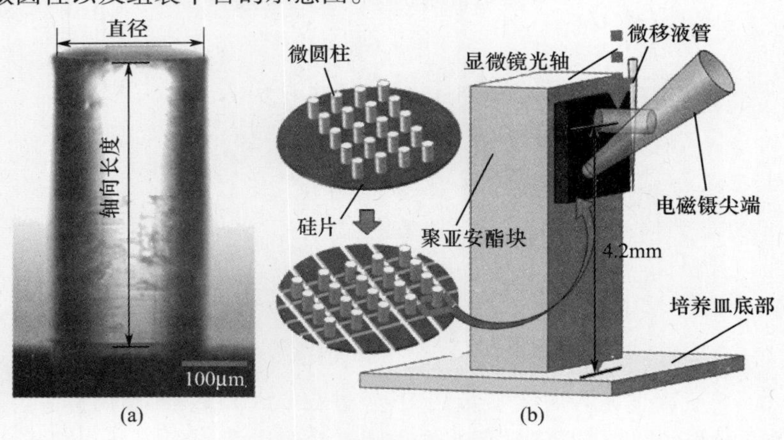

图 9.9 微圆柱组装平台制作
(a)SU-8 微圆柱;(b)组装平台加工过程。

9.2.4 微机器人操作系统

微操作机器人系统包括缠绕微纤维的执行系统和引导微纤维缠绕操作的显微观察系统。执行系统分别由装载尖端电磁镊和微移液管这两种末端执行器的两个三轴操作机器人组成,显微观察系统由正置显微镜(SZX16,Olympus,Japan)和一个侧向摄像头(HDC1400C,Sony,Japan)组成,如图 9.10 所示。电磁镊用来驱动微纤维,微移液管用来固定微纤维,正、侧向观察系统用来从平面和深度两个角度确定磁镊尖端、微移液管尖端相对于微纤维的三维位置。电磁镊被倾斜 45°后,通过一个机械臂安装在一个最大移动速度为 900μm/s 的三轴电动平移台上,同时该平移台应该使电磁镊轴线在平面内的投影始终保持与微圆柱的轴向方向平行。该平移台的驱动电机为 NSA12(Newporct,Inc)。电磁镊被连接到一个输出电压范围为 0~30V 的标准直流电源上,通过电源提供电流的变化,作用在微纤维上的磁力也可以发生变化。微移液管以垂直于微圆柱轴的角度安装在一个位移精度为 30nm 的三轴电动平移台上,该平移台提供的高精度位移控制,可以有效减缓微移液管尖端的变形速度,防止其因过大的变形而发生断裂。该平移台的驱动电动机为 8353

(Newporct, Inc)。PBS 缓冲液在组装前充满方形培养皿。通过调整微移液管、尖端电磁铁与微圆柱的相对位置,三者可以同时清晰的出现在正、侧向摄像头的视野范围内。正向视野由显微镜软件获取,三轴平移台的控制以及侧向摄像头的视野,通过 Visual Studio 2010 编写操作界面获得。

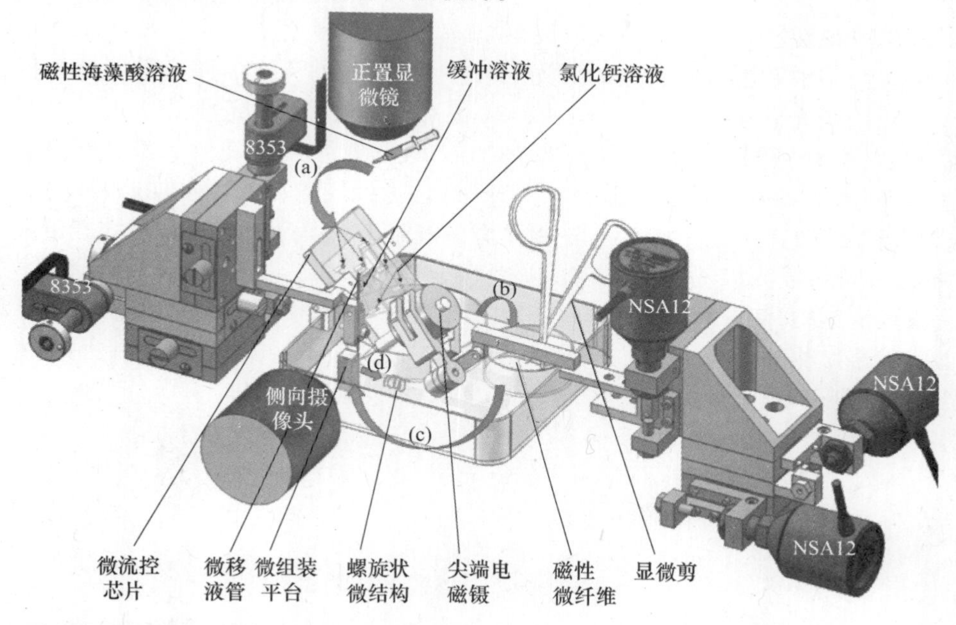

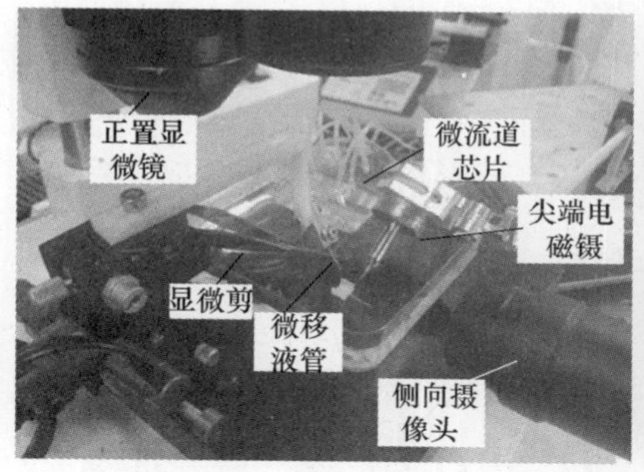

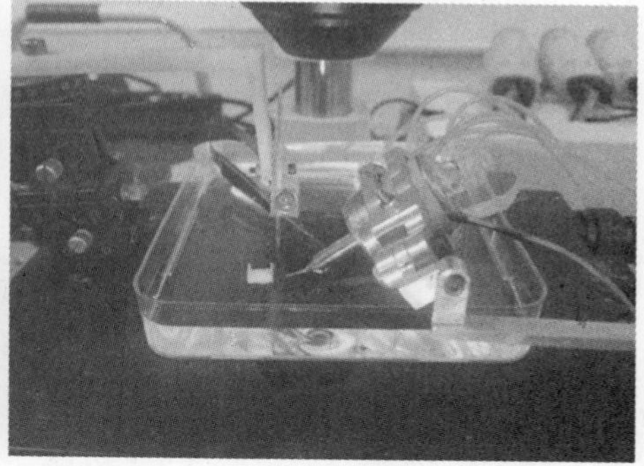

图 9.10 基于微操作机器人的微组装系统示意图与实物图

在微组装系统中,上述各个分系统都被整合到了同一个方形培养皿中,这就使得本系统中针对微纤维的操作包括微纤维的流道合成、微纤维的修剪、微纤维的缠绕以及被缠绕微纤维结构的释放,这四个操作可以同时在一个充满 PBS 缓冲液的培养皿中完成,如图 9.10 所示。这样“一站式”的操作可以极大地提高这种二维

纤维状细胞微结构在操作过程中的细胞存活率,从而可以保证被组装后的微型螺旋状细胞三维结构中保存有效的细胞密度。

9.2.5 微纤维缠绕长度优化

本系统在包裹细胞的磁性海藻酸溶液注入时,使用了一个三相流道。中间的海藻酸溶液被混合了黄色的荧光微粒子,在两侧的流道的海藻酸溶液被混合了绿色的荧光微粒子,三相流道使得被注入的海藻酸溶液形成了一个"三明治状"层流结构。同时,由于磁性粒子的加入,在显微镜明场观察下海藻酸流呈现土黄色,其磁性粒子的密度也为0.005g/mL。微纤维的加工过程如图9.11所示。各个溶液的流速设定分别为:总的海藻酸溶液流速 $Q_a = 500/300\mu L/h$,多糖溶液流速 $Q_b = 500\mu L/h$,以及氯化钙溶液流速 $Q_c = 1800\mu L/h$。由于这种"三明治状"的海藻酸流结构,使得加工的微纤维呈现出来一种"三明治状"的荧光结构,便于后续被缠绕结构的观察。

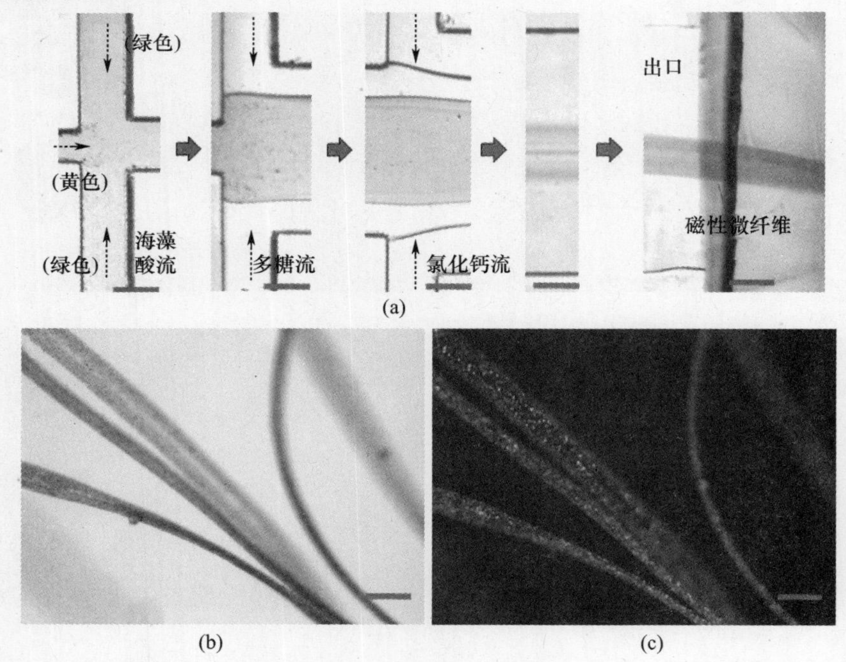

图9.11 "三明治状"微纤维(图中所有标尺均为100μm)
(a)微纤维微流道加工流程;(b)微纤维;(c)微纤维荧光结构。

相对于有限的微圆柱轴向长度,过长的微纤维长度是没有必要的,甚至可能导致缠绕过程的失败。如图9.12(a)所示,一个理想的微纤维长度 L_p 应该包括用于

缠绕的长度 L_c 和用来固定的长度 L_f。L_c 长度的大小主要取决于微纤维的宽度 W，并且它可以根据下式进行计算：

$$L_c = nC_p = \left[\frac{L_a}{W} + c_a\right] \cdot 2\pi r_a \quad (9-1)$$

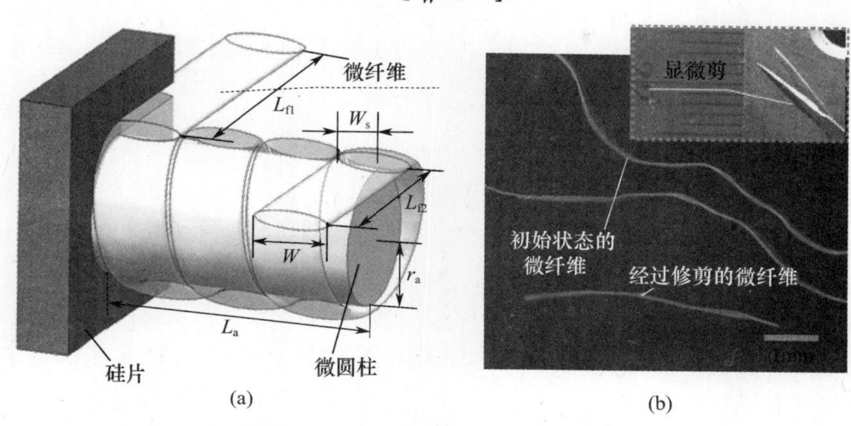

图 9.12　理想微纤维缠绕长度的分析
(a)理想微纤维长度示意图；(b)经过修剪的微纤维。

式中，n 是微圆柱上被缠绕微纤维的匝数，C_p，L_a 和 r_a 分别是微圆柱的截面周长，中心轴长度以及微圆柱的半径。常数 $C_a = 0.33$ 是一个经验值，它表示对于最后一匝被缠绕在微圆柱上的微纤维，如果微圆柱对其支持的部分 W_s 小于其本身纤维宽度 W 的 1/3，则这一匝被缠绕的微纤维就非常容易从微圆柱上滑落。对于海藻酸溶液流速 $Q_a = 500, 300\mu L/h$，可以得到微纤维的宽度 W 约为 $120\mu m$ 和 $85\mu m$。纤维的的宽度和厚度比保持在 1.1。除了 L_c，一个额外的长度 L_f 也应该被同时保留，作为固定微纤维时所需要的长度。L_f 由长度 L_{f1} 和 L_{f2} 组成。长度 $L_{f1} \approx 2.5mm$ 可以保证微移液管尖端对微纤维有足够的，易于操作的固定长度，长度$L_{f1} \approx 1mm$ 可以保证在微纤维经过缠绕后，在微纤维末端仍有足够的空间被电磁镊尖端吸引，从而可以保持结构的紧固力使被缠绕微纤维的结构稳定。L_{f1} 和 L_{f2} 也是经过反复试验得出的经验值。基于式(9-1)，可以分别得出针对不同纤维宽度($120\mu m$ 和 $85\mu m$)，所需要的理想的纤维长度为 $L_p = 5.5mm, 7mm$。初始长度的纤维和被修剪后的微纤维如图 9.12(b)所示。微纤维的修剪过程如图 9.13 所示。

9.2.6 磁镊尖端与微纤维相互作用分析

与微纤维的接触点位于电磁镊的尖端，对于这个位置的磁场分析，目前最常用的方法是通过有限元分析。由于电磁镊对微纤维作用时电流密度恒定，所以选取

图 9.13　微纤维修剪过程

恒定电流磁场的麦克斯韦方程为

$$\nabla \times H = J \tag{9-2}$$

式中：H 表示磁场强度；J 表示电流密度。又由于 $\nabla B = 0$，根据矢量恒等式，引入矢量磁位函数 $\boldsymbol{A}$，满足

$$B = \nabla \times \boldsymbol{A} \tag{9-3}$$

为了能数字表征软钢磁性，近似认为磁感应强度 B 和磁场强度 H 之间的关系为 $B = \mu H$，则式(9-2)可以写为

$$\nabla \times \nu \nabla \times \boldsymbol{A} = J \tag{9-4}$$

式中：$\nu = 1/\mu$ 为软钢的磁阻率。这里选用直角坐标系，即可得到矢量磁位函数的三个分量形式所对应的三个方程：

$$\frac{\partial}{\partial y}\left[\nu\left(\frac{\partial A_y}{\partial x} - \frac{\partial A_x}{\partial y}\right)\right] - \frac{\partial}{\partial z}\left[\nu\left(\frac{\partial A_x}{\partial z} - \frac{\partial A_z}{\partial x}\right)\right] = J_x \tag{9-5}$$

$$\frac{\partial}{\partial z}\left[\nu\left(\frac{\partial A_z}{\partial y} - \frac{\partial A_y}{\partial z}\right)\right] - \frac{\partial}{\partial x}\left[\nu\left(\frac{\partial A_y}{\partial x} - \frac{\partial A_x}{\partial y}\right)\right] = J_y \tag{9-6}$$

$$\frac{\partial}{\partial x}\left[\nu\left(\frac{\partial A_x}{\partial z} - \frac{\partial A_z}{\partial x}\right)\right] - \frac{\partial}{\partial y}\left[\nu\left(\frac{\partial A_z}{\partial y} - \frac{\partial A_y}{\partial z}\right)\right] = J_z \tag{9-7}$$

由于对称性，这里仅仅研究磁镊在 xy 平面内的磁场分布，在平面内 $\boldsymbol{A}$ 和 $\boldsymbol{J}$ 相互平行且只有 Z 方向分量，即 $A_x = A_y = 0$，$A_z = A$，$J_x = J_y = 0$，$J_z = J$，则由式(9-7)可得

$$\frac{\partial}{\partial x}\left(\nu \frac{\partial \boldsymbol{A}}{\partial x}\right) + \frac{\partial}{\partial y}\left(\nu \frac{\partial \boldsymbol{A}}{\partial y}\right) = -J \tag{9-8}$$

这样我们得到了平面磁场的微分方程，通过变分方法，可以得到式(9-8)的泛函。接着，通过部分插值，即网格划分；单元分析，即对泛函进行离散化处理；整体合成和边界条件处理这一系列数学运算，可以得到泛函的矩阵形成。再通过对矩形进行迭代求解，最终得到矢量磁位 $\boldsymbol{A}$ 的近似值。而磁感应强度又可以通过式(9-3)进一步得到。这一过程可以通过 ANSYS15.0 软件完成。磁镊的尺寸如

图9.7所示。图9.14分别显示了对于电磁镊的网格划分,以及在螺线管电流为0.05A时,我们使用的尖端电磁镊磁力线的三维分布和磁感应强度云图。从图中可以看出,磁力线并没有被完全导向电磁镊尖端,但由于电磁镊尖端对磁力线的聚集作用,在尖端处会形成一个相对较强的磁场应区域。

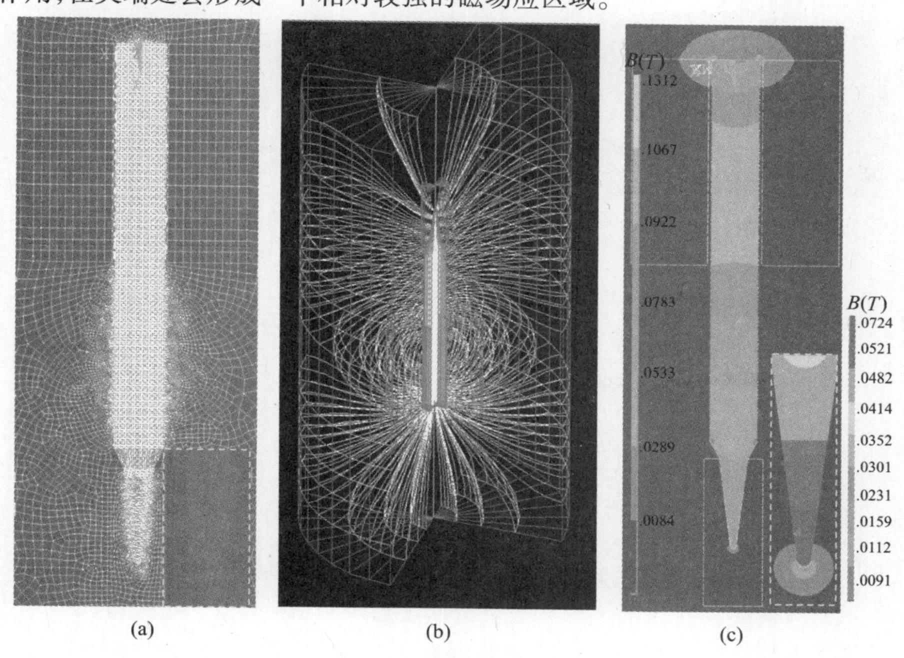

图9.14 尖端电磁镊有限元仿真
(a)网格划分;(b)磁力线分布;(c)磁场强度云图。

通过上述有限元分析,我们可以初步了解尖端电磁镊的磁场分布趋势,然而对于实际操作,有限元方法往往无法对磁力分布进行精确的量化,尤其是对于对精度要求较高的微操作。所以我们进一步使用高精度高斯计,对电磁镊尖端的磁场分布进行研究。由于电磁镊尖端尺寸微小,所以为了保证测量精度,我们将高斯计的霍尔探头固定在了一个可以三轴移动的电动平移台上,同时将电磁镊水平放置,如图9.15(a)所示。我们这里所使用的霍尔探头并没有进行封装,这就使得霍尔探头可以直接和电磁镊尖端表面接触,得到一个从表面到空间任何位置无死区的测量空间。接着,如图9.15(a)中插图所示,我们在尖端位置任意取了三个测试点,通过移动平移台,霍尔探头可以很准确地到达上述位置,而且,我们不刻意要求探头有源区与尖端之间的空间位置。通过这种方式,我们可以得到三组螺线管电流I_s与磁感应强度B_n之间的变化关系,如图9.15(c)所示。虽然B_n对于不同的测试点是不相同的,但是在电流变化范围内,B_n的变化趋势是一致的,都随着电流的

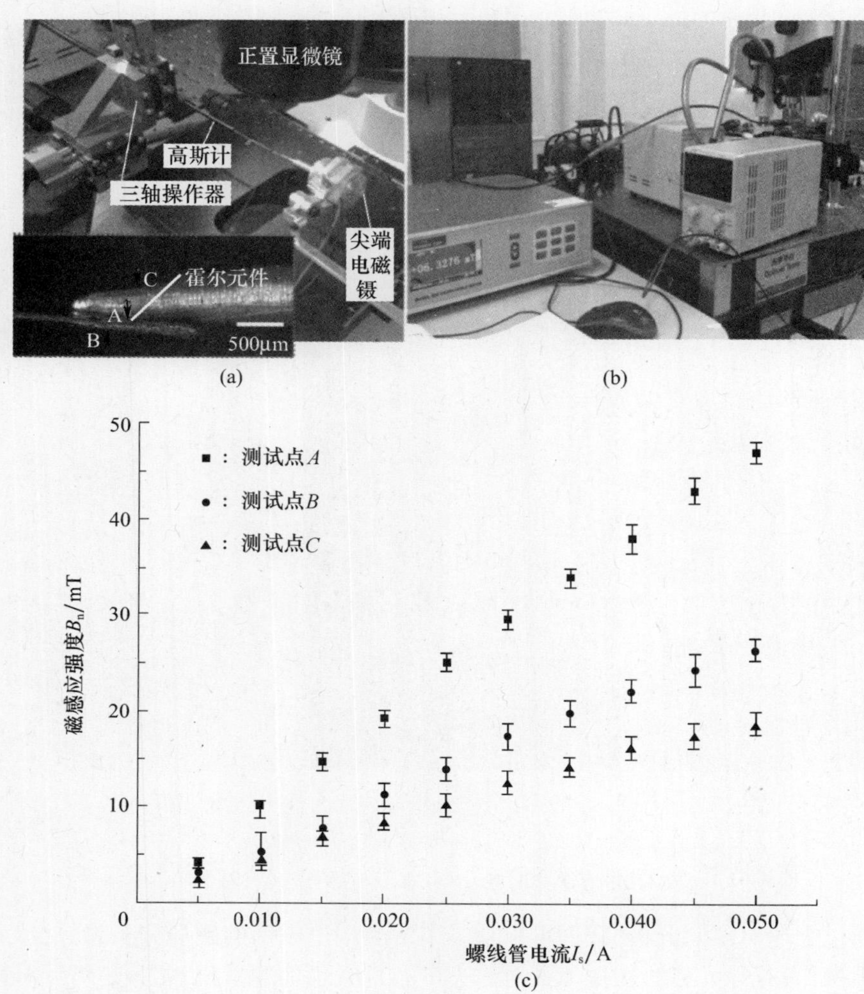

图 9.15　电磁镊磁场分析

(a)和(b)基于高斯计的磁场测量系统；(c)对应 A、B、C 三个不同测试点螺线管电流 I_s 与磁场强度 B_n 的对应关系。

增加而单调增加。但在电流区间 $0 \leqslant I_s \leqslant 0.035\text{A}$ 内磁场 B_n 随电流的增加速度要大于在区间 $0.035\text{A} < I_s \leqslant 0.05\text{A}$，$I_s > 0.05\text{A}$ 时，因为达到了电源最大的电压输出值，所以 I_s 不可能再被增加。在整个电流变化范围内，并没有发现电磁镊软钢芯饱和的现象。再者，我们使用温度传感器测量了电磁镊在电流区间内的温度变化，测试结果显示在 30min 的测试时间内电磁镊并没有明显地温度上升。

在缠绕的微操作中，我们需要电磁镊对微纤维施加一个足够强大的电磁吸引力，从而使得微纤维可以稳定地跟随电磁镊的轨迹进行移动。由于在本操作中所使用的电磁镊尖材料、线圈匝数、尖端外形以及在微纤维中的磁性粒子密度都是固定的，所以纤维上的电磁力可以随着电磁镊螺线管电流 I_s 的增加而增加，直到电磁镊的软钢芯达到磁力饱和[21-23]。所以，我们这里选取电源所能提供的最大的电流值 $I_s=0.05A$，从而使得作用在纤维上的磁力达到最大。

正如第9.2.2节中所描述的，电磁镊应该具备拉紧微纤维的能力，同时允许在微纤维表面产生一个相对滑动 L_r，这个滑动即不能使微纤维从电磁镊尖端脱落，也不能使得微纤维产生变形，因为变形会严重影响微纤维内细胞的活性。基于第9.2.6节确定的最大螺线管电流，我们在本节设计了一套实验用来检测在此电流上，电磁镊是否可以有效拉紧微纤维，是否可以在微纤维被拉紧的情况下产生相对于微纤维的滑动，而且保证微纤维不脱落、不变形。具体实验流程如图9.16所示。

首先，我们使用微移液管尖端对微纤维的一侧进行固定按压控制，如图9.16(a)所示。由于压力的作用，微纤维被弯曲呈现出一个发卡状的形态。电磁镊从另一侧对微纤维进行吸引。电磁镊吸引微纤维的长度应该与磁镊尖端处于同一个数量级，即接触范围不超过200μm，从宏观上可以看作是一种“点对点”的控制。图9.16(b)展示了一个典型的电磁镊对微纤维的尖端控制模式的示意图，电磁力 F_m 垂直作用于微纤维表面。通过这样模式，微纤维就可以在电磁镊尖端的控制下在有限的微圆柱轴向长度上被任意定位，这是实现缠绕操作的关键因素之一。随后，控制三轴操作器带动电磁镊沿 Y 轴方向移动，由于磁力吸引的原因，在电磁镊和微纤维表面产生相对滑动之前，二者之间应产生一个静摩擦力 F_s。理论上，静

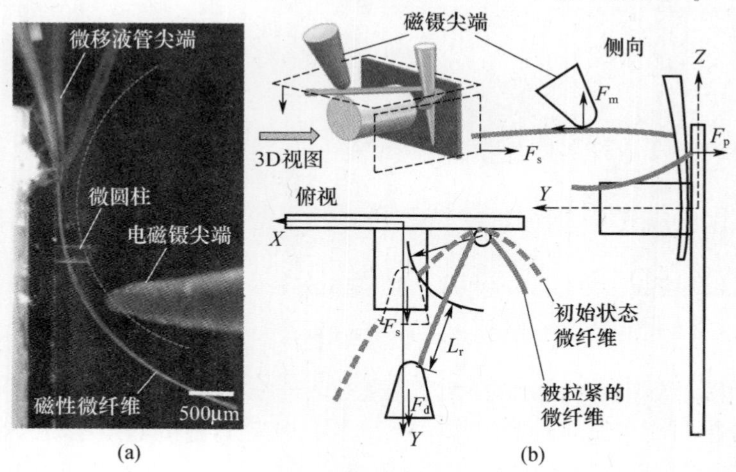

(a) (b)

图9.16 电磁镊对微纤维控制效果测试系统图
(a)微纤维的发卡状形态；(b)磁镊与微纤维作用力与作用效果示意图。

摩擦力 F_s 应该足够强力使得在电磁镊尖端吸引位置和被固定点之间的微纤维可以被拉紧。进一步,由于操作器对电磁镊的驱动力要远远大于通过电磁吸引所产生的静摩擦,所以随着电磁镊继续沿着 Y 轴被移动,必然会和微纤维形成一个相对滑动,产生一个滑动摩擦力 F_d,或者,也可能在滑动的过程中,由于所提供的吸引力不足,微纤维从尖端脱落。从物理学知识我们可以知道 $F_s > F_d$,只要电磁镊和微纤维在滑动过程中能保持微纤维的拉紧,就可以推断静摩擦也可以有效拉紧微纤维。另外,摩擦力可能使得微纤维沿其轴向方向发生拉伸变形,这种变形对包裹在内部的细胞影响很大,所以我们也要尽量避免这种情况的发生。从本节的分析我们可以发现,摩擦力在微纤维控制中发挥了主要作用,我们下一步需要通过实验来测试摩擦力对微纤维控制的影响。

从第 9.2.6 节的仿真中我们可以看到,由螺线管产生的磁场并没有完全被导向磁镊的尖端,而有很大一部分在体积逐渐缩小的电磁镊软钢芯中被泄露,这就造成一个狭长的微纤维很难被固定在电磁镊的尖端。而且由于微移液管按压造成微纤维这种发卡状的结构,使得微纤维离软钢芯的距离过近,这就使得微纤维除了被软钢芯尖端位置吸引外,也非常容易被逐渐缩小的软钢芯体部位置吸引,如图 9.17所示。因为软钢芯体部所提供的接触面积要比微米级尖端更大,从而导致作用在微纤维表面的作用力要远远强于电磁镊尖端所提供的作用力。在操作过程中,被吸引在尖端的微纤会很容易被吸引在软钢芯体部位置的微纤维拉拽滑落,从而导致尖端控制失效。很显然,这种情况下无法再继续完成摩擦力对微纤维的控制效果测试,也不利于进一步的缠绕操作。

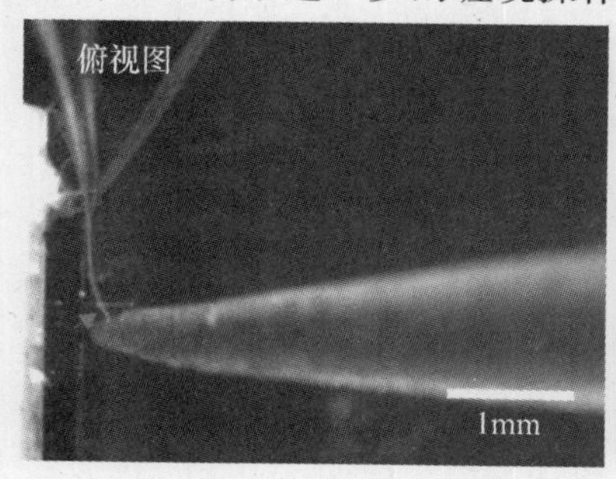

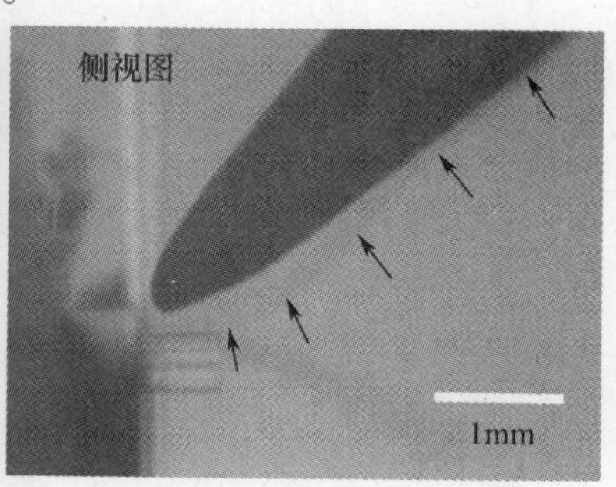

图 9.17　微纤维被电磁镊软钢芯体部位置吸引

为了消除电磁镊软钢芯磁场侧向泄露对微纤维的影响,我们设计了一个隔离套来将微纤维隔离在泄露磁场的作用范围之外,当磁场强度趋于零时,由其所产生的磁力亦趋于零,自然扰动消除。隔离套的结构如图 9.18 所示,它是由套前端软钢芯轴向长度 L_c、隔离套壁厚 H_s 以及隔离套套长 L_s 这三个主要参数决定。隔离套靠近软钢芯尖端的一侧可以通过其圆形横截面将微纤维卡在尖端,防止微纤维因软钢芯体的吸引而沿着芯轴方向滑动。这里我们设定 L_c 约为 200μm,这个值略大于微纤维的宽度,从而使得磁镊尖端有足够的空间来吸引微纤维。另外,从图 9.16(b)磁力线分布可以看出,磁力线从软钢芯表面透出,它可以分为两个分量,其中一个分量沿着软钢芯表面方向,这个分量对微纤维沿软钢芯表面滑动的干扰已经被隔离套前端的横截面所阻挡,另一个分量 B_{np} 垂直于软钢芯表面,这个分量对微纤维产生垂直于软钢芯表面的吸引作用,它的干扰可以通过隔离套的壁厚来消除。因此,隔离套的壁厚 H_s 由 B_{np} 来决定。

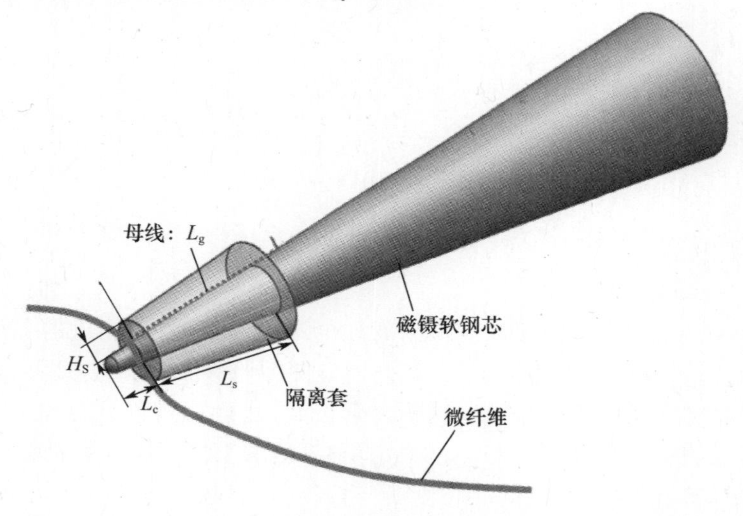

图 9.18　隔离套结构示意图

我们可以通过保持高斯计的霍尔元件有源区与软钢芯体表面平行的方法来近似地测得 B_{np}。被逐渐缩小的软钢芯体可以近似看作是一个去掉了顶部的圆锥体,霍尔元件可以在三轴平移台的驱动下,在距离芯体表面不同的高度($h = 0,50,100,150,200,250$μm)平行沿着这个去顶的圆锥体的母线进行移动测量,其测量轨迹如图 9.18 中虚线所示。通过测量,可以得出在不同高度 h 下,B_{np} 和沿母线行进长度 L_g 的对应关系,如图 9.19 所示。在长度为 L_g 的测量范围中,越靠近磁镊尖端,B_{np} 越大。而当 L_g 超过 300μm 时,B_{np} 的值趋近相同,并不再出现明显的变化。这是因为,相比与形状急剧变化的软钢芯尖端区域,此处相对较大的芯体体积使得更多的磁力线导向了尖端,导致侧漏的磁力线减少,并且由于体积的变化相对均匀,使得侧漏量也较为均匀。随着 h 距离的增大,B_{np} 也逐渐趋近于零,当 h 大于 250μm 时,B_{np} 趋近于零。所以,250μm 可以被当作一个阈值厚度,当隔离套的厚度大于 250μm 时,可以有效地防止微纤维沿垂直于电磁镊软钢芯表面的方向被吸引。

进一步,我们利用一个壁厚 H_p 约为 350μm 的塑料移液枪头来加工隔离套。

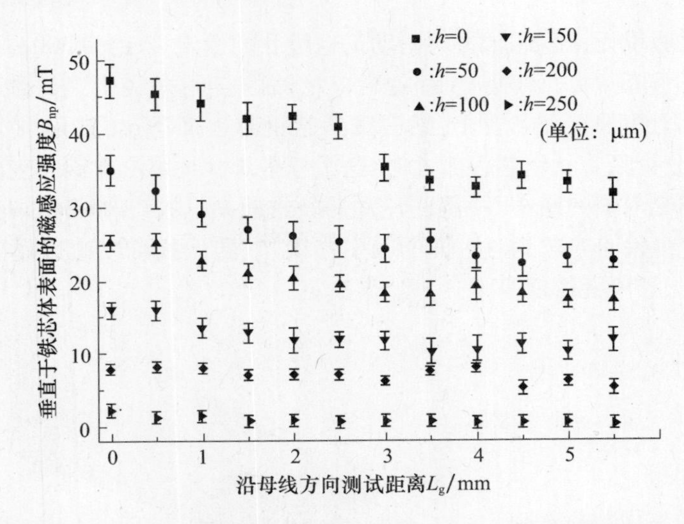

图 9.19　在距软钢芯表面不同高度 h 上,沿母线方向测试距离 L_g 与垂直芯体表面的磁感应强度 B_{np} 之间的对应关系

因为移液枪头的壁厚大于上段我们得出的阈值厚度,所以由其制成的隔离套可以有效隔离来自垂直方向侧漏磁场的干扰。因此使用该移液枪头的主要问题就集中于如何从移液枪头中得到一个合适的隔离套长 L_s,使得隔离套能通过一定的弹性形变被直接套在软钢芯上。这里,我们选择移液枪头上横截面 A 和横截面 B 之间的部分作为隔离套,两截面之间的长度 $L_s = 1.2\text{mm}$,横截面 A 的直径为 1.087mm,横截面 B 的直径为 1.41mm。在这两个横截面之间枪头的空芯部分,正好可以在保持套前段软钢芯轴向距离 $L_c \approx 200\mu\text{m}$ 的基础上,与软钢芯体相配合,如图 9.20 所示。这样的配合使得隔离套无须特殊地处理,仅仅通过微弱的弹性变形,就可以使隔离套牢牢地固定在软钢芯上。由于隔离套的隔离作用,我们可以实现电磁镊

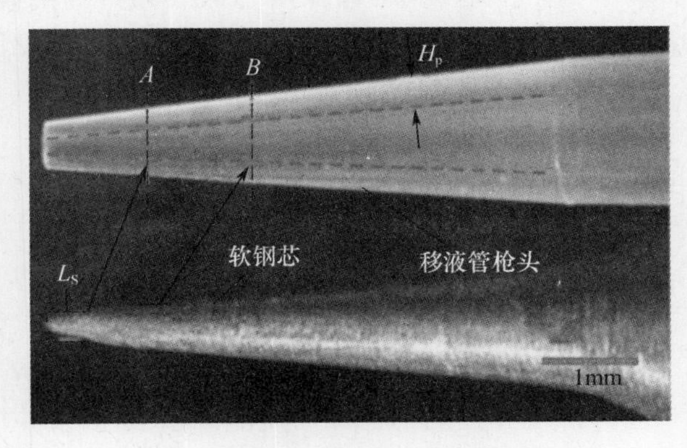

图 9.20　移液管枪头内芯与软钢芯配合区域

对微纤维的尖端控制。进而,我们按照第9.2.6中设计的实验,完成对微纤维控制效果的测试。如图9.21所示,微纤维可以牢牢地吸附在磁镊尖端,电磁力所产生的摩擦力可以使得微纤维被拉紧,并随着磁镊的移动产生相对滑动,没有脱落也没有变形现象的发生。

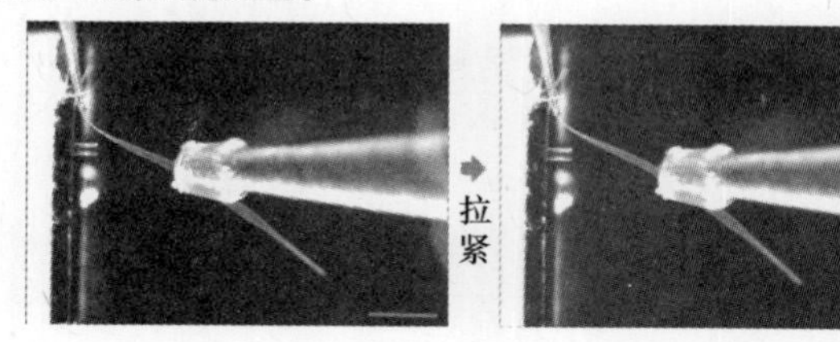

图9.21 电磁镊尖端对微纤维控制效果测试过程图(图中标尺全部为1mm)

进一步,我们也尝试减少螺线管电流来测试磁镊对微纤维的控制能力,我们发现只要当螺线管电流 $I_s > 0.02$ 时,上述测试效果也可以被满足,较小的 I_s 同时意味着隔离套的尺寸可以被缩小,提高在微小空间内对微纤维的操作效率。为缩小尺寸,我们通过软光刻技术,设计了一种双环隔离套结构,如图9.22所示,但是,具体 I_s 与这种双环隔离套结构的对应关系,还需要在未来的工作中进行进一步的研究。本章中为了保证操作的稳定性,我们在缠绕过程中依然使用电源能提供的最大电流,即 $I_s = 0.05\text{A}$。

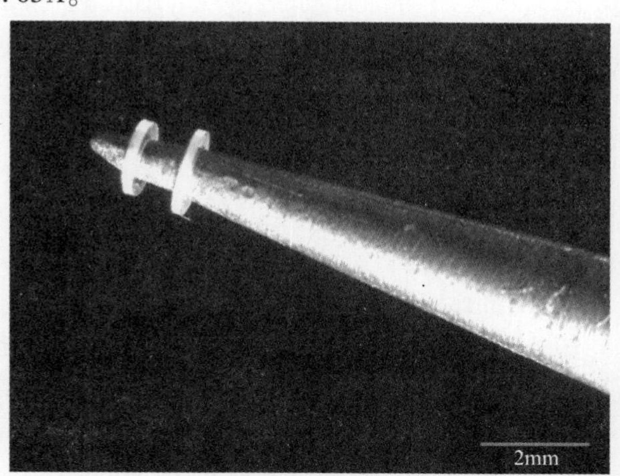

图9.22 基于软光刻技术加工的双环隔离套结构

9.2.7 尖端电磁镊运动轨迹规划

开始缠绕操作之前,按照第9.2.6节所提供的固定微纤维的方法,先用微移液管将微纤维的一侧自由端固定,接着用电磁镊尖端控制微纤维的另一侧。尖端控制微纤维的方式有两种:一种是磁镊尖端置于微纤维上表面,这样在缠绕的过程中就可以采用“推”的方式对微纤维进行缠绕组装;另一种方式是将磁镊尖端置于微纤维的下表面,在缠绕过程中采用“拉”的方式对微纤维进行缠绕组装。二者各有优势,使用“推”的方式,对微纤维的作用力较大,但在电磁镊牵引微纤维移动的过程中,由于液体阻力的作用,微纤维以尖端为支撑点易发生弯曲,这种弯曲朝向尖端,这就很容易使微纤维与尖端作用点相邻的部分被黏在尖端上,从而使微纤维包裹住了尖端。这种情况不利于后续操作中,微纤维在尖端的自发翻转机制的实现,这一过程在下文中会详细论述。而采用“拉”的方式,在液体阻力下,微纤维朝着尖端外侧弯曲,这样可以避免上述微纤维包裹尖端的情况出现,但在此种方式下微纤维上的作用力又会大大减弱,很容易导致微纤维脱落。

另外电磁镊控制下的微纤维应该能够随意地被定位在微圆柱轴向方向的任意位置,要达到这种控制效果,除了微纤维必须吸附在电磁镊尖端外,微纤维还必须被拉紧,这是因为微圆柱的轴向长度大约只有400μm,松散微纤维的冗余结构很容易超出这个距离。另外,由于操作器行程的限制,操作器能保持微纤维被拉紧的极限距离不可能过长。所以在没有微圆柱支撑的情况下,已经拉紧的微纤维的长度应该尽可能地短。另外,一旦磁镊尖端与微纤维发生了相对滑动,由于只有微纤维的一端被固定,磁镊尖端是不可能沿着相对滑动的路径再返回的初始位置,而且如果没有相应的微圆柱对这对滑动的距离进行支撑,这段滑动的距离就会成为一段冗余的微纤维。冗余的微纤维会使得磁镊对微纤维的位置控制能力变弱。因此,在缠绕过程中,应该非常谨慎地产生相对滑动。综上所述:①微纤维必须被拉紧;②在没有微圆柱支撑的情况下,微纤维被拉紧的长度应该尽可能地短;③微纤维和电磁镊尖端的相对滑动应谨慎产生。这三个条件是微纤维始终保持精确位置控制并能够成功缠绕的三个关键因素。

在尖端控制过程中,除了磁镊尖端与对微纤维的吸引外,在尖端接触点两侧的微纤维也一样受到了磁力的作用,这样的作用非常容易使微纤维围绕磁镊尖端发生弯曲。在我们实验中,我们使用了1.25% w/v的海藻酸浓度,使得被加工的微纤维有足够的结构强度对抗这种弯曲影响。尖端附近的微纤维在缠绕过程中始终保持近似直线的空间结构。这种直线空间结构使得电磁镊的尖端控制模式在缠绕过程中也总是被保持,所以我们在缠绕策略中采用了“推”的微纤维驱动方式。

我们在直角坐标系中描述电磁镊尖端对微纤维的缠绕组装。由于按压造成的发卡状的微纤维结构,电磁镊首先控制微纤维进行位置调整,使得微纤维能够被拉紧,同时被精确的定位到微圆柱根部 A 点,如图9.23(a)所示。在 xy 平面内,从电磁镊尖端顶点到微圆柱中轴线的距离 L_{tc} 应该小于从该顶点到隔离套前段外边缘的距离 L_{to},这样定位的原因在于尽可能地缩短被拉紧的微纤维长度,因为此处微圆柱并没有对被拉紧的微纤维产生了支撑作用。当然，L_{tc}如果大于L_{to}，在 xy 平面内，微纤维也是有可能被拉紧，但是后续的操作将由于冗余纤维长度的产生而无法进一步进行。在 z 方向，电磁镊尖端应该首先被定位到微纤维上方，进而下降，使得尖端接触微纤维表面。在 z 方向上的操作，可以由侧向摄像头来辅助观察。随后，电磁镊通电，我们能够看到微纤维有一个明显被软刚芯吸引的过程，但是由于隔离套的作用，微纤维仍然被固定在磁镊尖端。随后，磁镊驱动微纤维先沿 y 轴负方向移动，从而拉紧微纤维，再沿 x 轴负方向移动，使微纤维靠近微圆柱根部。如图 9.23(b)所示，当隔离套的右侧边缘刚刚越过微圆柱，电磁镊引导微纤维开始垂直下降。此时，由于微纤维保持了刚体的特征，其与尖端的接触位置由尖端的正下方逐渐偏移到了尖端的右侧方。由于电磁镊的持续的拉升以及微圆柱的结构支撑作用，微纤维可以沿着微圆柱表面进行缠绕。相似地，在 xz 平面方向，当隔离套的上部边缘刚刚越过微圆柱下部边缘，电磁镊开始驱动微纤维沿着 y 轴正向移动。

当磁镊尖端从微圆柱的下方通过其中心轴线后，应该开始引导微纤维上升。但是，由于电磁镊有一个倾斜的角度 $\theta=45°$，所以在电磁镊引导微纤维下降的过程中，必然会产生一个冗余的相对滑动距离 L_1，如图 9.23(c)所示。这段距离可以使得倾斜的电磁镊顺利地避让微圆柱，但是如果电磁镊采用与下降阶段一样的垂直模式进行上升，那么由于这段冗余长度没有微圆柱的支持，很容易在电磁镊垂直上升的过程中使已经被缠绕的微纤维发生松动，从而引起整个缠绕组装的失败。因此，为了使微纤维能逐渐地与微圆柱贴合，电磁镊采用了差动上升的移动模式。在此过程中，相对滑动将被避免产生，取而代之的是利用静摩擦力控制微纤维跟随磁镊移动。当这个冗余的长度完全与微圆柱贴合之后，磁镊开始垂直上升。而此时，成刚体特性的微纤维从磁镊尖端的上方开始逐渐地向尖端的左侧翻转。但是，这种翻转被隔离套的左上角给遮挡了，如图 9.23(d)所示。这种遮挡将破坏微纤维在磁镊尖端的翻转过程，从而易造成微纤维的脱落，因此我们将这个角削去，如图 9.23(e)所示。

这个角的消除意味着软钢芯磁力线侧漏对微纤维的影响又再次恢复。但是由于之前隔离套的隔离作用，此处的微纤维与微圆柱的中心轴线成一个近似 90°角的相对位置关系，这使得微纤维可以规避磁场侧漏对其的影响。随着这个阻碍角被消除，微纤维可以顺利地从尖端上方翻转至尖端左侧。同时在隔离套的下边缘刚刚越过微圆柱后，磁镊直接沿着 y 轴负方向平移。由于此处无须避让微圆柱，所以不会产生冗余长度。当通过微圆柱中心轴后，微纤维可以完成在微圆柱上的第一次缠绕组装。接着，电磁镊带动微纤维在 x 轴正向方向产生大约为纤维宽度的一个偏移，开始第二圈对微纤维的缠绕组装，如图 9.23(f)所示。

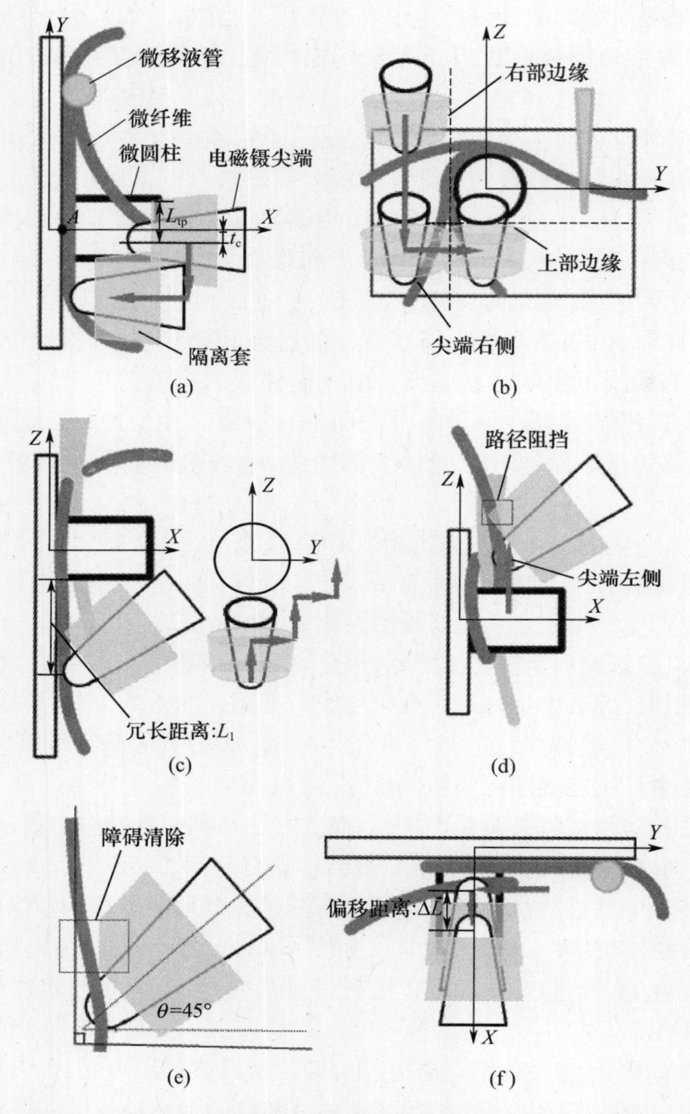

图 9.23 电磁镊尖端移动轨迹示意图,图中红色箭头表示移动轨迹

整个缠绕过程由正向与侧向两个显微观察系统记录,如图 9.24 所示。通过重复上述电磁镊操作轨迹三次,我们利用宽度约为 120μm 的微纤维完成三次缠绕组装,同时利用宽度约为 85μm 的微纤维完成四次缠绕组装,结果如图 9.25 所示。

被缠绕的微纤维通过电磁镊持续的牵引而保持被缠绕的结构,进一步,我们使用二次交联反应,使得移除电磁镊后,微纤维可以靠自身的力量维持结构。首先,

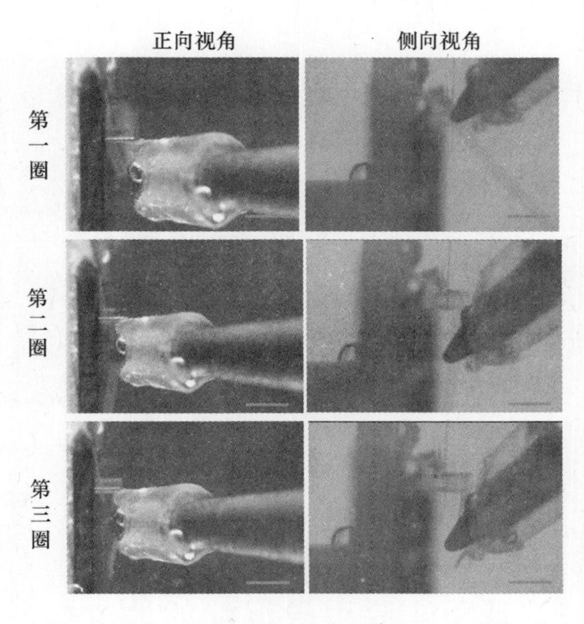

图 9.24　实际缠绕过程(图中所有标尺为 500μm)

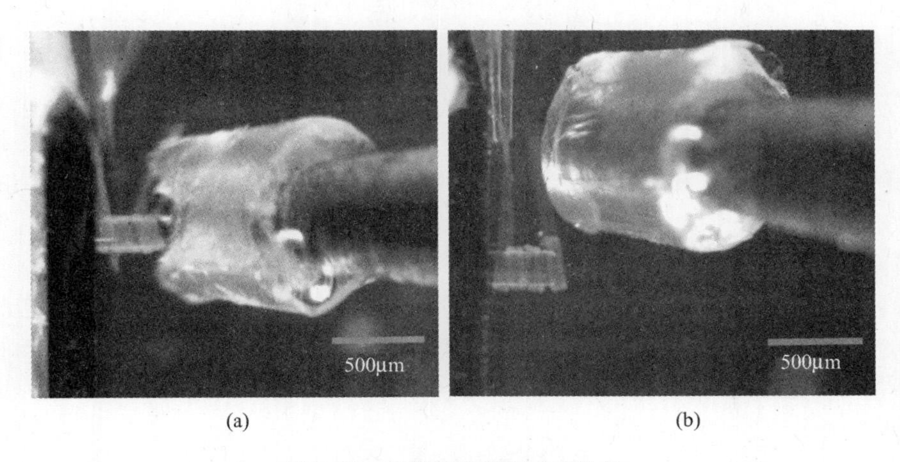

图 9.25　微纤维被缠绕后的结构

(a)宽度约为 120μm 的微纤维被缠绕三圈；(b)宽度约为 85μm 的微纤维被缠绕四圈。

我们将 2% w/v 的氯化钙溶液通过注射器喷射到被缠绕的微纤维结构表面,这个喷射过程持续大约 2min。随后,电磁镊关闭电源,从微纤维上移除,微移液管也同时被移除。由于二次交联反应,被缠绕的微纤维螺旋状结构可以得以保持。随后,通过利用一个长的微移液管尖端,可以使被缠绕的微纤维从微圆柱上释放,同时,再次使用显微剪,将螺旋管两端用于固定的微纤维部分减掉,就得到了一个直径约

为 200μm 的细胞三维螺旋状微结构,如图 9.26 所示。

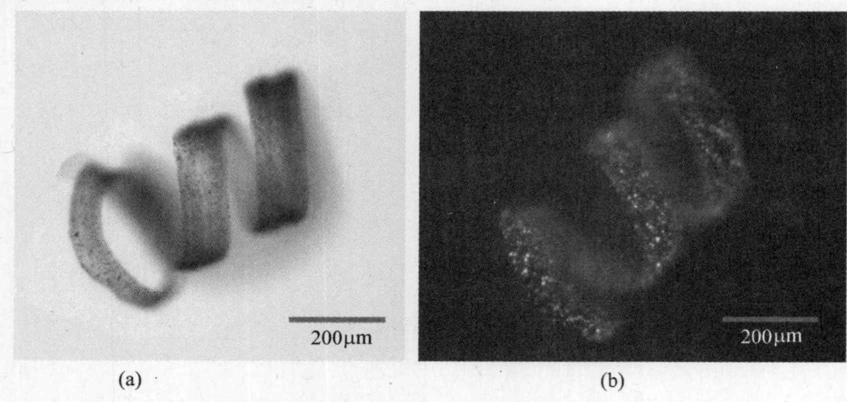

图 9.26　细胞三维螺旋状微结构
(a)光学显微镜观察结果；(b)荧光下观察结果。

9.3　基于永磁引导沉淀的流道打印式细胞三维组装方法

三维体外器官模型可以为组织形成的研究、伤损器官支持以及新药的体外测试提供了一种成本低廉、细胞种类可控的人造生物平台。相比于微血管结构相对简单的环形,其他人体器官结构拥有更为繁复的三维形状,这就需要相应复杂的三维细胞结构予以模拟。虽然现有的生物组装方法具有微米级的高组装精度,但其工作范围相对较小,并不适用宏观、复杂的细胞三维组装。因此,我们需要探索一种高效率的、大范围的、易操作的细胞三维宏观组装方法。生物打印方法对包裹细胞的生物材料的组装具有灵活高效的空间控制能力,适于构造复杂的三维细胞结构[24]。海藻酸因为其优秀的生物兼容性,且易于交联的材料特性,已经成为生物打印方法中最为常用的生物材料。然而,从绪论的分析中我们可以了解到,目前两种较为流行的生物打印方法(喷墨式和挤压式)都是通过外机械力的方式进行二维细胞组装单元的封装,这很容易造成细胞的死亡。

相比于上述两种二维封装方式,采用 PDMS 微流道方法,使用流体相互作用,粒子交换的方式,可以为细胞的纤维状封装提供一个较为柔和的加工环境。而且由于 PDMS 易于加工及稳定的材料特性[25],还可以通过复杂的流道结构制作包含天然细胞外基质(ECM)的纤维状细胞微结构[26],这使得封装在其中的细胞群更容易分裂,增殖,成形。如果将这种优良的微结构作为组装单元,由其构造的三维细胞组装体将必然展现更加优秀的生物学特性。因此,基于 PDMS 微流道芯片的打印组装具有更加广阔的生物应用前景。然而,由于纤维状微结构自身的可控性较差,导致基于微流道的打印方式无法完成复杂的三维细胞结构构造,目前只有一种网状结构[27],如图 9.27(b)所示。而且,由于上述打印是在空气中完成的,由于表面张力的干扰,其微流道内部非常容易被在微喷射口聚集的液滴堵塞,造成打印过程的失败。因此实现在微流道内持续、顺畅的二维纤维状细胞微结构的加工与喷射过程,也是目前基于微流道打印模式亟须解决的难题之一。本章中为了表述方便,也统一将"二维磁性微纤维状细胞微结构"简称为"微纤维"。

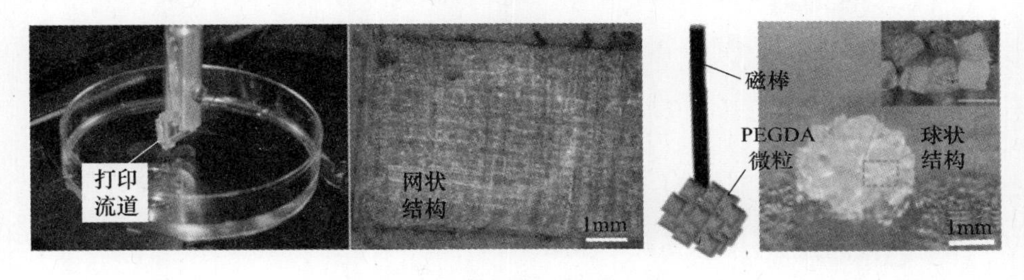

图 9.27　网状结构和球状 PEGDA 结构

一种同时包裹纳米磁性粒子和细胞的聚乙二醇二丙烯酸酯(PEGDA)方形细胞二维微结构可以在外磁场的引导下快速定型成复杂的三维细胞结构[28]。这种基于磁导模式的高效定型方法为包裹磁性粒子以及微结构单元的微纤维组装提供了新的思路(图 9.27(b))。本章中,我们使用 PDMS 微流道芯片道作为打印喷口,通过操纵微流道喷口的位置,由其喷射的微纤维的沉淀位置也可以发生相应改变。为了保持微纤维可以长时间稳定地喷射,我们利用缓冲溶液层流设计了一套喷射保护机制,该机制可以有效地防止流道堵塞。另外,我们使用了非接触式磁力引导的方式来辅助微纤维沉淀,该磁引导方法可以快速大量地收集微纤维。微纤维被磁力沉淀到结构支撑模型的表面,形成特定的三维空间结构。同时,该沉淀过程在 PBS 缓冲液中完成,微纤维与外磁场之间的磁力可以用来代替在空气中打印时微纤维与沉淀表面的黏附固定力,来保持被组装的三维结构的稳定。整个组装过程如图 9.28 所示。基于这种磁导定型方法,通过改变支撑模型的形状,具有不同三维空间形态的细胞组装体被成功构造,并保持较高的细胞存活率。

9.3.1 组装系统设计

如图 9.29 所示,该组装系统主要由一个 PDMS 微流道芯片喷头和一个磁力沉淀平台组成。微流道喷头按照传统的软光刻方法构造,喷口内部流道结构如图 9.29(a)所示。这些流道的高度均为 100μm。本章中所使用的流道底部玻璃盖

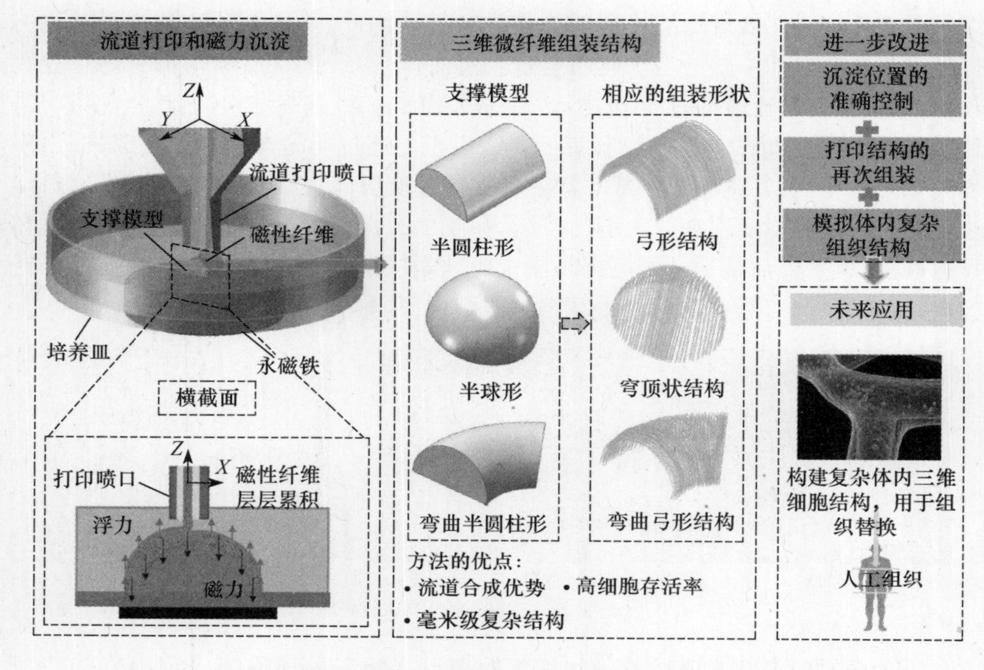

图 9.28　基于永磁引导沉淀的流道打印模式的细胞三维宏观组装方法流程图

片的长为 50mm，宽为 10mm，厚度为 0.12～0.17mm，这样狭长的玻璃片形状是为了配合喷口外形的矩形形状设计（长为 31mm，宽为 15mm，厚度为 7mm）。喷头矩形外形设计是为了便于喷头在操作器上的安装。另外，由于打印操作是在 PBS 缓冲溶液中完成，为了减少喷口移动对被组装结构产生的扰动，喷口前段进一步被切割为一个更小的矩形，其尺寸如图 9.29（b）所示。喷口被固定在一个三自由度操作器上，如图 9.29（c）所示。在打印过程中，喷头玻璃盖片一面始终朝向正置显微镜，这样可以在打印过程中清晰地观察流道喷口的位置，以及微纤维在流道内的合成状况。组装系统的磁力沉淀平台由聚亚安酯支撑模型，环形钕铁硼永磁铁和培养皿组成。永磁铁被放置在培养皿的下面，为包裹着细胞的微纤维的沉淀提供引导磁场。使用 3D 打印机，可以获得多种形状的支撑模型，本章中我们使用了半球形、弓形和弯曲弓形这三种形状。支撑模型被黏在培养皿的下表面上，而且其应该处于永磁铁的环形区域内。最后，将 PBS 溶液充满培养皿。

9.3.2 PDMS 微流道喷头微纤维喷射控制

PDMS 微流道喷头按照交联层流系统合成微纤维。海藻酸溶液 Q_a、缓冲溶液 Q_d 和氯化钙溶液 Q_c 的流速分别设置为 300μL/h、500μL/h 和 1500μL/h。在此流

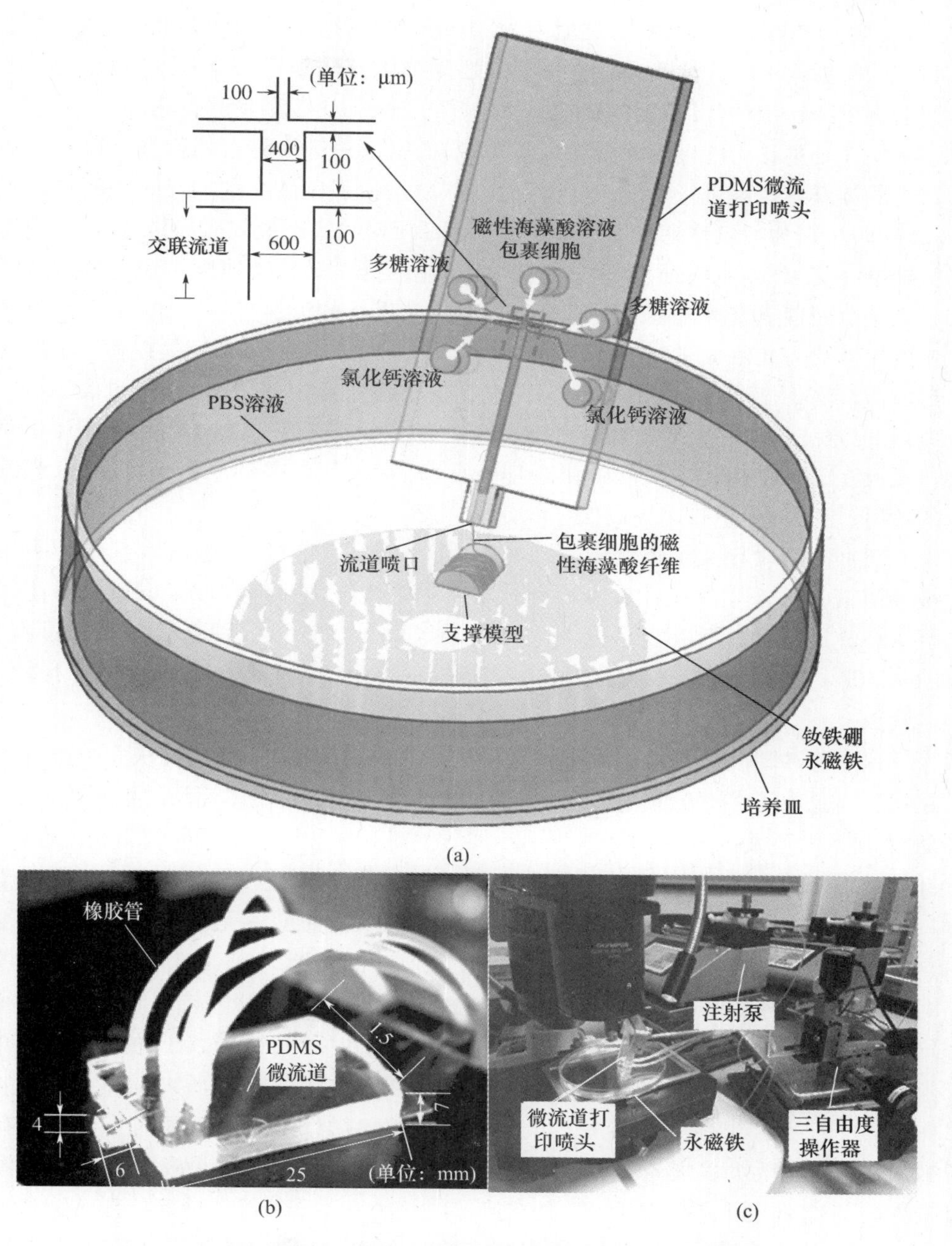

图 9.29　基于永磁引导沉淀的流道打印式组装系统示意图
(a)系统原理图；(b)PDMS 微流道打印喷头；(c)喷口移动操作器。

速下，加工的微纤维横截面的宽度约为 110μm，厚度约为 100μm，并使得微纤维在喷口的喷射速度约为 0.8mm/s。该喷射速度测试方法是将海藻酸流中包入微粒，通过测试微粒位移与记录其移动的视频帧数之间对应关系而计算获得。本系统中使用的三轴平移台的极限速度约为 0.9mm/s，所以三轴平移台的速度可以和在喷口中的微纤维速度进行匹配，这种匹配一方面是为了让微纤维能及时从喷口位置移除，防止因为喷口移动速度过慢而使得微纤维对喷口形成阻碍，另一方面是使得微纤维在支撑模型表面形成充分的沉淀，防止因为喷口移动速度过快而使得微纤维无法全面覆盖支撑模型表面。对于在空气中进行的流道打印系统，由于流道喷口的尺寸只有几百微米，在表面张力的作用下，被喷出的液体很容易在喷口位置处形成微液滴。微液滴会严重阻碍微纤维在长交联流道中的传输，这样非常容易造成微纤维碰触流道壁，使得微纤维粘连在流道上堵塞流道。因此，我们将微流道喷口浸没在 PBS 溶液中来消除喷出液体表面张力的影响，得到一个相对平稳、连续的喷射过程，为流道打印提供保证。

缓冲溶液被用来平衡溶液之间的黏度，减缓交联速度。此外，本系统还利用缓冲溶液流体产生的流体脉冲冲开被堵塞的微流道。流体脉冲可以通过对注射泵进行注射流速编程得到。这个缓冲溶液流体脉冲还可以用来暂停交联过程。图 9.30(a) 展示了一个在流体脉冲作用下微纤维从暂停到恢复加工的循环过程。

这个脉冲瞬间产生的流体压力可以将海藻酸流顶回注入流道，从而中止合成过程。而且由于多糖溶液的隔离，微流道中不会产生阻碍流体流动的水凝胶残渣。随后，随着注射海藻酸流的注射泵不断加压使得海藻酸流又重新回到交联流道，微纤维的加工过程又逐渐开始。脉冲中缓冲溶液流的流速增加值 ΔQ_d 必须大于 1.8mL/h 时，才能有效夹断海藻酸流。我们定义从海藻酸流完全夹断到开始恢复这段时间为喷射过程的暂停时间 t_c。ΔQ_d 和脉冲的持续时间 Δt 共同决定了暂停时间 t_c。ΔQ_d 和 Δt 的增加都可以使 t_c 增加，但是相比于脉冲的持续时间 Δt，瞬间增大的缓冲溶液流流速将会对海藻酸流产生更强的压力，这导致了通过增强脉冲流速对暂停时间的延长效果要远远大于增加脉冲持续时间所产生的效果，如图 9.30(b) 所示，即脉冲中流速的改变是暂停喷口微纤维喷射过程的一种更为有效的手段。因为海藻酸流在流道内部就形成了海藻酸纤维，如果在没有夹断暂停操作的基础上，强行移开打印喷口，在流道内部的海藻酸纤维会扯拽外部已经被组装的微纤维，这很容易产生对外部组装结构的扰动。而使用了夹断暂停操作，喷口可以很顺利地从一个打印位置移开，再根据已知的暂停时间，预先到达另一个打印位置，等待微纤维喷射从而再次进行打印作业。

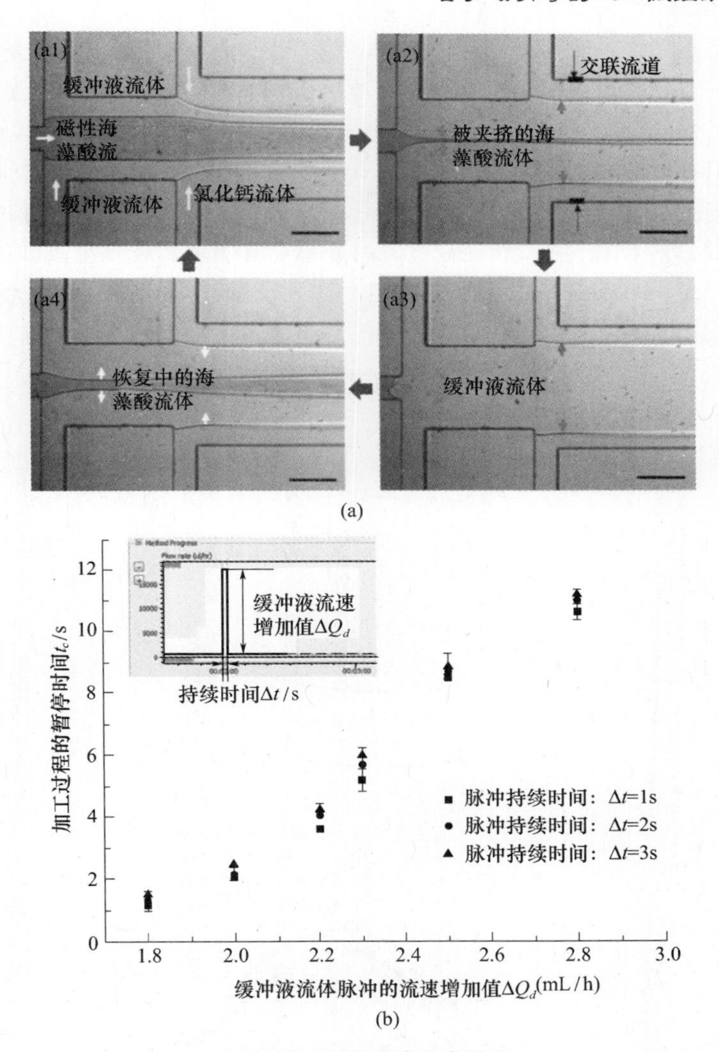

图 9.30　流体脉冲生成过程

(a)缓冲液流体脉冲暂停微纤维加工过程，黑色箭头表示缓冲液流体侵入方向，白色箭头表示该流体撤出方向，图中标尺为 200μm；
(b)在不同的流体脉冲持续时间下，缓冲液流体脉冲流速增加值与微纤维加工暂停时间的关系，图中插图为注射泵流速控制界面。

9.3.3 磁引导系统的优化

本系统中使用的环形永磁铁被沿着轴向方向进行磁化，其内径为 5mm，外径为 24mm，高度为 9mm。关于环形永磁铁，目前有两种物理模型可以与之等效[29]。

其中一个为磁荷模型,其实质是将由磁铁产生的磁场看作是由密度为 ρ_m 的分布磁铁产生,另一个为电流模型,其实质是将环形磁铁看作是由电路密度为 J_m 的同轴环形电流产生。与之对应的是,在工程中计算永磁铁分布的算法,可以分为标量磁位法和矢量磁位法。这两种方法都可以基于麦克斯韦方程组,通过磁标量势和磁矢量势,分别导出关于二者的微分方程组,进而采用有限元的方法进行求解。然而,由于计算过程比较复杂,此处通过无封装高斯计对环形磁铁上表面的磁场强度进行测量。如图 9.31(a)所示,永磁铁在上表面空间中任意一点的磁场强 B 可以通过永磁铁表面半径 r、永磁铁从表面起的轴向高度 z 以及方位角 θ 这三个参数组

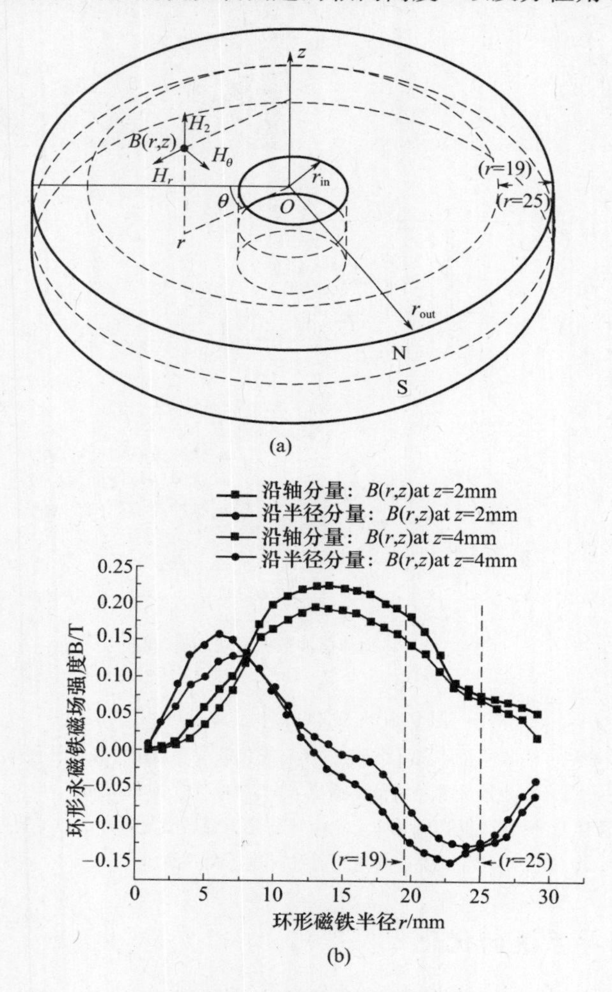

图 9.31　永磁组装区域优化

(a)永磁铁磁场强度描述方法;(b)对应于环形磁铁半径的磁场强度。

成的坐标系来进行描述。对应这三个参数的磁场分量分别为沿半径分量 $B_r(r,z)$、沿轴分量 $B_z(r,z)$ 和沿方位角分量 $B_\theta(r,z)$。考虑到永磁铁磁场分布的对称性,我们只须沿着一条半径方向进行测量,就可以了解整个环形表面的磁场分布。由于永磁铁被轴向磁化,所以其N极和S极分别位于磁体沿轴向方向的上端和下端,磁力线从N极端表面出发,在S极表面进入磁铁。由于我们使用的高斯计是一维的,所以我们在测量三个分量时,应尽量保持霍尔探头的有缘区域与相对应的测量方向垂直,这种相对垂直位置的保持,也可以通过磁力测试系统完成。在测量中我们发现,$B_\theta(r,z)$ 的值几乎为零。在轴向方向,我们设定测试高度 z 为2mm和4mm,测试高度选择在2mm是为了避开在沿半径方向测量磁场强度时,霍尔探头在结构设计中对测试区域产生不可避免的测试死区,4mm的选择则是根据模型尺寸,因为后续所选择的组装模型高度都小于4mm。在这两个高度上,$B_r(r,z)$ 和 $B_z(r,z)$ 和永磁铁半径 r 的相对应关系可以被测量得出,如图9.31(b)所示。在组装过程中,微纤维在磁力的引导作用下沿 Z 轴沉淀,所以 Z 轴方向磁力的大小直接关系到组装的效果,而沿半径方向的磁场对微纤维单元的沉淀会产生一个沿半径方向的扰动。所以我们应该尽量突出轴向磁场的作用,而减少半径磁场的干扰。

磁场对磁性粒子的作用可以用式(9-9)表示:

$$F=(m\cdot\nabla)B \tag{9-9}$$

式中:m 为纳米磁性粒子的磁矩,其在磁性粒子达到磁力饱和时为常数。我们所使用的钕铁硼永磁铁在其环形区域内的磁场强度大于50mT,而我们使用的磁性粒子的饱和磁场强度为30mT,因此在使用永磁铁对微纤维进行组装的过程中,对微纤维的磁力吸引力的大小,仅仅依靠磁场梯度的变化。由图9.31(b)可知,在环形磁铁半径区域区间($19\text{mm}<r<25\text{mm}$),$B_z(r,z)$ 的变化最为剧烈,故其在此区域内的磁场梯度最大,而 $B_r(r,z)$ 在此区域内虽然磁场强度最大,但磁场变化微弱,故其在此区域内的磁场梯度最小。根据上述分析,我们可以得出,在 $19\text{mm}<r<25\text{mm}$ 的环形区域内沿轴方向的磁场作用力最大,有利于纤维沉淀,同时在沿半径方向的磁场作用力最弱,减少对纤维沉淀的扰动,所以这个环形区间为我们选定的最优组装区域。

9.3.4 磁性纳米粒子浓度优化

我们以第9.3.3节中所选取的组装区域为基础,通过自主设计的一个微纤维收集装置,来评价磁性粒子浓度 C 对微纤维组装的影响。收集装置如图9.32(a)所示,一个半圆柱支撑模型被粘在永磁铁组装区域中,随后将环形永磁铁垂直地放入培养皿中，培养皿中的 PBS 缓冲液要浸没整个半圆柱支撑模型。随后，微流道喷头的喷口也被浸入 PBS 溶液中，喷口正对半圆柱模型的中部，喷口前缘到模型上表面顶点处的垂直距离被固定在 3mm 处，以保证喷口喷出的磁性微纤维能够被环形永磁铁的磁力场捕获。随后，通过控制喷口平行于永磁铁表面做反复运动，微纤维可以被组装区域持续收集，实现层层组装。

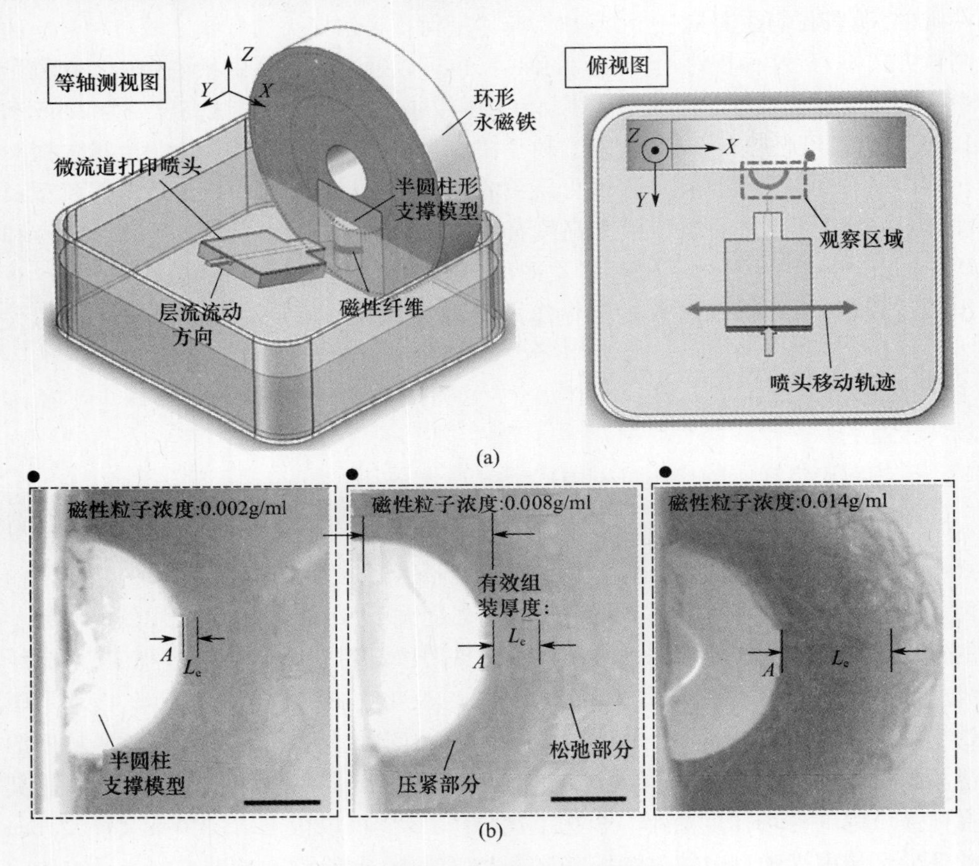

图 9.32　微纤维组装厚度测试(图中标尺为 2mm)
(a)收集装置示意图；(b)不同浓度的磁性纳米粒子对组装结构的影响。

我们通过微纤维被组装的厚度来研究不同浓度磁性纳米粒子对组装结构的影响，微纤维的组装厚度可以通过正置显微镜来进行观察，而且为了保证观察效果清晰准确，要保证半圆柱模型截面与显微镜光轴垂直。从图 9.32(b)可以看出，以组装体中微纤维的密度作为判断标准，组装结构可以分为压紧与松弛两部分。组装结构的压紧部分可以很好地与支撑模型的外形轮廓相互贴合，从而在磁力引导下定型成一个弓形的结构,而松弛部分因为无法得到足够大的磁力牵引,导致微纤维无法被支撑模型有效定型,失去了磁力三维组装的意义。所以我们下一步只通过测量压紧部分的厚度,来评价磁性粒子浓度对组装结构的影响。永磁铁表面的磁场强度并不均匀,这导致压紧部分的微纤维组装结构的厚度也是不均匀的。在半圆形截面顶点 A 位置,由于这里的位置距离永磁铁表面最远,所以微纤维在此处所受到的磁力要比在截面底部的微纤维小一些,所以顶端位置微纤维的厚度要比在底部的厚度略薄。我们取 A 点纤维层最薄处的值作为有效组装厚度 L_e。通过对磁性粒子浓度 C 为 0.002,0.005,0.008,0.011 和 0.014gm/L 的微纤维进行上述收集实验,我们可以得到对应的有效组装厚度 L_e 为(0.09 ± 0.04),(0.52 ± 0.07),(1.32 ± 0.12),(2.1 ± 0.06)和(2.2 ± 0.09)mm。从图 9.32(a)可以更加直观地看出,在 $C < 0.008$gm/L 时,L_e 可以随着 C 的增加而增厚,当 $C = 0.011$ 和 0.014gm/L,L_e 的增加则变得不明显。对于这种现像可能的原因是,支撑圆柱的半径是3mm,当 $L_e > 2.2$mm 后,被组装结构顶端距离永磁铁表面超过5.2mm,微纤维完全超出了永磁铁磁场的捕获范围,这样无论如何增加磁性粒子的浓度,都无法再有效吸引微纤维沿模型表面定型。

在分析了 C 对组装结构厚度 L_e 的影响之后,我们进一步通过细胞实验来验证 C 对细胞存活的影响。微纤维包裹的是 NIH/3T3 细胞,在微纤维被培养 24h 之后,我们通过荧光免疫方法为活/死细胞染色,并通过 IMAGE 软件自动对绿点和红点进行统计。图 9.33(a)显示了上述磁性粒子浓度测试组所对应的细胞存活率。在 0.002,0.005 和 0.008gm/L 的浓度下,微纤维结构中的细胞存活率能保持在 96% 以上,而当磁性粒子的浓度增至 0.011gm/L 以上时,细胞存活率锐减到 65% 以下。过高的磁性粒子浓度将对细胞产生毒性。再者,由于磁性纳米颗粒较大的表面积 - 体积比,使得其在高浓度下纳米粒子间将发生团状聚集。这种聚集会对后续的磁控操作与细胞产生严重的影响。图 9.33(b)分别展示了在磁性粒子浓度为 0.008 和 0.011mg/L 时,二维纤维状细胞微结构的光学与荧光学特性。在 $C = 0.011$gm/L 时我们可以很明显地观察到纳米磁力粒子在微纤维中的聚合体,而此时荧光测试显示红点几乎和绿点一样多,代表了细胞存活率低。

二维细胞纤维状结构进行三维组装的最重要作用是促进内部细胞沿着被定型的空间结构进行分化、增殖最后形成组织。要达到这一目的,首先,我们需要保证组装结构内高的细胞存活率,它可以有效复苏细胞功能,防止细胞持续坏死。其次,也需要足够的细胞层厚度,它可以使三维组装体有足够的空间模仿体内器官层层排列的细胞结构,这对于细胞与细胞之间的相互交互是非常重要的。综上考虑,我们最终选择磁性粒子浓度为 0.008mg/L 的微纤维作为最佳的组装单元。在保证足够细胞活性的基础上,此浓度可使组装体拥有最大的组装厚度。

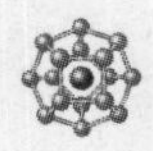

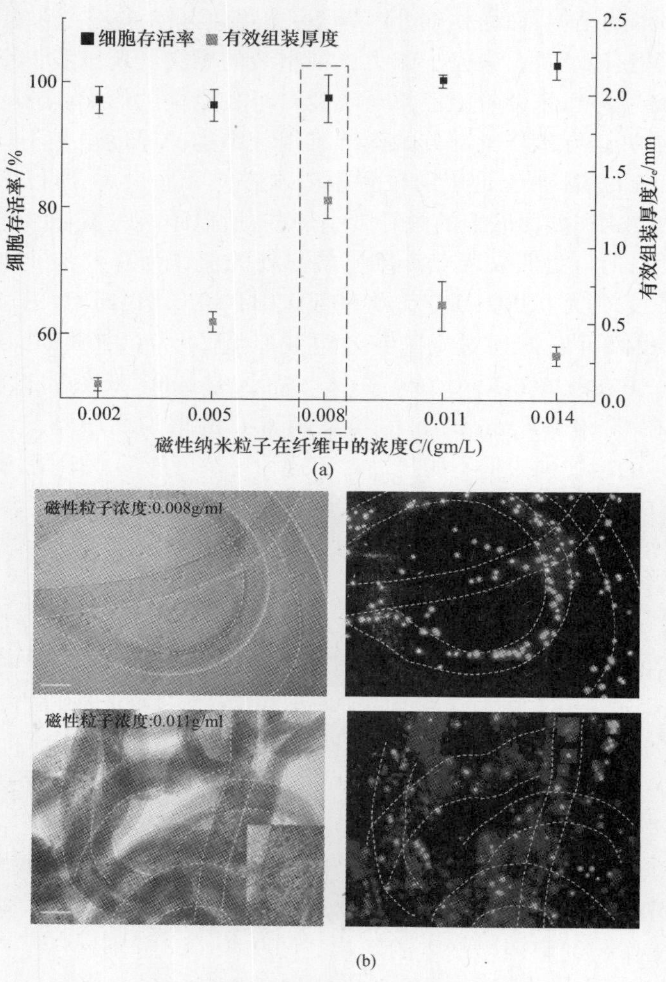

图 9.33　磁性粒子浓度对细胞存活率影响实验

(a)磁性纳米粒子浓度与细胞存活率和有效组装厚度的对应关系，所有数据均用平均值和标准偏差表示($n \geq 5$)；

(b)两种代表性磁性粒子浓度下，细胞存活率对比，红色箭头指向磁性纳米粒子聚集体，图中标尺为 100μm。

9.3.5 打印操作与体内组织形状模拟

微纤维从喷口喷出，随即向着支撑模型表面沉淀。在底部永磁铁磁场引导下，磁性纤维可以有效对抗 PBS 缓冲溶液对其产生的浮力作用。微纤维具有狭长、易于弯曲的结构特性，因此微纤维可以很好地与支撑模型的表面轮廓贴合，完成结构定型。

被喷出的微纤维在支撑模型上的沉淀位置会随着喷口位置的改变而改变。我们在此首先基于一个半圆柱形支撑模型来设计喷口的运动轨迹。由于在底部的永磁铁提供了微纤维沿 Z 轴的运动引导，所以，喷口仅仅需要在 XY 平面进行运动规划，即可完成一个三维弓形组装结构。如图9.34(a)所示，我们首先在模型边缘，平行于 X 轴进行移动。因为模型的上表面是一个弧形，所以喷口的移动距离 L_s 应大于模型在 X 轴方向的底面边界长度 L_v，这样可以保证喷口喷射足够的微纤维长

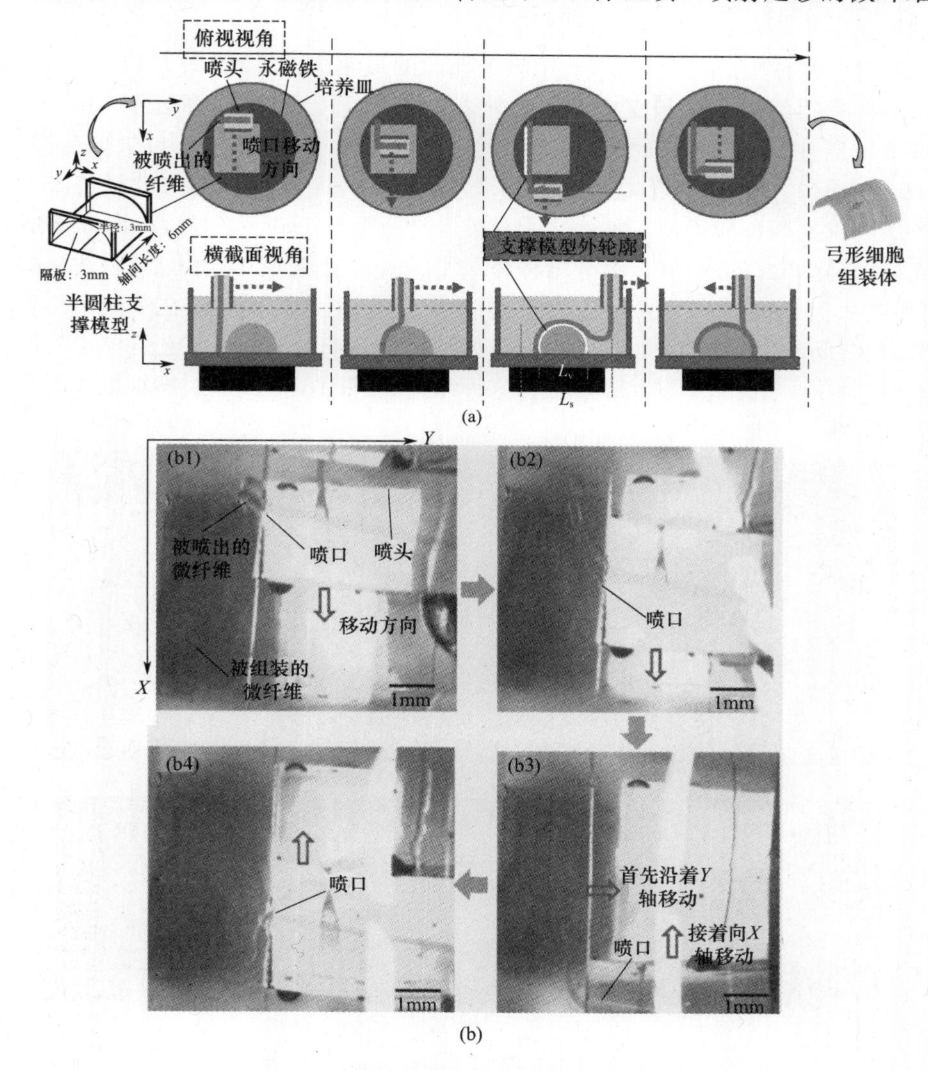

图9.34 PDMS微流道喷口运动轨迹规划

(a)喷口运动规划；(b)实际运动过程。

度来覆盖模型表面。在完成 X 轴正向方向移动后，操作器控制喷口沿 Y 轴移动约 150μm，这个移动距离与微纤维的宽度有关。随后再沿着 X 轴负向方向移动，同样，其移动距离也要大于底面边界长度，如此往返。当喷口沿着 Y 轴从模型的一端面移动到了模型的另一端面时，在模型表面就覆盖了一层纤维层。重复上述操作 8 次，可以得到一个由 9 层纤维层组成的弓形结构。另外，由于永磁铁在半径方向的磁场扰动，在模型端面附近沉淀的微纤维很容易发生滑落，因此，需要在模型两端增加一个隔板，以防止滑落的发生。

在打印操作完成后，将获得一个较为松散的组装结构，如图 9.35(a)所示。为了进一步使得组装结构与支撑模型的外表轮廓相互配合，我们将培养皿中的 PBS 缓冲液抽空，由于湿润微纤维之间强大的表面张力作用，松散的组装结构将被压紧(图 9.35(b))。接着，我们在组装结构上注射 2% w/v 的氯化钙溶液，微纤维之间将产生二次交联反应而使得彼此之间相连。等待大约 1min，培养皿再次被 PBS 溶液充满，移除底部的永磁铁，组装结构将被释放漂浮在溶液中，我们可以观察其结构，如图 9.35(c)所示。由于二次交联的作用，弓形组装结构可以在溶液中不发生松散，长时间的保持结构稳定。至此，我们通过流道打印模式，在磁引导定型的辅助下，组装了一个三维宏观细胞结构，这种结构为进一步形成类组织细胞体提供了可靠的细胞三维培养平台。

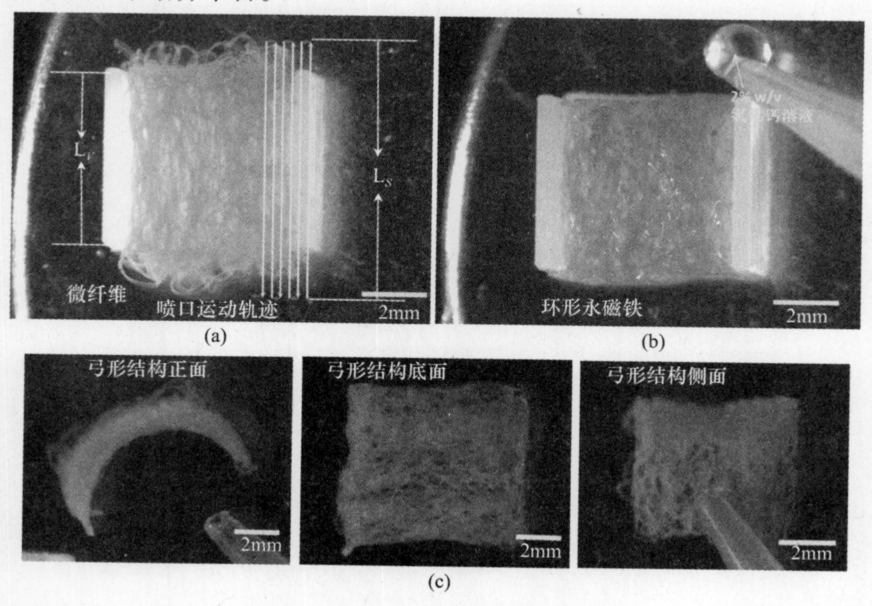

图 9.35　弓形组装结构

(a)打印完成后的结构；(b)压紧与二次交联固定；(c)弓形组装结构。

9.3.6 三维体内组织形状模拟

被组装的结构可以模仿体内器官组织是三维细胞组装方法必须能够完成的任务之一。本章中,除了刚才组装的弓形结构,我们还可以通过半球形和弯曲圆柱形支撑模型,分别完成穹顶状三维细胞结构和弯曲弓形三维细胞结构的组装,如图9.36(a)所示。穹顶状可以用来模仿在肺部下方的横隔膜结构,而弯曲弓形结构可以模仿体内弯曲的大血管结构。这两种模型的喷口控制移动轨迹都是以半圆柱形模型规划轨迹为基础,针对不同的模型边界,进一步通过优化改动而得到。对于穹顶状结构的组装,喷口轨迹规划中先 X 轴平移完成铺盖沉淀,接着 Y 轴平移为下次铺盖沉淀定位的连续移动方式被继续沿用。但对于半球形模型来说,喷口在

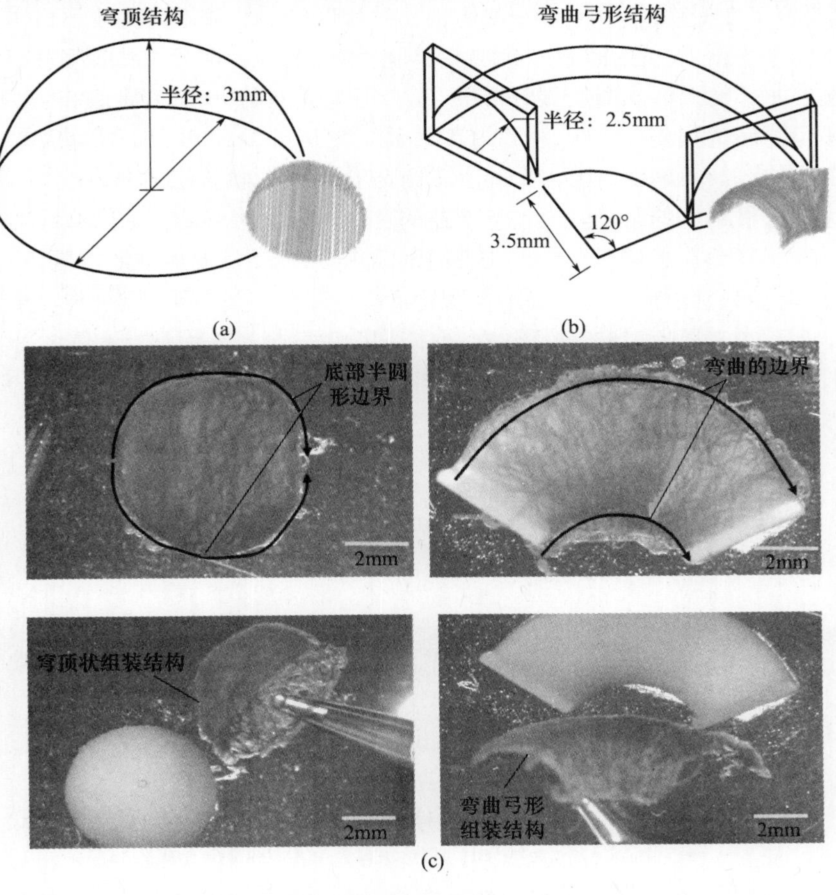

图9.36 模拟体内组织的三维细胞组装结构

(a)结构支撑模型与组装体示意图;(b)组装过程中喷口轨迹规划;(c)穹顶状和弯曲弓形组装结构。

X 轴往复运动时,其运动距离要随着模型底部圆形边界的变化而及时改变;相似地,对于弯曲弓形结构的组装,完成上述的 X 轴运动后,在随后沿 Y 轴运动时,其运动轨迹要配合模型弯曲的边界,如图 9.36(b)所示。我们也将 9 层纤维层铺在模型表面,所以两个组合结构的厚度大致都为 0.9mm。同样通过上述的压缩与二次交联方法,我们最终可以得到紧凑、稳定的三维细胞组装结构,如图 9.36(c)所示。

本节进一步评价了这种基于流道打印模式磁力三维组装方法对细胞存活率的影响。我们对一个弯曲弓形结构任意五处位置进行采样,最后得出了 97.2% 的平均细胞存活率。代表性的细胞测试结果如图 9.37 所示,我们可以清楚地看到,在细胞存活率荧光测试图中(图 9.37(b)),几乎看不到有代表死细胞的红色光点出现,这说明了在操作过程中,对于细胞损伤的程度较小。取得这种较小损伤的原因有以下三个方面:首先,细胞的二维封装环境较为温和。我们通过层流系统来将细胞封装在磁性海藻酸水凝胶微纤维中,不会因为强烈的外力对细胞在封装阶段就造成不可逆转的损伤。其次,操作效率较高。使用传统的方法即可完成本章中所形成的结构,如穹顶状结构,需要在穹顶下方首先完成牺牲层的打印,才能进一步支撑完成这种结构的组装。而本章所述的方法可以直接将被喷射的微纤维在磁力的引导下快速地在半球形支撑模式表面沉淀定型,而不需要牺牲层的制备,这就节省了很多时间,从而形成了较高的细胞存活率。最后,液体内完成组装。传统的打印基本都是在空气中完成,而无法在液体环境中完成。这是由于液体本身对海藻酸凝胶的浮力作用,使得海藻酸凝胶之间依靠表面张力形成的结构紧固力失效,从而导致整个组装结构的松散。

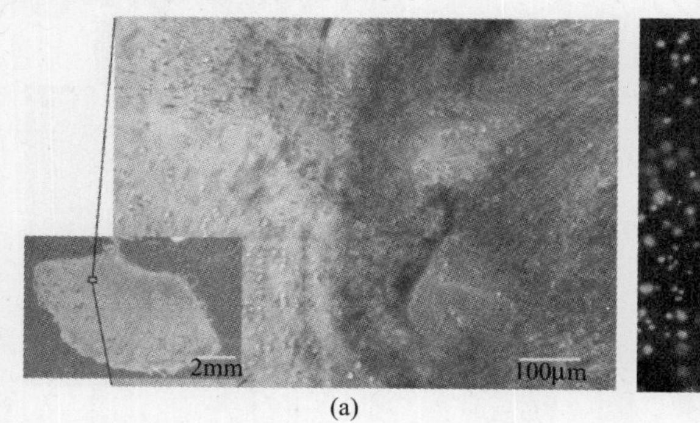

(a)

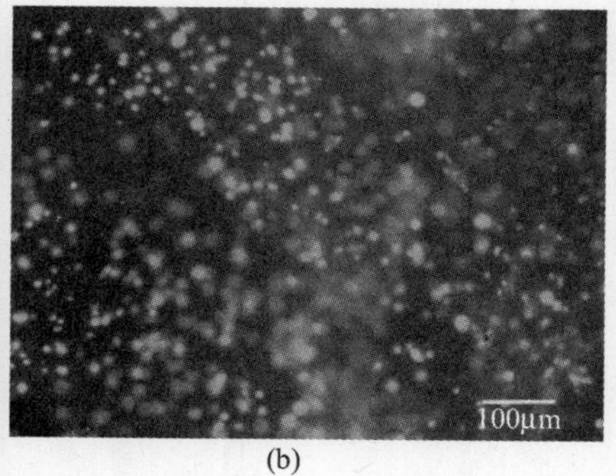

(b)

图 9.37 组装结构内细胞存活率测试

(a)观察部分在组装结构中的位置示意图;(b)荧光测试结果图。

由于本章所使用的磁力辅助定型的方法,包裹在微纤维结构中的磁性纳米颗粒将会帮助其对抗自身产生的浮力,从而保证复杂结构的稳定,这使得本章所述的打印方法可以在液体环境中完成三维细胞的组装。液体中湿润的环境能更好地使细胞保持活性。所以,上述三点是本章的组装方法能保持很高细胞存活率的原因。再者,本章使用了层层沉淀的组装方法。这种方法可以通过变化封装不同细胞的打印喷头,较为简单地就可以使得多种细胞在空间中按一定分布就行排列,这促进了宏观组装体进一步对真实人体器官中的细胞分布结构的模拟,具有较为明显的组织学意义。

参考文献

[1] GHORBANIAN S,QASAIMEH M A,AKBARI M,et al. Microfluidic direct writer with integrated declogging mechanism for fabricating cell-laden hydrogel constructs[J]. Biomedical Microdevices,2014,16(3):387-395.

[2] PANKHURST Q A,CONNOLLY J,JONES S K,et al. Application of magnetic nanoparticles in biomedicine[J]. Journal of Physics D: Applied Physics,2003,36(13):167-181.

[3] SCHMITZ B,RADBRUCH A,KÜMMEL T,et al. Magnetic activated cell sorting (MACS)-a new immunomagnetic method for megakaryocytic cell isolation: comparison of different separation techniques[J]. European Journal of Haematology,1994,52(5):267-275.

[4] YAN H,DING C G,TIAN P X,et al. Magnetic cell sorting and flow cytometry sorting methods for the isolation and function analysis of mouse CD4+ CD25+Treg cells[J]. Journal of Zhejiang Universityence B,2009,10(12):928-932.

[5] LAURENT V M,HÉNON S,PLANUS E,et al. Assessment of mechanical properties of adherent living cells by bead micromanipulation: comparison of magnetic twisting cytometry vs optical tweezers[J]. Journal of Biomedical Engineering,2002,124(4):408-421.

[6] SUN J F,LIU X A,HUANG J Q,et al. Magnetic assembly-mediated enhancement of differentiation of mouse bone marrow cells cultured on magnetic colloidal assemblies[J]. Scientific Reports,2014,4(4):05125.

[7] HAGIWARA M,KAWAHARA T,YAMANISHI Y,et al. On-chip magnetically actuated robot with ultrasonic vibration for single cell manipulations[J]. Lab on a Chip,2011,11(11):2049-2054.

[8] FRASCA G,GAZEAU F,WILHELM C. Formation of a three-dimensional multicellular assembly using magnetic patterning[J]. Langmuir,2009,25(4):2384-2354.

[9] YAMANISHI Y,SAKUMA S,ONDA K,et al. Biocompatible polymeric magnetically driven microtool for particle sorting[J]. Journal of Micro-Nano Mechatronics,2008,4(4):49-57.

[10] LI H,FLYNN T J,NATION J C,et al. PhotopatternableNdFeB polymer micromagnets for microfluidics and microrobotics applications[J]. Journal of Micromechanics and Microengineering,2013,23(23):065002.

[11] AMSTAD E,GILLICH T,BILECKA I,et al. Ultrastable iron oxide nanoparticle colloidal suspensions using dispersants with catechol-derived anchor groups[J]. Nanoletter,2009,9(12):4042-4048.

[12] YANG K,PENG H B,WEN Y H,et al. Re-examination of characteristic FTIR spectrum of secondary layer in bilayer oleic acid-coated Fe_3O_4 nanoparticles[J]. Applied Surface Science,2010,256(10):3093-3097.

[13] LIU J,SHI J,JIANG L,et al. Segmented magnetic nanofibers for single cell manipulation[J]. Applied Surface Science,2012,258(19):7530 - 7535.

[14] VRIES AHBD,KRENN B E,DRIEL R V,et al. Micro magnetic tweezers for nanomanipulation in side live cells[J]. biophysical Journal,2005,88(3):2137 - 2144.

[15] SOUZA G R,MOLINA J R,RAPHAEL R M,et al. Three-dimensional tisse culture based on magnetic cell levitation[J]. Nature Nanotechnology,2010,5(4):291 - 296.

[16] OKOCHI M,TAKANO S,ISAJI Y,et al. Three-dimensional cell culture array using magnetic force-based cell patterning for analysis of invasive capacity of BALB/3T3/v-src [J]. Mature Materials, 2009, 9 (23): 3378 - 3384.

[17] XU F,WU C M,RENGARAJAN V,et al. Three-dimensional magnetic assembly of microscale hydrogels[J]. Review of Scientific Instruments,2011,23(37):4254 - 4260.

[18] TASOGLU S,DILLER E,GUVEN S,et al. Untethered micro-robotic coding of three-dimensional material composition[J]. Nature Communications,2014,5(1):3124.

[19] SUH S K,CHAPIN S C,HATTON T A,et al. Synthesis of magnetic hydrogel microparticels for bioassays and tweezer manipulation in microwells[J]. Microfluidic and Nanofluidic,2012,13(4):665 - 674.

[20] ONOE HIROAKI,OKITSU T,ITOU A,et al. Metre-long cell-laden microfibres exhibit tissue morphologies and functions[J]. Mature Materials,2013,12(6):584 - 590.

[21] BIJAMOV A,SHUBITIDZE F,OLIVER P M,et al. Quantitative modeling of forces in electromagnetic tweezers [J]. Journal of Applied Physics,2010,108(10):104701.

[22] CHEN L,OFFENHÄUSSER A,KRAUSE H J. Magnetic tweezers with high permeability electromagnets for fast actuation of magnetic beads[J]. Review of Scientific Instruments,2015,86(4):044701.

[23] YAPICI M K,OZMETIN A E,ZOU J,et al. Developmetn and experimental characterization of micromachined electromagnetic probes for biological manipulation and stimulation applications[J]. Sensors& Actuators A Physical,2008,144(1):213 - 221.

[24] KOLLMANNSBERGER P,FABRY B. High-force magnetic tweezers with force feedback for biological applications[J]. Review of Scientific Instruments,2007,78(11):114301.

[25] MATTHEWS B D,LAVAN D A,OVERBY D R,et al. Electromagnetic needles with submicron pole tip radii for nanomanipulation of biomolecules and living cells[J]. Applied Physics Letters,2004,85(14):2968 - 2970.

[26] SPERO R C,VICCI L,CRIB B J,et al. High throughput system for magnetic manipulation of cells,polymer, and biomaterials[J]. Review of Scientific Instruments,2008,79(8):083707.

[27] GRINNELL F. Fibroblast biology in three-dimensional collagen matrices[J]. Trends in Cell Biology,2003,13(5):264 - 269.

[28] XU F,WU C M,RENGARAJAN V,et al. Three-dimensional magnetic assembly of microscale hydrogels[J]. 2011,23(37):4254 - 4260.

[29] 王瑞凯,左洪福,吕萌.环形磁铁空间磁场的解析计算与仿真[J]. 航空计算技术,2011,41(5):19 - 23.

作 者 简 介

王化平，工学博士，毕业于北京理工大学，师从微纳机器人生物医学操作领域开拓者、中科院外籍院士福田敏男教授，现为北京理工大学机电学院副教授。王化平长期从事机器人系统设计与高精度操作、显微视觉、微纳生物技术等领域研究，在多尺度机器人设计与集成、微纳生物目标交互、多机器人协同微操作等方向开展研究工作。申请并主持了国家自然科学基金青年基金、北京市自然科学基金青年项目等项目。建立了基于宏微混合驱动与高速视觉反馈的多机器人系统，探索微纳尺度细胞行为与特性，实现面向微尺度多目标生物操作与人工组织构建的多机器人协同控制，为生物医学与再生医疗对人类重大疾病的早期诊断与器官修复提供了新思路，该研究处于国际领先水平。相关研究成果已发表 IEEE Transactions 系列汇刊、ACS Applied Materials & Interfaces 、Biofabrication 等本领域国际著名 SCI 期刊论文 20 余篇，获国际会议 IEEE IROS－2015 等优秀论文/提名奖 5 项。